世界一わかりやすい
物理学入門

これ1冊で完全マスター！

川村康文

講談社

まえがき ──つながる思い

　人類は，ガリレオ，ニュートンに始まる物理学を礎として科学技術を進化させ，高度科学技術社会を構築してきました．この進化の原動力は，より快適で便利な生活をおくりたいという人類共通の夢であったと思います．しかし，この高度科学技術社会は，人類にとって快適なものばかりであるとはいえないことも明確になってきました．確かにエレクトロニクスの技術に支えられた利便性は，私たち地球市民の日常生活にとって欠くことのできないものだといえましょう．しかし一方で，高度情報化社会のなかでのテクノストレスやファミコン・シンドローム，また高度医療治療におけるターミナル・ケアや脳死等生命倫理にかかわる問題，遺伝子操作による遺伝子治療や個人の遺伝情報の管理から派生する人権問題等，科学技術の進化がもたらす新たな社会問題が表面化してきています．地球環境問題においては，未だに開発が優先され，解決に向けて実行可能な提案はなされないまま，一層混迷の様相を深めています．このように時代にあって，現代社会に生きる私たち地球市民は科学技術とどのようにつきあっていけばいいのでしょうか？

　その一方で，若者の科学離れが問題となっています．科学を学ばないと，上述のような問題に対して，主体的な考えを自らがもつことが難しくなってきています．

　科学を学ぶ，物理学を学ぶということは，どういうことでしょうか？科学を学ぶということが，より安全でより快適で，こころ豊かな生活を，私たち地球市民が共通しておくることができるということにつながっていってほしいと願っています．そのためにも，私たちは科学を学ぶことで創造性を培い，新しい未来へと想像性の翼を広げたいと思いませんか？

川　村　康　文

目　次

第 0 章　**物理学と測定**　……………1

第 1 編　　力　学　……………6

第 1 章　**質点の静力学**　……………6
第 2 章　**質点の運動**　……………10
第 3 章　**円運動から万有引力へ**　……………38
第 4 章　**振　動**　……………56
第 5 章　**仕事とエネルギー**　……………66
第 6 章　**質点系の運動**　……………77
第 7 章　**剛体・弾性体・流体**　……………82

第 2 編　　波　動　……………102

第 8 章　**波　動**　……………102
第 9 章　**音　波**　……………112
第 10 章　**光　波**　……………132

第 3 編　　熱　力　学　……………159

第 11 章　**熱**　……………159
第 12 章　**気体法則**　……………165
第 13 章　**分子運動論**　……………172
第 14 章　**熱力学の諸法則**　……………181

iii

第4編　　電磁気学 ·················199

第 15 章　**静電気** ·············199
第 16 章　**定常電流** ···········230
第 17 章　**磁　場** ············247
第 18 章　**電磁誘導** ···········267
第 19 章　**交　流** ············276
第 20 章　**マクスウエル方程式と電磁波** ···········287

第5編　　現代物理学 ·················297

第 21 章　**相対性理論** ···········297
第 22 章　**粒子性と波動性** ···········312
第 23 章　**原　子** ············329
第 24 章　**原子核** ············351
第 25 章　**素粒子** ············369

第0章 物理学と測定

物理学とは自然界に見られるミクロの世界からマクロの世界に至る現象と，その性質がどのような法則によっているのかを探求する学問である．物理学を学ぶ上では，物理量という概念を理解することが重要である．物理量とは，測定器で測定できる量や，測定器で測定できる量とπなどの数学的定数などを用いて算出できる量のことである．

0.1 物理量の単位と表記

物理量の記号や単位記号を書き表すときのルールは，物理量の文字はイタリック体（斜体）で，単位記号はローマン体（立体）で書き表す．

物理量　イタリック体（斜体）	単位記号　ローマン体（立体）
・ローマ字またはギリシャ文字の大文字または小文字で表す． ・必要に応じ上付き，下付きの添え字をつける． ・添え字は原則としてローマン体（立体）で書き表す．ただし，添え字そのものが物理量などを表すときは添え字もイタリック体にする．	・単位記号が人名に由来する場合は，記号の最初の文字は大文字で表す． ・単位の積は，単位の間に・または半角スペースを入れる．

0.2 測定

実験結果などについて，物理量をできるだけ精密に測ることは重要である．しかし，物理量を測定する場合，測定値には必ず誤差が存在する．

0.2.1 誤差

誤差には，①過失誤差（測定者の過失によるもの），②系統誤差（測定方法，装置調整の不備，使用法のミス），③偶発誤差（上記の誤差を取り除いても発生する誤差）がある．一般に誤差論での誤差とは，③偶発誤差のことを指す．

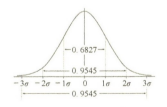

図 0-1-1　正規分布

測定値（x）から真の値（X）を差し引いた値を誤差または絶対誤差（$\varepsilon = x - X$）という．誤差と真の値の比を相対誤差といい，分数または％で表す．

$$（相対誤差） = \frac{|誤差|}{（真の値）} = \frac{|x-X|}{X} \approx \frac{|x-X|}{x}$$

第0章◎物理学と測定

真の値は，「真の値」＝「測定値」−「誤差」と書けるが，実は真の値を正確に知ることはできない．しかし，測定値がどの程度の範囲にあるかという「不確かさ」は推測できる．測定回数を増やすと，測定値は平均値の周りに図0-1-1のような，つりがね型の正規分布とよばれる分布をする．

偶発誤差は避けること

表 0-1-1　測定データ

測定回数	測定値	残差	残差の2乗
1	10.5	0.08	0.0064
2	10.4	−0.02	0.0004
3	10.3	−0.12	0.0144
4	10.4	−0.02	0.0004
5	10.3	0.08	0.0064
6	10.3	−0.12	0.0144
7	10.7	−0.28	0.0784
8	10.4	−0.02	0.0004
9	10.2	−0.22	0.0484
10	10.5	0.08	0.0064
算術平均	10.42		
残差の二乗和			0.176

ができない誤差であるが，測定回数を増やすことで統計処理により誤差の大きさを評価できる．ある物理量を n 回測定し，測定値 $x_1, x_2, \cdots, x_n$ を得たとする．このときの算術平均値は，

$$\bar{x} = \frac{1}{n}(x_1 + x_2 \cdots + x_n) = \frac{1}{n}\sum_{i=1}^{n} x_i \qquad \text{0-1-1}$$

である．測定値 x_i から平均値 $\bar{x}$ を引いた値 $\delta_i = x_i - \bar{x}$ を残差という．測定値のばらつきの度合いを標準偏差といい，σ で表す．σ が小さいほどばらつきの度合いは小さい．個々の測定値の標準偏差 σ は，

$$\sigma = \sqrt{\frac{\sum (x_i - \bar{x})^2}{n(n-1)}} \qquad \text{0-1-2}$$

である．平均誤差は，

$$\bar{\mu} = t\frac{\sigma}{\sqrt{n}} = t\sqrt{\frac{\sum (x_i - \bar{x})^2}{n(n-1)}} = t\sqrt{\frac{\sum \delta^2}{n(n-1)}} \qquad \text{0-1-3}$$

と定義される．t は，真の値の推定の信頼度 p ％と測定回数によって決まる値である（表0-1-1）．

表 0-1-1　測定回数 n に対する「補正係数 t」の値

n	2	3	4	5	6	7	8	9	10	∞
$p=50\%$	1	0.817	0.765	0.741	0.727	0.718	0.711	0.706	0.703	0.675
$p=68\%$	1.819	1.312	1.189	1.134	1.104	1.084	1.070	1.060	1.053	1

真の値の推定の信頼度が $p = 68.3$ % の場合，真の値は 68.3 % の確率で $-\sigma$ から $+\sigma$ の範囲に入る．図 0-1-1 の正規分布曲線では，$m-\sigma$ から $m+\sigma$ の間の大きさの測定値が全体の 68.3 %，$m \pm 2\sigma$ 間では 95.4 % である．

それでは，多数回測定した場合の測定値を求めてみよう．表 0-1-2 のデータを用いてまず算術平均 $\bar{x}$ を求める．

$$\bar{x} = \frac{1}{10} \sum_{i=1}^{10} x_i = 10.42$$

続いて，各測定値について残差を計算し，確率誤差を求める．確率誤差は，一般に $p = 50$ % の確率で生じる誤差の範囲のことで，標準誤差を σ とすると，測定回数 n が十分に多数回なら，$\varepsilon = 0.6745\sigma$ で表される．

$$\varepsilon = 0.6745\sigma = 0.6745 \sqrt{\frac{\sum (x_i - \bar{x})^2}{n(n-1)}}$$

なお，n が十分な回数でないときは，係数 0.6745 の代わりに n の値に応じて，表 0-1-1 の値を用いる．測定値の個数が 10 個なので，

$$\varepsilon = 0.703\sigma = 0.703 \sqrt{\frac{\sum (x_i - \bar{x})^2}{n(n-1)}} = 0.703 \sqrt{\frac{0.176}{9 \times 10}} \approx 0.03$$

測定結果は $x = \bar{x} \pm \bar{\mu}$ と書くので，$x = 10.42 \pm 0.03$ である．

0.2.2 誤差の伝搬

ある物理量 y が，いくつかの要素 $x_1, x_2, \cdots, x_n$ よりなるとき，

$$y = f(x_1, x_2, \cdots, x_n)$$

の形で求められる場合には，y の誤差を ε_y，x_i の誤差を ε_i とすると，

$$\varepsilon_y^2 = \left(\frac{\partial f}{\partial x_1}\right)^2 \varepsilon_1^2 + \left(\frac{\partial f}{\partial x_2}\right)^2 \varepsilon_2^2 + \cdots + \left(\frac{\partial f}{\partial x_n}\right)^2 \varepsilon_n^2$$

と表される．これを誤差の伝搬という．

0.2.3 有効数字

ある物体の大きさを，ものさし（1 mm 目盛り）で測定する場合，最小目盛り（この場合，1 mm）の 1/10 までを，目分量で読み取るのが一般的である．物体の 1 辺の長さを 182.6 mm と測定した場合，誤差は ±0.05 mm 以内と考えられる．したがって，物体の真の長さ L（mm）は

$$182.55 \leqq L < 182.65$$

と考えられるから，182.6 が意味をもった数字である．このように，測定値などの近似値で信頼してよい意味をもった数字を有効数字という．

例えば測定値が 4000 の場合，上何桁が意味をもつ数字かわからない．これをはっきりさせるため，整数部分を 1 桁の小数にして，10 の累乗を掛け合わせた 4.0×10^3 のような科学表記で表すとよい．ただし，そのままの形で有効数字が何桁なのかがはっきりしている場合はそのままでよい．

0.3 計算

測定値をいくら精度高く測っても，その測定値を用いての計算がきちんと行われていなければ，その計算が無意味なものとなってしまう．測定値を用いた計算はどのように行えばよいだろうか．

0.3.1 有効数字の加減乗除

①加減；位取りの高いものに合わせる．

例題：42.6 m と 0.576 m の和を求めよ． 解答：42.6 + 0.6 = 43.2 m

②乗除；有効数字の桁数を四捨五入により桁数の最も少ないものより 1 桁多くそろえてから計算し，その積や商も四捨五入によりもっとも桁数の少ないものにそろえればよい．

例題：縦 32.6 cm，横 1.2 cm の長方形の面積を求めよ．

解答：$32.6 \times 1.2 = 39.12 \ \text{cm}^2$ ∴ $39 \ \text{cm}^2$

理由：長方形のデータ，32.6 が取りうる範囲は，$32.55 \leqq 32.6 < 32.65$ なので，± 0.05 cm の誤差があると考えられる．また，1.2 がとりうる範囲は，$1.15 \leqq 1.2 < 1.25$ なので，やはり，± 0.05 cm の誤差はあると考えられる．そこで長方形の面積 S (cm²) は $(32.6 - 0.05) \times (1.2 - 0.05) \leqq S < (32.6 + 0.05) \times (1.2 + 0.05)$ として，$37.4325 \leqq S < 40.8125$ の間にある．ゆえに長方形の面積を $32.6 \times 1.2 = 39.12 \ \text{cm}^2$ としても，小数点第 1 位以下は信頼性がない．よって，有効数字を 2 桁にとって $39 \ \text{cm}^2$ とすればよい．

0.3.2 近似公式

・2 項定理の応用 …… x が 1 に比べて十分に小さいとき $(x \ll 1)$

$(1 + x)^n \fallingdotseq 1 + nx$；$(1 + x)^3 \fallingdotseq 1 + 3x$

$1.02^3 = (1 + 0.02)^3 \fallingdotseq 1 + 3 \times 0.02 = 1.06$（正しくは，1.061208）

$\dfrac{1}{1 + x} = (1 + x)^{-1} \fallingdotseq 1 - x$；$\dfrac{1}{1.03} = (1 + 0.03)^{-1} \fallingdotseq 1 - 1 \times 0.03$

$$= 0.97 \ (0.97087 \cdots\cdots)$$

$$\sqrt{1+x} = (1+x)^{\frac{1}{2}} \fallingdotseq 1 + \frac{1}{2}x \; ; \; \sqrt{0.95} = (1-0.05)^{\frac{1}{2}} \fallingdotseq 1 - \frac{1}{2} \times 0.05$$

$$= 0.975 \; (0.974679 \cdots\cdots)$$

・$\theta \ll 1$ rad のとき；$\sin\theta \fallingdotseq \tan\theta \fallingdotseq \theta$；$\cos\theta \fallingdotseq 1$

（注）　誤差は，θ が $10°$（0.175 rad）以下のとき 1% 以内

$4°$（0.070 rad）以下のとき 0.1% 以内

ギリシア文字

大文字	小文字	読み	大文字	小文字	読み
A	α	アルファ	N	ν	ニュー
B	β	ベータ	$\varXi$	ξ	グザイ，クシー
$\varGamma$	γ	ガンマ	O	o	オミクロン
$\varDelta$	δ	デルタ	$\varPi$	π	パイ
E	ε, ϵ	イプシロン	P	ρ	ロー
Z	ζ	ゼータ	$\varSigma$	σ	シグマ
H	η	イータ	T	τ	タウ
$\varTheta$	θ	シータ	$\varUpsilon$	υ	ウプシロン
I	ι	イオタ	$\varPhi$	ϕ, φ	ファイ
K	κ	カッパ	X	χ	カイ
$\varLambda$	λ	ラムダ	$\varPsi$	ψ	プサイ
M	μ	ミュー	$\varOmega$	ω	オメガ

単位の大きさを表す接頭語

倍数	名称	記号	倍数	名称	記号
10^{18}	エクサ（exa-）	E	10^{-1}	デシ（deci-）	d
10^{15}	ペタ（peta-）	P	10^{-2}	センチ（centi-）	c
10^{12}	テラ（tera-）	T	10^{-3}	ミリ（milli-）	m
10^{9}	ギガ（giga-）	G	10^{-6}	マイクロ（micro-）	μ
10^{6}	メガ（mega-）	M	10^{-9}	ナノ（nano-）	n
10^{3}	キロ（kilo-）	k	10^{-12}	ピコ（pico-）	p
10^{2}	ヘクト（hecto）	h	10^{-15}	フェムト（femto-）	f
10	デカ（deca-）	da	10^{-18}	アト（atto-）	a

第1編 力 学

第1章 質点の静力学

1.1 力

1.1.1 力とは何か

力の概念は筋肉の緊張感から始まった．物理学で扱う力とは，物体の運動状態を変化させたり，物体を変形させる原因となる物質量である．

1.1.2 力の大きさ

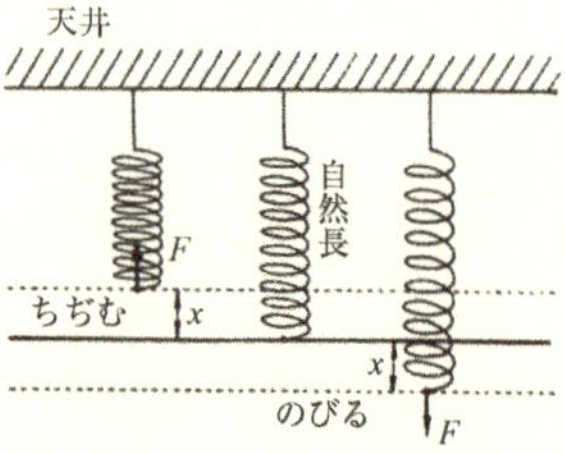

ばねは，力が加わると伸びたり縮んだりする．この性質を使うと力の大きさを測定できる．ばねは**弾性体**といい，加えた力の大きさに比例して変形する（**フックの法則**）．比例定数を k，ばねののびを x とおくと，

$$F = kx \qquad 1\text{-}1\text{-}1$$

である．k はばね**定数（弾性定数）**で，ばねの伸びにくさを示す．

図 1-1-1　フックの法則

> **プチ実験**「ばねばかりを作る」
> ばねに，基準の力を加えて伸びを測定し，この伸びを基準にて目盛りをつけよう．2 N まで測れるばねはかりを作ろう．

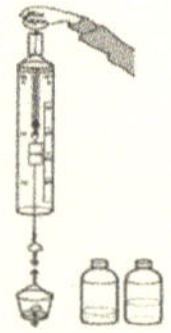

1.1.3 力の図示

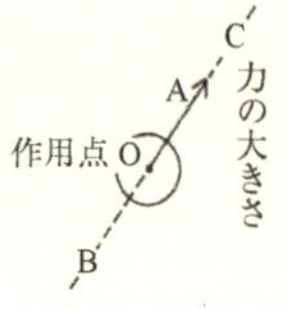

静止しているサッカーボールを蹴ると，力が作用し，加えた力の向きにボールが飛ぶ．

力を図示するには，力の3要素（作用点「力がはたらく点」，力の向き，力の大きさ）に着目する．具体的には，作用点 O を記し，作用線（作用点を通り，力の方向に引いた直線）に沿って力の向きに，その大きさに比例する線分 OA を引き，力の向きに矢印をつける．

図 1-1-2　力の3要素

> **補足**　方向と向き：東西方向には，東向きと西向きの2つの向きがある．1つの方向は，2つの向きをもつ．

> **補足**　質点（小物体）：大きさをもたず，質量のみをもつ点．

1.1.4 ベクトル

力のように「大きさ」と「向き」をあわせもつ量をベクトル（vector）といい，長さ，温度，時間，質量のように「大きさ」だけをもち，「向き」をもたない量をスカラー（scalar）という．

ベクトルの図示は，ベクトルの向きに，その大きさに比例する長さの矢印を描く．文字としてベクトルを表現するには，文字の上に矢印をつけるか，あるいは文字の一部を太字にする． $\vec{F}$, $\overrightarrow{AB}$, $\boldsymbol{F}$, $\boldsymbol{a}$

1.2 一直線上にある力

1.1.1 一直線上にある力の合成

この節のみ力の大きさ F で表現する．図1-2-1にみるように，A君は物体を一人で持ちあげて支えているが，B君は同じ物体を一人では支えられずC君に手伝ってもらっている．A君の力 F_A と，B君とC君2人の合わせた力（$F_B + F_C$）は同じはたらきをしている．このように，2

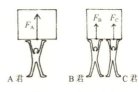

図1-2-1　力の合成

つ以上の力を合わせて，それと同じだけの作用をする1つの力として求めることを力の合成といい，合成した力を合力という．2力が逆向きの場合，合力の大きさは，大きい方の力から小さい方の力を引いた大きさとなる．合力の向きは，大きい方の力の向きとなる．同じ大きさで向きが逆の場合，力は打ち消しあい合力は0である．

1点に同方向に作用する力が多数存在する場合の合成は，任意の向きのベクトルを正のベクトルと定め，逆向きのベクトルを負のベクトルとし代数和を求める．右向きを正とし，右向きに F_1, F_2, F_3，左向きに F_4, F_5 が作用すると，合力 F は，式1-2-2となる．

$$F = F_1 + F_2 + F_3 + (-F_4) + (-F_5)$$
$$= F_1 + F_2 + F_3 - F_4 - F_5 \qquad 1\text{-}2\text{-}1$$

$$F = \sum_{n=1}^{5} F_n \qquad 1\text{-}2\text{-}2$$

1.1.2 一直線上にある2力のつりあい

A君とB君が静止物体を左右から押し合っている．A君が物体を押す力 F_A と，B君が物体を押す

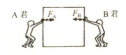

図1-2-2　2力のつりあい

力 F_B が，等しい大きさで，一直線上逆向きのとき物体は右へも左へも移動しない．このようなとき，F_A と F_B の2力はつりあっているという．つまり，**1 物体に作用する一直線上等大逆向きの2力は，力のつりあいの2力となる．**このとき2力は打ち消しあって合力は0となる．

1.1.3 作用・反作用の法則（運動の第3法則）

　A君とB君が直接押し合って静止している場合をみてみる．互いに押しばねばかりをもって押し合えば同じ値になる．2つの物体が接している場合，物体Cが物体Dに力を作用すれば，物体Dは物体Cから受ける作用と同じ大きさの逆向きの力で押し返す．つまり，**異なる2物体間に作用する一直線上等大逆向きの2力は，作用・反作用の2力である．**

例題 床の上に置かれた重さ W_1, W_2 の2物体について，力のつりあいの関係と作用・反作用の関係を力の矢印を用いて図示せよ．

解答

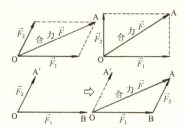

補足 $W_1 = N_1$; $N_1 + W_2 = N_2$

1.3　方向の異なる力

1.1.1　方向の異なる2力の合成と分解

＜平行四辺形の法則＞

　1点Oに同時に作用する2力 $\vec{F_1}$, $\vec{F_2}$ の合力は，それらを2辺とする平行四辺形の対角線OAで示される力である．この合力の分力は $\vec{F_1}$, $\vec{F_2}$ となる．

＜力の三角形の方法＞

　力 $\vec{F_1}$ の矢の先Bから，力 $\vec{F_2}$ を表すベクトル $\overrightarrow{BA}$ を描き，$\vec{F_1}$ の矢印のもとOからAに向かって $\overrightarrow{OA}$ を引けば，これが合力 $\vec{F}$ となる．合力 $\vec{F}$ は，$\vec{F} = \vec{F_1} + \vec{F_2}$ である．逆に，合力 $\vec{F}$ の分力は，$\vec{F_1}$, $\vec{F_2}$ である．

図 1-3-1　方向の異なる力の合成

<2次元直交座標>

平行四辺形の法則の対角線となった合力を分解した分力 $\vec{F_1}, \vec{F_2}$ のそれぞれが，直交するように分解することもできる．このとき，水平方向に x 軸を，鉛直方向（簡単にいうと縦の向き）に y 軸をとると，分力 $\vec{F_1}, \vec{F_2}$ は x 成分，y 成分とみることができ，F_x, F_y と書ける．

図 1-3-2　直交座標

例題 合力 $\vec{F}$ が x 軸となす角を θ とし，x 成分，y 成分に分解せよ．

解答 合力 $\vec{F}$ を x-y 直交座標のもとに分解し，分力を描くと右図の F_x, F_y となる．

ベクトルを直交座標で分解すると，その成分の表示が簡単になる．

力 $\vec{F}$ の，x 方向の分力を x 成分，y 方向の分力を y 成分という．$\vec{F}$ の大きさ $|\vec{F}|=F$ は，力の三角形を考えると，ピタゴラスの定理を使って，

$$F^2 = F_x^2 + F_y^2 \qquad \therefore \quad F = \sqrt{F_x^2 + F_y^2} \qquad \text{1-3-1}$$

また，$\vec{F}$ と x 軸のなす角を θ とすると，x 成分，y 成分は，それぞれ，$F_x = F\cos\theta$，$F_y = F\sin\theta$ と書ける．F の大きさは，$F_x^2 + F_y^2 = F^2\sin^2\theta + F^2\cos^2\theta = F^2(\sin^2\theta + \cos^2\theta) = F^2$ なので，$F = \sqrt{F_x^2 + F_y^2}$ である．向きは，なす角 θ を用いて $\tan\theta = \dfrac{F_x}{F_y}$ である．

1.1.2　1点に作用する多数の力

<多数の力の合成>

ベクトルは平行移動できるので，「力の三角形の方法」を繰り返し使うことができる．図 1-3-3 のように力 $\vec{F_1}$ の終点に $\vec{F_2}$ の始点を持ってくる（点 A とする）と，$\vec{F_1}$ と $\vec{F_2}$ の合力が $\overrightarrow{OB} = \vec{F_1} + \vec{F_2}$ と求まる．同様に，$\overrightarrow{OC} = \overrightarrow{OB} + \vec{F_3} = \vec{F_1} + \vec{F_2} + \vec{F_3}$，$\overrightarrow{OD} = \overrightarrow{OC} + \vec{F_4} = \vec{F_1} + \vec{F_2} + \vec{F_3} + \vec{F_4}$ となり，$\vec{F} = \vec{F_1} + \vec{F_2} + \vec{F_3} + \vec{F_4} = \sum_{i=1}^{4} \vec{F_i}$ となる．以上から一般に合力 $\vec{F}$ は，$\vec{F} = \sum_{i=1}^{n} \vec{F_i}$ となる．

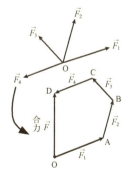

図 1-3-3　多数の力の合成

<多数の力のつりあい>

多数の力のつりあいにおいても合力が 0 なので，

$$F = F_1 + F_2 + F_3 + F_4 + \cdots + F_n = \sum_{i=1}^{n} \vec{F_i} = 0$$

である．合力 F の x 成分 F_x, y 成分 F_y は，

$$F_x = F_{1x} + F_{2x} + F_{3x} + F_{4x} + \cdots + F_{nx} = \sum_{i=1}^{n} F_{ix}$$

$$F_y = F_{1y} + F_{2y} + F_{3y} + F_{4y} + \cdots + F_{ny} = \sum_{i=1}^{n} F_{iy}$$

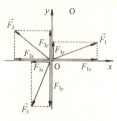

図 1-3-4　多数の力のつりあい

と表せる．物体がつりあっているときは，各成分の和 F_x, F_y も 0 で，$F_x = 0$, $F_y = 0$ となる．

第2章　質点の運動

2.1　変位・速度

2.1.1　変位

物体の運動を記述するためには，物体の位置を明確に表す必要がある．

・位置…空間のある点 P の位置は，基準点（原点）O からその点に引いた線分 OP の長さと向きによって示す．
　　　→　位置ベクトル

・変位…運動の開始の位置と終わりの位置の変化（ベクトル）
　　　→　大きさと向きを示せばよく，途中はどんな経路をとってもよい．

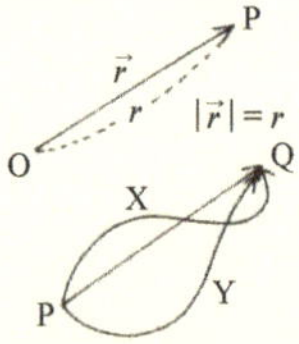

図 2-1-1　変位

2.1.2　速度（velocity）

単位時間あたりの変位を速度という．変位はベクトルなので速度 $\vec{v}$ もベクトルとなり，大きさと向きをもつ．速度の大きさを速さ $|\vec{v}| = v$（speed）という．

2.1.3　等速直線運動

時刻 $t = t_1 \sim t_2$ の間に $x = x_1 \sim x_2$ へ進むとき，この間の平均の速さ v は，

$$v = \frac{x_2 - x_1}{t_2 - t_1} = \frac{x}{t} \qquad 2\text{-}1\text{-}1$$

となる．式を変形すると，

$$x = vt \qquad 2\text{-}1\text{-}2$$

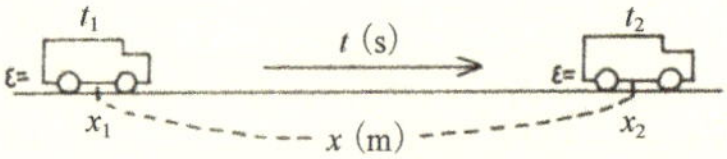

図 2-1-2　等速直線運動

となる．

<*v-t* グラフ>

　縦軸に速度の大きさ v を，横軸に時間 t をとって *v-t* グラフを描くと，長方形が描ける．この長方形の面積 x は，

$$v（縦）\times t（横）=x（面積）$$

である．*v-t* グラフで囲んだ面積は変位の大きさを表す．

図 2-1-3　等速直線運動 *v-t* グラフ

<*x-t* グラフ>

　縦軸に変位の大きさ x を，横軸に時間 t をとって *x-t* グラフを描くと，傾き v の直線グラフとなる．グラフの傾き $\tan\theta$ は，$\tan\theta=\dfrac{x}{t}=\dfrac{vt}{t}=v$ より v となる．*x-t* グラフの傾きは速度の大きさ（速さ）を表す．

図 2-1-4　等速直線運動 *x-t* グラフ

2.1.4　相対速度

<一直線上を同じ向きに進む場合>

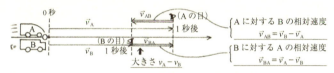

図 2-1-5　一直線上を同じ向きに進む場合

<一直線上を逆向きに進む場合>

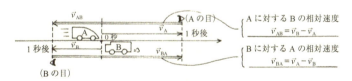

図 2-1-6　一直線上を逆向きに進む場合

<進む方向が一直線上にない場合>

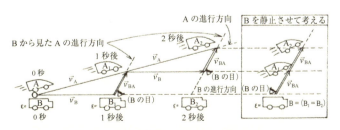

図 2-1-7　進む向きが一直線上にない場合

<まとめ>

$\left\{\begin{array}{l}\text{任意の点 P に対し,}\\ v_{BA}=v_{PA}-v_{PB}\\ \text{のように分解できる.}\\ \text{そこで点 O について}\\ v_{BA}=v_{OA}-v_{OB}=v_A-v_B\end{array}\right.$

B に対する A の相対速度
（B を静止させて考える）
$v_{BA}=v_A-v_B$ 　2-1-2

例題 静水において速さ 5.0 m/s の船が，流速 3.0 m/s，川幅が 72 m で直線上に流れている川を航行している．
(1) この船が川の流れに沿って上下に 72 m 往復するのに要する時間 t_1 を求めよ．
(2) この船が川の流れに直角に往復するのに要する時間 t_2 を求めよ．
(3) (2) の場合に川に浮いて流れてゆく木片を船の人が見ると，木片の速度はどう観察されるか．
(4) 静水に対する船の速さを V とし，川の流速を v, 川幅を L とした場合，川に沿って上下に L だけ往復するのに要する時間 t_1 と川を直角に往復するのに要する時間 t_2 をそれぞれ求めよ（*cf.* マイケルソン・モーリーの実験）.

解答

(1) $t_1=\dfrac{72}{5.0+3.0}+\dfrac{72}{5.0-3.0}=45$ 　　45 秒

(2) $t_2=\dfrac{72\times 2}{4.0}=36$ 　　36 秒

(3) 左図のように「斜め後方に 5.0 m/s の速度」

(4) $t_1=\dfrac{l}{V+v}=\dfrac{l}{V-v}=\dfrac{2cl}{V^2-v^2}$

$t_2=\dfrac{2l}{\sqrt{V^2+v^2}}=\dfrac{2cl}{V^2-v^2}\sqrt{1-\left(\dfrac{v}{V}\right)^2}$

同時に出発した船が，L だけ往復して同時に戻ってくるためには，上下方向の距離を $r=\sqrt{1-\left(\dfrac{v}{V}\right)^2}$ 倍だけ縮めればよい．

2.2　等加速度直線運動

2.2.1　不等速運動の速さ

<平均の速さ>

位置 x_1 から位置 x_2 まで移動する間の平均の速さ $\bar{v}$ は，

$$\bar{v}=\dfrac{(\text{移動距離})}{(\text{経過時間})}=\dfrac{x_2-x_1}{t_2-t_1}=\dfrac{\Delta x}{\Delta t}$$

図 2-2-1　不等速な運動

と求められるが，本来は一瞬ごとに速さが変わる運動をしているかもしれない．

では，瞬間の速さを求めるにはどうすればよいであろうか．

＜瞬間の速さ＞

瞬間の速さは，平均の速さ v の t_1 と t_2 の間隔を無限に小さくしていくと求められる．

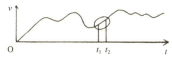

図 2-2-2　瞬間の速さ

$$v = \lim_{t_2 \to t_1} \frac{x_2 - x_1}{t_2 - t_1} = \lim_{\Delta t \to 0} \frac{\Delta x}{\Delta t} = \frac{dx}{dt} \quad 2\text{-}2\text{-}1$$

＜平均の速さと瞬間の速さが一致する点＞

（移動距離 s）＝（速さ v）×（時間 t）

（v–t グラフと，v 軸，x 軸で囲まれた面積）
　＝（移動距離）

図 2-2-3　瞬間の速さの
　　　　　　v–t グラフ

等速直線運動では，

この考え方は，一定の割合で瞬間の速さが変わる運動についてもいえる．

$$\begin{cases} 時刻\ t=0\ のとき，瞬間の速さ\ v_0 \\ 時刻\ t=t\ のとき，瞬間の速さ\ v \end{cases}$$

とすると，移動距離 s は，台形の面積なので，

$$s = \frac{1}{2}(v_0 + v)t = \left(\frac{v_0 + v}{2}\right)t$$

ところで，$\dfrac{v_0 + v}{2}$ は，

$$\begin{cases} 時間\ t\ 間の平均の速さであり， \\ \quad\quad また， \\ 時刻\ \dfrac{t}{2}\ における瞬間の速さと等しい． \end{cases}$$

ので，各区間の平均の速さを求め，その区間の中央時刻が瞬間の速さである．その点を結んでグラフを作ると，時々刻々と変化する各時刻の瞬間の速さを示すグラフとなる．求めたい時刻の瞬間の速さはこのグラフから読むとよい．

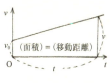

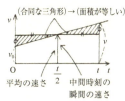

図 2-2-4　平均の速さと瞬間の速さの一致点

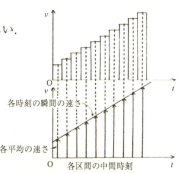

図 2-2-5　瞬間の速さによる v–t グラフ

2.2.2 加速度

ここまで，速さが一定の割合で増える運動を考えてきた．単位時間（1秒）あたりの速度変化を<u>加速度</u>といい，単位時間に変化した速さを加速度の大きさという．

時刻 $t=0$ のとき，速さ v_0 で走る物体が，一定の割合で速さを増し続け，時間 t だけ経過後の速さが v になったとすると，求める加速度の大きさは，

$$a = \frac{v - v_0}{t} \qquad 2\text{-}2\text{-}2$$

となる．速さの単位が m/s のとき，2-2-2 式の分数の分子の単位は m/s で，分母の単位が s なので，右辺の単位は，m/s^2 となる．読み方は，メートル毎秒毎秒である．

ところで，1秒ごとに a ずつ速さが増す場合，

  1秒後の速さの増加分　a

  2秒後の速さの増加分　$2a$

  ・・・・・・・・・・・・・・・・・・・・・・・・・・・・・・・・・・

  t 秒後　　　　　　　at

図 2-2-6　a ずつ加速する v-t グラフ

つまり初速度が v_0 で，t 秒後に at だけ速さが増加して v になった場合は，

$$v = v_0 + at \qquad 2\text{-}2\text{-}3$$

と書ける．加速度の大きさ a が与えられると，任意の時刻 t における物体の瞬間の速さが式 2-2-3 により計算によって求めることができる．

2.2.3 等加速度直線運動

このように，一直線に沿って運動し速さが一定の割合で変化する運動を等加速度直線運動という．v-t グラフは図 2-2-7 のようになる．移動距離 s は，図の面積から求まる．

$$s = \frac{1}{2}(v_0 + v)t$$

$$\therefore s = v_0 t + \frac{1}{2}at^2 \qquad 2\text{-}2\text{-}4$$

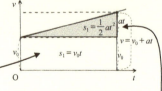

図 2-2-7　等加速度直線運動の v-t グラフ

$\boxed{s_1 = v_0 t}$ …上図の長方形の面積 → 速度 v_0 の等速直線運動をした場合に進む距離

$\boxed{s_2 = \frac{1}{2}at^2}$ …上図の三角形の面積 → 速度の増加分による移動距離

ところで 2-2-3 式より,$t=\dfrac{v-v_0}{a}$ なので,これを 2-2-4 式に代入すると,

$$s = v_0\left(\dfrac{v-v_0}{a}\right) + \dfrac{1}{2}a\left(\dfrac{v-v_0}{a}\right)t^2 = \dfrac{(v-v_0)(2v_0+v-v_0)}{2a}$$

$$\therefore v^2 - v_0^2 = 2as \qquad\qquad 2\text{-}2\text{-}5$$

また,$a<0$ のとき………負の加速度を持つという.

例題 ある物体を自由落下させ,その運動の状態を記録タイマーにより記録テープに記録した.このタイマーでは,各刻線間の時間間隔は $\dfrac{1}{120}$ s である.

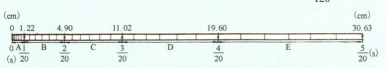

(1) 6刻線を1区間とすると,1区間の経過時間は何秒か.
(2) 区間 B の平均の速さは何 cm/s か.
(3) v–t グラフを作成せよ.
(4) 時刻 0.175 s の瞬間の速さは何 cm/s か.
(5) 加速度の大きさは何 m/s² か(この加速度を重力加速度といい g と書く).

解答 (1) 1/20 s (2) 73.6 cm/s (3) 省略
(4) $t=\dfrac{7}{40}$ s より,171.6 cm/s (5) $g=9.81$ m/s²

2.3 運動の法則

2.3.1 運動の第1法則(慣性の法則)

静止している物体があるとき,この物体に外力が作用しないかぎり,静止し続ける.

図 2-3-1 静止している場合

また,等速直線運動をしている物体があるとき,外力が作用しないかぎり,等速直線運動を続ける.(例:エアートラック)

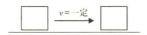

図 2-3-2 等速直線運動の場合

物体は現在の運動状態(静止も含め)を保とうとする性質があり,この性質を慣性という.

コラム 慣性の法則とガリレオ・ガリレイ(17C. 伊)

ガリレオは,完全になめらかな斜面に沿って球を転がす場合,この球が h だけ落下したときにもつ速さ v は,自由落下であっても,任意の傾角をもつ

斜面に沿って落下しても，常に一定で $\sqrt{2gh}$ であることを，また，物体がどのような重さ（質量）であっても同じ $\sqrt{2gh}$ になることを，観測によって見い出した．

このことから，任意の斜面を上らせる場合，同じ初速度 $\sqrt{2gh}$ をあたえれば，再び同じ高さ h まで上るであろうと推論した．

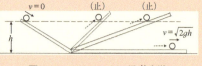

図 2-3-3　ガリレオの思考実験

ところで，上る斜面の傾きを徐々に小さくすれば，到達距離は長くなり，ついに傾きが 0 になる極限で物体は速度 $\sqrt{2gh}$ をもって無限に運動を続けると考えた（思考実験）『新科学対話』．

慣性の法則は，このように，ガリレオによって見い出され，デカルト（17C. 仏）『哲学原理』を経て，ニュートン（17C. 英）『プリンシピア：自然哲学の数学的原理』によって基礎法則として取りあげられた．

2.3.2　運動の第 2 法則（運動の法則）

物体に同じ大きさの力 F を作用させる場合，質量 m が大きいほど，速度変化（加速度 a）が小さい（質量と加速度は反比例）．つまり，慣性が大きい．

それでは，この F と m と a の 3 つの物理量の間にどのような関係があるのだろうか．簡単な実験で調べてみよう．図 2-3-4 のよう

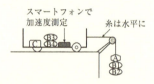

図 2-3-4　運動の法則の実験方法

引く力 F (N)　　　総質量 m (kg)	$F_1 = 0.53$	$F_2 = 1.02$	$F_3 = 1.51$	$F_4 = 2.00$	$F_5 = 2.49$
$m_1 = 1.51$	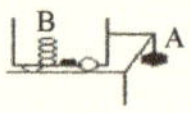	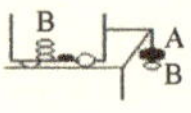	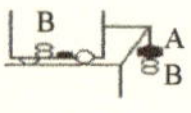	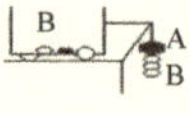	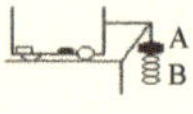
$m_2 = 1.76$	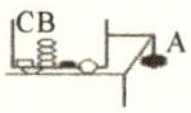		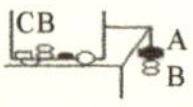	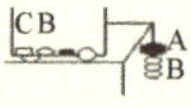	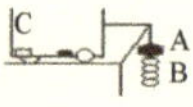
$m_3 = 2.01$	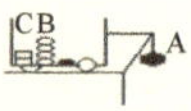	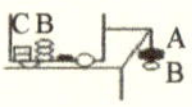	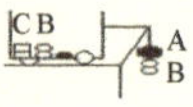	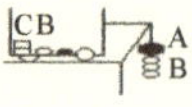	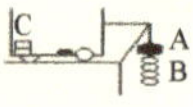
$m_4 = 2.26$	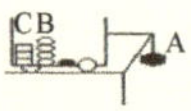	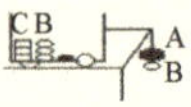			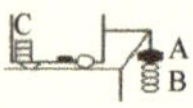
$m_5 = 2.51$	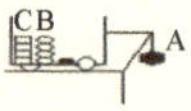	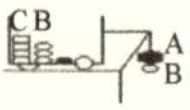	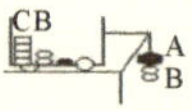	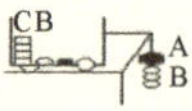	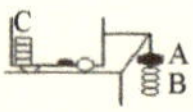

図 2-3-5　運動の法則における力学台車のセット

表 2-3-1　この実験により得られた加速度の値

m (kg)＼F (N)	0.53	1.02	1.51	2.00	2.49
1.51	0.29	0.57	0.88	1.18	1.59
1.76	0.25	0.56	0.78	1.13	1.33
2.01	0.21	0.44	0.63	0.93	1.14
2.26	0.20	0.41	0.59	0.82	1.04
2.51	0.18	0.34	0.55	0.78	0.92

に，かごに車輪をつけて力学台車とし，これにいろいろなおもりを身近なもので作り搭載する．

　力学台車に糸をとりつけ，逆の端に滑車をとおしておもりをつける．糸につけたおもりの重さで「力学台車とおもりを1つにした全体がひとかたまり」となって動くようにする．図 2-3-5 のように，おもりを載せ替えながら 25 通りの加速度測定を行い，グラフ処理を通して，F と m と a の関係性を求める．加速度測定には，後述する加速度計を用いたり，スマホアプリを利用したりなど工夫してみよう．実験結果の一例を表 2-3-1 に示した．力の単位は，ニュートンを用いた．

　このデータの解析を行うには，F-a の関係性からさぐるか，m-a の関係性からさぐるかである．どちらから行ってもよいが，F-a の関係性からさぐってみよう．

　総質量が m_5 の場合の F-a グラフを描くと，図 2-3-6 のような比例のグラフになる．比例定数を k_5 とおくと $F = k_5 a$ と書ける．

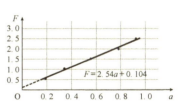

図 2-3-6　m_5 における F-a グラフ

　同様にして他の質量についても F-a グラフを作成する．比例定数 k は F-a グラフの傾きであり，それぞれのグラフの傾きは表 2-3-2 のようになる．

　m_1〜m_5 のそれぞれに対して k_1〜k_5 が決まるので，それらの間の関係性を求めてみる．ところで k は $k = F/a$ なので，縦軸に k，横軸に m をとった k-m グラフを作成すると，図 2-3-7 のようになる．

　k-m グラフでは，k と m は比例しているので，こ

表 2-3-2　m-k

m (kg)	k ($= F/a$)
1.51	1.52
1.76	1.79
2.01	2.08
2.26	2.34
2.51	2.54

のときの比例定数をKとおくと，$k = Km$，すなわち，$k = F/a = Km$ より $F = Kma$ と表される．グラフより勾配を読み取ると，$K = 1.03$ となので，F, m, a の関係を表す実験式は，

$$F = 1.03ma \qquad 2\text{-}3\text{-}1$$

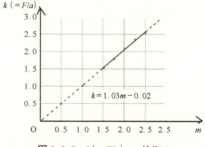

図 2-3-7　$k(=F/a)\text{-}m$ グラフ

となる．ところで，空気抵抗も摩擦の影響もなく，しかも読み取り誤差もない場合には，$K = 1$ となり，

$$F = ma \qquad 2\text{-}3\text{-}2$$

と書ける．この式が，運動の第 2 法則を表す関係式である．また，$ma = F$ を 運動方程式（Equation of Motion；M. E.）とよぶ．

物体に力が作用するときは，力の方向に加速度を生じる．
加速度の大きさ a は，力の大きさ F に比例し，物体の質量 m に反比例する．

質量 1 kg の物体に 1 m/s^2 の加速度を生じさせる力を 1 N（ニュートン）と定義する．なお，国際単位系 SI では，MKS 絶対単位を用いる．

ところで，$F\text{-}a$ グラフを描くことから，解析を始めたが，$a\text{-}m$ グラフを描くことから始めることもできる．

力が F_5 の場合の $a\text{-}m$ グラフを描くと図 2-3-8 のような曲線が得られる．このグラフからも，m と a の関係式を求めることができる．人間は，視覚的に曲線のままで関係式を決めるのは難しいので，これまでの歴史においては，曲線を直線に直して関係式

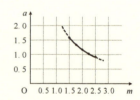

図 2-3-8　F_5 における $a\text{-}m$ グラフ

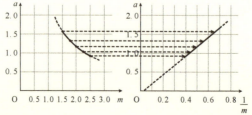

図 2-3-9　$a\text{-}m$ グラフ（左側）と $a\text{-}(1/m)$ グラフ（右側）

を決めてきた．グラフから反比例に見えるが，後に学ぶ万有引力では，分母が2乗になった $1/r^2$ に比例する．反比例なら $a \propto 1/m$ なので，質量を逆数にすれば直線グラフが得られる．

比例定数を k_5' とすると，$a = k_5'(1/m)$，すなわち，$k_5' = ma$ となる．F_1 から F_4 についても同様にグラフを描き k' を求める．

すると，表2-3-2のような関係となる．ここで，$k'(=ma)$ と F との関係を調べるため，k'-F グラフを描くと図2-3-10が得られる．

k' と F は比例しているので，比例定数を K' とおくと，$k' = K'F$ と表せる．つまり，$k' = ma = K'F$，すなわち $K'F = ma$ となる．図2-3-10のグラフより，K' は1.00となったので，F, m, a の関係を表す実験式は，

$$1.00 F = ma \qquad 2\text{-}3\text{-}3$$

となる．F-a グラフの解析から入ったのと同様，理論式では $K' = 1$ となり，

$$F = ma \qquad 2\text{-}3\text{-}4$$

表2-3-2　F-k'

F (N)	$k'(=ma)$
0.53	0.41
1.02	0.93
1.51	1.30

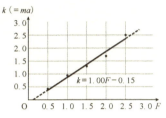

図2-3-10　$k'(=ma)$-F グラフ

であることがわかる．

加速度 a が，$a = 0$ のとき，$F = ma$ より $F = 0$ となる．すなわち力が作用していないことがわかり，静止あるいは等速直線運動を続ける（慣性の法則；運動の第1法則）．また，運動方程式で扱う力や加速度はベクトルである．適切な方向にその成分を分解すると考えやすくなる．

物体の運動状態は，運動方程式を解いて求めることができる．以下，運動方程式のたて方の基本について説明する．

・運動方程式のたて方の手順

①着目する物体を決める．
②その物体に作用する外力を数え上げ，外力を図示する．
③加速度の正の方向を決め，方程式の左辺を ma と置く．
④加速度の向きの力を正，逆向きを負として，合力 F_i を右辺に置く．
⑤運動方程式　　$ma = \sum F_i$ を解く．
⑥力が一直線上にないときは，適当な方向に加速度と力を分解し，

$ma_x = \sum F_{ix}$; $ma_y = \sum F_{iy}$ を解く．

2.3.3 運動の第3法則（作用・反作用の法則）

作用があれば必ず反作用があり，その大きさは互いに等しく，一直線上等大逆向きである．

2物体A，Bがある．AがBを力$\vec{F_A}$で押す（作用）と，Bは Aを力$\vec{F_B}(=-\vec{F_A})$で押し返す（反作用）．

2物体AとBをまとめて1つの物体系と考えると，力$\vec{F_A}$も$\vec{F_B}$も系の内力となり，

$$\vec{F_A} + \vec{F_B} = 0 \rightarrow （合力）= 0$$

内力によって系全体には加速度は生じない．

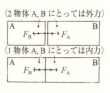

図2-3-11 作用・反作用の法則

例題 1. なめらかな面上にある質量 m の物体に，右図に示すような水平に力 F が作用している．物体の加速度の大きさ a を求めよ．

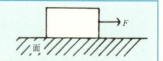

指針 まず，物体に作用する力をすべて書き込む．次に，x方向，y方向についてそれぞれの運動方程式（M.E.）をたてる．物体が，鉛直方向に移動しないことより，y方向の加速度a_yは，$a_y = 0$であることがわかる．

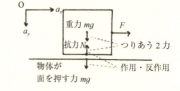

y： $ma_y = mg - N = 0$

物体に作用しているy方向の力は，重力mgと抗力Nのみで，この2力はつりあっているから，鉛直方向についての運動方程式はたてる必要がなく，以下のような解答を行えばよい．

解答 水平方向に生じる加速度をaとすると，M.E.は，

$ma = F$

故に，求める加速度は，右向きに $a = \dfrac{F}{m}$ となる．

例題 2. なめらかな面上にある質量 m_1, m_2 の物体に右図に示すように水平な力Fが作用している．それぞれの物体に生じる加速度を求めよ．

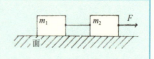

指針 鉛直方向につりあっているので，水平方向の運動方程式を考えるとよい．m_1と糸の間の張力をT_1，m_2と糸の間の張力をT_2とし，m_1に生じる加速度を

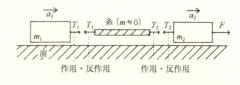

a_1, m_2に生じる加速度をa_2とするとき，m_1, m_2のそれぞれについて運動方程式

をたてると，
$$m_1 a_1 = T_1, \quad m_2 a_2 = T_2$$
となるが，物理で扱う糸には，軽くて伸び縮みしないという約束がある．

> **コラム** 「伸び縮みしない」から導かれること→両物体 m_1, m_2 の間の距離は変化しないので，両物体の同時間内の移動距離は等しい．$\dfrac{1}{2} a_1 t^2 - \dfrac{1}{2} a_2 t^2 = 0$
> ∴ $a_1 = a_2$
> したがって，糸が伸び縮みしない場合，両物体の加速度は等しいことがわかる．
> また，「軽くて」から導かれること→糸の質量を $m\,(\fallingdotseq 0)$ とすると，糸の運動方程式は，$ma = T_2 - T_1$ となるが，$m=0$ より，$T_2 - T_1 = 0$ ∴ $T_1 = T_2$
> したがって，糸の質量が無視できる場合，糸の張力は，いたるところで一定である．

解答 右向きを正とし，物体 m_1, m_2 について運動方程式をたてると
$$m_1 a = T$$
$$+)\quad m_2 a = F - T$$
$$\overline{(m_1 + m_2)a = F}$$

故に求める加速度は，右向きに $a = \dfrac{F}{m_1 + m_2}$ となる．

また，張力は上の行の式より，$T = \dfrac{m_1 F}{m_1 + m_2}$ となる．

> **例題 3.** なめらかな面上にある質量 m_1, m_2 の物体に右図に示すように，水平な力 F が作用している．物体に生じる加速度 a と，物体間で押し合う力 R を求めよ．

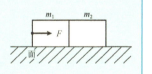

解答 右向きを正とし，物体 m_1, m_2 について運動方程式をたてると，
$$m_1 a = F - R$$
$$+)\quad m_2 a = R$$
$$\overline{(m_1 + m_2)a = F}$$

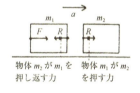

物体 m_2 が m_1 を押し返す力　　物体 m_1 が m_2 を押す力

故に，求める加速度は，右向きに $a = \dfrac{F}{m_1 + m_2}$，押し合う力は $R = \dfrac{m_2 F}{m_1 + m_2}$ となる．

補足 両物体を一体物として扱ってみると，上述の抗力 R は物体 $(m_1 + m_2)$ の内力となる．加速度を a とすると，運動方程式は $(m_1 + m_2)a = F$ となり，$a = \dfrac{F}{m_1 + m_2}$ と求められる．

例題 4. 質量 m_1, m_2 の 2 物体が，糸で結ばれて運動している場合の両物体の加速度 a および張力 T を求めよ．ただし，面はなめらかで，重力加速度の大きさを g とする．

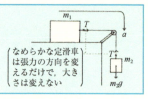

なめらかな定滑車は張力の方向を変えるだけで，大きさは変えない

解答 物体 m_2 の落下する向きを正とすると，M.E. は，

$$m_1 a = T$$
$$+)\quad m_2 a = m_2 g - T$$
$$(m_1 + m_2)a = m_2 g \quad \therefore a = \frac{m_2 g}{m_1 + m_2} \quad T は上の段の式より \quad T = \frac{m_1 m_2}{m_1 + m_2} g$$

例題 5. なめらかな滑車を通して質量 m_1, m_2, ($m_1 > m_2$) の 2 物体が糸で結ばれている．両物体の加速度 a および，張力 T を求めよ．ただし，重力加速度の大きさを g とする．

解答 物体 m_1 の落下する向きを正とすると，M.E. は，

$$m_1 a = m_1 g - T$$
$$+)\quad m_2 a = T - m_2 g$$
$$(m_1 + m_2)a = (m_1 - m_2)g \quad \therefore a = \frac{(m_1 + m_2)g}{m_1 + m_2},\ T = \frac{2m_1 m_2}{m_1 + m_2} g$$

例題 6. 傾角 θ のなめらかな斜面に，質量 m の物体を置いた場合の斜面方向の加速度 a と，抗力 N を求めよ．ただし，重力加速度の大きさを g とし，斜面は固定されている．

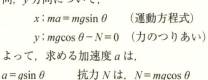

指針 物体は，斜面にめり込んだり，浮き上がったりせず，斜面に沿って運動するから，斜面に垂直な方向の力はつりあっている．したがって，物体の加速度を考える場合には，斜面方向のみを考えればよい．

(注) 物体の大きさを無視できるものとして扱うと，下図のように作図できる．→「質点」(cf. p. 6)

解答 右図のように斜面に沿って下向きを x 軸の正，斜面と垂直に下向きを y 軸の正とすると，x 方向，y 方向について，

$$x ; ma = mg\sin\theta \quad (運動方程式)$$
$$y ; mg\cos\theta - N = 0 \quad (力のつりあい)$$

よって，求める加速度 a は，

$a = g\sin\theta$ 　抗力 N は，$N = mg\cos\theta$

例題 7. 例題 6. で用いた斜面に，なめらかな滑車を通して，2 物体 m_1, m_2 を右図のように置いた．重力加速度の大きさは g で，斜面は固定されている．
(1) m_1 が斜面をすべり降りる条件を求めよ．
(2) この場合の両物体の加速度 a と張力 T を求めよ．

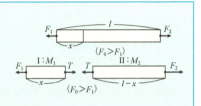

解答 (1) $m_1 \sin\theta > m_2$ (2) $a = \dfrac{(m_1 \sin\theta - m_2)g}{m_1 + m_2}$, $T = \dfrac{m_1 m_2 (1 + \sin\theta)g}{m_1 + m_2}$

補足 $\theta = 0°$ の場合が例題 5 に，$\theta = 90°$ の場合が例題 6 にあたる．

例題 8. 長さ L の一様な綱がある．この綱の質量は M で，この綱の両端に F_1, F_2 の力を左図のように加えた．
(1) 綱の加速度 a を求めよ．
(2) 左端から x のところの張力 T を求めよ．

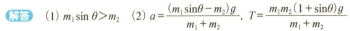

指針 (2) の張力を考える場合は，長さ x の部分 I と，長さ $L-x$ の部分 II にわけて考えるよい．綱全体を 1 物体として運動方程式をたてると，

$$Ma = F_2 - F_1 \quad \therefore a = \dfrac{F_2 - F_1}{M}, \quad \left(M_1 = M\dfrac{x}{L}, \ M_2 = M\dfrac{L-x}{L}, \ \therefore M_1 + M_2 = M\right)$$

解答 右向きを正として，右図の部分 I, II のそれぞれについて運動方程式をたてると，

$M_1 a = T - F_1$
$+\ ) \ M_2 a = F_2 - T$

$Ma = F_2 - F_1 \quad \therefore a = \dfrac{F_2 - F_1}{M}, \quad T = \dfrac{(L-x)F_1 + xF_2}{L}$

補足 質量の無視できない綱の場合，張力は場所によって異なる．

2.3.4 摩擦力

<抗力>

面を押す力：K → 反作用：抗力 R （図 2-3-12）

抗力 R の分力 $\begin{cases} \text{面に垂直な力…} \textcolor{red}{垂直抗力 N} \\ \text{面に水平な力…} \textcolor{red}{摩擦力 f} \end{cases}$

なめらかな面 → 摩擦力が作用せず，
抗力は常に面に垂直にはたらく．

あらい面 → 抗力は面に斜めにはたらく（図 2-3-12）

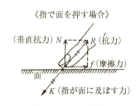

図 2-3-12 摩擦力

<摩擦力>（以下の物体は，質点とみなす）

(a) 水平なあらい面　　$N = mg$

(b) 水平な力 T_1 で引く

物体が静止している場合は，

T_1 とつりあう力がはたらいている

→ 静止摩擦力 f

(c) さらに大きな力 T_2 で引くと，物体はすべりだす → すべりだす直前に静止摩擦力最大 → 最大摩擦力 f_m

(d) すべりだした後も摩擦力は作用する → 動摩擦力 f'

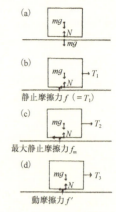

図 2-3-13　静止摩擦力・最大摩擦力・動摩擦力

補足　(b) 静止摩擦力は，外力に応じて変化するので，つりあいの関係を利用して求めるとよい．
(c) 最大摩擦力は，物体と面が決まれば一意的に決まる．
(d) 動摩擦力も，物体と面が決まれば一意的に決まり，運動している間は一定である．

図 2-3-14　ばねばかりで摩擦力の測定実験

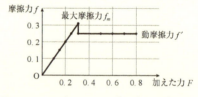

図 2-3-15　ばねばかりで摩擦力の測定した結果

f_m と N とは比例 → 比例定数 μ

$\quad f_m = \mu N \qquad \mu : 静止摩擦係数 \qquad$ 2-3-5

物体がすべり出した後 → 動摩擦力 f'

$\quad f' = \mu' N \qquad \mu' : 動摩擦係数 \qquad$ 2-3-6

一般に

$\quad \mu > \mu' \qquad$ 2-3-7

例題 1. あらい斜面の傾きを，徐々に大きくしたところ質量 m の小物体が動きだそうとした．このときの斜面の傾角 θ_0 を求めよ．ただし，静止摩擦係数を μ，ただし，重力加速度の大きさ g とし，斜面は動かないものとする．

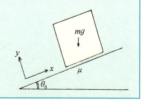

解答 $f_m = \mu N$ ……………①

$x : f_m - mg\sin\theta_0 = 0$ ……………②

$y : N - mg\cos\theta_0 = 0$ ……………③

①, ②, ③より

$$\mu = \frac{f_m}{N} = \frac{mg\sin\theta_0}{mg\cos\theta_0} = \tan\theta_0$$

$\therefore \mu = \tan\theta_0$ ……………④

求める傾角 θ_0 は④を満たす角である．この角 θ_0 を**摩擦角**という．

補足 物体の大きさが無視できない場合には，抗力 R の作用点を，重力の作用線上にあるように作図する必要がある．

コラム　摩擦力が生じるおもな原因

次の3つであると考えられている．

(1) 見かけの接触面の内部の何点かで，真の接触が起こり，両面が凝着（付着）する．→凝着部を切断するのに仕事が必要

例．金属表面は，きれいに磨くと凝着している部分の面積が増大し，摩擦力が増大する．

(2) 接触面が相手の凹凸を上下する際に力学的エネルギーの一部が，熱として失われ，表面を構成している分子の振動エネルギーが増大する．

(3) 接触面の凸部が相手の面を掘り起こしていく際に仕事をする．

以上であるが，堅い，なめらかな面同士の場合には，摩擦仕事の大部分は，(1) の過程に費やされることが実証されている．

例題 2. あらい面上に，質量 m の物体がある．これに，水平から角 θ だけ上方に傾いた方向に力 F を加えた．物体が動き出すために必要な F の大きさを求めよ．ただし，静止摩擦係数を μ，重力加速度の大きさを g とする．

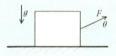

解答 水平方向と，鉛直方向のつりあいの式をたてると，

$\rightarrow : F\cos\theta - \mu N = 0$ ……………①

$\uparrow : F\sin\theta + N - mg = 0$ ……………②

①より抗力 N は，$N = mg - F\sin\theta$ であるから，①に代入すると，

$$F\cos\theta - \mu(mg - F\sin\theta) = 0$$

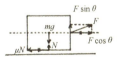

したがって，物体が動き出すためには，$F > \dfrac{\mu mg}{\cos\theta + \mu\sin\theta}$ であればよい．

例題 3. 固定されたあらい斜面上を質量 m の物体が運動している．動摩擦係数を μ'，斜面の傾角を θ，重力加速度の大きさを g とするとき，次の問に答えよ．

(1) この物体が斜面をすべり降りているときの加速度 a_1 を求めよ．
(2) この物体が斜面をすべり上がっているときの加速度 a_2 を求めよ．
(3) この物体が初速度 v_0 で斜面をすべり上がるとき，物体がいったん静止するまでに移動する距離 s を求めよ．

解答 (1) 斜面にそって下向きを x 軸の正，斜面と垂直に下向きを y 軸の正とすると，

$x ; ma_1 = mg\sin\theta - \mu'N$ ………①
$y ; mg\cos\theta - N = 0$ ………②

①，②式より，$a_1 = (\sin\theta - \mu'\cos\theta)g$

(2) 斜面にそって上向きを x 軸の正，斜面と垂直に上向きを y 軸の正とすると，

$x ; ma_2 = -mg\sin\theta - \mu'N$ ………③
$y ; N - mg\cos\theta = 0$ ………④

③，④式より，$a_2 = -(\sin\theta + \mu'\cos\theta)g$

(3) a_2 が一定より，物体の運動は等加速度直線運動である．

$0^2 - v_0^2 = 2a_2 s$ より，$s = \dfrac{v_0^2}{2(\sin\theta + \mu'\cos\theta)g}$

例題 4. 右図のように，質量 m_1，m_2 の物体が，滑車を通して結ばれている．物体 m_1 が，傾角 θ の斜面にそってすべり降りる条件を求めよ．ただし，斜面は固定されている．ただし，重力加速度の大きさを g，最大摩擦係数を μ とする．

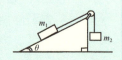

解答 $m_1(\sin\theta - \mu\cos\theta) > m_2$

2.4 落体の運動

2.4.1 自由落下

地球上での物体の落下運動を自由落下というが，ここでは次のように約束する．手にもっていた物体をそっと落とすと，初速度 0 で落下する．このような運動を**自由落下**という．

ところで，物体から手を離したときに，もし重力がなければどうなるであ

ろうか．物体は，慣性の法則によれば，静止し続けることになる．つまり空中に浮いたままとなるが，そんなことは起こらない．物体は，鉛直下向きに作用する重力によって，初速度が0で加速度がgの等加速度直線運動を始める．したがってv–tグラフは，速さが初速度0から毎秒gずつ速さが鉛直下向きに増えるグラフになる．縦軸の正の向きは，物体の運動が開始する向き，つまり鉛直下向きとする．

それでは，1秒ごとの速度の大きさをv–tに描き入れてみる．このとき，グラフの縦軸の1目盛りをgにするとグラフが描きやすい．

$v_0 = 0$

$v_1 = v_0 + g$

$v_2 = v_1 + g = 2g$

$v_3 = v_2 + g = 3g$

$\cdots\cdots\cdots\cdots$

$v = gt$　　　　　　　　　　　2-4-1

となり，図2-4-1のようになる．

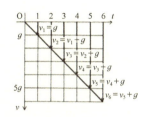

図2-4-1　自由落下のv–tグラフ

次に，s–tグラフを描いてみよう．v–tグラフの面積が移動距離sを表すので，v–tグラフの三角形の面積から，それぞれの時刻の落下距離を求めて，グラフを描くとよい．

$s_0 = 0$

$s_1 = \dfrac{1}{2} \times v_1 \times 1 = \dfrac{1}{2}g$

$s_2 = \dfrac{1}{2} \times v_2 \times 2 = \dfrac{1}{2} \times 2g \times 2 = \dfrac{1}{2} \times g \times 2^2$

$s_3 = \dfrac{1}{2} \times v_3 \times 3 = \dfrac{1}{2} \times 3g \times 3 = \dfrac{1}{2} \times g \times 3^2$

$\cdots\cdots\cdots\cdots$

$s = \dfrac{1}{2}gt^2$　　　　　　　2-4-2

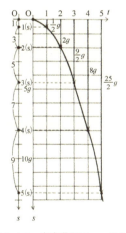

図2-4-2　自由落下のs–tグラフ

例題　自由落下では，1秒毎の移動距離はどのような数列になっているか．

解答　s–tグラフの各区間の落下距離の比は，1 : 3 : 5 : 7 : … の奇数列．

2.4.2 下方投射

　鉛直下方に初速度をもつ場合の落体の運動を下方投射という．バスケットボールを床についたりする運動は，下方投射運動である．物体から手を離したときに，もし重力がなければ物体は慣性の法則より，初速度を保って等速直線運動を続けることになる．しかし実際には，重力が鉛直下向きに作用するので，物体は初速度 v_0 で加速度が g の等加速度直線運動を始める．v-t グラフは，初速度が v_0 の状態から毎秒 g ずつ速さが鉛直下向きに増加するグラフとなる．初速度を $v_0 = g$ として描くと図2-4-3のようになる．縦軸の正の向きは，鉛直下向きとする．

　1秒ごとの速度の大きさを見てみよう．

$$v_0 = v_0 (= g)$$
$$v_1 = v_0 + g = 2g\ ;\ v_2 = v_1 + g = v_0 + 2g\ ;$$
$$v_3 = v_2 + g = v_0 + 3g$$
$$\cdots\cdots\cdots\cdots$$

$$v = v_0 + gt \qquad\qquad 2\text{-}4\text{-}3$$

となる．同様に s-t グラフを描く．v-t グラフの三角形の面積を1秒ごとに求めて，移動距離 s を求めるとよい．

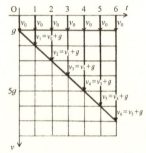

図 2-4-3　下方投射の v-t グラフ

$$s_0 = 0$$

$$s_2 = \frac{1}{2} \times (v_0 + v_2) \times 2 = \frac{1}{2} \times (2v_0 + 2g) \times 2$$
$$= v_0 \times 2 + \frac{1}{2} \times g \times 2^2$$

$$s_1 = \frac{1}{2} \times (v_0 + v_1) \times 1 = \frac{1}{2} \times (v_0 + v_0 + g) \times 1$$
$$= v_0 \times 1 + \frac{1}{2} \times g \times 1^2$$

$$s_3 = \frac{1}{2} \times (v_0 + v_3) \times 3 = \frac{1}{2} \times (2v_0 + 3g) \times 3$$
$$= v_0 \times 3 + \frac{1}{2} \times g \times 3^2$$

$$\cdots\cdots\cdots\cdots$$

$$s = v_0 t + \frac{1}{2} g t^2 \qquad\qquad 2\text{-}4\text{-}4$$

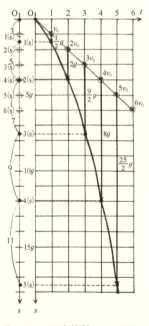

図 2-4-4　下方投射の s-t グラフ

となる．

> **例題** 初速度を $v_0 = g$ とした下方投射において，落下直後からの1秒毎の移動距離はどのような数列になっているか答えよ．

解答 s-t グラフにおいて，各区間の落下距離の比をみると，$3:5:7:9:\cdots$ の奇数列となっている．

2.4.3 上方投射

鉛直上方に初速度をもつ場合の落体の運動を<u>上方投射</u>という．投げ上げ運動ともいう．上方投射では，v-t グラフも s-t グラフも，初速度が上向きなので，グラフの縦軸の正は鉛直上向きとする．物体から手を離したときに，もし重力がなければ物体は慣性の法則より，初速度を保って等速直線運動を続けることになる．しかし実際には，重力が鉛直下向きに作用するので，物体は初速度 v_0 で加速度が g の等加速度直線運動を始める．v-t グラフは，初速度が v_0 の状態から毎秒 g ずつ速さが鉛直下向きに増加するグラフとなる．初速度を $v_0 = 4g$ として描くと図 2-4-5 のようになる．

1秒ごとの速度の大きさをみてみよう．

$v_0 = v_0 (= 4g)$
$v_1 = v_0 - g = 3g$
$v_2 = v_1 - g = v_0 - 2g$
$v_3 = v_2 - g = v_0 - 3g$
$\cdots\cdots\cdots$

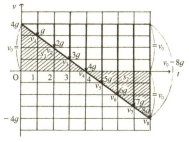

図 2-4-5 上方投射の v-t グラフ

$$v = v_0 - gt \qquad 2\text{-}4\text{-}5$$

となる．次に，s-t グラフを描く．v-t グラフの三角形の面積を，1秒ごとに求めて，移動距離 s を求めると，

$s_0 = 0$

$s_1 = \dfrac{1}{2} \times (v_0 + v_1) \times 1$

$\quad = \dfrac{1}{2} \times (v_0 + v_0 - g) \times 2$

$\quad = v_0 \times 1 - \dfrac{1}{2} \times g \times 1^2$

$$s_2 = \frac{1}{2} \times (v_0 + v_2) \times 2$$

$$= \frac{1}{2} \times (2v_0 - 2g) \times 2$$

$$= v_0 \times 2 - \frac{1}{2} \times g \times 2^2$$

$$s_3 = \frac{1}{2} \times (v_0 + v_3) \times 3$$

$$= \frac{1}{2} \times (2v_0 - 3g) \times 3$$

$$= v_0 \times 3 - \frac{1}{2} \times g \times 3^2$$

・・・・・・・・・・・・・・・

$$s = v_0 t - \frac{1}{2} g t^2 \quad \text{2-4-6}$$

となる．落下直後からの1秒ごとの移動距離は，これまでと同様に奇数列となっている．

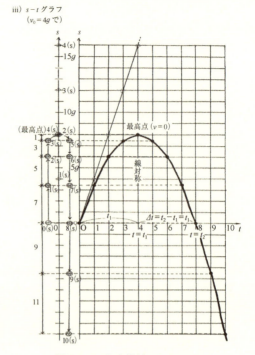

図 2-4-6　上方投射の v-t グラフ

> **例題** 上方投射において，以下の問いに答えよ．
> (1) 投射開始から最高点に至るまでの時間 t_1 を求めよ．
> (2) 投射開始から落下点（投射開始の高さ）に戻るまでの時間 t_2 を求めよ．
> (3) 最高点の高さ h を求めよ．
> (4) 落下点での速度 v_2 を求めよ．

解答　(1) 最高点では，v-t グラフを見てもわかるが，速度 0 となるので，

$$0 = v_0 - g t_1 \quad \therefore \quad t_1 = \frac{v_0}{g}$$

(2) 高さ h が 0 なので，$\quad 0 = v_0 t_2 - \frac{1}{2} t_2^2 = t_2 \left(v_0 - \frac{1}{2} g t_2 \right)$

$t_2 = 0, \ 2\dfrac{v_0}{g}$ となる．よって，求める答えは $t_2 = 2\dfrac{v_0}{g}$ である．

なお，このことより，$t_2 = 2t_1$ と，最高点までの時間の 2 倍となっていることがわかる．

(3) 最高点では速度が 0 なので，$0^2 - v_0^2 = 2gh \quad \therefore \quad h = \dfrac{v_0^2}{2g}$

(4) 投射開始後 $t_2 = 2t_1$ 経過したときの速度 v_2 を求めればよいので，

$$v_2 = v_0 - gt_2 = v_0 - g\left(\frac{2v_0}{g}\right) = -v_0$$

つまり，落下点では，投射点での速度と同じ大きさで逆向きの速度となることがわかる．

2.5 放物運動

放物運動では，鉛直方向のみならず水平方向にも運動する．水平方向に x 軸，鉛直方向に y 軸をとって考察してみる．

2.5.1 水平投射

物体を水平に投げたとき，もし物体に重力が作用しなければ慣性の法則により，水平方向に速度 v_0 の等速直線運動をすることになる．宇宙空間を進む宇宙船の慣性航行をイメージするとよい．しかし地上では，実際には重力が作用し，その結果，図 2-5-1 のような軌道を描く．

このとき，物体は，$\begin{cases} 水平方向には，等速直線運動 \\ 鉛直方向には，自由落下 \end{cases}$

を行うので，水平投射運動は，時刻 $t=0$ での速度を v_0 とし，水平方向右向きに x を，鉛直方向下向きに y をとると，次の一群の式のように書ける．

$t=0 \quad \begin{cases} x 方向の速度 & v_{0x} = v_0 \\ y 方向の速度 & v_{0y} = 0 \end{cases}$

$t=t \quad \begin{cases} x 方向の速度 & v_x = v_0 \\ y 方向の速度 & v_y = gt \end{cases} \quad \begin{cases} x 方向の変位 & x = v_0 t \\ y 方向の変位 & y = \dfrac{1}{2}gt^2 \end{cases}$

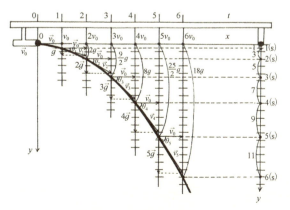

図 2-5-1　水平投射の y-t グラフ

水平投射における速度について，**ホドグラフ**（速度図）を見てみる．ホドグラフとは，質点の速度ベクトルを，ある定点を始点として描くとき，そのベクトルの終点が描く曲線をいう．

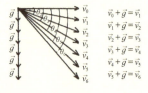

図 2-5-2　水平投射のホドグラフ

任意の時刻 t における速度は，x, y 方向の速度を合成すると，図 2-5-3 のように表せ，式 2-5-1 が導ける．

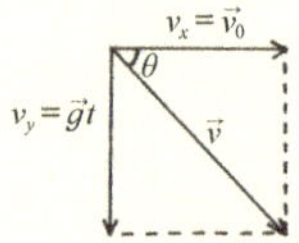

$$\text{速度} \begin{cases} \text{速さ（大きさ）} \\ \quad v = \sqrt{v_0^2 + (gt)^2} \\ \text{方向} \\ \quad \tan\theta = \dfrac{gt}{v_0} \end{cases} \qquad 2\text{-}5\text{-}1$$

図 2-5-3　水平投射の速度と成分

またホドグラフより，水平投射運動における加速度は，常に鉛直下方向きに一定の大きさで，その加速度は重力加速度である．このことから，加速度の役割として，速度の向きを変化させることも確認できる．

水平投射運動の関係式を 1 つにまとめると式 2-5-2 のようになる．

$$\left. \begin{array}{l} x = v_0 t \\ y = \dfrac{1}{2}gt^2 \end{array} \right\} \text{より} \quad y = \dfrac{1}{2}g\left(\dfrac{x}{v_0}\right)^2 = \dfrac{g}{2v_0^2}x^2$$

$$\therefore y = \dfrac{g}{2v_0^2}x^2 \qquad 2\text{-}5\text{-}2$$

以上より，水平投射の軌道は，鉛直下向きを y の正とすると x^2 のグラフになるので，放物線であることが確認できる．

2.5.2　斜方投射

物体を水平より上向きの角度をつけて投げた場合，物体はどのような運動をするだろうか．もし，物体に重力が作用しなければ，慣性の法則により，仰角 θ_0，速度 v_0 の等速直線運動をすると考えられるが，実際には，図 2-5-4 のような軌道になる．

斜方投射では，物体は，

$$\begin{cases} \text{水平方向には等速直線運動，} \\ \text{鉛直方向には上方投射} \end{cases}$$

となる．時刻 $t=0$ での初速度を v_0，仰角を θ_0 とし，初速度の水平方向の成分，

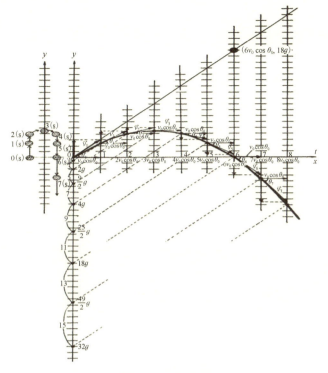

図 2-5-4　斜方投射

鉛直方向の成分は三角関数を用いて，次の一群の式のように書くことができる．なお，図 2-5-4 の x-y グラフは，仮に，$v_{0y} = w = v_0 \sin\theta_0 = 3g$ として作図したものである．

$t=0$
$\begin{cases} x\text{方向の速度}\quad v_{0x} = u = v_0 \cos\theta_0 \\ y\text{方向の速度}\quad v_{0y} = w = v_0 \sin\theta_0 \end{cases}$

$t=t$
$\begin{cases} x\text{方向の速度}; v_x = u = v_0 \cos\theta_0 \\ y\text{方向の速度}; v_y = w - gt = v_0 \sin\theta_0 - gt \end{cases}$

$\begin{cases} x\text{方向の変位}; x = ut = v_0 t \cos\theta_0 \\ y\text{方向の変位}; y = wt - \dfrac{1}{2}gt^2 = v_0 t \sin\theta_0 - \dfrac{1}{2}gt^2 \end{cases}$

以上から，斜方投射の軌道の式を求めると，

$$y = (v_0 \sin\theta_0) \times \frac{x}{v_0 \cos\theta_0} - \frac{1}{2}g\left(\frac{x}{v_0 \cos\theta_0}\right)^2$$

$$\therefore\ y = x\tan\theta_0 - \frac{g}{2v_0^2 \cos^2\theta_0}x^2 \qquad 2\text{-}5\text{-}3$$

と書ける．この式も，2次関数で表せることから，斜方投射運動の軌道も放物線を描くことがわかる．

斜方投射の場合にも，ホドグラフを作成してみる．斜方投射の場合もホドグラフより，鉛直下方に重力加速度 g の等加速度運動であることがわかる．

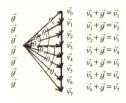

図 2-5-5　斜方投射

また，任意の時刻における速度は，水平成分と鉛直線分を合成することで求めることができる．なお，速度の向きは，水平からどのくらい傾いているのかを $\tan\theta$ を用いて表す．

$$\begin{cases} 速さ & v = \sqrt{u^2 + (w-gt)^2} \\ & = \sqrt{v_0^2 \cos^2\theta_0 + (v_0\sin\theta_0 - gt)^2} \end{cases} \quad 2\text{-}5\text{-}4$$

$$方向 \quad \tan\theta = \frac{w-gt}{u} = \frac{v_0\sin\theta_0 - gt}{v_0\cos\theta_0} \quad 2\text{-}5\text{-}5$$

例題 1. 放物運動を行う物体の投射点からみて最高点での状態について，次の (1) から (3) の問に答えよ．ただし，初速度 v_0，仰角を $\theta_0\,(>0)$ とする．
(1) 最高点に達するまでの時間 t_1 を求めよ．
(2) 最高点までの高さ h を求めよ．
(3) 最高点までの水平距離 x_1 を求めよ．

解答 (1) 最高点までの時間 t_1 は，最高点で $v_y = 0$ なので，

$$v_y = 0 \quad \therefore t_1 = \frac{v_0\sin\theta_0}{g}$$

(2) 最高点の高さ h は，$v_y = 0$ なので，$v_y = 0 \quad \therefore h = \frac{v_0^2 \sin^2\theta_0}{2g}$

(3) 放物体は，初速度の水平成分を維持したまま t_1 だけ水平方向に移動するので，求める x_1 は，

$$x_1 = (v_0\cos\theta_0) \times t_1 = v_0\cos\theta_0 \times \frac{v_0\sin\theta_0}{g} = \frac{v_0^2 \sin\theta_0 \cos\theta_0}{g} = \frac{v_0^2 \sin 2\theta_0}{2g}$$

である．三角関数の二倍角公式の $\sin 2\theta_0 = 2\sin\theta_0 \cos\theta_0$ を用いて変形した．

例題 2. 放物運動を行う物体が，再び水平面に戻ってきた状態について，次の(1)から(3)の問に答えよ．
ただし，初速度 v_0，仰角を θ_0 (>0) とする．
(1) 再び同一水平面に達するまでの時間 t_2 を求めよ．
(2) 水平到達距離 x_2 を求めよ．
(3) 最大水平到達距離 $x_{2\,\text{max}}$ を求めよ．

解答 (1) 地面に再落下したとき，$y = 0$ なので，

$$y = (v_0 \sin \theta_0) t_2 - \frac{1}{2} g t_2^2 \qquad t_2 \left(v_0 \sin \theta_0 - \frac{1}{2} g t_2 \right) = 0$$
$$y = 0$$

$t_2 \neq 0$ より， $\quad t_2 = \dfrac{2 v_0 \sin \theta_0}{g} = 2 t_1$

(2) 水平到達距離 x_2 に達するまで，放物体は時間 t_2 だけ飛行するので，

$$x_2 = (v_0 \cos \theta_0) \times t_2 = v_0 \cos \theta_0 \times \frac{2 v_0 \sin \theta_0}{g} = \frac{v_0^2 \, 2 \sin \theta_0 \cos \theta_0}{g}$$
$$= \frac{v_0^2 \sin 2\theta_0}{g} = 2 x_1$$

(3) 最大水平到達距離 $x_{2\,\text{max}}$ は，水平到達距離 x_2 において，$\sin 2\theta_0 = 1$ のときなので，$2\theta_0 = \dfrac{\pi}{2}$ *i.e.* $\theta_0 = \dfrac{\pi}{4} (= 45°)$ のときである．

$$x_{2\,\text{max}} = \frac{v_0^2 \times 1}{g} = \frac{v_0^2}{g}$$

これについては，コンピュータシミュレーションでも確認できる．図 2-5-6 は，初速度を 30 m/s にした場合の斜方投射の飛距離を表したものである．空気抵抗は無視している．一番，遠くまで飛ぶのは 45° で打ち出した場合で，最大水平到達度距離と

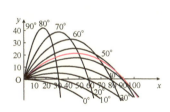

図 2-5-6 斜方投射のグラフ

なっている．また，20° と 70°，30° と 60° のように，同じ地点に落下する仰角は 2 つあることがわかる．ここで，ペアである 40° と 50° は，30° や 60° より遠くに飛んでいることがわかる．

なおこの図は，打点の水平面からの高さを 0 m としているが，もしも，投射した位置が地面よりも高い場合は，必ずしも 45° が一番遠くに飛ぶわけではなく，約 40° のほうが遠くに飛ぶ場合がある．このことは，40° での軌道が，45° での軌道を地面より下において追い抜いていることからも確認できる．このことから「砲丸投げ」で，一番遠くへ砲丸を飛ばすには，投射の高

さが人の肩の高さなので，$45°$ よりも小さな仰角で投げるほうがよいことがわかる．また，空気抵抗も考えると約 $40°$ がよいといわれている．

2.5.3 終端速度 (terminal velocity)

放物運動が空気中を運動する場合空気抵抗を受ける．気体と液体とをあわせて流体という．物体が流体中を運動するときには抵抗が生じる．

質量 m の物体が，空気中を落下する場合，初速が 0 のときは，この物体にはたらく力は鉛直下方に mg，上方に浮力 F である．なお浮力は，流体中に物体をおいた場合，その物体が押しのけた流体に作用する重力の大きさに等しい（アルキメデスの原理）.

速さが v になると，物体は流体中で浮力のほかに抵抗力 f を進行方向の逆向きに受ける．したがって，運動方程式は，鉛直上方を正とすると，

$$ma = mg - (F + f)$$

ここで，空気の浮力を小さいものとすると，$F \fallingdotseq 0$

$$ma = mg - f \qquad \therefore a = \frac{mg - f}{m} \qquad 2\text{-}5\text{-}6$$

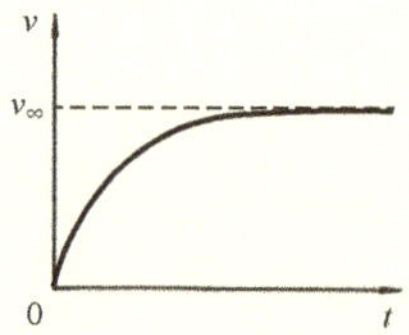

となる．ところが，抵抗力は速さ v，あるいは v の 2 乗に比例して増大するので，速さが増加するのに従い加速度 a は小さくなる．最終的には終端速度 v_∞ に達する．そのとき，物体に作用する外力の合力は 0 となる．

$$0 = mg - f$$

加速度が 0 となって以降は，物体は加速されず，終端速度 v_∞ で等速直線運動を行う．

落下物体が，雨粒のように質量 m が小さく，大きさも小さな物体の場合は，物体が受ける抵抗力は，速さに比例し，$f_1 = k_1 v$ となる．一方，パラシュートのように，空気に対する断面積が大きくなることで，抵抗力が大きくなる場合は，速さの 2 乗に比例する抵抗力 $f_2 = k_2 v_2$ を受ける．

雨粒の場合の運動方程式は，

$$ma = mg - k_1 v_1 \qquad\qquad\qquad\qquad\qquad\qquad 2\text{-}5\text{-}7$$

なので，求める終端速度 $v_{1\infty}$ は，$v_{1\infty} = \dfrac{mg}{k_1}$ となる．

一方，パラシュートで落下する物体の質量を m とすると，このときの運動方程式は，

$$ma = mg - k_2 v_2^2 \qquad\qquad\qquad\qquad\qquad\qquad 2\text{-}5\text{-}8$$

図 2-5-7 終端速度 v_∞

なので，求める終端速度 $v_{2\infty}$ は，$v_{2\infty} = \sqrt{\dfrac{mg}{k_2}}$ となる．

空気抵抗があると放物体の速さは減速されるが，このとき下向きの加速度は，ほぼ変わらないので，真空中でとる軌道（破線の軌道）よりも，空気中の軌道は実線のように大きく曲がる．

空気抵抗が無い場合，最大到達距離は 45° であるが，空気抵抗がある場合は，それより小さな仰角で遠くへ飛ぶ．先ほど述べたように，円盤投げなどでは仰角 40° くらいがよいとされている．

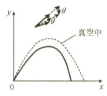

図 2-5-8　空気抵抗を受ける場合

2.5.4　微積分を使って考察しよう

平均速度は時間変化 Δt に対する変位の割合として与えられるので，$\bar{v} = \dfrac{\Delta x}{\Delta t}$ となる．$\Delta t \to 0$ のとき，瞬間速度といい $v = \lim\limits_{\Delta t \to 0} \dfrac{x_2 - x_1}{\Delta t} = \dfrac{dx}{dt}$ となる．また質点が，速度 v で微小時間 dt の間だけ動いたとすると，その間の微小変位 dx は，$dx = vdt$ で表される．この式の両辺を積分すると，$\int dx = \int vdt$ となり，質点の変位は，$x = \int vdt$ で表すことができる．

平均加速度は，時間変化 Δt に対する瞬間速度の変化として与えられ，$\bar{a} = \dfrac{v_2 - v_1}{t_2 - t_1} = \dfrac{\Delta v}{\Delta t}$ となる．$\Delta t \to 0$ のとき，瞬間加速度といい $a = \lim\limits_{\Delta t \to 0} \dfrac{v_2 - v_1}{\Delta t} = \dfrac{dv}{dt}$ となる．また質点が加速度 a で微小時間 dt の間だけ加速したとすると，速度の増加分 dv は $dv = adt$ で表される．この式の両辺を積分すると，$\int dv = \int adt$ となり，質点の速度は，$v = \int adt$ となる．

> **例題**　投射した点を原点として，初速度を $v_{x0} = v_0$ とする水平投射を行った．水平右向きおよび鉛直下向きをそれぞれ正として，物体の運動の軌道を表す式を求めよ．

解答　運動方程式は，$m\dfrac{d^2x}{dt^2} = 0$, $m\dfrac{d^2y}{dt^2} = mg$ となるので，加速度は，$\dfrac{d^2x}{dt^2} = 0$, $\dfrac{d^2y}{dt^2} = g$ となる．これを時間 t について積分すると速度が求まる．

速度は，$\dfrac{dx}{dt} = v_x = C_1$, $\dfrac{dy}{dt} = v_y = gt + C_2$ となるが，初期条件が $v_{x0} = v_0$, $v_{y0} = 0$ なので，$v_x = v_0$, $v_y = gt$ となる．さらに，これらの式を時間 t について積分すると距離が求まり，

$x = v_0 t + C_3$, $y = \frac{1}{2}gt^2 = C_4$ となる．初期条件 $x=0$, $y=0$ より $x = v_0 t$, $y = \frac{1}{2}gt^2$ と書ける．

この2式から t を消去すると，$\frac{g}{2v_0^2}x^2$ という原点を通る放物線になる．

第3章　円運動から万有引力へ

3.1 円運動

自然界にみられる運動には，太陽の周りを回る地球の公転のような回転運動がある．地球の公転周期は，1年（≒365.2564日）である．このように，一定の速さで円周上を移動する運動を等速円運動という．

3.1.1 弧度法（単位；ラジアン）

円運動を考える場合，これまで角度の単位として使ってきた度（°）は使わず，rad（ラジアン）という弧度法で定まる単位を使う．弧度法では，半径 r と等しい長さの円弧をとったとき，その円弧の中心角の大きさを 1 rad とし，これを単位として角度を測る．全円周 $2\pi r$ に対する中心角 θ（1周分の角度）を求めると

$$\theta = \frac{2\pi r}{r} = 2\pi \text{ rad} = 360° \qquad 3\text{-}1\text{-}1$$

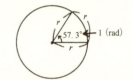

図 3-1-1　1 rad

となり，π rad = 180°，1 rad = 180°/π ≒ 57.3° となる．長さ L の円弧に対する中心角を θ とすると $L = r\theta$ が成りたつ．

3.1.2 等速円運動

＜等速円運動の速度＞

等速円運動をする物体の速さを求める．半径 r の円 O において，角 θ rad の間に挟まれる円弧 AB の長さ x は，$x = r\theta$ である．時間 t の間に，物体が円周上を x だけ移動したとすると，平均の速さ v は，

$$v = \frac{x}{t} = \frac{r\theta}{t} = r\frac{\theta}{t} \qquad 3\text{-}1\text{-}2$$

となる．$\frac{\theta}{t}$ は，単位時間にどれだけの角度まわったかを表す物理量で，これを角速度という．角速度を ω とすると，式3-1-2より

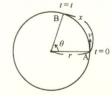

図 3-1-2　等速円運動の速さ

$$v = r\omega \qquad\qquad\qquad 3\text{-}1\text{-}3$$

となる.

瞬間の速度を求めるには，次のように考える．時刻 $t=0$ から Δt だけ経過した時刻を考える．Δt 間に進む円弧上の距離は，$\Delta x = r\Delta\theta$ なので，この間の平均の速さ v は，

$$v = \frac{\Delta x}{\Delta t} = \frac{r\Delta\theta}{\Delta t} = r\frac{\Delta\theta}{\Delta t} = r\omega \qquad \therefore\ v = r\omega \qquad 3\text{-}1\text{-}4$$

$\Delta t \to 0$ のとき，求める v は，$t=0$ における瞬間の速度の大きさを表し，その向きは円の接線方向となる.

ところで，円形の池の周りを，自転車で一定の速さ v で周回しているとする．円の1周の長さは $2\pi r$ であるから，円を1周するのに要する時間，すなわち周期 T は，

$$T = \frac{2\pi r}{v} \qquad\qquad\qquad 3\text{-}1\text{-}5$$

である．同様に周期が，全円周角 2π を角速度 ω で1周まわる時間であると考えると，

$$T = \frac{2\pi}{\omega} \qquad\qquad\qquad 3\text{-}1\text{-}6$$

となる．これらの両式を等号で結ぶと，

$$T = \frac{2\pi r}{v} = \frac{2\pi}{\omega} \qquad\qquad\qquad 3\text{-}1\text{-}7$$

となるので，速度と角速度の間の関係 $v = r\omega$ も再確認できる.

1秒間に回転する回数を回転数 n という．回転数が n 回 /s の場合，1回転すると 2π だけ回るから，1秒間に回る角度は $2n\pi$ である．したがって，

$$\omega = 2\pi n,\ \ n = \frac{\omega}{2\pi}$$

なお，回転数 n と周期 T とは，$n = \dfrac{1}{T}$ という関係になっている.

＜等速円運動の加速度＞

等速円運動でも，加速度を考える場合はホドグラフを利用するとよい.

図 3-1-3 のように，円 O の速度ベクトルを，点 C を中心にして描きなおすと円 C が得られる．加速度は，単位時間あたりの速度変化である．図 3-1-3 の左図における最初の Δt 間の速度の変化は $\Delta v = v_2 - v_1$ であるが，こ

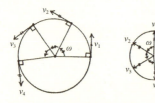

	円O	円C
半径	r	$v = r\omega$
角速度	ω	ω

図 3-1-3 等速円運動のホドグラフ

れは右図の円Cで見ると，円Cの半径がv，中心角が$\Delta\theta$なので，円弧Δvは$\Delta v = v \times \Delta\theta$である．したがって，加速度の大きさ$a$は，

$$a = \frac{\Delta v}{\Delta t} = v\frac{\Delta\theta}{\Delta t} = r\omega\frac{\Delta\theta}{\Delta t} = r\omega^2 \quad \text{3-1-8}$$

である．このとき加速度の向きは円Cに対して接線方向となるので，円Oに対しては中心方向を向くことになる．また，この式はvとωだけを，あるいはvとrだけを用いて，

$$a = \frac{\Delta v}{\Delta t} = v\frac{\Delta\theta}{\Delta t} = v\omega = r\omega^2 = \frac{v^2}{r} \quad \text{3-1-9}$$

と変形できる．物体の質量がmの場合，物体に作用する力の大きさFは，

$$F = ma = mv\omega = mr\omega^2 = m\frac{v^2}{r} = mr\left(\frac{2\pi}{T}\right)^2 \quad \text{3-1-10}$$

図 3-1-4 向心力

となり，その向きは円の中心向きである．この力を向心力という（図 3-1-4）．太陽のまわりを地球が公転，つまり一定の速さで回り続けているということは，地球は常に太陽に引き続けられているということである．

> **例題** おもりに糸をつけて，水平面内で等速円運動をさせていたところ，糸が切れた．その後のおもりの運動について述べよ．
> （1） 定性的に言葉で表現せよ．
> （2） 数式を用いて説明せよ．

解答 （1）「糸が切れたあと，円運動の水平面上で，おもりに作用する力は無いので，運動の第一法則（慣性の法則）に従い，そのときの速度の向きに，等速直線運動を続ける」

（2） 半径rの円軌道上を運動する質点の位置ベクトル$\vec{r} = (x, y)$は，初期位相を0とし，角速度ωを用いて表す場合，$x = r\cos\omega t$，$y = r\sin\omega t$となる．これらを時間tで微分すると速度が得られる．

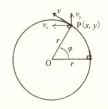

$$v_x = \frac{dx}{dt} = -r\omega\sin\omega t, \quad v_y = \frac{dx}{dt} = r\omega\cos\omega t \qquad\qquad 3\text{-}1\text{-}11$$

ここで，位置ベクトルと速度ベクトルの内積をとると，$\vec{r}\cdot\vec{v} = xv_x + yv_y = 0$ となる．つまり，内積が 0 なので，速度は円の接線方向進行の向きである．

補足 1　速度の大きさは，$v = \sqrt{v_x{}^2 + v_y{}^2} = \sqrt{(-r\omega\sin\omega t)^2 + (r\omega\cos\omega t)^2} = r\omega$ となる．

補足 2　位置ベクトル $\vec{r} = (x, y)$ を，時間微分し，さらにもう一度時間微分すると，加速度が得られる．

$$a_x = \frac{d^2x}{dt^2} = -r\omega^2\cos\omega t = -\omega^2 x, \quad a_y = \frac{d^2y}{dt^2} = -r\omega^2\sin\omega t = -\omega^2 y$$

加速度の大きさは $a = \sqrt{a_x{}^2 + a_y{}^2} = r\omega^2$ となる．また，速度ベクトルと加速度ベクトルの内積をとると内積が 0 なので，つまり速度ベクトルと加速度ベクトルは直交する．このことは，加速度の向きが円の中心 O の向きであることを意味する．

3.2　慣性力

　日常生活において，円運動に作用する力を問うと，向心力よりも遠心力という力の方がなじみがあるのではなかろうか？　しかし，遠心力はこれから解説する慣性力の 1 つで，実在の力ではなく見かけの力である．また子どものころ，走行中の電車のなかで床から飛び上がっても，もとの位置に着地することが不思議だと感じたことはなかったであろうか？　電車よりももっと速い飛行機のなかでも，飛行機が一定速度で飛行している場合，すなわち水平方向に等速直線運動をしている場合は，床から飛び上がってももとの位置に着地する．一方スピードが遅いバスであっても，急ブレーキを掛けたときに前のめりに倒れそうになる．

3.2.1　運動座標系

　x-y 座標系が静止している場合は，静止座標系である．x-y 座標系が運動している場合，第 1 法則の状態すなわち等速直線運動をする状態（加速度 $a = 0$）の慣性系か，第 2 法則の状態すなわち加速度運動をする状態（加速度 $a \neq 0$）の非慣性系かに分けて考える．

＜慣性系＞

　地面を静止座標系とみなし，地面に対して等速直線運動をする運動座標系を慣性系という．水平方向右向きに x, x' をとり，鉛直下向きに y, y' をとる．x-y 座標系は地面にあり，x'-y' 座標系は，地面に対して右向きに速度 v_0 の等速直線運動をする電車とともにあるとする．

電車内で電車の天井から，時刻 $t=0$ にボールを自由落下させた場合の時刻 t における状態について考えてみる．

観測者 A は静止座標系に，観測者 B_1 は運動座標系にいるとする．

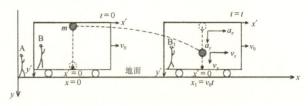

図 3-2-1　等速直線運動をする座標系

ボールは，自由落下の開始前には，電車の天井についたまま一定速度 v_0 で右向きに進んでいる．観測者 A からも，観測者 B_1 からも，このボールに作用する力は重力だけである．電車内で自由落下させると，地上（観測者 A）からみると，物体は初速度 v_0 で水平投射運動をする．

|投射開始後の時刻 t における状態について|

水平方向にボールが移動した距離 x_1 は，$x_1 = v_0 t$ であり，等速直線運動をする電車が進んだ距離 x_2 は，$x_2 = v_0 t$ である．$x_1 = x_2$ なので，電車内の観測者 B_1 にとって，ボールは天井から床に真っ直ぐ下に一直線に自由落下したように観測されたことがわかる．それでは，観測者 A，B_1 から見た物体の運動状態を記述してみる．投下時刻を時刻 0 とする．

|地上の観測者 A（静止座標系）|
ボールは水平投射運動
物体にはたらく力…重力 mg のみ
運動方程式：
　$x : ma_x = 0$
　$y : ma_y = mg$
時刻 t
　$a_x = 0, \quad v_x = v_0, \quad x = v_0 t$
　$a_y = g, \quad v_y = gt, \quad y = \dfrac{1}{2} g t^2$

|車中の観測者 B_1（運動座標系）|
ボールは自由落下運動
物体にはたらく力…重力 mg のみ
運動方程式：
　$x : ma_{x'} = 0$
　$y : ma_{y'} = mg$
時刻 t
　$a_{x'} = 0, \quad v_{x'} = v_0, \quad x' = 0$
　$a_{y'} = g, \quad v_{y'} = gt, \quad y' = \dfrac{1}{2} g t^2$

このように慣性系では，座標系が異なるため，運動の状態を記述する式が異なるが，実在の力のみで運動方程式が成立するので運動方程式は同じになる．

＜非慣性系＞

続いて，等加速度直線運動をしている電車の車内で，天井から，時刻 $t=0$ にボールを自由落下させた場合の時刻 t における状態について考えてみる．投下時刻を時刻 0 とする．

観測者 A は静止座標系に，観測者 B_2 は右向きに加速度 a で等加速度直線運動をする座標系にいるとする．

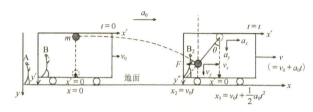

図 3-2-2　等加速度直線運動をする座標系

投射開始後の時刻 t における状態について

水平方向にボールが移動した距離 x_1 は，$x_1 = v_0 t$ であり，もし電車が等速直線運動をする場合，進む距離 x_2 は，$x_2 = v_0 t$ である．しかし，電車は等加速度運動をするので電車の進む距離 x_3 は，

$$x_3 = v_0 t + \frac{1}{2} a t^2 \text{ である．}$$

したがって観測者 B_2 から見ると，ボールは，

$$v_0 t - \left(v_0 t + \frac{1}{2} a t^2 \right) = -\frac{1}{2} a t^2$$

より，$\frac{1}{2} a t^2$ だけ進行方向から遅れるように加速度運動をする．つまり，観測者 B_2 から見れば，この車内では，物体を後に引く力が作用し後ろ向きに加速度運動をしたように観測することになる．つまり慣性系にいる観測者 A には観測されないが，加速度運動をする座標系内の観測者 B_2 は，加速度の向きと逆向きに物体に作用する力を観測することになる．この力を慣性力とよぶ．

それでは，観測者 A，B_2 から見た物体の運動状態を記述してみる．

地上の観測者 A（静止座標系）	車中の観測者 B_2（運動座標系）
ボールは水平投射運動 物体にはたらく力…重力 mg のみ 運動方程式： 　$x：ma_x = 0$ 　$y：ma_y = mg$ 時刻 t 　$a_x = 0, \quad v_x = v_0, \quad x = v_0 t$ 　$a_y = g, \quad v_y = gt, \quad y = \dfrac{1}{2}gt^2$	ボールは自由落下運動 物体にはたらく力…重力 mg のみ 運動方程式： 　$x：ma_{x''} = -F$ 　$y：ma_{y''} = mg$ 時刻 t 　$a_{x''} = -\dfrac{F}{m}, \quad v_{x''} = -\dfrac{F}{m}t,$ 　$x'' = -\dfrac{1}{2}\dfrac{F}{m}t^2$ 　$a_{y''} = g, \quad v_{y''} = gt, \quad y'' = \dfrac{1}{2}gt^2$

　加速度運動をする座標系で作用する力を F とおき，B_2 が，x'' 軸上で計算した物体の位置 $-\dfrac{1}{2}\dfrac{F}{m}t^2$ を x 軸上で計算すると，

$$x'' = v_0 t - \left(v_0 t + \dfrac{1}{2}at^2\right) = -\dfrac{1}{2}at^2$$

となる．よって，$-\dfrac{1}{2}\dfrac{F}{m}t^2 = -\dfrac{1}{2}at^2$ より $-\dfrac{F}{m} = -a$ なので，$ma = F$ となる．ところが，B_2 が観測したことを運動方程式に表すと $ma_{x''} = -F$ なので，

$$ma = -ma_{x''} \quad \therefore \quad a_{x''} = -a$$

である．以上から，慣性力 F は

$$F = -ma \qquad\qquad\qquad\qquad 3\text{-}2\text{-}1$$

となり，座標系の加速度の向きと逆向きであることが確認できた．

　このように実在の力だけで，運動方程式が成立しない座標系を非慣性系という．慣性系での出来事と，非慣性系での出来事を，1つの図に重ねてみると図3-2-3のようになっている．

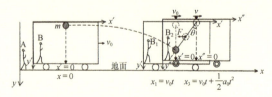

図3-2-3　慣性系と非慣性系を重ねた図

例題 1. 鉛直上方に加速度 a で運動するエレベーターの天井につり下げた質量 m の物体の状態を A（慣性系）から見た場合と，B（非慣性系）から見た場合とで考察せよ．

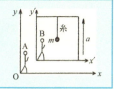

観測者 A（慣性系）	観測者 B（非慣性系）
物体にはたらく力…重力 mg と張力 T 運動方程式： 　$y：ma_y = T - mg$ 　$x：ma_x = 0$ $a_x = 0$，$a_y = a$ より， 　$ma = T - mg$（運動方程式） 物体は，重力と張力の合力によって，等加速度直線運動をする．	物体にはたらく力…重力 mg，張力 T と慣性力 ma つりあいの式： 　$y：T - mg - ma = 0$ 　x：はたらく力は無い 　$T - mg - ma = 0$（つりあいの式） 物体に作用する重力と張力と慣性力がつりあって，物体は観測者の前では静止している．

例題 2. 右向きに加速度 a で等加速度直線運動をする電車の中で，天井から物体をつり下げたところ，右図のように，後方に θ だけ傾いた．この状態を，地上にいる A から見た場合と，非慣性系にいる B から見た場合とで説明せよ．

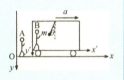

解答

観測者 A（慣性系）

物体にはたらく力
…重力 mg と張力 T
運動方程式：
　$x：ma_x = T \sin\theta$
　$y：ma_y = T \cos\theta - mg$
ところで，$a_x = a$，$a_y = 0$ より，
　$T \cos\theta = mg$
　$ma = mg \tan\theta$（運動方程式）
物体は，重力と張力の合力によって，等加速度直線運動をする．

観測者 B（非慣性系）

物体にはたらく力…重力 mg，張力 T と慣性力 ma
つりあいの式：
　$x：T \sin\theta - ma = 0$
　$y：T \cos\theta - mg = 0$
よって，$T \cos\theta = mg$　$T = mg/\cos\theta$
　$mg \tan\theta + (-ma) = 0$
　　　　　（つりあいの式）
物体に作用する重力と張力と慣性力がつりあって，物体は観測者の前では静止している．

<遠心力>

　宇宙飛行士は，4G以上の加速度に耐える必要がある（ここでいうGは，重力加速度のことである）．そのためのトレーニングルームは，図3-2-4のように水平面で回転させGを掛けて訓練する．

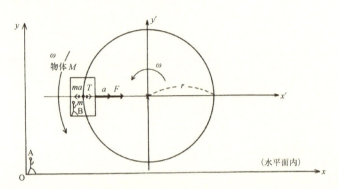

図3-2-4　等速円運動をするルーム

　トレーニングルームが，水平面内で加速度の大きさがaの等速円運動を行うと，このルーム内にある質量mの物体には，慣性力$(-ma)$が観測される．質量mの小物体に糸をつけて，部屋の回転の中心側の内壁に取りつけておくと，部屋が回転を始めた場合，小物体は，点O'を中心に半径rの円運動を始める．この円運動の角速度をω，糸の張力をT，円運動の接線速度をvとする．

観測者A（慣性系）	観測者B（非慣性系）
小物体にはたらく力…張力T（向心力をあたえる） 運動方程式： 　$ma=T$ 　$ma=mv\omega=mr\omega^2=m\dfrac{v^2}{r}=T$ 　　　　　　　（運動方程式）	小物体にはたらく力…張力Tと慣性力ma 　この2力がつりあって，小物体が静止している． つりあいの式： 　$T+(-ma)=0$（つりあいの式） この慣性力を遠心力という．

　以上のように，遠心力は慣性力の一種で，見かけの力である．

<コリオリの力>

　慣性系（静止系）Sに対して一定の角速度ωで回転している回転座標系S'内から動いている物体を観測する場合には，遠心力のほかに，もう1つの見

かけの力であるコリオリの力が観測される．

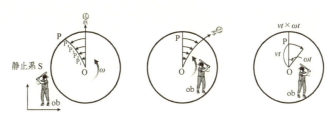

図 3-2-5　コリオリの力

　回転の中心 O を原点として，原点から水平面上で，円の外に向かって小球を投げる．観測者 Ob が静止系（慣性系）S にいる場合には，一定の速さ v での直線運動が観測される．しかし，観測者 Ob が回転座標系 S′ にいる場合には，回転方向から遅れるように曲がる．ボールを遅らせたこの力をコリオリの力という．コリオリの力によって，直線 OP からどれだけ遅れるかを計算してみよう．

　点 P からの遅れた点までの距離 x は，半径×中心角で求めることができるので，$x = (vt) \times (\omega t) = v\omega t^2$ となる．コリオリの力の大きさを F とし，質点の質量を m，そのときの加速度を a とすると，

$$x = \frac{1}{2}at^2 = \frac{1}{2}\frac{F}{m}t^2$$

となるので，

$$x = \frac{1}{2}at^2 = \frac{1}{2}\frac{F}{m}t^2 = v\omega t^2 \qquad \therefore a = 2v\omega \qquad \text{3-2-2}$$

である．よって，求めるコリオリの力の大きさ F は，

$$F = ma = 2mv\omega \qquad \text{3-2-3}$$

となる．

　高気圧や低気圧の風の向き，貿易風の吹く向きは，コリオリの力が原因である．

3.3　万有引力

　美しい夜空にきらめく天体の運動は，文明の夜明けから人類の興味を強く引きつけてきた．天体の運動を科学的に考察してみよう．

3.3.1　ケプラーの法則

　ギリシア人は，人間は宇宙の中心にいると考え，地球は宇宙の中心にある

と考えていた．また球は完全な形であると考えていたので，地球も，太陽も，星も球形をしていると考え，その軌道も完全な円であると考えていた．プトレマイオスは，『アルマゲスト』（A. D. 150）で，恒星は，天空の中でも最も高い恒星天に固定されているとし，地球からの距離の順に，月，水星，金星，太陽，火星，木星がそれぞれの天球に固定され，地球を中心に回転すると考えていた．この考えを天動説という．しかし，惑星の順行・逆行を，周転円（エピサイクロイド）によって説明したため，その説明には無理な点が見られた．

16世紀になって，コペルニクス（1473年ポーランド生，1543年没）が地動説を提唱した（『天体の回転について』1543年，死の直前に出版された）．太陽のまわりを，水星，金星，地球，火星，木星，土星の順に，それぞれの惑星がまわり，地球のまわりに，月がまわっているとした．なお地動説は，コペルニクスが初めてではなく，B. C. 3C に，ギリシアの天文学者のアリスタルコスがすでに唱えていた．コペルニクスは，神学修行のため，ルネサンスの発祥の地イタリアに留学中，図書館で地動説を発見した．

ガリレオ・ガリレイ（1564年イタリアのピサ生，1642年没←ニュートン生）は，1610年自作の望遠鏡で木星の衛星を発見した（ガリレオ衛星）．望遠鏡で，金星・水星は満ち欠けをすること，および，恒星は望遠鏡で見ても点にしか見えないほど遠方にあることを発見した．これにより，コペルニクスの地動説を強く支持するようになった．彼の著書『天文対話；世界の二体系，すなわちプトレマイオスとコペルニクスの体系，についての対話』を，当時の教会は，聖書の教えに反するものとして禁止した（ガリレオ裁判）．裁判の席でガリレオが「それでも地球は回っている」と言ったとされる話は有名である．

ケプラー（1571〜1630年，独）は，ティコ・ブラーエ（1546〜1601年，デンマーク）の助手として，ティコの観測データを整理し，ケプラーの法則を発見した．第1法則と第2法則は『新天文学』（1609年）に，第3法則はその10年後の『世界の調和』（1619年）で発表した．

第1法則；惑星は太陽を1つの焦点とする楕円運動を行っている．

第2法則；1つの惑星と太陽を結ぶ動径が，単位時間に掃く面積は一定である（面積速度一定の法則）．

第3法則；惑星の公転周期 T の2乗は，その楕円軌道の長半径 r の3乗に比

例する（$T^2 \propto r^3$）．

第1法則について補足する．物体に力が作用することである点の周りを回転しているとき，この物体に作用する力を中心力という．中心力の方向は，常に一定点Oとその質点Pを結ぶ直線OP方向で，大きさは距離OPによって決まる．中心力が一定の大きさの場合は円軌道を，変化する場合は楕円軌道を描く．

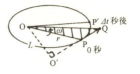

図3-3-1　面積速度

続いて，第2法則について補足する．定点Oと質点Pを結ぶ動径OPが単位時間あたりに掃く扇形の面積を面積速度という．

$$（面積速度）=\frac{（扇形\,OPP'\,の面積）}{\Delta t}$$

ここで，$\Delta t \to 0$ のとき $PP' \to v\Delta t$ となり，扇形OPP'の面積→△OPQの面積とみなせるので，

$$（面積速度）=\frac{（\triangle OPQ\,の面積）}{\Delta t}=\frac{\frac{1}{2}OO'\cdot PQ}{\Delta t}=\frac{L\cdot v\Delta t}{2\Delta t}=\frac{1}{2}Lv$$

また，$\triangle OPQ = \triangle OPD = \frac{1}{2}rv_y \cdot \Delta t$ より，

$$（面積速度）=\frac{\frac{1}{2}rv_y \cdot \Delta t}{\Delta t}=\frac{1}{2}rv_y$$

$v_y = r\omega$ より，

$$（面積速度）=\frac{1}{2}r\cdot r\omega = \frac{1}{2}r^2\omega$$

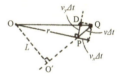

図3-3-2　△OPQ=△OPD

また，

$$（面積速度）=\frac{1}{2}Lv=\frac{1}{2}rv_y=\frac{1}{2}r^2\omega \qquad 3\text{-}3\text{-}1$$

となる．

面積速度一定の法則は，物体が中心力を受けながら運動するとき，その中心に関する面積速度が一定であることを示したものであり，動径rが大きくなると，角速度ωが小さくなりゆっくりと回転することがわかる．

最後に，第3法則（$T^2 = kr^3$）について補足する．冥王星を太陽系の惑星としていた時期もあったが，現在では，太陽系の惑星は，水星，金星，地球，火星，木星，土星，天王星，海王星の8個と定められている．

表 3-3-1　惑星についての定数

	赤道半径 (km)	質量 (kg)	自転周期 (日)	軌道半径 r (km)	公転周期 T (年)	離心率 e	T^2/r^3 $\left(\dfrac{年^3}{天文単位^3}\right)$
水　星	2.44×10^3	3.30×10^{23}	58.65	5.79×10^7	0.241	0.20	1.001
金　星	6.05×10^3	4.87×10^{24}	243.01	1.08×10^8	0.615	0.006	1.000
地　球	6.38×10^3	5.97×10^{24}	0.9973	1.50×10^8	1.000	0.01	1.000
火　星	3.40×10^3	6.42×10^{23}	1.026	2.28×10^8	1.881	0.09	1.000
木　星	7.14×10^4	1.90×10^{27}	0.410	7.78×10^8	11.86	0.05	0.999
土　星	6.00×10^4	5.68×10^{26}	0.428	14.3×10^8	29.48	0.06	1.000
天王星	2.54×10^4	8.70×10^{25}	0.649	28.7×10^8	84.07	0.05	1.000
海王星	2.51×10^4	1.03×10^{26}	0.768	45.0×10^8	164.82	0.01	1.000
月	1.74×10^3	7.35×10^{22}	27.322	3.84×10^8	27.322 日	0.055	－
太　陽	6.96×10^5	1.99×10^{30}	25.38	－	－	－	－

1（天文単位）＝ 1.50×10^8 (km) ＝ 1.50×10^{11} (m)

表 3-3-1 をみると，これらの 8 個の惑星は，ほぼ等速円運動をしていると考えることができる．それぞれの惑星の周期を T，半径を r とし，縦軸に T^2 を，横軸に r^3 をとってグラフを描くと（図 3-3-3），すべての惑星が一直線上に乗り，$T^2 = kr^3$ となる．

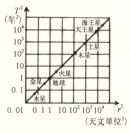

図 3-3-3　ケプラーの第 3 法則

3.3.2　万有引力

惑星に作用する力は中心力であり，束縛力である．その力は，等速円運動における向心力なので，向心力を F とすると，

$$F = mr\omega^2 = mr\left(\frac{2\pi}{T}\right)^2 = 4\pi^2 \frac{mr}{T^2}$$

となる．この式の分母の T^2 にケプラーの第 3 法則を代入すると，

$$F = 4\pi^2 \frac{mr}{kr^3} = \frac{4\pi^2}{k} \cdot \frac{m}{r^2}$$

ここで，$\dfrac{4\pi^2}{k} = c$ とおけば，

$$F = c \cdot \frac{m}{r^2}$$

となる．すなわち，太陽が惑星を引く力は，惑星の質量に比例し距離の 2 乗に反比例する．

ニュートンは，運動の第3法則で作用・反作用の法則について述べている．太陽が惑星を力 F で引けば，その反作用として惑星は太陽を同じ大きさの力 F で引き返すといえる．つまり F は，太陽と惑星が互いに引き合う力の大きさであることがわかる．

F が m に比例するなら，F は，同じく太陽の質量 M_0 にも比例するはずなので，

$$F = c' \cdot \frac{M_0}{r^2}$$

と書ける．よって，$cm = c'M_0$ となる．そこで，c と c' の最大公約数を G とおくと，

$$c = GM_0 \qquad c' = Gm$$

となるので，

$$F = G\frac{mM_0}{r^2}$$

と書ける．ニュートンは，質量と距離だけに関係する引力が，任意の2物体間に作用すると考えた．2物体の質量を m_1，m_2 とし，2物体間の距離を r とすると，この引力の大きさ F は，

$$F = G\frac{m_1 m_2}{r^2} \qquad G = 6.67 \times 10^{-11} \ \mathrm{N \ m^2/kg^2} \tag{3-3-2}$$

となる．これを**万有引力の法則**とよび，G を**万有引力定数**という．

例題 月の地球の周りの公転周期 T は，$T = 27.3$ 日 $= 2.36 \times 10^6$ s，地球の半径 R_e は，$R_e = 6.37 \times 10^6$ m，月と地球の距離 r は，$r = 60.1 R_e$ である．これらのデータから，地上の重力加速度を求めよ．

解答 地球の質量を M，月の質量を m とすると，

$$G\frac{Mm}{r^2} = mr\left(\frac{2\pi}{T}\right)^2 \qquad \therefore \ G = \frac{4\pi^2 r^3}{T^2 M}$$

となる．ところで，地表面では，$m'g = G\dfrac{Mm'}{R^2}$ なので，重力加速度 g は，

$$g = G\frac{M}{R^2} = \frac{4\pi^2 r^3}{R^2 T^2} = \frac{4 \times 3.14^2 \times (60.1 \times 6.3 \times 10^6)^3}{(6.37 \times 10^6)^2 \times (2.36 \times 10^6)^2} = 9.80 \ \mathrm{m/s^2}$$

となり，地上の測定値と一致した．

補足 ニュートンは，万有引力の法則が正しいなら，地上のリンゴも，月も同じように，地球に向かって落下しているはずだと考えた．彼は，地球上でのデータと月の観測値を用いて検証を行ったわけである．

3.3.3 重力

地球上の物体はすべて地球に引かれている。この力を重力といい、その大きさを重さ（重力の大きさ）という。地球が物体を引く力は、地球と物体とのあいだに作用する万有引力によるものが主であるが、正確には、物体に作用する万有引力と地球の自転による遠心力との合力などである。そのため、重力は厳密には地球の中心を向いていない。

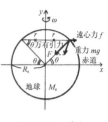

図 3-3-4 重力

質量 m の物体を、北緯 θ に置いたとき、物体が受ける力について考えてみる。物体から回転軸までの距離 r は、地球の半径を R_e とすると、$r = R_e \cos\theta$ である。重力の原因を万有引力とこの物体に作用する遠心力の合力であるとみなすと、

(遠心力 f) $= mr\omega^2 = mR_e\omega^2 \cos\theta$

(万有引力 F) $= G\dfrac{M_e m}{R_e^2}$

(重力の x 成分) $=$ (x 方向の合力) $= F\cos\theta - mR_e\omega^2\cos\theta$

$$= \left(G\dfrac{M_e m}{R_e^2} - mR_e\omega^2\right)\cos\theta$$

(重力の y 成分) $= F\sin\theta = G\dfrac{M_e m}{R_e^2}\sin\theta$

重力の大きさを mg とすれば、

$$(mg)^2 = \left(G\dfrac{M_e m}{R_e^2} - mR_e\omega^2\right)^2 \cos^2\theta + \left(G\dfrac{M_e m}{R_e^2}\sin\theta\right)^2$$

$$= \left(G\dfrac{M_e m}{R_e^2}\right)^2 - 2G\dfrac{M_e m}{R_e^2}mR_e\omega^2\cos^2\theta + (mR_e\omega^2)^2\cos^2\theta$$

$$g^2 = \left(G\dfrac{M_e}{R_e^2}\right)^2 + \left(R_e^2\omega^4 - 2G\dfrac{M_e\omega^2}{R_e}\right)\cos^2\theta$$

$$\therefore g = \sqrt{\left(G\dfrac{M_e}{R_e^2}\right)^2 + \left(R_e^2\omega^4 - 2G\dfrac{M_e\omega^2}{R_e}\right)\cos^2\theta} \qquad 3\text{-}3\text{-}3$$

ところで、地球半径 $R_e = 6.37 \times 10^6$ m、地球の質量 $M_e = 5.97 \times 10^{24}$ kg、角速度 $\omega = \dfrac{2\pi}{24 \times 60 \times 60} = 7.27 \times 10^{-5}$ rad/s、万有引力定数 $G = 6.67 \times 10^{-11}$ N m^2/kg^2 なので、$R_e^2\omega^4$ は $2G\dfrac{M_e\omega^2}{R_e}$ に比べてとても小さく無視でき、

$$g = \sqrt{\left(G\frac{M_e}{R_e^2}\right)^2\left(1 - \frac{2GM_e\omega^2\cos^2\theta}{\left(G\frac{M_e}{R_e^2}\right)^2 R_e}\right)} = G\frac{M_e}{R_e^2}\sqrt{1 - \frac{2R_e^3\omega^2\cos^2\theta}{GM_e}}$$

$$\fallingdotseq G\frac{M_e}{R_e^2}\left(1 - \frac{1}{2}\cdot\frac{2R_e^3\omega^2\cos^2\theta}{GM_e}\right)$$

$$\therefore g = G\frac{M_e}{R_e^2}\left(1 - \frac{R_e^3\omega^2\cos^2\theta}{GM_e}\right) = 9.81(1 - 0.34\times10^{-2}\cos^2\theta) \text{ m/s}^2$$

3-3-4

となる．（ ）内の第2項は，遠心力の影響によるもので，この影響が最大となるのは，$\theta=0$ の赤道上である．しかし，その場合でもわずかに 0.34% 程度の大きさで，緯度が大きくなり $\cos\theta$ が小さくなれば無視できる．

したがって，（万有引力）＝（重力）とできる．

$$mg = G\frac{M_e m}{R_e^2}$$

$$g = G\frac{M_e}{R_e^2} = 9.8 \text{ m/s}^2 \quad \text{3-3-5}$$

表 3-3-2　重力加速度

地名	緯度	g の観測値 (m/s²)
オスロ	59°55′N	9.819
ポツダム	52°23′N	9.813
パリ	48°50′N	9.809
ワシントン	38°54′N	9.801
京都	35°02′N	9.797
昭和基地	69°00′N	9.825

標準重力加速度　$g = 9.80664$

ところで，地球は実際には回転楕円体で，極半径は赤道半径より約 21 km 短い．R_e が小さい極地では，重力加速度の値は赤道における値よりも約 0.7% 大きい．R_e の値は，地表面の高低によって変化するが，その影響は小さいので，ふつうは無視できる．

また，地球の質量分布は一様ではない．重力探鉱法は，この影響を利用し，重力加速度の精密測定によって鉱脈や鉱床を探すのに用いられている．

例題 1. 通信用静止衛星は，赤道上を西から東に向かって，地球の自転と同じ周期で周回している．この衛星の高度 h を求めよ．ただし，地球の質量を M_e，地球の半径を R_e，自転周期を T，衛星の質量を m，重力加速度の大きさを g とする．

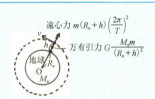

解答　この通信用静止衛星について運動方程式をたてる．
　　（質量）×（加速度）＝（作用する外力）

$$m \times (R_e + h)\left(\frac{2\pi}{T}\right)^2 = G\frac{M_e m}{(R_e + h)^2}$$

ところで，地表面で質量 m' の物体が受ける重力は，その地点の万有引力に等しいので，

$$m'g = G\frac{M_e m'}{R_e^2} \qquad \therefore GM_e = gR_e^2$$

である．よって，

$$R_e + h = \sqrt[3]{\frac{gR_e^2 T^2}{4\pi^2}} \qquad \therefore h = \sqrt[3]{\frac{gR_e^2 T^2}{4\pi^2}} - R_e$$

例題 2. 第1宇宙速度（地表面すれすれを回る人工衛星の速度）v_1 を求めよ．ただし，地球の半径 R_e を $R_e = 6.4 \times 10^6$ m とする．

解答 人工衛星について運動方程式をたてると，

$$m\frac{v_1^2}{R_e} = mg$$

$$\therefore v_1 = \sqrt{gR_e} = \sqrt{9.8 \times 6.4 \times 10^6} = \sqrt{\frac{2 \times 7 \times 7}{10} \times \frac{8 \times 8}{10} \times 10^6}$$

$$\therefore v_1 = 7 \times 8 \times \sqrt{2} \times 10^2 = 7.92 \times 10^3 \text{ m/s} = 7.9 \text{ km/s}$$

$g = 9.8$ のうまい計算方法！ $\sqrt{9.8} = \sqrt{\frac{2 \times 7 \times 7}{10}} = 7\sqrt{\frac{2}{10}}$ として計算しよう！

3.4 極座標

速度や加速度などを，極座標で表してみよう．原点 O からの距離が r で，x 軸から θ だけ回転した位置にある点 P の座標は，

$$x = r\cos\theta, \quad y = r\sin\theta \qquad \text{3-4-1}$$

である．

まず，速度を極座標で表すために，これらの時間的変化を求めてみる．

$$v_x = \frac{dx}{dt} = \frac{dr}{dt}\cos\theta - r\frac{d\theta}{dt}\sin\theta = \dot{r}\cos\theta - r\dot{\theta}\sin\theta \qquad \text{3-4-2}$$

$$v_y = \frac{dy}{dt} = \frac{dr}{dt}\sin\theta + r\frac{d\theta}{dt}\cos\theta = \dot{r}\sin\theta + r\dot{\theta}\cos\theta \qquad \text{3-4-3}$$

ところで，この速度ベクトル v を，動径方向（OP 方向）の成分 v_r とそれに垂直な方向（θ の増す向きを正とする）の成分 v_θ に分解すると，

$$v_r = v_x \cos\theta + v_y \sin\theta \qquad \text{3-4-4}$$

図 3-4-1
極座標での表し方

$$v_\theta = -v_x \sin\theta + v_y \cos\theta \qquad\qquad 3\text{-}4\text{-}5$$

と表せる．これにそれぞれ上式を代入してみよう．

$$v_r = v_x \cos\theta + v_y \sin\theta$$

$$= \left(\frac{dr}{dt}\cos\theta - r\frac{d\theta}{dt}\sin\theta\right)\cos\theta + \left(\frac{dr}{dt}\sin\theta + r\frac{d\theta}{dt}\cos\theta\right)\sin\theta$$

$$= \cos^2\theta\frac{dr}{dt} + \sin^2\theta\frac{dr}{dt} - r\cos\theta\sin\theta\frac{d\theta}{dt} + r\sin\theta\cos\theta\frac{d\theta}{dt} = \frac{dr}{dt}$$

$$\therefore\ v_r = \frac{dr}{dt} = \dot{r} \qquad\qquad 3\text{-}4\text{-}6$$

$$v_\theta = -v_x \sin\theta + v_y \cos\theta$$

$$= -\left(\frac{dr}{dt}\cos\theta - r\frac{d\theta}{dt}\sin\theta\right)\sin\theta + \left(\frac{dr}{dt}\sin\theta + r\frac{d\theta}{dt}\cos\theta\right)\cos\theta$$

$$= r\sin^2\theta\frac{d\theta}{dt} + r\cos^2\theta\frac{d\theta}{dt} = r\frac{d\theta}{dt}$$

$$\therefore\ v_\theta = r\frac{d\theta}{dt} = r\dot{\theta}\ \ (\dot{\theta}；角速度) \qquad\qquad 3\text{-}4\text{-}7$$

と表される．

　次に，加速度を極座標で表してみる．加速度 a を求めるために，a_x, a_y を求めると，

$$a_x = \dot{v}_x = (\ddot{r}\cos\theta - \dot{r}\dot{\theta}\sin\theta) - (\dot{r}\dot{\theta}\sin\theta + r\ddot{\theta}\sin\theta + r\dot{\theta}^2\cos\theta)$$

$$\therefore\ a_x = \ddot{r}\cos\theta - 2\dot{r}\dot{\theta}\sin\theta - r\ddot{\theta}\sin\theta - r\dot{\theta}^2\cos\theta \qquad\qquad 3\text{-}4\text{-}8$$

$$a_y = \ddot{r}\sin\theta + 2\dot{r}\dot{\theta}\cos\theta + r\ddot{\theta}\cos\theta - r\dot{\theta}^2\sin\theta \qquad\qquad 3\text{-}4\text{-}9$$

速度の場合と同じように，a_r, a_θ を求めて，れらを代入すると，

$$a_r = a_x \cos\theta + a_y \sin\theta$$

$$= (\ddot{r}\cos\theta - 2\dot{r}\dot{\theta}\sin\theta - r\ddot{\theta}\sin\theta - r\dot{\theta}^2\cos\theta)\cos\theta$$

$$\quad + (\ddot{r}\sin\theta + 2\dot{r}\dot{\theta}\cos\theta + r\ddot{\theta}\cos\theta - r\dot{\theta}^2\sin\theta)\sin\theta$$

$$= (\ddot{r}\cos^2\theta - 2\dot{r}\dot{\theta}\sin\theta\cos\theta - r\ddot{\theta}\sin\theta\cos\theta - r\dot{\theta}^2\cos^2\theta)$$

$$\quad + (\ddot{r}\sin^2\theta + 2\dot{r}\dot{\theta}\sin\theta\cos\theta + r\ddot{\theta}\sin\theta\cos\theta - r\dot{\theta}^2\sin^2\theta)$$

$$\therefore\ a_r = a_x \cos\theta + a_y \sin\theta = \ddot{r} - r\dot{\theta}^2 = \frac{d^2r}{dt^2} - r\left(\frac{d\theta}{dt}\right)^2 \qquad 3\text{-}4\text{-}10$$

$$a_\theta = -a_x \sin\theta + a_y \cos\theta$$

$$= -(\ddot{r}\cos\theta - 2\dot{r}\dot{\theta}\sin\theta - r\ddot{\theta}\sin\theta - r\dot{\theta}^2\cos\theta)\sin\theta$$

$$\quad + (\ddot{r}\sin\theta + 2\dot{r}\dot{\theta}\cos\theta + r\ddot{\theta}\cos\theta - r\dot{\theta}^2\sin\theta)\cos\theta$$

$$= -(\ddot{r}\cos\theta\sin\theta - 2\dot{r}\dot{\theta}\sin^2\theta - r\ddot{\theta}\sin^2\theta - r\dot{\theta}^2\cos\theta\sin\theta)$$

$$+ (\ddot{r}\sin\theta\cos\theta + 2\dot{r}\dot{\theta}\cos^2\theta + r\ddot{\theta}\cos^2\theta - r\dot{\theta}^2\sin\theta\cos\theta)$$

$$\therefore a_\theta = -a_x\sin\theta + a_y\cos\theta = 2\dot{r}\dot{\theta} + r\ddot{\theta} = 2\frac{dr}{dt}\frac{d\theta}{dt} + r\frac{d^2r}{dt^2} \qquad 3\text{-}4\text{-}11$$

また，a_θ は，$a_\theta = \frac{1}{r}\frac{d}{dt}\left(r^2\frac{d\theta}{dt}\right)$ と書くこともできる．

円運動を考える場合，半径 r は一定なので，$\dot{r}=0$, $\ddot{r}=0$ である．

$$a_r = -r\dot{\theta}^2 = -r\omega^2 \quad \cdots\text{向心加速度を意味する．}$$

$$a_\theta = r\ddot{\theta} = r\frac{d^2\theta}{dt^2} \quad \cdots\text{接線加速度を意味する．}$$

等速円運動では，$a_r = -r\dot{\theta}^2 = -r\omega^2$ かつ，$a_\theta = 0$ すなわち $\dot{\theta} = \omega$（一定）となる．

面積速度では次のように考える．微小時間 dt のあいだに質点が点 P から点 Q まで動いたとし，点 P から OQ へ降ろした垂線の足を H とすると $\overline{\text{PH}} = rd\theta$ なので，三角形の面積は $S_{\triangle\text{OPQ}} = S_{\triangle\text{OPH}} = \frac{1}{2}r\cdot rd\theta$ となる．したがって面積速度は，

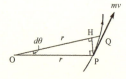

図 3-4-2 面積速度

$$\therefore \text{（面積速度）} = \frac{dS}{dt} = \frac{1}{2}r^2\frac{d\theta}{dt} \qquad 3\text{-}4\text{-}12$$

となる．

第4章 振 動

4.1 単振動

ばね振り子の運動は，おもりが規則的に行ったり来たりする運動である．このように，おもりが一直線上を，一定の周期で行ったり来たりする運動を**単振動**または**調和振動**という．

4.1.1 単振動の基本的性質

単振動を理解しやすくするために，等速円運動をする物体の正射影を利用する．このときの円を**参考円**

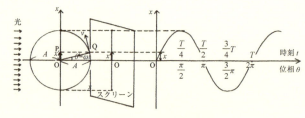

図 4-1-1 単振動のグラフ

という．参考円 O の上を周回する点を参考点 Q とし，それを正射影した点を点 P とする．点 P の動きを図 4-1-1 に示した．

　単振動を表す物理量は，次のように決める．点 P が 1 往復振動する時間を周期 T とする．参考点 Q が参考円を 1 周する時間も T である．国際単位(SI)では s（秒）を用いる．単位時間に振動する回数を振動数 n とする．周期の逆数となるので，$n = \dfrac{1}{T}$ である．単位は Hz（ヘルツ）である．等速円運動における角速度 ω は，単振動では角振動数 ω となる．正射影された点 P の運動に対応する動径 OQ が単位時間に回る角 ω を参考にすると，$\omega = \dfrac{2\pi}{T} = 2\pi n$ となる．動径 OQ が図の水平線となす角を位相といい θ で表す．角振動数との関係は $\theta = \omega t$ となる．点 P の往復運動の半分の長さ（参考円半径，Amplitude）を振幅といい A で表す．

　単振動の変位の大きさ x は，原点（振動の中心）O から点 P までの距離で，

$$x = A \sin \omega t \qquad 4\text{-}1\text{-}1$$

である．その向きは $\overrightarrow{OP}$ の向きである．

　単振動の速度は，次のように求める．参考点 Q は，等速円運動を行っているので，その速度 $\vec{v_0}$ は，円の接線方向を向き，大きさ

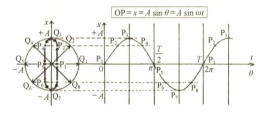

図 4-1-2　単振動の変位のグラフ

は $v_0 = \omega A$ である．速度 $\vec{v_0}$ を x 軸と，x 軸に垂直な軸の 2 方向に分解すると x 方向の成分（右のグラフでは縦軸）v が，点 P の単振動を行う速度を示し，式 4-1-2 で表せる．

$$v = \omega A \cos \theta = \omega A \cos \omega t \qquad 4\text{-}1\text{-}2$$

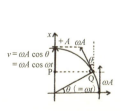

図 4-1-3　単振動の速度成分

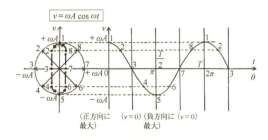

図 4-1-4　単振動の速度のグラフ

単振動の加速度について見てみる．参考円Qは等速円運動をしているので，その加速度（向心加速度）$\vec{a}_0$ の大きさは $a_0 = \omega^2 A$ で，円の中心向きである．加速度ベクトル $\vec{a}$ の x 方向の成分（図 4-1-5 では縦軸）a が，点Pの加速度を示し，式 4-1-3 で表せる．

$$a = -\omega^2 A \sin\theta = -\omega^2 A \sin\omega t \qquad 4\text{-}1\text{-}3$$

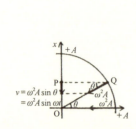

図 4-1-5　単振動の加速度成分　　　図 4-1-6　単振動の加速度のグラフ

以上をまとめると，

$$x = A \sin\theta = A \sin\omega t$$
$$v = \omega A \cos\theta = \omega A \cos\omega t$$
$$a = -\omega^2 A \sin\theta = -\omega^2 A \sin\omega t$$

ところで，加速度 a の式に変位 x を代入すると，

$$a = -\omega^2 x \qquad 4\text{-}1\text{-}4$$

となる．このことから，加速度の向きは，変位と逆向きで，その大きさは変位の大きさに比例することがわかる．振動している質量 m の物体には，$F = ma$ より，

$$F = ma = -m\omega^2 x = -kx \qquad \therefore\ m\omega^2 = k \quad (\text{定数}) \qquad 4\text{-}1\text{-}5$$

という復元力がかかる．この力は，変位と逆向きで変位の大きさに比例する力である．この力は，振動の中心を向いている．

ここで，微積を用いて，数式の展開を確認してみる．

$x = A \sin\omega t$ から速度 v を求めると $v = \dfrac{dx}{dt} = \omega A \cos\omega t$ となり，加速度 a を求めると $a = \dfrac{dv}{dt} = \dfrac{d^2x}{dt^2} = -\omega^2 A \sin\omega t = -\omega^2 x$ となる．

4.1.2　ばね振り子による単振動

一端を天井に取りつけた自然長 L_0，ばね定数 k のばねに，質量 m のおもりをつるしたところ x_0 だけ伸びてつりあった．この状態から，おもりをさらに

A だけ引っ張り，手を離した．この後おもりはどのように動くであろうか．つりあいの位置から下向きの変位を $+x$ とすると，

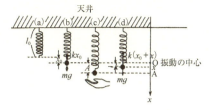

図 4-1-7　ばね振り子の単振動

　上向きの力↑：ばねがおもりによって引かれる力　$f = k(x_0 + x)$
　下向きの力↓：重力 mg

である．おもりについての運動方程式は，おもりのつりあいの式が $kx_0 = mg$ なので，

$$F = mg - k(x_0 + x) = (mg - kx_0) - kx = -kx$$
$$\therefore F = -kx \qquad 4\text{-}1\text{-}6$$

この力は，変位と逆向きで変位の大きさに比例する復元力なので，おもりは単振動を行う．したがって，$F = -m\omega^2 x = -kx$ と書けるので，$m\omega^2 = k$ となる．よって，

$$k = m\omega^2 \qquad \omega = \sqrt{\frac{k}{m}} \qquad \therefore T = \frac{2\pi}{\omega} = 2\pi\sqrt{\frac{m}{k}} \qquad 4\text{-}1\text{-}7$$

以上から，ばね振り子は単振動をしていて，その周期は $T = 2\pi\sqrt{\dfrac{m}{k}}$ である．

4.1.3　単振り子

軽くて伸びない長さ L の糸の一端に質量 m のおもりをつけ，鉛直面内で振らせる装置を単振り子という．

おもりに作用する力は，重力 mg と張力 T のみである．最下点を原点 O とし，糸が鉛直線となす角を θ，おもりの O からの円弧に沿った変位を x（右側を正）とすると，これらの合力は，$mg\sin\theta$ となる．おもりは，この合力によって加速度運動を行う．

図 4-1-8 より，運動方程式は，

$$ma = -mg\sin\theta \qquad 4\text{-}1\text{-}8$$

となる．θ は微小なので（$\theta < 5°$），

$$\sin\theta \fallingdotseq \tan\theta \fallingdotseq \theta = \frac{x}{L}$$

である．よって，

$$ma = -mg\theta = -mg\frac{x}{L} = -\frac{mg}{L}x = -m\omega^2 x$$

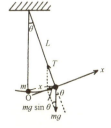

図 4-1-8　単振り子

となる.

$$a = -\frac{g}{L}x = -\omega^2 x$$

$$\omega = \sqrt{\frac{g}{L}} \quad T = \frac{2\pi}{\omega} = 2\pi\sqrt{\frac{L}{g}} \quad \text{4-1-9}$$

このことから，糸の長さ L が決まれば，周期 T は振幅に無関係に一定（単振り子の振れ角 θ が微小のとき）であることがわかる．これを振り子の等時性という．またこれにより，$g = -\frac{4\pi^2 L}{T^2}$ となり，重力加速度の値を測定することができる．

ところで，$\sin\theta \fallingdotseq \theta$ の近似については，図 4-1-9 の写真で実感できよう．写真は，振り子の糸の長さを 10 m にして微小角で振った場合である．この場合，振り子のおもりは 1 m の直定規のラインに沿って運動する．おもりの軌道は，実際には

図 4-1-9　10 m の長さの単振り子

円弧なのであるが，観測の限界から直線とみなしうるということが実感できる．

微積分を用いて，単振り子の周期を求めてみる.

$$m\frac{d^2x}{dt^2} = -mg\sin\theta \quad (x = L\theta) \quad \text{4-1-10}$$

ここで，θ が非常に小さいとき $\sin\theta \fallingdotseq \tan\theta \fallingdotseq \theta$ と表せるので，

$$\frac{d^2x}{dt^2} = -g\theta = -(g/L)x = -kx$$

この式は，$\frac{d^2x}{dt^2} = -kx$ の形になっているので，$g/L = \omega^2$ とおくことができ，

$$\omega = \sqrt{\frac{g}{L}} \quad T = \frac{2\pi}{\omega} = 2\pi\sqrt{\frac{L}{g}} \quad \text{4-1-11}$$

ところで，等時性は糸の振れ角が微小なとき成り立つが，どのくらいの大きな角度まで許容されるのであろうか．単振り子の振れ角 θ が大きな場合には，楕円関数という関数にしたがう．

まず，$T = 2\pi\sqrt{\frac{L}{g}}$ を展開してみる．角振幅が θ_0 rad の場合，単振り子の周期 T は，

$$T = 2\pi\sqrt{\frac{L}{g}}\left[1+\left(\frac{1}{2}\right)^2\sin^2\left(\frac{\theta_0}{2}\right)+\left(\frac{1\cdot3}{2\cdot4}\right)^2\sin^4\left(\frac{\theta_0}{2}\right)+\left(\frac{1\cdot3\cdot5}{2\cdot4\cdot6}\right)^2\sin^6\left(\frac{\theta_0}{2}\right)+\cdots\right]$$

4-1-12

ここで第2項目までを考えると，

$$\therefore T \fallingdotseq 2\pi\sqrt{\frac{L}{g}}\left\{1+\frac{\theta_0^2}{16}\cdots\cdots\right\}$$

4-1-13

となり，約 $\frac{\theta_0^2}{16}$ だけの誤差を生じることがわかる．誤差を 1% 以下にするのには，

$$\frac{\theta_0^2}{16}<0.01 \qquad \theta_0<0.4\ \text{rad} \fallingdotseq 23°$$

4-1-14

を満たす必要がある．また，$\theta_0<5°(\fallingdotseq 0.087\ \text{rad})$ のときの誤差は，約 0.05% 以下となる．

なお，いろいろな角度で単振り子を振り，周期を測ると，表 4-1-1 のようになった．このように角度を大きくして振り子を振った場合，等時性は破れてしまうので注意が必要である．

表 4-1-1　単振り子の周期

糸の長さ (cm)	50	100	200
角度 (°)	周期 (秒)	周期 (秒)	周期 (秒)
5	1.41	2.02	2.84
10	1.41	2.02	2.85
15	1.41	2.01	2.84
20	1.41	2.04	2.85
30	1.43	2.03	2.86
45	1.46	2.07	2.94
60	1.49	2.14	不能

例題 1. 鉛直上向きに加速度 a で等加速度運動するロケットの中に，単振り子とばね振り子を設置した．以下の各問いに答えよ．ただし，単振り子の長さを L，おもりの質量を m とし，ばね振り子のばね定数を k，おもりの質量を m とする．また，重力加速度の大きさは g とする．
(1) 単振り子の周期を求めよ．
(2) ばね振り子の周期を求めよ．

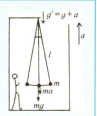

解答 (1) 単振り子の場合，慣性力を考えて，

$$ma = -(mg+ma)\sin\theta = -(mg+ma)\frac{x}{L} = -m\omega^2 x$$

$$\omega = \sqrt{\frac{g+a}{L}} \qquad \therefore T = \frac{2\pi}{\omega} = 2\pi\sqrt{\frac{L}{g+a}}$$

なお，この場合，見かけの重力加速度を g' とし，$g'=g+a$ と考えると，

$$ma = -mg' \sin\theta = -mg'\frac{x}{L} = -m\omega^2 x \qquad \therefore T = \frac{2\pi}{\omega} = 2\pi\sqrt{\frac{L}{g'}} = 2\pi\sqrt{\frac{L}{g+a}}$$

と解くことができる．

(2) 上記のように見かけの重力加速度 g' を考えると，ばね振り子の周期は，非慣性系にあっても，

$$F = -kx = -m\omega^2 x \qquad k = m\omega^2 \qquad \omega = \sqrt{\frac{k}{m}} \qquad \therefore T = \frac{2\pi}{\omega} = 2\pi\sqrt{\frac{m}{k}}$$

となり，慣性力の影響を受けないことがわかる．つまり，そのような乗り物のなかでも，ばね振り子による時計は，慣性系にある時計と同じ周期となる．

例題 2. 右向きに加速度 a で運動している電車の中に，単振り子とばね振り子を設置した．以下の各問いに答えよ．ただし，単振り子の長さを L，おもりの質量を m とし，ばね振り子のばね定数を k，おもりの質量を m とする．また，重力加速度の大きさは g とする．
(1) 単振り子の周期を求めよ．
(2) ばね振り子の周期を求めよ．

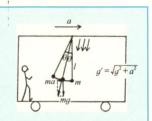

解答 (1) 単振り子の場合，慣性力を考えて，加速度を α として

$$m\alpha = -\sqrt{(mg)^2 + (ma)^2}\sin\theta \fallingdotseq -\sqrt{(mg)^2 + (ma)^2}\frac{x}{L} = -m\omega^2 x$$

$$\omega = \sqrt{\frac{\sqrt{g^2+a^2}}{L}} \qquad \therefore T = \frac{2\pi}{\omega} = \sqrt{\frac{L}{\sqrt{g^2+a^2}}}$$

ここでも見かけの重力加速度を g' とし，$g' = \sqrt{g^2+a^2}$ を考えると，

$$m\alpha = -mg' \sin\theta = -mg'\theta = -mg'\frac{x}{L} = -m\omega^2 x$$

$$\therefore T = \frac{2\pi}{\omega} = 2\pi\sqrt{\frac{L}{g'}} = 2\pi\sqrt{\frac{L}{\sqrt{g^2+a^2}}}$$

(2) ばね振り子の周期は，同様に $T = 2\pi\sqrt{\frac{m}{k}}$ で不変である．

4.2　減衰振動や強制振動

4.2.1　減衰振動

　理想的な環境での単振動では，一定の振動がずっと維持されるが，現実には，空気抵抗や摩擦などで，徐々に振幅も小さくなりやがて止まってしまう．このように減衰する振動を減衰振動という．空気より粘性の大きな流体中では，減衰はより顕著である．

質量 m の物体が，復元力 $f=-kx=-m\omega^2 x$ を受けて単振動しているとする．この物体に，空気抵抗や摩擦などとして，速さに比例する抵抗 $-2m\gamma v$ ($\gamma>0$) が作用している場合を見てみる．

$$m\frac{d^2x}{dt^2} = -kx - 2m\gamma\frac{dx}{dt} = -m\omega^2 x - 2m\gamma\frac{dx}{dt} \qquad 4\text{-}2\text{-}1$$

$$\therefore \frac{d^2x}{dt^2} + 2\gamma\frac{dx}{dt} + \omega^2 x = 0 \qquad 4\text{-}2\text{-}2$$

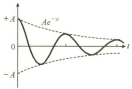

図 4-2-1　減衰振動のグラフ

となる．ここで，よくされる手法として $x = ye^{-\gamma t}$ とおいて，

$$\frac{dx}{dt} = \frac{dy}{dt}e^{-\gamma t} - \gamma y e^{-\gamma t}$$

$$\frac{d^2x}{dt^2} = \frac{d^2y}{dt^2}e^{-\gamma t} - 2\gamma\frac{dy}{dt}e^{-\gamma t} + \gamma^2 y e^{-\gamma t}$$

と変形し，これらを式 4-2-2 に代入すると，

$$\frac{d^2x}{dt^2} + 2\gamma\frac{dx}{dt} + \omega^2 x = \left(\frac{d^2y}{dt^2}e^{-\gamma t} - 2\gamma\frac{dy}{dt}e^{-\gamma t} + \gamma^2 y e^{-\gamma t}\right)$$

$$+ 2\gamma\left(\frac{dy}{dt}e^{-\gamma t} - \gamma y e^{-\gamma t}\right) + \omega^2(y e^{-\gamma t})$$

$$= \frac{d^2y}{dt^2}e^{-\gamma t} - \gamma^2 y e^{-\gamma t} + \omega^2 y e^{-\gamma t} = 0$$

$$\therefore \frac{d^2y}{dt^2} + (\omega^2 - \gamma^2)y = 0 \qquad 4\text{-}2\text{-}3$$

となる．この式から，ω（角速度）と γ（抵抗の比例定数）の大小により，次の 3 つの場合に分けられる．ω は復元力に関係し，γ は抵抗力に関係している．

① $\gamma < \omega$ の場合：減衰振動

　空気抵抗などの抵抗が小さく $\gamma < \omega$ の場合，

式 4-2-1　$m\dfrac{d^2x}{dt^2} = -m\omega^2 x - 2m\gamma\dfrac{dx}{dt}$ の一般解は，

$$x(t) = Ae^{-\gamma t}\cos\left(\sqrt{\omega^2 - \gamma^2}\,t + \theta_0\right) \qquad 4\text{-}2\text{-}4$$

となる．この解は，振幅が $Ae^{-\gamma t}$ で減衰することを示している．この振動の周期 T は，$T = \dfrac{2\pi}{\sqrt{\omega^2 - \gamma^2}}$ なので，抵抗のない場合の周期 $T = \dfrac{2\pi}{\omega}$ より長いことがわかる．

② $\gamma=\omega$ の場合：臨界減衰

この場合，4-2-3 式は，$\frac{d^2y}{dt^2}=0$ となり，一般解は，t について 2 回，微分したときに 0 になるので，$y=A+Bt$ である．したがって，

$$x(t)=(A+Bt)e^{-\gamma t} \qquad (A, B は任意の定数) \qquad 4\text{-}2\text{-}5$$

となる．

③ $\gamma>\omega$ の場合：過減衰

抵抗がとても大きい場合，すなわち $\gamma>\omega$ の場合，$\omega^2-\gamma^2<0$ なので，$p=\sqrt{\gamma^2-\omega^2}$ とおいて解くと，$\frac{d^2y}{dt^2}=p^2y$ となる．この一般解は，一般的に $y=Ae^{pt}+Be^{-pt}$ と書けるので，

$$x(t)=Ae^{-(\gamma-p)t}+Be^{-(\gamma+p)t} \qquad (A, B は任意の定数) \qquad 4\text{-}2\text{-}6$$

となる．ドアがバタンと閉まらないようにするドアクローザーという装置があるが，過減衰になるように調整している．

4.2.2 強制振動と共振

外部からエネルギーを供給しない場合，減衰振動となるが，これにこの系の周期と同じ周期で，外部から力を加え続けると振動を維持することができる．このようにして維持される振動を強制振動という．

物体が，外部から受ける周期的な力を $F(t)=F_0\cos\omega_e t=mf_0\cos\omega_e t$（$F_0=mf_0$）とすると，運動方程式は，式 4-2-1 に $mf_0\cos\omega_e t$ の影響が加わるので，

$$m\frac{d^2x}{dt^2}+2m\gamma\frac{dx}{dt}+m\omega^2 x=mf_0\cos\omega_e t \qquad 4\text{-}2\text{-}7$$

となる．両辺を m で割ると，

$$\frac{d^2x}{dt^2}+2\gamma\frac{dx}{dt}+\omega^2 x=f_0\cos\omega_e t \qquad (\gamma<\omega) \qquad 4\text{-}2\text{-}8$$

となる．

このような微分方程式の一般解は，2 つの方法で求めることができる．1 つは x を含まない項，つまりこの式では右辺を 0 とした方程式の一般解と，右辺を 0 としないもとの方程式の特解の和である．特解は，どんな方法でもとにかく 1 つ探せばよい．

ところで右辺が 0 の場合は，減衰振動の式 4-2-1 となる．したがってこの式の特解は，右

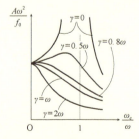

図 4-2-2 強制振動のグラフ

辺の力が角振動数 ω_e の単振動的なものであることから推測して，解も同じ角振動数の単振動であると考えられる．

$$x = B\cos(\omega_e t - \delta)$$

とおいてみて，一般解の式に代入し両辺が等しくなるように，B と δ を決める．

$$B = \frac{f_0}{\sqrt{(\omega^2 - \omega_e^2)^2 + 4\gamma^2 \omega_e^2}}, \quad \delta = \tan^{-1}\frac{2\gamma\omega_e}{\omega^2 - \omega_e^2}$$

以上から，

$$x(t) = \frac{f_0}{\sqrt{(\omega^2 - \omega_e^2)^2 + 4\gamma^2 \omega_e^2}}\cos(\omega_e t - \delta) + Ae^{-\gamma t}\cos(\sqrt{\omega^2 - \gamma^2}\, t + \theta_0)$$

4-2-9

と書ける．第2項は，時間が経過するとともに消える．いつまでも，定常的に残るのは，第1項なので，

$$x(t) = \frac{f_0}{\sqrt{(\omega^2 - \omega_e^2)^2 + 4\gamma^2 \omega_e^2}}\cos(\omega_e t - \delta) \qquad 4\text{-}2\text{-}10$$

である．強制振動の振幅 B は，f_0 に比例するだけでなく，外力の角振動数 ω_e によって変化し，$\omega_e = \sqrt{\omega^2 - 2\gamma^2}$ のとき最大となる．振動系が共鳴，共振を起こすとき，振幅が最大となる．

建物や橋などの建造物を設計するときは，外力と共振して壊れないようにする必要がある．1940年にアメリカのワシントン州にかけられた「タコマ橋」は，橋に吹き付ける風が橋と共振して崩壊した．これを教訓に，現在では，建造物は，風や地震など外部からの振動と共振しないように設計されている．

図 4-2-3　タコマ橋の崩壊

図 4-2-4　現在のタコマ橋

第5章 仕事とエネルギー

5.1 仕事

物理学での仕事は，日常生活でいう仕事と異なる．物理学では，「物体に力を加えて，物体を力の向きに動かすとき」仕事をしたという．

5.1.1 仕事の定義

物理学での仕事を数式で表現すると次のようになる．物体に加えた力の大きさを F とし，その物体を力の向きに s だけ移動したときの仕事の大きさ W は，

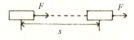

図 5-1-1　仕事 $W=Fs$

$$W = Fs \qquad 5\text{-}1\text{-}1$$

となる．単位は J（ジュール）を用いる．

物体に加えた力の大きさ F を縦軸に，移動距離 s を横軸にとってグラフを描くと，図 5-1-2 のようになり，グラフで囲まれた面積は仕事 W を表す．

図 5-1-2　$F\text{-}s$ グラフの面積

次に，力の向きと物体が移動する向きが異なる場合についてみる．

作用点を通って地面に水平に x 軸をとり，これに垂直に y 軸をとる．力 $\vec{F}$ を x, y のそれぞれの成分に分けると，F_x と F_y となる．作用点 O は，y 方向には移動していないから，F_y は仕事をしていない．つまり仕事をしたのは，$F_x = F\cos\theta$ だけである．力 $\vec{F}$ が

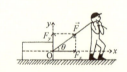

図 5-1-3　力の向きと移動の向きが異なる場合

物体にした仕事 W の大きさは，作用点 O の x 軸方向の移動距離を s とすれば，

$$W = F\cos\theta \cdot s = Fs\cos\theta \qquad 5\text{-}1\text{-}2$$

となる．θ の範囲が $90° < \theta < 270°$ の場合，F_x は負の向きとなり，力がした仕事は負になる．このとき，力は物体によって仕事をされた，あるいは負の仕事をしたという．θ の範囲がいろいろに変化した場合を図 5-1-4 に示す．

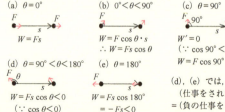

図 5-1-4　力の向きと移動の向きとの角度が変化する場合

例題 1. 一直線の線路の上を一定の速さで動いている貨車に，真上から垂直に力 F を加えた．このときの仕事 W を求めよ．

解答 $W = Fs \cos 90° = 0$ より，仕事は 0（ゼロ）である．

例題 2. 質量 m の物体を静かに持ち上げるのに要する仕事が，道筋によらず一定であること証明せよ．

解答と解説 質量 m の物体を，点 P から点 Q まで持ち上げる仕事 W を，経路を変えて求めた結果が同じであれば，証明はできたことになる．

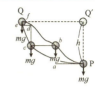

PQ の高低差は h なので，直接，持ち上げた場合，求める仕事 W は，$W = mgh$ である．物体を水平に移動させる場合は，重力 mg の向きに対して垂直な移動なので，仕事は 0 である．したがって，P から Q まで持ち上げるのに要する仕事は，P→Q′→Q と物体を移動させる場合には mgh である．これを第 1 の経路とする．

第 2 の経路として，図のような任意の曲線に沿って高さ h だけ持ち上げた場合の仕事を求める．この値が第 1 の経路と一致することを示せばよい．

図の曲線に沿って P から Q まで持ち上げる場合，Pa, bc, de 間は水平移動なので，この間の仕事は 0 である．したがって，求める仕事 W_1 は，$W_1 = mg (ab + cd + ef)$ となる．ところで，$h = ab + cd + ef$ なので，この値は $W_1 = mgh$ となり，道筋によらず一定であることが証明された．（証明終）

ところで，この問題で物体を点 P から出発して点 Q を経て再び点 P に戻す場合の仕事を考えてみる．P から Q へ変位するとき重力 mg のする仕事は負であり，道筋によらず $-mgh$ である．次に Q から P に戻るとき重力 mg のする仕事は正で mgh である．したがって，P→Q→P の仕事は，$-mgh + mgh = 0$ となる．

つまり重力場においては，物体がある点から出発し一巡してもとの点に戻るまでに，重力がする全仕事量は 0 である．このような場を保存力の場，保存力の場ではたらく力を保存力という．

5.1.2 仕事の原理

質量 m の物体を h だけ持ち上げる場合，その仕事 W_1 は $W_1 = mgh$ である．これを傾斜角が 30° の斜面を用いて，質量 m の物体を基準線より h だけ高い場所に持ち上げるための仕事も同じく mgh である．斜面の長さを L とすると，$h = L \sin 30° = \dfrac{1}{2} L$ なので $L = 2h$ となる．

物体を斜面に沿って持ち上げるのに要する力 f は，

$$f = mg \sin 30° = \frac{1}{2}mg$$

であるから，斜面を用いて，高さ h のところまで持ち上げるのに要する仕事 W_2 は，

$$W_2 = f \cdot L = \frac{1}{2}mg\, 2h = mgh$$

となり，$W_1 = W_2$ なので，仕事量は同じで，得も損もしない．しかし，一人の人間が，あるいは束になってかかっても，直接持ち上げることができないものを，斜面を利用することで，持ち上げることができたことは素晴らしことである．

このように，「力で得をしても距離で損をするので，結局，仕事で得はできない．」このことを仕事の原理という．仕事の原理は，滑車や輪軸を使った場合でも，同様である．

5.1.3 仕事率

短時間で多くの仕事をこなすマシンを性能がいいという．つまり，単位時間あたりにこなす仕事の量が多いものを有能と評価するわけである．このような仕事の速さのことを仕事率（P）(Power) という．仕事率とは，単位時間あたりの仕事量である．単位は W（ワット）を用い，電力の単位としても利用する．

$$P = \frac{W}{t} \quad (\text{J/s} = \text{W}) \qquad \therefore\ W = Pt$$

毎秒 1 J の仕事をする仕事率を 1 W という．

$$1\,\text{W} = 1\,\text{J}/1\,\text{s}, \quad W = \text{J/s} = \text{N}\cdot\text{m/s}$$

ところで，エンジンの性能を表す単位に馬力（ps）も使う．1 馬力 = 1 ps ≒ 735 W で換算する．一般の乗用車は 40〜100 ps，バイクは 3〜40 ps である．30〜80 W の家電製品の場合は約 1/10 ps である．

例題 速度 v で移動する物体の仕事率 P を求めよ．

解答 $s = vt$ なので，$P = \dfrac{W}{t} = \dfrac{Fs}{t} = \dfrac{Fvt}{t} = Fv$ ∴ $P = Fv$ となる．

補足 力の向きと速度の向きが θ をなす場合には，$W = Fs\cos\theta$ より，$P = Fv\cos\theta$ となる．

5.2 エネルギー

各地を旅行すると，大きな石碑に出会ったりする．歴史に感動しながら石碑に刻まれた内容を食い入るように読んだりするものである．しかし，もしこの石碑が崖の上から落ちてきたらどうであろうか？　きっと恐怖を感じるに違いない．またエンジンがかかっていない大型ダンプカーが駐車してあってもダンプカーに恐怖を感じることはないが，これが猛スピードで近づいて来たらどうであろう？　やはり，恐怖を感じることだろう．

猛スピードで走るダンプカーは，静止するまでに仕事をする．頭上の大きな石も，地上に落下するまでに仕事をする．このように仕事をする能力をもつ状態にある場合，その物体はエネルギーをもっているという．エネルギーを定義すると，エネルギーとは，仕事をする能力であるといえ，単位もJを用いる．

5.2.1 運動エネルギー

運動している物体は静止するまでに仕事をすることができるので，エネルギーをもっている．このエネルギーを，運動エネルギー（Kinetic Energy）といい，E_k あるいは K と表す．

運動エネルギーを数式で表すために次の思考実験を行う．一直線上を一定の速度 v で運動している物体Aが，静止している物体Bに衝突し，距離 s だけ動い

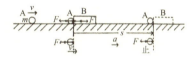

図 5-2-1　運動エネルギーの思考実験

て静止したと仮定する．つまり，物体Aは物体Bに力 F を及ぼし，その方向に s だけ動かしたと仮定する．このとき物体Aは，静止するまでに $W = Fs$ の仕事をすることになる．これが物体Aがもつ運動エネルギーである．

物体Aについて，加速度を a とおいて，運動方程式をたてると

$$ma = -F$$

物体Aの初速度は v である．物体Aが物体Bに衝突し，距離 s だけ移動して静止したとき，物体Aの速度は0であるので，

$$0^2 - v^2 = 2as$$

となる．この2式を仕事 W に代入すると，

$$W = F \cdot s = (-ma) \cdot \left(-\frac{v^2}{2a}\right) = \frac{1}{2}mv^2$$

よって，運動エネルギーは

$$E_k = \frac{1}{2}mv^2 \qquad 5\text{-}2\text{-}1$$

である.

5.2.2 重力による位置エネルギー

重力がはたらいている地球上では,高い位置にある物体が,低いところに落ちてくるとき仕事をする.つまり高い位置にあると,仕事をする能力があり,エネルギーをもっている.このエネルギーを重力による位置エネルギー(Potential Energy)といい,E_p あるいは U と表す.位置エネルギーを,数式を使って表すために次に示すような思考実験を行ってみよう.

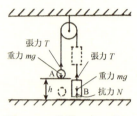

図 5-2-2 位置エネルギーの思考実験

同じ質量 m の 2 物体 A・B が滑車を通して図 5-2-2 のようにつり下げられている.糸の張力を T とすると,物体 A,物体 B それぞれのつりあいの式は,$T - mg = 0$ である.この状態で,物体 A に,無視しうるほどわずかな仕事を鉛直下向きに与えると,物体 B はゆるやかに等速度で上昇し,物体 A は h だけ下がりながら,物体 B を mg の力で h だけ引き上げる仕事をする.その仕事 W は,$W = mgh$ となる.よって,重力による位置エネルギーは,

$$E_p = mgh \qquad 5\text{-}2\text{-}2$$

となる.

ところで,重力による位置エネルギーについては,位置エネルギーの基準をどこにとるかを考えなければならない.図 5-2-3 のように,位置エネルギーの基準面をそれぞれ天井や机面や床面にとると,それぞれに対応して,物体 m がもってい

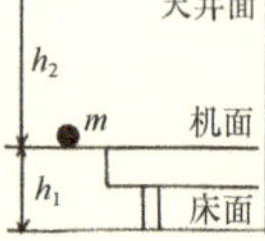

基準面	位置エネルギー
天井面	$mg \times (-h_2) < 0$
机面	$mg \times 0 = 0$
床面	$mg \times h_1 > 0$

図 5-2-3 位置エネルギーの基準面

る位置エネルギーの値は変わり,図 5-2-3 の右表のようになる.つまり位置エネルギーは,基準からの高低差で決まる.

5.2.3 力学的エネルギーの保存則

運動エネルギーと位置エネルギーを加えあわせたものを力学的エネルギーという.いくつものエネルギーを扱って考察する場合には,パネル方式を用いると便利である.パネル方式は著者が考案した方法である.これをイメー

ジ図で示すと次のようになる．

$$
\begin{aligned}
(力学的エネルギー) &= (運動エネルギー) + (位置エネルギー) \\
E &= E_k + E_p \\
E_A &= E_{kA} + E_{pA} = 0 + mgh \\
E_B &= E_{kB} + E_{pB} = \frac{1}{2}mv^2 + 0
\end{aligned}
$$

それでは具体的に，パネル方式を用いて，力学的エネルギーの保存則の事例にあてはめながら見てみる．状態 1，状態 2 について，それぞれ力学的エネルギーの合計を E_1, E_2 とおく．

$$E_1 = E_{k1} + E_{p1} = 0 + mgh$$

$$E_2 = E_{k2} + E_{p2} = \frac{1}{2}mv^2 + 0$$

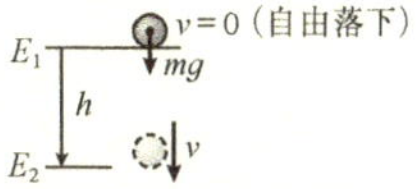

図 5-2-4 力学的エネルギーの保存

この運動は自由落下なので，

$$v^2 - 0^2 = 2gh \qquad \therefore v = \sqrt{2gh}$$

$$\therefore E_2 = E_{k2} = \frac{1}{2}mv^2 = \frac{1}{2}m \times (2gh) = mgh = E_1 \qquad \therefore E_1 = E_2$$

運動の前後で，力学的エネルギーは一定に保たれ，力学的エネルギー保存則を確認することができた．このことを，落下中の任意の状態についても見てみよう．

$$E_1 = E_{k1} + E_{p1} = 0 + mgh$$

$$E = E_k + E_p = \frac{1}{2}mv'^2 + mgy$$

$$E_2 = E_{k2} + E_{p2} = \frac{1}{2}mv^2 + 0$$

$$E_k + E_p = mgh$$

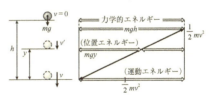

図 5-2-5 任意の場合の力学的エネルギーの保存

5.2.4 エネルギーの原理

外力が物体に正の仕事をすると運動エネルギーは増加し，負の仕事をすると運動エネルギーは減少する．

図 5-2-6 において，質量 m の物体について運動方程式をたてると，

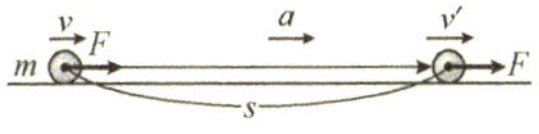

図 5-2-6 エネルギーが加わる場合

$$ma = F$$

となる．物体に力 F を加えた結果，物体の速度が v から v' に変化するとすると，運動エネルギーの変化量 ΔE_k は，

$$\Delta E_k = \frac{1}{2}mv'^2 - \frac{1}{2}mv^2 = \frac{1}{2}m(v'^2 - v^2)$$

この間，物体は等加速度直線運動をするので，

$$v'^2 - v^2 = 2as$$

以上から，

$$\Delta E_k = \frac{1}{2}m \times 2as = mas = Fs = W \qquad \therefore \Delta E_k = W \qquad \text{5-2-3}$$

となり，外力がした仕事はエネルギーの変化量に等しいことがわかる．摩擦力がする仕事は負の仕事なので，エネルギーは減少する．減少したエネルギーは熱となって放出される．

5.2.5 弾性力による位置エネルギー

ばねは，伸ばすともとに戻ろうとする．このとき，ばねの一端におもりをつけておくと，ばねがもとに戻るまでの間に仕事をすることができる．つまり，仕事をする能力をもつので，エネルギーをもっているといえる．このエネルギーを，弾性力による位置エネルギーといい，E_p' で表す．

仕事 W は，物体に加えられた力 F と，その向きの移動距離の積で表され，F が一定の場合 $W = Fs$ より，F-s グラフでは長方形の面積となる．ところが，ばねの場合，弾性定数を k とすると，弾性力 F は伸びに応じて $F = kx$ と変化する．

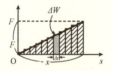 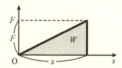

図 5-2-7　$F = kx$ に従う場合の仕事1　　図 5-2-8　$F = kx$ に従う場合の仕事2

しかし，ばねの微小な伸びの範囲の区間では，ばねの弾性力 F は一定であると考えると，その間の仕事は図 5-2-7 のように長方形の短冊となる．この微小な長方形型の短冊の面積の合計は，$\Delta x \to 0$ のときには図 5-2-8 のように三角形になるので，求める仕事 W は，

$$W = \frac{1}{2}kx \times x = \frac{1}{2}kx^2$$

となる．したがって，弾性力による位置エネルギー E_p' は，

$$E_p' = \frac{1}{2}kx^2 \qquad \text{5-2-4}$$

となる．弾性の位置エネルギーを積分で求めると，次のようになる．

$$E'_p = -\int_0^x (-kx) dx = \frac{1}{2}kx^2 \qquad 5\text{-}2\text{-}5$$

例題 ばね定数 k のばねに，質量 m のおもりをつけ，自然長 L_0 から初速 0 で落下させる．ばねの最大の伸びはいくらか．

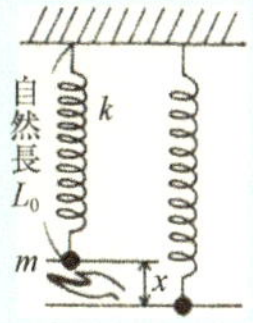

解答 自然長でのおもりの位置を $x=0$ とし，おもりの落下の距離を x とし，パネル方式を利用すると，

落下前； $E_1 = E_{k1} + E_{p1} + E'_{p1} = 0 + 0 + 0$

落下後； $E_2 = E_{k2} + E_{p2} + E'_{p2} = \frac{1}{2}mv^2 + (-mgx) + \frac{1}{2}kx^2$

最大の伸びのとき，おもりの速さは $v=0$，また力学的エネルギーが保存されるので $E_2 = 0$ となるので，

$$-mgx + \frac{1}{2}kx^2 = 0$$

$x \neq 0$ より，$x = \dfrac{2mg}{k}$ （つりあいのときの伸びの 2 倍）となる．

5.2.6 万有引力による位置エネルギー

地球上で観測する重力は，万有引力によるもので，地球を球体とみなした場合には，その中心からの距離 r の 2 乗に反比例して小さくなる．しかし，地表のごくせまい範囲の高さ h については，重力は一定とし，重力による位置エネルギーは $E_p = mgh$ とみなせた．

それでは，質量 m の物体を，地球（半径 R_e）から地球外にまで運ぶ仕事はどうなるのであろうか．地球の中心からの距離 r が相当大きくなると（$r \gg R_e$），地上付近でのように重力を一定とみなすことができなくなり，重力は逆 2 乗則に則って変化する．

原点 O に質量 M の物体を固定し，距離 r だけ離れた位置に質量 m の物体があるとする．これらの物体の間に作用する万有引力 $F(r)$ は，
$F(r) = G\dfrac{Mm}{r^2}$ である．

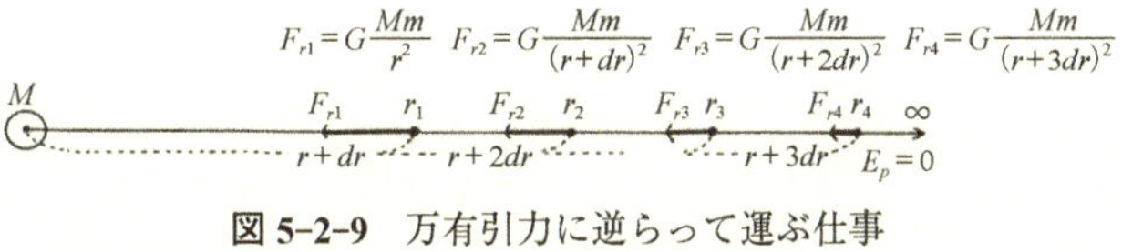

図 5-2-9 万有引力に逆らって運ぶ仕事

質量 M の物体から，質量 m の物体を図 5-2-9 のように dr ずつゆっくり引き離して無限遠に運ぶ仕事を求めると，

$$W_{r\to\infty} = \int_r^\infty F(r)\,dr = \int_r^\infty G\frac{Mm}{r^2}\,dr$$

図 5-2-10　無限遠でのエネルギー

となる．したがって，万有引力の位置エネルギー E_p は，無限遠を位置エネルギーの基準，すなわち $E_p=0$ として，

$$E_p(r) = -\int_r^\infty G\frac{Mm}{r^2}\,dr = \left[G\frac{Mm}{r}\right]_r^\infty = GMm\left(\frac{1}{\infty}-\frac{1}{r}\right)$$

$$\fallingdotseq -G\frac{Mm}{r} \qquad \therefore\ E_p(r) = -G\frac{Mm}{r} \qquad\qquad 5\text{-}2\text{-}6$$

となる．

> **例題** 重力による位置エネルギー E_p が，$E_p = mgh$ といえるのはどのような条件のときか説明せよ．ただし，地球の質量を M_e，物体の質量を m，重力加速度の大きさを g とする．

解答　質量 m の物体が地面にあるときに位置エネルギーを E_{p0} とし，地上 h にあるときの位置エネルギーを E_{ph} とすると，

$$E_{p0} = -G\frac{M_e m}{R_e}\ ;\ E_{ph} = -G\frac{M_e m}{R_e + h}$$

となる．質量 m の物体を重力に逆らって，高さ h だけ持ち上げるのに要する仕事 W は，重力が一定とみなせる範囲（$h \ll R_e$，ほとんど地上での現象を見ている場合）では，$W = mg\times h = mgh$ より $E_p = mgh$ である．しかしこの物体をかなり高い位置にまで運ぶのに要する仕事は $E_{ph} - E_{p0}$ なので，

$$E_{ph} - E_{p0} = \left(-G\frac{M_e m}{R_e + h}\right) - \left(-G\frac{M_e m}{R_e}\right) = GM_e m\left(\frac{1}{R_e} - \frac{1}{R_e + h}\right)$$

$$= \frac{GM_e m h}{R_e(R_e + h)}$$

となる．地表面に質量 m の物体がある場合の運動方程式を見ると，$mg = -G\dfrac{M_e m}{R_e^2}$ なので，$GM_e = gR_e^2$ となる．

よって，$E_{ph} - E_{p0} = \dfrac{GM_e m h}{R_e(R_e + h)} = \dfrac{gR_e^2 m h}{R_e(R_e + h)} = \dfrac{mgh}{1 + \dfrac{h}{R_e}}$

$h \ll R_e$ のとき，$\dfrac{h}{R_e} \fallingdotseq 0$ なので，（地表面付近を考えるとき），

$$E_{ph} - E_{p0} \fallingdotseq mgh \qquad (E_p = E_{ph} - E_{p0})$$

以上から，地上で観測される重力による位置エネルギー mgh は，重力加

速度の大きさ g が一定とみなされる範囲では，万有引力による位置エネルギーの差で表されることがわかる．

5.2.7　宇宙速度

地表面すれすれを周回する人工衛星の速度を第1宇宙速度，地球の重力圏からの脱出速度を第2宇宙速度という．

<第1宇宙速度>

質量 m の人工衛星が，地表面すれすれを周回している．地球を完全な球体とみなし，その半径 R_e を $R_e = 6.4 \times 10^6$ m として，運動方程式をたてると，

$$m\frac{v_1^2}{R_e} = mg \qquad \therefore v_1 = \sqrt{R_e g} = 7.92 \times 10^3 \text{ m/s} = 7.9 \text{ km/s}$$

となる．第1宇宙速度は 7.9 km/s である．

<第2宇宙速度（脱出速度）>

地表を打ち出すときの宇宙船の速度（第2宇宙速度）を v_2 とし，地球中心から距離 r にある衛星の速度を v とすると，エネルギー保存則より，

$$E_k + E_p = \frac{1}{2}mv_2^2 + \left(-G\frac{M_e m}{R_e} \right) = \frac{1}{2}mv^2 + \left(-G\frac{M_e m}{r} \right)$$

が成立する．宇宙船が第2宇宙速度を得る条件は，無限遠点（$r \to \infty$）で最低でも $v = 0$ を満たす必要があるので，

$$E_k + E_p = \frac{1}{2}mv_2^2 + \left(-G\frac{M_e m}{R_e} \right) = 0 + 0 \; ; \; GM_e = gR_e^2$$

より，

$$\frac{1}{2}mv_2^2 = G\frac{M_e m}{R_e} = mgR_e$$

$$\therefore v_2 = \sqrt{2R_e g} = \sqrt{2 \times 9.8 \times 6.4 \times 10^6} = 11.2 \times 10^3 \text{ m/s} = 11.2 \text{ km/s}$$

$$= \sqrt{2}\, v_1$$

となる．第2宇宙速度，すなわち地球の重力圏からの脱出速度は 11.2 km/s である．

なお，地球の自転速度は約 0.5 km/s なので，自転を利用すると地球の重力圏を脱出するには，$11.2 - 0.5 = 10.7$ km/s あればよい．

さらに，第1宇宙速度 v_1 で飛行中の人工衛星から打ち出す場合には，$v_2 - v_1 = 11.2 - 7.9 = 3.3$ km/s 以上であればよい．

5.3 エネルギー積分

質点がAからBまで動く間，力$\vec{F}$が質点に対して行う仕事は，力とその向きの移動距離の積で求められる．つまり，区間［A, B］において積分して求めるので，

$$W_{AB} = \int_A^B F dr = \int_A^B (F_x dx + F_y dy + F_z dz)$$ 5-3-1

となる．簡単のため，力fがxの関数で与えられたとすると運動方程式は，$m\dfrac{d^2x}{dt^2} = f(x)$ と書ける．両辺に，$\dfrac{dx}{dt}$ を掛けると，$m\dfrac{dx}{dt}\dfrac{d^2x}{dt^2} = mv\dfrac{dv}{dt} = f(x)\dfrac{dx}{dt}$ となる．さらに両辺に dt を掛けると，$mv\,dv = f(x)\,dx$ となるので，両辺を積分すると，

$$\frac{1}{2}mv^2 = \int f(x)\,dx + C$$

となる．右辺の積分定数をvの初期値v_0で表すと，

$$\frac{1}{2}mv^2 = \int f(x)\,dx + \frac{1}{2}mv_0^2$$ 5-3-2

である．さらに，式5-3-2を

$$+\frac{1}{2}mv_0^2 = \frac{1}{2}mv^2 - \int f(x)\,dx$$

と変形し，$U(x) = -\displaystyle\int f(x)\,dx$ とおき，積分の下限にxの初期値x_0を用いると，$U(x) - U(x_0) = -\displaystyle\int_{x_0}^x f(x)\,dx$ と書ける．したがって，

$$f(x) = -\frac{dU}{dx}$$ 5-3-3

と考えることができ，

$$\frac{1}{2}mv^2 + U(x) = \frac{1}{2}mv_0^2 + U(x_0) = E \ （一定）$$ 5-3-4

と表すことができる．$U(x)$ は，まさに位置エネルギー（ポテンシャル）である．また，$\dfrac{1}{2}mv^2 + U(x) = E$ は，運動方程式を積分して得られたものなので，エネルギー積分という．

例題 物体に作用する力$\vec{F}$のそれぞれの成分がポテンシャルを利用して，$F_x = -\dfrac{\partial U}{\partial x}$, $F_y = -\dfrac{\partial U}{\partial y}$, $F_z = -\dfrac{\partial U}{\partial z}$ と書けるとき，物体に作用する力$\vec{F}$は，単位ベクトル$\vec{i}$, $\vec{j}$, $\vec{k}$を用いるとどのように書けるか．

解答 単位ベクトルを$\vec{i}$, $\vec{j}$, $\vec{k}$を用いると，

$$\vec{F} = -\frac{\partial U}{\partial x}\vec{i} - \frac{\partial U}{\partial y}\vec{j} - \frac{\partial U}{\partial z}\vec{k}$$

と書ける．

補足 この式は，$\vec{F} = -\mathrm{grad}\, U$ または $\vec{F} = -\nabla U$ とも表すことができる．gradはグラディエントと読み，∇はナブラと読み，勾配を表す．

また，$\nabla = \left(\dfrac{\partial}{\partial x},\ \dfrac{\partial}{\partial y},\ \dfrac{\partial}{\partial z}\right)$ を微分演算子という．

第6章　質点系の運動

6.1 運動量

テニスのラケットや野球のバットでボールを打ち返すと，打撃の瞬間に手ごたえを感じ，ボールに力が作用したことがわかる．しかしボールへの接触時間が短く，その間に作用する力も一定ではなく複雑なため，運動方程式をたてて調べることは難しい．このような場合に便利なのが運動量という考え方である．運動量は，衝突現象を分析する場合に役に立つ．

6.1.1 運動量と力積

ゴール前に転がっているサッカーボールに追いついて，そのボールをシュートする場面を考えてみる．簡単のため，一直線上での運動であるとする．サッカーボールの質量をmとし，蹴る前のボールの速度がv，蹴ったあとの速度をv'とする．足とボールの接触時間をΔtとすると，平均の加速度aは，

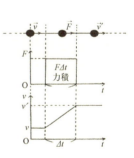

図6-1-1　運動量と力積

$$a = \frac{（速度変化）}{（作用時間）} = \frac{v' - v}{\Delta t} \qquad 6\text{-}1\text{-}1$$

である．足がボールに及ぼした力の大きさは一定であったとし，その力の大きさをFとすると，運動方程式は，

$$m\frac{v' - v}{\Delta t} = F \qquad 6\text{-}1\text{-}2$$

となる．分母を払うと，

$$mv' - mv = F\Delta t \qquad 6\text{-}1\text{-}3$$

となる．この式の質量と速度の積mvは，運動している物体の運動の激しさの程度を表す量であり，これを**運動量**という．この考えは17世紀にフラン

スのデカルトが導入したものである．また，右辺の力と作用時間との積 $F\Delta t$ を**力積**という．

速度はベクトルなので運動量もベクトルである．質量 m の物体が，速度 $\vec{v}$ で運動しているとすると，運動量 $\vec{p}$ は $\vec{p}=m\vec{v}$ と表せる．単位は kg・m/s で，次元は $[MLT^{-1}]$ である．また，力積 $\vec{I}$ は力と同じ向きをもつベクトルで，$\vec{I}=\vec{F}\Delta t$ と表せる．単位は N・s で，次元は運動量と同じく $[MLT^{-1}]$ である．

また，$mv'-mv=F\Delta t$ と書いた場合の左辺は，運動量の変化を示し，右辺は力積なので，**運度量変化は，受けた力積に等しい**といえる．

さらに，この式の両辺を Δt で割ると，

$$F=\frac{mv'-mv}{\Delta t}=\frac{\Delta(mv)}{\Delta t} \qquad 6\text{-}1\text{-}4$$

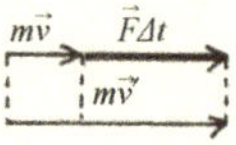

となるので，運動量の時間的変化は，物体の受けた力に等しいといえる．

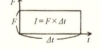

図 6-1-2　運動量変化と力積

$$\frac{d(mv)}{dt}=m\frac{dv}{dt}=F \quad \therefore \frac{dp}{dt}=F \qquad 6\text{-}1\text{-}5$$

ところで，力積 I は $\vec{I}=\vec{F}\Delta t$ より，

$$I(\text{面積})=F(\text{縦})\times \Delta t(\text{横}) \qquad 6\text{-}1\text{-}6$$

と，$F\text{-}t$ グラフの面積で表される．

図 6-1-3　$F\text{-}t$ グラフにおける力積

衝突現象では，一般に瞬間的に作用する力 F は，一定の大きさではなく，図 6-1-4 のように大きさが変化する．このように，短い時間 Δt の間に急激に変化する力を**撃力**という．撃力の力積は，運動量変化から求めることができる．

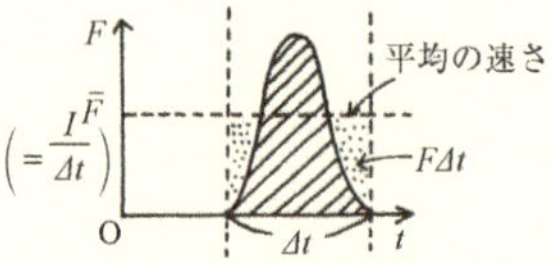

図 6-1-4　撃力

6.1.2　運動量保存則

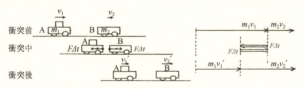

図 6-1-5　一直線上での 2 物体の衝突

一直線上を，質量 m_1 の物体 A が速さ v_1 で運動し，質量 m_2 の物体 B が速さ v_2 で追いつき衝突した．物体 A が物体 B に及ぼした力を F とすると，物体 B は物体 A に反作用として $-F$ の力を及ぼす．

物体A，Bについて，運動方程式をたてると，

A： $m_1 a_1 = m_1 \dfrac{v'_1 - v_1}{\varDelta t} = -F$ 　　　　　6-1-7

B： $m_2 a_2 = m_2 \dfrac{v'_2 - v_2}{\varDelta t} = F$ 　　　　　6-1-8

となる．6-1-7式および6-1-8式の分母を払うと，

A： $m_1 v'_1 - m_1 v_1 = -F\varDelta t$ 　　　　　6-1-9

B： $m_2 v'_2 - m_2 v_2 = F\varDelta t$ 　　　　　6-1-10

6-1-9式と6-1-10式の辺々を加えると，

$$\begin{array}{r} m_1 v'_1 - m_1 v_1 = -F\varDelta t \\ +)\ m_2 v'_2 - m_2 v_2 = F\varDelta t \\ \hline (m_1 v'_1 + m_2 v'_2) - (m_1 v_1 + m_2 v_2) = 0 \end{array}$$

$\therefore\ m_1 v_1 + m_2 v_2 = m_1 v'_1 + m_2 v'_2$ 　　　　　6-1-11

以上から，衝突の前後で運動量の和は保存されることがわかる．

このことは2次元に拡張しても成立する．

例題 正の向きに速度 v で運動してきた質量 m の物体Aが，静止している質量 m の物体Bに衝突し，その後，それぞれの物体は図のような運動をした．衝突後の物体Aの速度を v_A，物体の速度Bを v_B とする．それぞれの物体はどのような運動をするか．

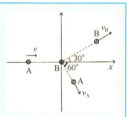

解答 x 方向，y 方向に分けて運動量保存則の式をたてると，

x； $mv_A \cos 60° + mv_B \cos 30° = mv$

y； $-mv_A \sin 60° + mv_B \sin 30° = 0$

となるので，

$\dfrac{1}{2} v_A + \dfrac{\sqrt{3}}{2} v_B = v$

$-\dfrac{\sqrt{3}}{2} v_A + \dfrac{1}{2} v_B = 0$ 　　$\therefore\ (v_A,\ v_B) = \left(\dfrac{1}{2} v,\ \dfrac{\sqrt{3}}{2} v\right)$

6.2　反発係数（はね返り係数）

　鉛直に落下した球は床ではね返る．そのはね返り方は，球や床の材質によって程度が異なる．2物体の衝突では，固い物体同士の場合は勢いよくはね返るが，粘土のように柔らかい物体同士の場合は1つにくっつくこともある．

そこで，はね返りの程度を表す基準が必要になり，その度合いを示すのが反発係数（はね返り係数）e である．

6.2.1 2物体のはね返り

一直線上を，2物体がそれぞれ速さ v_1, v_2 ($v_1 > v_2$) で運動している．この2物体が衝突した後，速さがそれぞれ v_1', v_2' となった．

図 6-2-1　一直線上での2物体の衝突

$$e = \frac{(離れる速さ)}{(近寄る速さ)} = \frac{v_2' - v_1'}{v_1 - v_2} \quad \text{6-2-1}$$

$$\begin{cases} e = 1 & （完全）弾性衝突 \\ e = 0 & 完全非弾性衝突 \\ 0 < e < 1 & 非弾性衝突 \end{cases} \quad \text{6-2-2}$$

6.2.2 床とのはね返り

ボールを床に落として，そのままバウンドさせると，はね返る高さが徐々に低くなり，やがて床の上に静止する．

床とのはね返りでの反発係数 e は，床に衝突するときの速さを v とし，はね返った後の速さを v' とすると，

$$e = \frac{v'}{v} \quad \text{6-2-3}$$

となる．

例題　質量 m の小球を高さ h_0 から自由落下させたところ，小球は床と何度かはね返った後，床に静止した．以下の各問に答えよ．

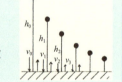

(1) 自由落下した小球が床に着くまでの時間 t_0 を求めよ．
(2) 自由落下した小球の衝突直線の速さ v_0 を求めよ．
(3) 1回目の衝突の後，最高点に達するまでの時間 t_1 を求めよ．
(4) 1回目の衝突の後の最高点の高さ h_1 を求めよ．
(5) 小球が床と何度かはね返った後，静止するまでにかかる時間 T を求めよ．
(6) 小球が実際に上下動する距離 S を求めよ．

解答　(1) 高さ h_0 から落下し床に到達するまでの時間 t_0 は，

$$h_0 = \frac{1}{2} g t_0^2 \quad \therefore t_0 = \sqrt{\frac{2h_0}{g}} \quad となる．$$

(2) 衝突直前の小球の速さ v_0 は，h_0 に物体があるときの位置エネルギーと衝突直前の運動エネルギーは等しいことから，

$$mgh_0 = \frac{1}{2}mv_0^2 \qquad \therefore v_0 = \sqrt{2gh_0} \quad \text{となる．}$$

(3) 衝突直後の小球の速さ v_1（はね返り係数 e $0 < e < 1$）は，

$$v_1 = ev_0 = e\sqrt{2gh_0}$$

となるので，1回目の衝突後，最高点に達するまでの時間 t_1 は，速度 v_1 での上方投射で速度が 0 になったときを考えればよいので，

$$0 = e\sqrt{2gh_0} - gt_1 \qquad \therefore t_1 = e\sqrt{\frac{2h_0}{g}} = et_0 \quad \text{となる．}$$

(4) 最高点の高さ h_1 についても同様に，速度 v_1 での上方投射で速度が 0 になったときを考え，

$$0^2 - (e\sqrt{2gh_0})^2 = 2(-g)h_1 \qquad \therefore h_1 = e^2 h_0 \quad \text{となる．}$$

(5) 小球が静止するまでの時間 T は，毎回，弾んで落下した時間を合計すればよい．最初の t_0 のみ片道で，$t_1 \sim t_n$ では往復するので，

$$\begin{aligned} T &= t_0 + 2t_1 + 2t_2 + \cdots\cdots \\ &= t_0 + 2et_0 + 2e^2 t_0 + \cdots\cdots \\ &= t_0 + 2et_0(1 + e + e^2 + \cdots\cdots) \end{aligned}$$

ところで，公比 a の絶対値が 1 より小さな場合の無限等比級数の和 S は，$S = \dfrac{1 - a^n}{1 - a}$ $(n \to \infty) = \dfrac{1}{1-a}$ なので，

$$T = t_0 + 2et_0 \frac{1}{1-e} = \frac{1+e}{1-e}t_0 \quad \text{と求まる．}$$

(6) 小球が静止するまでに動いた合計の距離 S は，

$$\begin{aligned} S &= h_0 + 2h_1 + 2h_0 \cdots\cdots \\ &= h_0 + 2e^2 h_0 + 2e^4 h_0 + \cdots\cdots \\ &= h_0 + 2e^2 h_0(1 + e^2 + e^4 + \cdots\cdots) \end{aligned}$$

となる．公比 e^2 は $e^2 < 1$ より，$n \to \infty$ では $e^{2n} \to 0$ となるので $\dfrac{1 - e^n}{1 - e}$ $(n \to \infty) = \dfrac{1}{1-e}$ となる．したがって，合計の距離 S の総和は，

$$S = h_0 + 2e^2 h_0 \frac{1}{1-e^2} = \frac{1+e^2}{1-e^2}h_0 \quad \text{となる．}$$

補足 最終的にボールは床に静止するので，力学的エネルギーが失われたことになる．失われたエネルギー ΔE_k は熱などに変わる．

6.2.3 なめらかな床に小球が斜めに衝突した場合

衝突前後の速度を $\vec{v} = (v_x, v_y)$，$\vec{v'} = (v'_x, v'_y)$ とし，床の法線となる角を θ，φ とする．

$$x ; v'_x = v_x \qquad v' \sin\varphi = v \sin\theta \qquad\qquad 6\text{-}2\text{-}4$$

$y:v_y'=e|-v_y|$ $v'\cos\varphi=ev\cos\theta$ 6-2-5

以上から，$\tan\varphi=\dfrac{1}{e}\tan\theta$ となる．

また $e=1$ のとき，$\varphi=\theta$ かつ $|\vec{v'}|=|\vec{v}|$ となる．

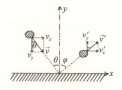

図6-2-2 なめらかな床のはね返り

> **例題** 質量が m と M の2つの物体をそれぞれ物体A，物体Bとする．自然長が L_0 のばねを用意し，これを物体AとBで挟んで縮める．物体A, Bを抑えている手を放した．このとき，A, Bが左右に飛び出す速さ v, V を求めよ．

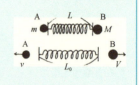

（解答の方針） ばね定数 k のばねが，L_0 から L に押し縮められているためにもつ弾性力による位置エネルギーは，物体A, Bの運動エネルギーに変換される．また，物体A, Bとばねからなる系の運動量は保存され，最初，運動量の合計がゼロなので，物体A, Bがそれぞれ速度をもって運動しても，運動量の合計としてはゼロのままである．

解答
$$\frac{1}{2}k(L_0-L)^2=\frac{1}{2}mv^2+\frac{1}{2}MV^2 \qquad \cdots ①$$
$$0=mv-MV \qquad \cdots ②$$

式②より，$V=\dfrac{m}{M}v$ なので，

$$k(L_0-L)^2=\dfrac{m(M+m)}{M}v^2$$

よって，求める速さは，それぞれ，

$$v=(L_0-L)\sqrt{\dfrac{kM}{m(M+m)}},\quad V=(L_0-L)\sqrt{\dfrac{km}{M(M+m)}}$$

第7章　剛体・弾性体・流体

7.1 剛体の力学

これまで扱ってきた物体は，質点といい質量はもつが大きさをもたない物体であった．しかし現実の物体には必ず大きさがある．大きさのある物体で，力を加えても変形しないものを剛体という．剛体は大きさをもつため，作用線や回転について考える必要がある．

7.1.1 剛体に作用する力〈以後,ベクトルは太文字とする〉

剛体中の一点に力 F が作用しているとする.この力 F は,剛体内部であれば,作用線上どこに移動しても,その影響力は変わらない.最初,図 7-1-1 左図のよ

図 7-1-1　剛体中での力の移動

うに,点 A に力 F がはたらいているとする.ここで力 F の作用線上にある点 B に,F と同じ大きさで互いに向きが逆向きの 2 力 K,K' を同時に作用させる.

この 2 力はつりあっているので,結局は力 F だけが作用しているのと同じことになる.ここで,力 F と K' の間の関係で考えると,この 2 力はつりあっているから打ち消しあい,最終的には力 K だけが作用しているのと同じことになる.このことから,剛体に作用する力は,同一作用線を平行移動してもよいことがわかる.

＜剛体に作用する力の合成＞

作用線上で力を移動することができるという方法を利用すると,図 7-1-2 に順番に示したように,向きが異なる 2 力を合成することができる.3 力以上の場合は,この方法で 2 力の合力を求め,その合力と第 3 番目の力を合成し,さらに第 4 番目の力以降,同じ操作を繰り返せばよい.

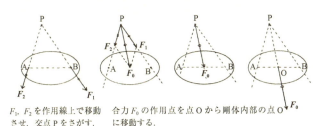

F_1,F_2 を作用線上で移動させ,交点 P をさがす.　合力 F_0 の作用点を点 O から剛体内部の点 O に移動する.

図 7-1-2　剛体中での向きが異なる 2 力以上の力の合成

＜力のモーメント＞

タイヤ交換や部品が緩んだときはレンチを使ってナットを締める.このとき,レンチを長くもつとナットを軽い力で締めることができるが,短くもつと強い力が必要となる.このことは,てこを用いて重いものを持ち上げるのと同様である.

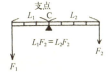

図 7-1-3　てんびん

図 7-1-3 のように,つりあって静止しているてんび

んでは，$L_1F_1=L_2F_2$ が成立している．この式を次のように式変形すると，

$$L_1F_1-L_2F_2=0 \quad i.e. \quad L_1F_1+(-L_2F_2)=0 \qquad 7\text{-}1\text{-}1$$

となる．てんびんから力 F_2 をとり除いてその点を手でもつ場合，F_1 を大きくしたり，L_1 を長くすると，てんびんを回転させようという作用が大きくなることが実感できる．

力×垂線の長さを力のモーメントといい，単位は N・m を用いる．垂線の長さをモーメントの腕の長さという．よって，力のモーメント N は，力が F で，腕の長さが L のとき，

$$N=LF \qquad 7\text{-}1\text{-}2$$

と表される．

一般に，支点（原点 O）から作用点を結ぶベクトルを $\boldsymbol{r}$，力を表すベクトルを $\boldsymbol{F}$ とすると，力のモーメントは，

$$\boldsymbol{N}=\boldsymbol{r}\times\boldsymbol{F} \qquad 7\text{-}1\text{-}3$$

となる．$\boldsymbol{N}$ の向きは，$\boldsymbol{r}$ と $\boldsymbol{F}$ とを含む平面に対して垂直で，$\boldsymbol{r}$ から $\boldsymbol{F}$ とへ向かって右ねじを回したときに右ねじが進む向きである．図 7-1-4 の場合には，モーメントの大きさが，

$$N=rF\sin\theta=Fh \qquad 7\text{-}1\text{-}4$$

図 7-1-4 モーメント

であり，向きは紙面に直角で手前向きである．

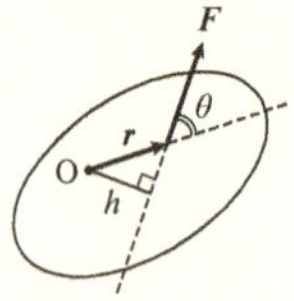

＜剛体に作用する 2 力が平行な場合の合力＞

2 力が平行な場合の合力を求めてみよう．この場合，2 力の作用線の交点を求めることができない．そこで点 A，B に，図のように，つりあう 2 力 f を剛体に加えるという手法を用いる．

その後，力 F_1 とこの力 $-f$ を合成して F_1' を，力 F_2 と力 f を合成して F_2' を求め，この 2 力を作用線上で移動させ，交点 P でこれらを合成する．そしてさらに作用線上で移動させ作用点を剛体内に移動させる．これが求める合力 F_0 である．なお，F_0 は F_1，F_2 に平行となる．

合力の作用点 O を，$\dfrac{F_1}{f}=\dfrac{\mathrm{OP}}{L_1}$，$\dfrac{F_2}{f}=\dfrac{\mathrm{OP}}{L_2}$ となるように決めると，L_1F_1

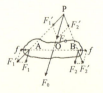

図 7-1-5　剛体に作用する 2 力が平行な場合の合力

$=L_2F_2$ の関係を導くことができる．このことは，F_1 と F_2 とが同時に物体にはたらいている場合，同じ効果を物体に与える力が F_0 であることを示している．

剛体がつりあうための条件は，F_0 と等大逆向きの力 F_0' を考えて，

$$L_1F_1 = L_2F_2 \quad \text{かつ}, \quad F_0' + F_1 + F_2 = 0 \qquad 7\text{-}1\text{-}5$$

となる．

<逆向き平行2力の合成>

逆向きで平行な2力 F_1 と F_2 の合力を求めてみよう．

まず，F_2 と同じ向きの力で考えるために，点Aに力 $-F_1$ をとる．次に，点A，点Oでつりあうように左右に力 f を加える．ただし，この時点では点Oの位置は決まっていない．点Aに加えた f と $-F_1$ の合力 F_1' を求め，この合力を作用線に沿って F_2 の作用線の延長上まで移動させる．交点Pで F_2 を，F_1' がその分力となるように分解する．F_1' でない方の分力を F_0' とし，図7-1-6のように

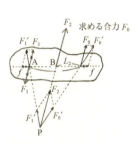

図7-1-6 逆向き平行2力の合成

直線ABの延長線上にその作用点を移動し点Oとする．移動後，F_0' を f と F_0 に分解する．この F_0 が求める合力である．またこのとき，点Oに関して，$L_1F_1 = L_2F_2$ が成り立つ．

<偶力>

逆向き平行2力でかつ $|F_1| = |F_2|$ の場合を偶力という．たとえば，自動車のハンドルを，右手と左手で同じ大きさの力でまわすような場合である．偶力は，1つの力に合成することはできない．

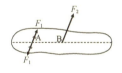

図7-1-7 偶力

7.1.2 重心（質量中心）

物体の各部分に作用する重力の合力が作用する点を重心（質量中心）という．図7-1-8のように，てんびんの両端に重さが W_1，W_2 のおもりをつるしたところ，てんびんはつりあった．このとき，点Oを中心として，$L_1W_1 = L_2W_2$ の関係が成り立つ．

図7-1-9のように，質量が無視できるてんび

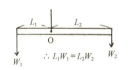

図7-1-8 てんびんのつりあい

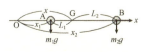

図7-1-9 重心の探し方

ん棒ABに沿ってx軸をとり，Aの部分に質量m_1のおもりを，Bの部分の質量m_2のおもりをとりつける．重心Gのx座標は，以下のように求めることができる．

$$L_1 m_1 g = L_2 m_2 g, \quad L_1 = x - x_1, \quad L_2 = x_2 - x$$

より，

$$(x - x_1) m_1 g = (x_2 - x) m_2 g$$

$$(m_1 + m_2) x = m_1 x_1 + m_2 x_2 \quad \therefore x = \frac{m_1 x_1 + m_2 x_2}{m_1 + m_2} \qquad 7\text{-}1\text{-}6$$

また，剛体がn個の質点よりできている場合は，

$$x = \frac{m_1 x_1 + m_2 x_2 + \cdots + m_n x_n}{m_1 + m_2 + \cdots + m_n} \qquad 7\text{-}1\text{-}7$$

となる．

7.1.3 角運動量

＜角運動量＞

質点が点Oのまわりを回転運動しているとき，点Oに関するその質点の運動量のモーメントを角運動量という．点Oの周りを，点Oからrだけ離れた位置を，質量mの質点が速度vで運動しているとき，角運動量の大きさは$L = mvr$で表される．角運動量は，運動量のモーメントなので，その質点の運動量が$p = mv$のとき，角運動量は

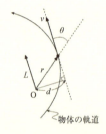

図7-1-10　角運動量

$$\boldsymbol{L} = \boldsymbol{r} \times \boldsymbol{p} = \boldsymbol{r} \times m\boldsymbol{v} = m\boldsymbol{r} \times \boldsymbol{v} \qquad 7\text{-}1\text{-}8$$

となる．角運動量Lの大きさは，図7-1-11より，

$$L = dp = dmv = rp \sin \theta \qquad 7\text{-}1\text{-}9$$

で表せる．

図7-1-11　角運動量の大きさと向き

角運動量$\boldsymbol{L}$の向きは，$\boldsymbol{r}$と$\boldsymbol{v}$とを含む平面に垂直で，$\boldsymbol{r}$から$\boldsymbol{v}$に向かって右ねじを回すときに右ねじの進む方向となる．

例題　等速円運動をする物体の角運動量の大きさを求めよ．

解答　半径rの円軌道上を，質量mの物体が大きさvの速度で運動しているとする．角速度ωは，$v = r\omega$である．円の中心点Oに関するその物体の角運動量

の大きさ L は $L = rmv = mr^2\omega$ となる．

＜力のモーメントと角運動量のベクトル表記＞

力のモーメントおよび角運動量をベクトルで表してみる．位置 r を運動中の質量 m，速度 v の質点に力 F が作用しているとき，原点 O のまわりの力のモーメント N と角運動量 L は，ベクトル積を使って，

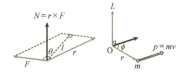

図 7-1-12　力のモーメントおよび角運動量のベクトルでの図示

$$N = r \times F, \quad L = r \times p = r \times mv \qquad 7\text{-}1\text{-}10$$

と書ける．このとき，N の成分は，

$$N_x = yF_z - zF_y, \quad N_y = zF_x - xF_z, \quad N_z = xF_y - yF_x \qquad 7\text{-}1\text{-}11$$

であり，L の成分は，

$$L_x = m(yv_z - zv_y), \quad L_y = m(zv_x - xv_z), \quad L_z = m(xv_y - yv_x) \qquad 7\text{-}1\text{-}12$$

である．

＜角運動量保存則＞

原点 O のまわりの角運動量 L の時間的変化率は，L を t で微分すると，

$$\frac{dL}{dt} = m\frac{d}{dt}(r \times v) = m\frac{dr}{dt} \times v + mr \times \frac{dv}{dt} = mv \times v + r \times m\frac{dv}{dt}$$

$$= 0 + r \times F = N \quad \therefore \frac{dL}{dt} = N \qquad 7\text{-}1\text{-}13$$

となり，力のモーメントに等しい．質点に外力による力のモーメント N が加わると，その質点の角運動量は変化する．逆に，外力によるモーメントが 0 であれば，角運動量は保存される．これを角運動量保存則という．

ある質点に中心力 F だけが作用する場合には，力の中心に関する力のモーメント N は 0 なので，力の中心に関する質点の角運動量 L は一定である．$L = r \times mv =$ 一定．したがって，この質点の位置ベクトル r は，一定のベクトル L に垂直な平面上にあるので，中心力だけの作用を受けて運動する質点は，力の中心を含む平面上を運動する．

7.1.4　剛体の回転運動

こまが安定して回転する運動では角速度 ω は一定であり，等角速度回転運動という．角速度が一定なので，回転角 θ は，

$$\theta = \omega t \qquad 7\text{-}1\text{-}14$$

となり，直線運動の $x=vt$ と対比するとイメージしやすい．

剛体に一定の力のモーメントが作用し続けた場合には，等角加速度回転運動をする．半径 r の円周上を運動する物体に力 F（$=ma$）が速度の向きに作用し続けると，物体の回転は徐々に速くなり角速度が大きくなる．時刻 0 での角速度を ω_0，時刻 t での角速度を ω とすると，単位時間の角速度の変化 β は，

$$\beta = \frac{\omega - \omega_0}{t} \qquad 7\text{-}1\text{-}15$$

となる．この β を**角加速度**という．角加速度 β は，単位時間あたりの角速度の変化である．β が一定の回転運動を**等角加速度回転運動**という．

$$\beta = \frac{\omega - \omega_0}{t} = \frac{\dfrac{v}{r} - \dfrac{v_0}{r}}{t} = \frac{v - v_0}{t} \times \frac{1}{r} = \frac{a}{r}$$

$$\therefore \beta = \frac{a}{r} \quad i.e. \quad a = \beta r \qquad 7\text{-}1\text{-}16$$

また，式 7-1-15 より，

$$\omega = \omega_0 + \beta t \qquad 7\text{-}1\text{-}17$$

なので，ω-t グラフは，図 7-1-15 となる．

ところで，この物体についての運動方程式は，

$$ma = F$$

となり，両辺に半径 r を掛けてみると，式 7-1-16 を用いて，

$$rF = mar = m(\beta r)r = mr^2\beta \quad \therefore rF = mr^2\beta \qquad 7\text{-}1\text{-}18$$

rF は力のモーメント N であり，式 7-1-18 ででてきた mr^2 を I と表記すると，

$$N = I\beta, \quad (\text{力のモーメント}) = (\text{慣性モーメント}) \times (\text{角加速度}) \quad 7\text{-}1\text{-}19$$

と書ける．I は**慣性モーメント**とよばれ，剛体の固定軸に対するまわりにくさを意味する．SI 単位では $kg \cdot m^2$ となる．

$$rF = I\beta \qquad 7\text{-}1\text{-}20$$

この式を回転運動の運動方程式という．

7.2 慣性モーメント

7.2.1 慣性モーメント

質量が m, 固定軸から距離が r の質点の固定軸のまわりの慣性モーメント I は, $I = mr^2$ である. 質点の数が増えた場合の固定軸のまわりの慣性モーメントは,

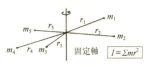

図 7-2-1 質点の数が増えた場合の固定軸のまわりの慣性モーメント

$$I = I_1 + I_2 + I_3 + \cdots$$
$$= m_1 r_1^2 + m_2 r_2^2 + m_3 r_3^2 + \cdots$$
$$\therefore I = \sum mr^2 \qquad 7\text{-}2\text{-}1$$

となる. 多数の質点が集まって剛体となった場合の慣性モーメントは, 剛体を体積 dV, 質量 dm の微小な部分(体積素片)に分け, 微小部分についての慣性モーメントを求めからこれらを全体にわたって加えあわせて求める. 剛体の密度を ρ とすると,

図 7-2-2 質量 m の物体の慣性モーメント

$$dm = \rho dV \quad (\text{質量}=\text{密度}\times\text{体積})$$

となる. 物体の質量 m は dm の集合体であるから, 物体全体の慣性モーメント I は,

$$I = \sum m_i r_i^2 = \int dm\, r^2 = \int \rho dV r^2$$
$$\therefore I = \int \rho dV r^2 \qquad 7\text{-}2\text{-}2$$

密度が, 一定の場合には,

$$I = \rho \int dV r^2 \qquad 7\text{-}2\text{-}3$$

となる.

> **例題** 1. 一様な細い棒の重心のまわりの慣性モーメント I_G を求めよ. ただし, 棒の質量を M, 線密度(単位長さあたりの質量)を ρ, 長さを L とする.

解答 図のように重心 G を原点 O とし x 軸をとり, 棒の右端を $+L/2$, 左端を $-L/2$ とする. 棒の質量は $M = \rho L$ となり, 微小部分の質量は $dm = \rho dx$ となるので, 原点から見た微小部分の慣性モーメント dI は,

$$dI = dm \cdot x^2 = \rho x^2 dx$$

である. 求める慣性メーメント I_G は, dI を, $-L/2$ から $+L/2$ までを積分すると求めることができるの

で,

$$I_G = \int_{-\frac{L}{2}}^{\frac{L}{2}} dI = \int_{-\frac{L}{2}}^{\frac{L}{2}} \rho x^2 dx = \rho \left[\frac{x^3}{3}\right]_{-\frac{L}{2}}^{\frac{L}{2}} = \frac{\rho}{3} \cdot \frac{2}{8} L^3 I_G = \frac{1}{12} \rho L \cdot L^2 = \frac{1}{12} ML^2$$

$$\therefore I_G = \frac{1}{12} ML^2$$

となる.

例題 2. 質量が M で,線密度が ρ,長さが L の一様な細い棒の一端を固定軸とした場合の慣性モーメント I を求めよ.

解答 本問では,dI を 0 から $+L$ まで積分すればよいので,

$$I_G = \int_0^L dI = \int_0^L \rho x^2 dx = \rho \left[\frac{x^3}{3}\right]_0^L = \frac{\rho}{3} L^3$$

$$I_G = \frac{1}{3} \rho L \cdot L^2 = \frac{1}{3} ML^2 \quad \therefore I_G = \frac{1}{3} ML^2$$

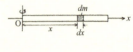

2つの例題を解いてみるとわかるように,固定軸の位置が変わると,慣性モーメントの大きさが変わる.実際に野球のバットでもつ位置を変えて振ってみると,振りやすさが異なるので体感することができる.

7.2.2 実体振り子（物理振り子・複振子）

重心以外の点で剛体をつり下げて,振らすと振動運動を行う.これを実体振り子または物理振子という.

重心 G から回転軸 O までの距離を h とし,剛体の質量を M,回転軸 O のまわりの慣性モーメントを I とする.この剛体をつりあいの状態から θ だけ傾けて放したときの周期を求める.重力加速度の大きさを g,角加速度を β,角変位を θ とし,左回りに回転する向きを正とすると,

図 7-2-3
実体振り子

$$I\beta = rF = -Mgh \sin \theta \quad \quad 7\text{-}2\text{-}4$$

となる.θ が小さいときには $\sin \theta \fallingdotseq \theta$ なので,

$$I\beta = -Mgh\theta \quad \therefore \beta = -\frac{Mgh\theta}{I}$$

となる.角加速度 $\beta = \dfrac{d^2\theta}{dt^2}$ は,角変位 θ に比例しこれと逆向きなので,単振動とみなせる.角振動数を ω とすると,

$$\beta = \frac{d^2\theta}{dt^2} = -\frac{Mgh}{I}\theta = -\omega^2 \theta$$

$$\therefore \omega^2 = \frac{Mgh}{I} \quad i.e. \quad T = \frac{2\pi}{\omega} = 2\pi \sqrt{\frac{I}{Mgh}} \quad \quad 7\text{-}2\text{-}5$$

これを，単振り子の周期 $2\pi\sqrt{\dfrac{L}{g}}$ と比べると，この実体振り子は，

$$\frac{L}{g}=\frac{I}{Mgh} \quad \therefore L=\frac{I}{Mh} \qquad 7\text{-}2\text{-}6$$

を満足するとき，長さ L の単振り子の周期と一致する．この単振り子を相当単振り子といい，この L を相当単振り子の長さという．

7.2.3 剛体の平面運動

傾角 θ の斜面の上端から，半径 r，質量 M，慣性モーメント I の一様な円形体が，すべらないで最大傾斜線に沿って初速度 0 で転げ落ちるとする．重心が h だけ低くなるとき，重心加速度 a_G，重心速度 v，摩擦力 f，抗力 N の大きさを求める．ただし，円板や円筒の場合は $I=\dfrac{1}{2}Mr^2$，円輪の場合は $I=Mr^2$ である．

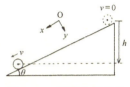

図 7-2-4 斜面を転がる剛体の運動

まず，重心の運動について運動方程式を立てる．

$$Ma_x = Mg\sin\theta - f$$
$$Ma_y = Mg\cos\theta - N = 0$$

ところで，物体は斜面から浮き上がったりめり込んだりしないので，y 方向には加速度運動は行わない．したがって，$a_y=0$ より $a_G=a_x$ となる．よって，回転運動の運動方程式は，

$$I\beta = rf$$

となる．剛体が斜面をすべらない場合には，$a_G=r\beta$ が成り立つので，重心加速度 a_G は，

$$I\beta = I\frac{a_G}{r} = I\frac{a_x}{r} = rf = r(Mg\sin\theta - Ma_x)$$
$$Ia_x = (Mg\sin\theta - Ma_x)r^2$$
$$Ia_x + Mr^2 a_x = (I+Mr^2)a_x = Mr^2 g\sin\theta$$
$$a_G = a_x = \frac{Mr^2 g\sin\theta}{I+Mr^2} = \frac{g\sin\theta}{1+\dfrac{I}{Mr^2}}$$

以上から，求める摩擦力の大きさ f は $f=\dfrac{Mg\sin\theta}{1+\dfrac{Mr^2}{I}}$，抗力の大きさ N は $N=Mg\cos\theta$ となる．

ところで，重心がhだけ低くなるから，円形体は斜面上を$\dfrac{M}{\sin\theta}$だけ転がることになる．よって求める重心速度vは，

$$v^2 - 0^2 = 2a_G \dfrac{h}{\sin\theta} \qquad \therefore v = \sqrt{\dfrac{2gh}{1+\dfrac{I}{Mr^2}}}$$

となる．この速度は，エネルギー保存則からも求めることができる．円形体がすべらないことから，摩擦力fは静止摩擦力で熱の発生がなく，力学的エネルギーを損出することがないので，

$$Mgh = \dfrac{1}{2}Mv^2 + \dfrac{1}{2}I\omega^2 \; ; \; \omega = \dfrac{v}{r} \qquad \therefore v = \sqrt{\dfrac{2gh}{1+\dfrac{I}{Mr^2}}}$$

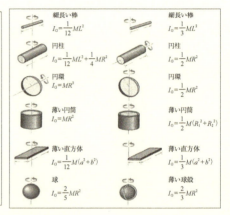

7.3 弾性体

外部から力が作用しても変形しないものを剛体とよんだが，一般に物体は必ず変形するといってよい．このように変形するものを**弾性体**という．この変形をもとに戻そうとする性質を**弾性**といい，その力を**復元力**という．変形が小さいときにはもとに戻るが，ある値を超えるともとには戻らなくなる．この限界を弾性限界という．しかし，弾性変形と加えた力が比例するのは，弾性限界よりも小さな変形のあいだに限られ，それを**比例限界**という．弾性限界を超えると物体の形はもとには戻らないが，この性質を**塑性**という．

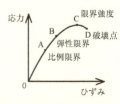

図7-3-1 弾性体

7.3.1 応力

棒などの弾性体を，引っ張ったり押したりすると，その内部の任意の点Pには，その隣り合う部分と引きあったり，押しあったりする力が作用する．この面上の点Pを含む単位面積あたりに作用する力を応力という（図7-3-2の力 f）．

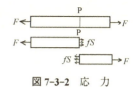

図 7-3-2 応 力

応力の面に垂直な成分を法線応力，面に平行な成分を接線応力（ずれ応力）という．法線応力のうち，引きあうものを張力，押しあうものを圧力という．

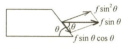

図 7-3-3 接線応力と法線応力

弾性体の方向と角 θ をなす斜めの面では，切り口の面積は $\dfrac{S}{\sin\theta}$ なので，単位面積あたりの応力は，

$$\frac{F}{\dfrac{S}{\sin\theta}} = \frac{fS}{\dfrac{S}{\sin\theta}} = f\sin\theta \qquad 7\text{-}3\text{-}1$$

となる．これを，面の法線方向と接線方向にわければ，

$$\text{法線応力} = f\sin^2\theta \quad （張力・圧力） \qquad 7\text{-}3\text{-}2$$

$$\text{接線応力} = f\sin\theta\cos\theta \quad （ずれ応力） \qquad 7\text{-}3\text{-}3$$

となる．応力の単位は，Pa（パスカル）である．この単位は圧力の単位と同じであり，その他にも N/m^2，気圧（atm），水銀柱，バール（bar）などが用いる．

7.3.2 弾性定数

＜ひずみ＞

弾性体に外部から力が作用すると，弾性体の内部に応力が生じる．弾性体は，応力の強さに応じて変形するが，変形の大きさは弾性体の大きさにも比例する．例えば，ばね定数が k のばねを 2 本直列につないで，最下端におもりつるす場合，それぞれのばねごとに，同じだけ伸びるので，ばね全体としては 2 倍伸びたことになる．つまり，変形の大きさは，物体の大きさに比例する．そこで，物体の大きさと無関係に決まる量として，ひずみを次のように定義する．

$$（ひずみ \varepsilon） = \frac{（弾性体の変形量）}{（弾性体の大きさ）} \qquad 7\text{-}3\text{-}4$$

ひずみが小さいときには，応力とひずみは比例する（フックの法則）

$$f = E\varepsilon \qquad E : 弾性定数 \qquad 7\text{-}3\text{-}5$$

<ヤング率>

　長さ L, 断面積 S の一様な棒の両端に, 力 F を加えて引っ張る. その結果, 棒が ΔL だけ伸びたとする. このとき, ひずみは $\dfrac{\Delta L}{L}$ で, 応力は $\dfrac{F}{S}$ なので, フックの法則は,

$$\frac{F}{S} = E\frac{\Delta L}{L} \qquad 7\text{-}3\text{-}6$$

比例定数 E は物質によって決まる定数で, ヤング率または伸び弾性率という.

<ポアソン比>

　一様な棒を引っ張ると, 引いた方向に伸びる (ε). ということは, それと直角な方向には縮む ($-\varepsilon'$) ということである. このときの伸びと縮みの比をポアソン比 σ という.

$$\sigma = -\frac{\varepsilon'}{\varepsilon} > 0 \qquad 7\text{-}3\text{-}7$$

<体積弾性率, 圧縮率>

　一定の圧力下で, 弾性体の表面の圧力をさらに Δp だけ増加させ, 弾性体の体積が V から $V + \Delta V$ ($\Delta V < 0$) になったとする. $\dfrac{\Delta V}{V}$ は, Δp に比例する.

$$\Delta p = -k\frac{\Delta V}{V} \qquad 7\text{-}3\text{-}8$$

　このときの k を体積弾性率といい, $1/k$ を圧縮率という.

<剛性率, ずれ弾性>

　立方体を真上から観察しているとする. このとき, 図のように, 側面に大きさが τ の接線応力を加えると, 底面の正方形は菱形に変形することになる. このようなひずみをずれとよび, 図に示した角度で, 大きさを表す.

図7-3-4　剛性率

$$\tau = G\theta \qquad 7\text{-}3\text{-}9$$

比例定数 G を剛性率という.

7.3.3　針金のねじれ　ねじれ振り子

　長さ L の針金の一端に円環取り付け用ホルダーを取り付け, 他端を図7-3-5のように固定しつるした. 下端に偶力を加えて角 ϕ だけねじって離したところ, 円環をとりつけたホルダーは, ねじれ振動を開始した. 針金の長さ l の一部分に着目するときは, 長さ l の円柱をイメージすればよい. この

とき，この円柱の上面と下面では，φ だけねじれていると考える．つまり，$\dfrac{\varphi}{l}=\dfrac{\Phi}{L}$ である．

中心軸からの距離が r と $r+dr$ の円筒で切りとられる部分は，図7-3-5では，$r\varphi$ で表される部分である．これを l と θ を用いて表すと，$l\theta$ なので，$l\theta = r\varphi$ となる．このことから，$\theta = \dfrac{\varphi}{l} r$ だけずれていることがわかる．そこで，ドーナッツ状の部分には接線応力として，

図 7-3-5
ねじれ振り子

$$\tau = G\theta = G\dfrac{\varphi}{l} r \qquad 7\text{-}3\text{-}10$$

が作用しているといえる．したがって，中心 C に関するモーメントは，

$$r\tau 2\pi r dr = 2\pi G \dfrac{\varphi}{l} r^3 dr \qquad 7\text{-}3\text{-}11$$

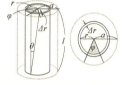

図 7-3-6 長さ l の部分のねじれ

である．針金の半径は a なので，上式を $r=0$ から $r=a$ まで積分すると，断面全体にはたらいている力のモーメントが得られる．

$$N = 2\pi G \dfrac{\varphi}{l} \int_0^a r^3 dr = \dfrac{\pi}{2} G \dfrac{\varphi}{l} a^4 = \dfrac{\pi}{2} G \dfrac{\varphi}{l} a^4 = \dfrac{\pi G}{2L} a^4 \Phi$$

回転軸のまわりの慣性モーメントを I とすると，

$$I\dfrac{d^2\Phi}{dt^2} = -\dfrac{\pi G}{2L} a^4 \Phi \quad \therefore \Phi = \Phi_0 \cos\sqrt{\dfrac{\pi G a^4}{2Ll}}\, t \ (= \Phi_0 \cos\omega t)$$

周期 T で書き直すと $T = 2\pi\sqrt{\dfrac{2Ll}{\pi G a^4}}$ となる．ねじれ振り子の周期を測定することで剛性率を求めることができる．

7.4 流体

7.4.1 完全流体の運動

物質は状態によって，固体，液体，気体と三態変化をする．気体と液体の各分子は，自由に移動し流れやすいので流体という．粘性がまったくない理想的な流体を完全流体という．流体が運動をしている場合でも，流体中の各点での圧力は面の方向に関係なく等しい．流体が移動する場合，流体の速度や密度は変化するが，各点での速度も密度も変化しない流れを定常流という．

断面積 S_i を Δt の時間の間に流れる流体の質量 m は，密度 ρ，速度 v_i とすると，（質量）＝（密度）×（体積）＝（密度）×（速度）×（断面積）×（時間）となるので，

$m = \rho v_i S_i \Delta t$ となる．単位時間に，ある断面を通過する流体の質量流量 J は，$J = \rho v_i S_i$ となる．定常流では，質量流量が一定なので，$v_i S_i = $ 一定となる．

完全流体で非圧縮性の定常流では，密度は一定で変化せず，流体内に粘性力が作用しないため，流体内で摩擦による力学的エネルギーのロスは生じない．流体内部のそれぞれの点での速度は時間的に一定で変化せず，力学的エネルギーの保存則が成立する．

7.4.2 ベルヌーイの定理

図 7-4-1 は，流体の一部分を切り出したものである．この部分が周囲の流体からされる仕事を求める．左右のそれぞれの面は，作用とその反作用を受けている．

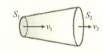

図 7-4-1 流体の流れ

左端 S_1 にはたらく力を F_1，Δt 間に移動する距離を $L_1 = v_1 \Delta t$，圧力を p_1，また右端 S_2 に作用する力を F_2，Δt 間に移動する距離を $L_2 = v_2 \Delta t$，圧力を p_2 とした場合，この部分がされる仕事 W は，

$$W = p_1 S_1 v_1 \Delta t - p_2 S_2 v_2 \Delta t = p_1 S_1 v_1 dt - p_2 S_2 v_2 dt \qquad 7\text{-}4\text{-}1$$

となる．この間での運動エネルギーと重力による位置エネルギーの変化を求めてみる．

まず運動エネルギーは，$E_{ki} = \frac{1}{2} m v_i^2 = \frac{1}{2} (\rho v_i S_i dt) v_i^2$ なので，両端の運動エネルギーの差は，$\frac{1}{2}(\rho v_2 S_2 dt) v_2^2 - \frac{1}{2}(\rho v_1 S_1 dt) v_1^2$ となる．

次に重力による位置エネルギーは，$E_{pi} = mgh_i = \rho v_i S_i dt g h_i$ なので，両端の位置エネルギーの差は，$\rho v_2 S_2 dt g h_2 - \rho v_1 S_1 dt g h_1$ となる．以上から，（こ

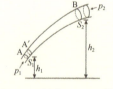

図 7-4-2 流体がされる仕事

の部分がなされた仕事）＝（運動エネルギーの増加）＋（位置エネルギーの増加）を求めると，

$$\frac{1}{2}(\rho v_2 S_2 dt) v_2^2 - \frac{1}{2}(\rho v_1 S_1 dt) v_1^2 + \rho v_2 S_2 dt g h_2 - \rho v_1 S_1 dt g h_1$$

$$= p_1 S_1 v_1 dt - p_2 S_2 v_2 dt$$

$$\frac{1}{2}(\rho v_1 S_1 dt) v_1^2 + \rho v_1 S_1 dt g h_1 + p_1 S_1 v_1 dt$$

$$= \frac{1}{2}(\rho v_2 S_2 dt) v_2^2 + \rho v_2 S_2 dt g h_2 + p_2 S_2 v_2 dt = 一定$$

となり，

$$\frac{1}{2}(\rho v S dt)v^2 + \rho v S dt g h + p S v dt = 一定$$

$$\therefore \quad \frac{1}{2}\rho v^2 + \rho g h + p = 一定 \qquad 7\text{-}4\text{-}2$$

が導かれる．これをベルヌーイの定理という．

例題 1. 水道の蛇口にホースを取りつけ，ホースの他端に断面積 $10\,\mathrm{cm}^2$ のノズルを取りつけた．ノズルを真上に向け噴水にしたところ，水はノズルの先端から $3\,\mathrm{m}$ の高さまで上がった．ホースから，単位時間あたりに出てくる水量 Q を求めよ．

解答 連続してノズルから飛び出す水の小部分を考え，その質量を m とする．この小部分が高さ h まで上昇するので，出口での速度を v とすると，

$$\frac{1}{2}mv^2 = mgh \quad \text{より，} \quad v = \sqrt{2gh} = \sqrt{2 \times 9.8 \times 3} = 7.67\,\mathrm{m/s}$$

したがって，もとめる流出量 Q は，$Q = Sv = 10 \times 10^{-4} \times 7.67 = 7.7 \times 10^{-3}\,\mathrm{m^3/s}$

例題 2. 図のような容器の水面から深さ h のところに小さな穴があり，そこから水が流れ出している．この穴を流れ出る水の速度 v を，ベルヌーイの定理を用いて求めよ．

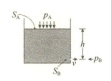

解答 液面を上から押す圧力 p_A も，穴の位置で水を押す圧力 p_B も，大気圧 p_0 に等しいとする．

　液面の面積 S_A が，小さな穴の面積の S_B に比べて非常に大きい場合には，液面が下がる速度 v_A は，求める v に比べて非常に遅いので，$v_A = 0$ とすることができる．この条件で，ベルヌーイの定理の式を適用すると，$\frac{1}{2}\rho v^2 = \rho g h$ となる．この式を解くと $v = \sqrt{2gh}$ となり，液面と同じ高さから物体を自由落下させたときの速度と等しい．

7.4.3 ベンチュリ管

液体や気体の流量を調べるのがベンチュリ管である．ベンチュリ管の内部を密度 ρ の流体が流れているとする．ベンチュリ管を水平に置き，管の断面積を S_A, S_B とする．

断面 A, B での位置エネルギーは等しいので，断面 A での速度を v_A，断面 B での速度を v_B とし，ベルヌーイの定理を適用すると，$p_A + \frac{1}{2}\rho v_A^2 = p_B + \frac{1}{2}\rho v_B^2$ となる．

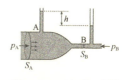

図 7-4-3　ベンチュリ管

流量 Q は断面 A でも断面 B でも等しいので，$Q =$

$v_A S_A = v_B S_B$ である．この 2 つの式から v_A を消去すると，$p_A - p_B = \frac{1}{2}\rho v_B^2 \left(1 - \left(\frac{S_B}{S_A}\right)^2\right)$ となる．

断面 A と断面 B に取りつけられた鉛直方向の管内の液面の高さの差を図のように h とすると，$p_A - p_B = \rho g h$ なので，流量 Q は $Q = v_A S_A = S_A S_B \sqrt{\frac{2gh}{S_A^2 - S_B^2}}$ となり，液面の高さと断面積がわかれば流量 Q がわかる．

7.4.4 ピトー管

ピトー管は，かつて飛行機の速度を測定するのに使われていた．水平飛行中なら位置エネルギーの変化を考えなくてもよいので，ベルヌーイの定理の式は，$p + \frac{1}{2}\rho v^2 = $ 一定 と書ける．一般に流体中に置かれた物体では図の点 O のようによどみ点が存在し，流れが止められるので，この点での圧力を p_0 とすると，

$$p + \frac{1}{2}\rho v^2 = p_0$$

となる．ピトー管では，点 B は流線に平行であり，点 A はよどみ点にあたるので，点 B での圧力を p_B，速度 v_B とし，点 A での圧力を p_A とすると，$p_B + \frac{1}{2}\rho v_B^2 = p_A$ となる．よって

$$v_B = \sqrt{\frac{2(p_A - p_B)}{\rho}} = \sqrt{\frac{2\rho_0 g h}{\rho}}$$

図 7-4-4 空気の流れ

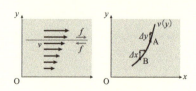

図 7-4-5 ピトー管

となる．ピトー管には，密度 ρ_0 の液体が入っていて，p_A と p_B の圧力差で液面に高低差 h ができる．この高低差を読み取り，空気の密度の値を得ることで飛行機の速度が求められる．

7.4.5 粘性

実在の流体では，場所によって流れの速さが異なり流体中で力学的エネルギーが失われる．このような流体を，粘性流体という．

x 軸に平行な流れを考え，流体の速度を v とすると，図 7-4-6 の y 軸の方向では，一番下の方が速度が遅く，上に上がるほど速いことから，速度勾配 $\frac{dv}{dy}$ が生じていることがわかる．

図 7-4-6 速度勾配

流れの任意の1点を通るx軸に平行な平面を考えると，面をはさんで上下のそれぞれの部分に，面に平行な接線応力が作用する．この接線応力は，速度勾配を減少させて，流体全体の速度が一様になるように作用するので，この接線応力を粘性力という．単位面積あたりの粘性力をf，粘性係数をηとすると，$f = \eta \dfrac{dv}{dy}$となる．

<粘性抵抗（摩擦抵抗 ; f_1）>

物体の速さが遅い間は，流体の粘性に起因する抵抗が生じる．このときの流体の状態は層流とみなせる．

物体が運動すると，周囲の流体はこれに引きずられて動き，粘性により進行方向と逆向きの力を受ける．これを粘性抵抗という．その大きさf_1は流体中の物体の速さvに比例し，$f_1 = kv$となる．粘性抵抗f_1は，物体の長さをLとしたとき，（流体の粘度η）×$\left(\text{速度勾配}\dfrac{v}{L}\right)$×（物体の表面積$L^2$）に比例するので，$f_1 \propto \eta \dfrac{v}{L} L^2$より$f_1 \propto \eta L v$と書ける．また，半径$r$の球の抵抗力の大きさ$f_1$は，$f_1 = 6\pi r \eta v$と表せ，これをストークスの法則という．

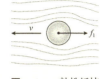

図7-4-7　粘性抵抗

粘性率η(Pa·s)　(20℃)
空気：1.82×10^{-5}
水：1.00×10^{-5}
グリセリン：1.49×10^{3}

雨滴の落下の場合，落下速度は小さいので，受ける抵抗力は粘性抵抗で，ストークスの法則に従う．地面付近では，雨の落下速度は終端速度になっている．

例題　小さな雨滴の半径が1/10に小さくなった場合の落下速度を求めよ．

解答　雨粒が受ける抵抗力の大きさは，$f_1 = 6\pi r \eta v$である．雨粒の質量をmとすると，$ma = 0 = mg - f_1 = \dfrac{4}{3}\pi r^3 \rho g - 6\pi r \eta v$より，$v \propto r^2$となり，速度は1/100倍となり霧雨となる．

<慣性抵抗（圧力抵抗 ; f_2）>

物体の速さが速くなると，粘性抵抗の他に慣性抵抗が生じ，流体の状態は乱流となる．慣性抵抗は，運動する物体の後方に渦が生じるために発生する抵抗で，物体の運動エネルギーを減少させる．慣性抵抗の抵抗力の大きさf_2は，速度の2乗に比例し，$f_2 = kv^2$となる．

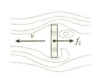

図7-4-8　慣性抵抗

慣性抵抗 f_2 は，物体の断面積を S，流体の密度を ρ，比例定数を C とすると，$f_2 = \dfrac{1}{2} C \rho v^2 S$ と表せる．球の場合，$C = 0.4$ 程度とされている．乗り物などでは，慣性抵抗を減らすために，流線形を用いている．これにより後方に空気の渦ができにくくしている．

＜レイノルズ数＞

層流と乱流の抵抗力の比をレイノルズ数といい，$R_e = \dfrac{\rho v^2 L^2}{\eta v L} = \dfrac{\rho v L}{\eta}$ と定義する．飛行機や船の場合にレイノルズ数が同じになるように，スケールを縮小したモデルを用いて調査する．このことを力学的相似則という．

> **例題** 質量 m の物体が，抵抗力 $f = kv$ を受けて運動する場合の終端速度 v_∞ を求めよ．

解答 運動方程式をたてると，$m\dfrac{d^2x}{dt^2} = m\dfrac{dv}{dt} = mg - kv$ より，$\dfrac{dv}{\dfrac{mg}{k} - v} = \dfrac{k}{m}dt$ と変

形して，両辺を積分すると，$\displaystyle\int \dfrac{dv}{\dfrac{mg}{k} - v} = \int \dfrac{k}{m}dt$ となる．$-\log\left|\dfrac{mg}{k} - v\right| = \dfrac{k}{m}t + C$

なので，両辺の指数をとれば，$\left|\dfrac{mg}{k} - v\right| = e^{-C}e^{-\frac{k}{m}t}$ となる．時刻 $t = 0$ に落下し始

めるので，$v_0 = 0$ である．したがって，$e^{-C} = \dfrac{mg}{k}$ となるので，任意定数が決まる．

よって，雨滴の速さ v は $v = \dfrac{dx}{dt} = \dfrac{mg}{k}(1 - e^{-\frac{k}{m}t})$ であることがわかる．

ところで，$t \to \infty$ で，$e^{-t} \to 0$ なので，求める終端速度は，$v_\infty = \displaystyle\lim_{t \to \infty} v = \dfrac{mg}{k}$ である．

補足 前述の速度の式を積分すると，$x = \displaystyle\int v dt = \int \left(\dfrac{mg}{k}(1 - e^{-\frac{k}{m}t})\right)dt = \dfrac{mg}{k}t +$

$\left(\dfrac{m}{k}\right)^2 g e^{-\frac{k}{m}t} + C_1$ となる．この式に，初期条件を代入すると，$C_1 = -\left(\dfrac{m}{k}\right)^2 g$ なので，

$x = \dfrac{mg}{k}t + \left(\dfrac{m}{k}\right)^2 g e^{-\frac{k}{m}t} - \left(\dfrac{m}{k}\right)^2 g$ となる．

> **例題** 放物体に作用する抵抗力は，速度が小さいときは速度に比例する．このような抵抗力が作用する場合の放物体の軌道を求めよ．

解答 抵抗力の x 成分は v_x に比例し，y 成分は v_y に比例するので，k を比例定数とし抵抗力を kmv とすれば，運動方程式は，x 成分が $m\dfrac{dv_x}{dt} = -kmv_x$，$y$ 成分

が $m\dfrac{dv_y}{dt} = -kmv_y - mg$ となる．

x 成分を $m\dfrac{dv_x}{v_x} = -kmdt$ と変形し，両辺を m で割って $\dfrac{dv_x}{v_x} = -kt$ を積分すると，

$v_x = \dfrac{dx}{dt} = v_{0x}e^{-kt}$ となる．さらに積分して，初期条件 $t=0$ で $x=0$ を代入すると，

$x = \displaystyle\int v_x dt = -\dfrac{1}{k}v_{0x}e^{-kt} + C$ となる．ところで，$C = \dfrac{v_{0x}}{k}$ なので，$x = \dfrac{v_{0x}}{k}(1-e^{-kt})$ となる．

次に $\dfrac{dv_y}{v_y + \dfrac{g}{k}} = -k\,dt$ より，$v_y = \dfrac{dy}{dt} = \left(v_{0y} + \dfrac{g}{k}\right)e^{-kt} - \dfrac{g}{k}$ となる．さらに積分して，

初期条件を $t=0$ で $y=0$ とすると，$y = -\dfrac{g}{k}t + \dfrac{1}{k}\left(v_{0y} + \dfrac{g}{k}\right)(1-e^{-kt})$ となる．

軌道は，x 成分，y 成分の式を用いて，t をパラメーターとして描くことができる．

補足 十分に時間がたつと水平速度 v_x は 0 となるので，$v_y = -\dfrac{g}{k}$ で等速となる．

第2編 波 動

第8章 波 動

8.1 波動とは

　湯船に小舟のようなものを浮かべ，水面を軽く指先でたたき波を起こしてみると，生じた波は次々と伝わって行くが，小舟は水平方向の位置は変えず上下するだけでである．このことから，水面の水が波として移動していくのではなく，振動が進行していくということがわかる．物理学でいう波（波動）は，媒質が移動していくのではなく，媒質の振動が次々と伝わっていく現象である．

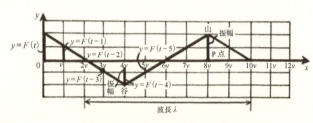

図8-1-1　三角波の10秒後の波形

> **プチ実験**　「ウェーブ・マシン de 実験！」
> 　ストロー30本を1.5 cm間隔で横に並べ，ストローの中心にセロハンテープを貼って30本のストローすだれを作る．片方の端から振動を送ると，ストローが移動するのではなく，振動が伝わるのがわかる．ストローはセロハンテープの上側にするとよい．

8.1.1 波動の伝搬

　時刻 $t=0$ のとき原点Oで振動 $y=F(t)$ が生じたする．波が伝わる速さを v とすると，1秒後に $x=v$，2秒後に $x=2v$，3秒後に $x=3v$，…と伝わる．振動が生じてから10秒たった場合（図8-1-1），波動の先端は $x=10v$ に到着している．そのときの原点の y 方向の変位は $y=2$，その1秒前の変位は $y=1$ である．$x=v$ の位置に波動が伝わるのに1秒かかるため，原点で1秒前に生じた現象の $y=1$ となるわけである．つまり $y=F(t-1)$ となる．$x=2v$ の位置での変位は，原点Oから2秒かかるので，2秒前の $y=0$ となる．つまり $y=F(t-2)$ である．原点（$x=0$）で，振動が生じてから t 秒経過したときの位置 x での振動状態は，そこに振動が到達するまでにかかる時間が $t=\dfrac{x}{v}$ なので，$\dfrac{x}{v}$ 秒だけ遅れて，$y=F\left(t-\dfrac{x}{v}\right)$ となる．媒質の振動が正弦波の

場合は $y = \sin\left(t - \dfrac{x}{v}\right)$ と書け，図8-1-2のようになる．

波が1回分振動したときの波の両端の長さを**波長**といい λ で表す．山から次の山や，谷から次の谷までの距離も1波長 λ である．波は，1周期 T のあいだに1波長進むので，伝搬速度 v は，（距離）÷（時間）から，

$$v = \dfrac{\lambda}{T} \qquad \text{8-1-1}$$

振動数 f は，周期 T の逆数なので，

$$v = \dfrac{\lambda}{T} = f\lambda \qquad \therefore v = f\lambda \qquad \text{8-1-2}$$

となる．原点での変位が $y_0 = A\sin\omega t$ のとき，任意の x での変位 y は，

$$y = F\left(t - \dfrac{x}{v}\right) = A\sin\omega\left(t - \dfrac{x}{v}\right) \qquad \text{8-1-3}$$

となる．角振動数 ω は，$\omega = \dfrac{2\pi}{T}$ なので，

$$y = A\sin\dfrac{2\pi}{T}\left(t - \dfrac{x}{v}\right)$$

$$= A\sin 2\pi\left(\dfrac{t}{T} - \dfrac{x}{vT}\right)$$

$$= A\sin 2\pi\left(\dfrac{t}{T} - \dfrac{x}{\lambda}\right)$$

$$\therefore y = A\sin 2\pi\left(\dfrac{t}{T} - \dfrac{x}{\lambda}\right) \qquad \text{8-1-4}$$

この波は x の正の向き，すなわち右向きに進むとする．左向きに進む波の場合は，式8-1-4の x を $-x$ にすればよい．

$$y = A\sin 2\pi\left(\dfrac{t}{T} + \dfrac{x}{\lambda}\right) \qquad \text{8-1-5}$$

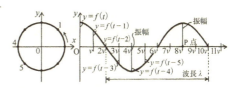

図 8-1-2 媒質の振動が単振動である場合（10秒後の波形）

式 8-1-3 で，$t=0$ の場合，$y=-A\sin\omega\dfrac{x}{v}$ となる．これは，$\omega\dfrac{x}{v}=2\pi$ を 1 周期とする周期関数であるから，$\omega\dfrac{\lambda}{v}=2\pi$ が成立する．そこで，

$$k=\dfrac{2\pi}{\lambda}=\dfrac{\omega}{v} \qquad 8\text{-}1\text{-}6$$

と置くことができる．この k を**波数（角波数）**という．

$$y=A\sin\left(\dfrac{2\pi}{T}t-\dfrac{2\pi}{\lambda}x\right)=A\sin(\omega t-kx) \qquad 8\text{-}1\text{-}7$$

と，式 8-1-5 を書き改めることができる．

原点での振動は，$y=A\sin\omega t$ なので，y-t グラフはプラス・サインの波形となるが，y-x グラフは，

$$y=A\sin\omega\left(t-\dfrac{x}{v}\right)=-A\sin\omega\left(\dfrac{x}{v}-t\right) \qquad 8\text{-}1\text{-}8$$

なのでマイナス・サインの波形のグラフとなるので要注意である．

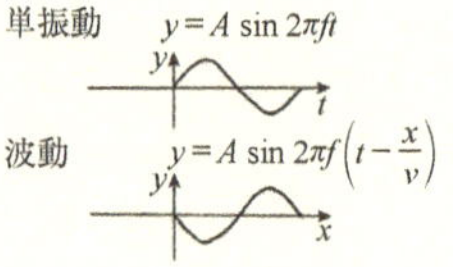

図 8-1-3 マイナス・サインの形．単振動の正のグラフと波動のグラフは逆

8.1.2 縦波と横波

長い弦巻ばねを水平な机の上に置き一端を固定し，他端を水平面上で左右に振る場合の波は**横波**である．このばねを縮めたり伸ばしたりする向きに振動させると，ばねの伸び縮みが伝わっていく．圧縮された**密な部分**と，その隣には**疎な部分**が現れ，疎密の状態が，波の進行方向に伝わる．これを**縦波**あるいは**疎密波**という．

図 8-1-4 は縦波を 1/8 周期ごとに描いたものである．縦波は，振動状態を経時的に表現するのが難しいので，横波を借りて表現することが多い．これを**横波表示**という．音波は縦波（疎密波）なので，横波表示を利用することが多い．その表示の仕方は，振動中

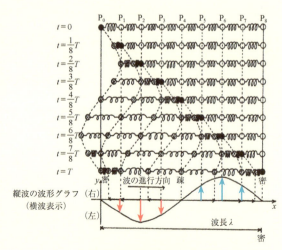

図 8-1-4 縦波と縦波の横波表示

心を原点とした場合，変位が，振動中心よりも右側ならy–xのグラフのyの正の側に，振動中心よりも左側ならyの負の側に描くと約束をしている．

8.1.3 波動方程式

原点から右向きに進む進行波 $u(t, x)$ は，

$$u(t, x) = A \sin(\omega t - kx) \qquad 8\text{-}1\text{-}9$$

と書ける．この式をxで偏微分すると，

$$\frac{\partial u}{\partial x} = -kA \cos(\omega t - kx), \quad \frac{\partial^2 u}{\partial x^2} = -k^2 A \sin(\omega t - kx) = -k^2 u \qquad 8\text{-}1\text{-}10$$

と書ける．一方，tで偏微分すると，

$$\frac{\partial u}{\partial t} = \omega A \cos(\omega t - kx), \quad \frac{\partial^2 u}{\partial t^2} = -\omega^2 A \sin(\omega t - kx) = -\omega^2 u \qquad 8\text{-}1\text{-}11$$

と書ける．以上から，これらの波動を表す量uは，$k = \dfrac{\omega}{v}$ を用いて，

$$\frac{\partial^2 u}{\partial t^2} = v^2 \frac{\partial^2 u}{\partial x^2} \qquad 8\text{-}1\text{-}12$$

と書け，この式を波動方程式という．なお，式 8-1-12 の一般解は，

$$u(t, x) = F\left(t - \frac{x}{v}\right) + G\left(t + \frac{x}{v}\right) \qquad 8\text{-}1\text{-}13$$

である．式 8-1-9 は式 8-1-13 の特別な場合に相当する．

8.2 波動の性質

8.2.1 波の独立性と重ね合わせの原理

粒子が衝突すると，その運動状態は衝突の前後で変化するが，波の場合は衝突前後で互いには乱れない．これを波の独立性という．

ウェーブ・マシンを利用して左右から同時に波を送ると，衝突中の波形は，両方の変位を合成した波形となるが，左右に通り過ぎてしまった後は，どちらの波も元の波形を保っている．振幅が波長に比べて十分に小さいとき，媒質の各点の変位はそれぞれの波の変位を，重ね合わせたもので両方の変位の和に等しい．これを波の重ね合わせの原理といい，重なった波の変位$\vec{y}$は，それぞれの波が単独のときの変位を$\vec{y_1}$, $\vec{y_2}$とすると，

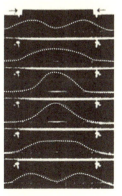

図 8-2-1　波の独立性

$$\vec{y} = \vec{y_1} + \vec{y_2}$$

8.2.2 定在波(定常波)

波長も振幅も等しい波が互いに逆向きに進み,重なりあうとき,波は同じ所に止まっているように見え.このような波を定在波(定常波)という.普通に進む波を進行波という.定在波では,振動しない点Nを節,最も大きく振動する点Lを腹という.

y_1 は右向き進行波,y_2 は左向き進行波とする.両者が重なりあった波形は,$y = y_1 + y_2$ である.

$$y_1 = A \sin 2\pi \left(\frac{t}{T} - \frac{x}{\lambda} \right),$$

$$y_2 = A \sin 2\pi \left(\frac{t}{T} + \frac{x}{\lambda} \right)$$

両者が重なりあっている部分では,

$$y = y_1 + y_2$$
$$= A \sin 2\pi \left(\frac{t}{T} - \frac{x}{\lambda} \right)$$
$$+ A \sin 2\pi \left(\frac{t}{T} + \frac{x}{\lambda} \right)$$
$$y = 2A \cos 2\pi \frac{x}{\lambda} \cdot \sin 2\pi \frac{t}{T}$$
$$= 2A \cos 2\pi \frac{x}{\lambda} \cdot \sin 2\pi ft$$

8-2-2

以上から位置 x での振動は,振幅 $2A \cos 2\pi \frac{x}{\lambda}$,振動数 f,周期 T の単振動であることがわかる.

右図8-2-3の最下段に,$t = 1/8T$ から $t = 12/8T$ までの合成波の部分だけを,1つのグラフとしてまとめた.このグラフから,

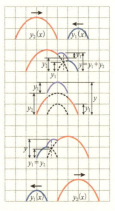

図 8-2-2
波の重ね合わせの原理

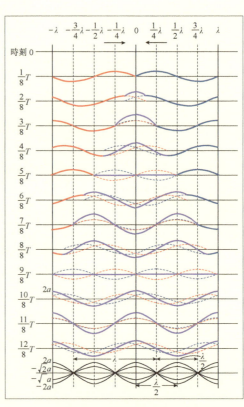

図 8-2-3 定在波のグラフ

$$\begin{cases} \text{腹}; x = \cdots, -\lambda, -\lambda/2, 0, \lambda, \lambda/2, \cdots \text{のとき} \cos 2\pi \frac{x}{\lambda} \to \pm 1, \\ \quad \text{振幅は } 2A \text{ になるので,} \quad y = 2A \sin 2\pi ft \quad\quad\quad\quad\quad\quad 8\text{-}2\text{-}3 \\ \text{節}; x = \cdots, -3\lambda/4, -\lambda/4, \lambda/4, 3\lambda/4, \cdots \text{のとき} \cos 2\pi \frac{x}{\lambda} \to 0 \text{ 振幅も } 0 \\ \quad y = 0 \quad\quad\quad\quad\quad\quad\quad\quad\quad\quad\quad\quad\quad\quad\quad\quad\quad\quad 8\text{-}2\text{-}4 \end{cases}$$

$\text{腹}; x = \pm m \dfrac{\lambda}{2} \ (m=0, 1, 2, \cdots)$ 　　$\begin{cases}\text{隣り合う節と節の間隔は } \dfrac{\lambda}{2} \\ \text{腹と腹の間隔は } \dfrac{\lambda}{2} \\ \text{節と腹の間隔は } \dfrac{\lambda}{4}\end{cases}$

$\text{節}; x = \pm (m + \dfrac{1}{2}) \dfrac{\lambda}{2} \ (m=0, 1, 2, \cdots)$

補足 節と腹をイモに見たてて,「おイモさん1個,半波長！」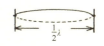

8.2.3 波の干渉

干渉と回折は，波の重要な性質である．光は波動か粒子かが論争されたが，干渉と回折が観測されたことで波動性も示された．波の重ね合わせの原理を用いて波の干渉について説明する．2つの波が，同位相の場合の合成波と，逆位相の場合の合成波である．

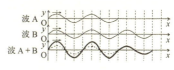

図 8-2-4　同位相の場合

波Aと波Bが同位相の場合，その合成波A+Bは互いに強めあう．

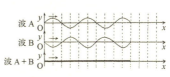

図 8-2-5　逆位相の場合

波Aと波Bは逆位相の場合，その合成波A+Bは互いに弱めあう．

例題　波長λの波が，波源A, Bから同じ速度で出ている．AQ = 2λ, BQ = 2.5λ とする．次の各問に答えよ．
(1)　波源A, Bから同位相の波が出ている場合，点P, および点Qでは，波は強め合うか，弱め合うか．
(2)　波源A, Bから逆位相の波が出ている場合，点P, および点Qでは，波は強め合うか，弱め合うか．

解答 (1) 同位相の場合　　(2) 逆位相の場合

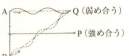
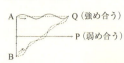

波源 A, B から出た波は，波源 A や B を中心として全方位に進むので，図 8-2-6 のように広がる．風呂や水槽などの水面の 2 か所を指で同時にたたき，底にできる影の模様を見てみると，ほとんど振動しないところと，激しく振動するところが，放射状の縞になって交互に現れることが観察できる．

図 8-2-6　リップルタンクでの像

2 つ以上の波が重なり合って，強め合ったり，弱め合ったりする現象を干渉という．

図 8-2-7 は，波源 S_1 と波源 S_2 との距離を仮に 3λ として作図したものである．

① 山と山，谷と谷のように，つねに同位相の振動が重なり合って，強め合う点 P は，

$$|S_1P - S_2P| = m\lambda$$
$$(m = 0, 1, 2, \cdots) \quad\quad 8\text{-}2\text{-}5$$

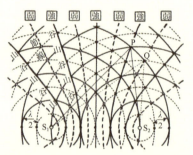

図 8-2-7　$S_1S_2 = 3\lambda$ のときの干渉を描いた図

を満たす．

② 山と谷，谷と山のように，つねに逆位相の振動（π だけずれた振動）が重なり合って，弱め合う点 Q は，

$$|S_1Q - S_2Q| = \left(m + \frac{1}{2}\right)\lambda \quad (m = 0, 1, 2, \cdots) \quad\quad 8\text{-}2\text{-}6$$

を満たす．

　点 P や点 Q の軌跡 → 双曲線群；点 Q の軌跡を節線という．

8.2.4　波の回折

スリットをつくって，平面波（直線波）がスリットを通過した後，どのような波紋を描くか観察してみる．波は，スリットを通過するとき，スリットの裏側にも回り込む．これを回折という．

スリット幅が波長と同程度，あるいは同程度以下の場合，図 (a)，図 (b)

より，波長が一定の場合には，スリットの間隔が狭いほど回折しやすい．また，図 (a)，図 (c) より，スリット間隔が同じときは，波長が長いほど回折しやすい．

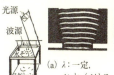

(a) λ：一定，d：大（dはスリット幅）
(b) λ：一定，d：小
(c) (a)と同じ d で，λ が大

図 8-2-8　回折像とリップルタンク

波長と同程度，あるいは同程度以下の大きさの障害物があるときも，障害物の裏側に回り込む．

狭いスリットを通過した平面波は，回折したあと球形に広がる．このことから，平面波上の各点が，新たな波源となって，四方八方へ円形に広がることがわかる．この波を素元波という．ある瞬間の波面上のすべての点は，新たに1つの波源となって，素元波を送り出す．次の瞬間の波面は，これらの素元波の波面に共通に接する曲面（包絡面）である（ホイヘンスの原理）．

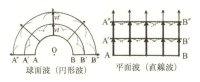

図 8-2-9　球面波と平面波

8.2.5 波の反射

進行波が，2つの媒質の境界に達すると，反射と屈折を同時に行う．反射波の速度，波長，振動数は，入射波と同じである．入射波の射線が，反射面の法線となす角を入射角という．これを i とおく．反射波の射線が，反射面の法線となす角を反射角という．これを i' とおくと，

$$i = i' \qquad 8\text{-}2\text{-}7$$

となる．これを反射の法則という．

図 8-2-10
反射波と屈折

反射の法則のホイヘンスの原理を使った証明
　　△ABB′ と △B′A′A において
　　AA′ = BB′ = vt　　AB′ は共通
　　∠ABB′ = ∠B′A′A
∴ △ABB′ ≡ △B′A′A
よって，$i = i'$ （∠PAY = ∠P′AY = ∠B′AB）

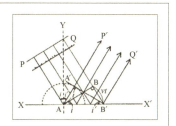

8.2.6 波の屈折

波は，別の媒質に入るとき必ず屈折する．屈折波の振動数は，媒質Ⅰの境界が1秒間に振動する回数だけ媒質Ⅱの境界も振動するので入射波と同じ値となるが，速度や波長は変化する．屈折波の射線と境界面の法線がなす角を屈折角という．入射角 i の正弦と屈折角 r の正弦の比は一定で屈折率といい，$n = \dfrac{\sin i}{\sin r}$ と表す．進行波の媒質Ⅰ中の波長を λ_1，速度を v_1 とし，媒質Ⅱ中の波長を λ_2，速度を v_2 とすると，屈折率は，

$$n = \frac{\sin i}{\sin r} = \frac{v_1}{v_2} = \frac{\lambda_1}{\lambda_2} \qquad 8\text{-}2\text{-}8$$

と書ける．

屈折の法則のホイヘンスの原理を使った証明
波面 PQ が図のように進行し，A が XX′ に達してから時間 t だけ後に B が B′ に達すると，BB′ $= v_1 t$ である．この間に A から出た円形波は半径 $v_2 t$ の円周上にまで進む．屈折波の波面は，B′ からこの円に引いた接線 B′A′ である．

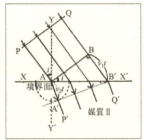

△ABB′ と △AA′B′ を比べて，$\dfrac{\sin i}{\sin r} = \dfrac{\dfrac{BB'}{AB'}}{\dfrac{AA'}{AB'}} = \dfrac{BB'}{AA'} = \dfrac{v_1 t}{v_2 t} = \dfrac{v_1}{v_2} = \dfrac{\lambda_1}{\lambda_2}$

振動数は不変，$f_1 = f_2$

8.2.7 境界面での位相のずれ

入射波に対して，屈折波では位相のずれは生じない．しかし反射波の場合は，位相がずれる場合がある．境界が自由に振動することができる自由端のときには，山で入射した波は山で反射するので位相のずれは生じない．しかし，境界が固定されていて動けないような固定端では，反射後の合成波の位相が0となる．つまり山で入射した波は，谷で反射するので，固定端反射においては位相が π（半波長）だけずれる．

 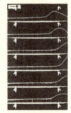

(a) 固定端の場合　(b) 自由端の場合

図 8-2-11　境界面での位相のずれ

固定点の反射波は図 8-2-12，自由端の反射波は図 8-2-13 のようになる．

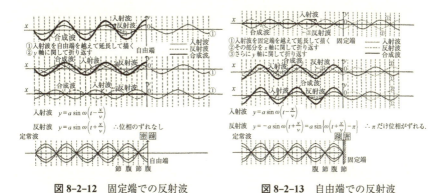

図 8-2-12　固定端での反射波　　　図 8-2-13　自由端での反射波

8.2.8　波のエネルギー

波のエネルギー E を求める．断面積 S（= 1），密度 ρ の媒質中を，波長 λ の波が進行している．この媒質における 1 波長分の波のエネルギー E は，質量を m（= $\rho\lambda$），原点での振動を $y = a\sin\omega t$ とすると，運動エネルギーと弾性の位置エネルギーを加えて，

$$E = \frac{1}{2}mv^2 + \frac{1}{2}ky^2 = \frac{1}{2}mv^2 + \frac{1}{2}m\omega^2 y^2 = \frac{1}{2}m(v^2 + \omega^2 y^2) \quad 8\text{-}2\text{-}9$$

図 8-2-14　波のエネルギー

と書ける．速度 v は，$v = \omega A \cos\omega t$ なので，

$$E = \frac{1}{2}m((\omega A \cos\omega t)^2 + \omega^2 (A\sin\omega t)^2)$$

$$= \frac{1}{2}\rho\lambda A^2 \omega^2 (\sin^2\omega t + \cos^2\omega t) = \frac{1}{2}\rho\lambda A^2 \omega^2$$

$$\therefore E = \frac{1}{2}\rho\lambda A^2 \omega^2 \quad 8\text{-}2\text{-}10$$

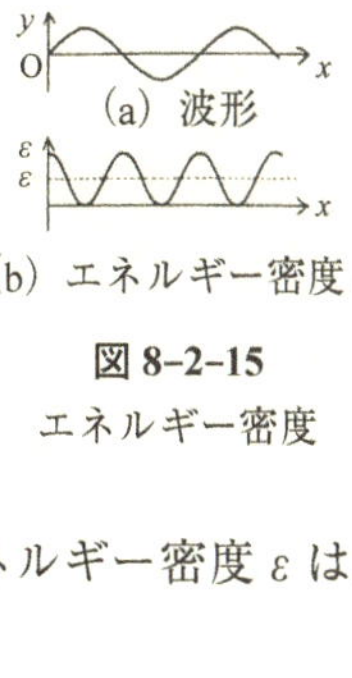

図 8-2-15　エネルギー密度

以上から，単位長さあたりのエネルギー，すなわちエネルギー密度 ε は，λ で割って，

$$\varepsilon = \frac{1}{2}\rho A^2 \omega^2 \quad 8\text{-}2\text{-}11$$

また，$\omega = 2\pi f$ より，

$$\varepsilon = \frac{1}{2}\rho A^2 (2\pi f)^2 = 2\pi^2 \rho A^2 f^2 \quad 8\text{-}2\text{-}12$$

となる．また，波の進行方向に，単位面積を単位時間

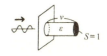

図 8-2-16　波の強さ

に通過するエネルギー，すなわち単位断面積，長さvの立体に含まれるエネルギーを波の強さIといい，

$$I = \varepsilon v = 2\pi^2 \rho A^2 f^2 v \qquad \text{8-2-13}$$

よって，

$$I \propto A^2 f^2 \qquad \text{8-2-14}$$

という関係式が成り立つ．

第9章 音波

9.1 音とは何か

9.1.1 音

＜音とは何か？＞

　ギターやバイオリンの弦を弾くと，弦が振動して音が聞こえる．太鼓を叩くと，膜が振動して音が聞こえる．ギターの弦や太鼓の膜，ベルなど振動するものから音は発生する．これらを，音源あるいは発音体という．声は，声帯を振動させて声を出している．

　音が聞こえるのは，音源や発音体で発生した振動が私たちに伝わってくるからである．音は，どのように伝わってくるのであろうか．容器の内部をほとんど真空状態にできる排気鐘という実験機がある（昔はトリチェリーの実験（図9-1-1）でできる真空を利用した）．

図9-1-1
トリチェリーの実験

排気鐘の中を真空にする前は，発音体の音が排気鐘のガラス越しに聞こえるが，排気鐘の中の空気を真空ポンプで抜き続けると，しだいに音が外に聞こえなくなりついに聞こえなくなる．この実験から，空気は音を伝える媒質であるということがわかる．

　音を聞くということは，音源の振動が周囲の空気に密度変化（疎密）をつくり，これが疎密波すなわち縦波となって，空気中を伝わり，鼓膜を振動させ音として聞くというわけである（図9-1-22）．骨伝導は骨を直接振動させ媒質として音を聞く方法である．

図9-1-2
音の伝搬

＜音の三要素＞

　音の3要素は，高さ，音色，大きさである．物理学的には，3要素のそれ

それに，音の振動数，音の波形，音の強さがほぼ対応する．

<音の高さ>

音の高さは振動数で表され，振動数が大きくなるほど高くなる．人間が聞くことができる音を可聴音といい，可聴音の振動数（周波数）を可聴周波数という．その範囲は

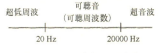

図 9-1-3　可聴音の周波数

20〜20000 Hz である．男性の声は 80〜200 Hz 程度で，女性は 200〜800 Hz 程度である．

可聴音より小さい振動数（10^{-2}〜20 Hz）の音は超低周波といい，可聴音より大きい振動数（20000〜10^{13} Hz）の音は超音波という．超音波は，光のように直進しやすいため，魚群探知，医療診断，海底の地形調査，殺菌，手術などに利用する．10^9 Hz のオーダー以上の超音波を極超音波という．

音楽における振動数の比は，調和的である．「ド」の振動数を 1 とすると，振動数が 2 倍になるとき 1 オクターブ（オクトは 8）あるいは 8 度高いという．また振動数の比が簡単な 2 つの音はよく調和するので 1 つの音のように聞こえる．もっとも調和するのは，1 オクターブ違いの 2 音で振動数の比は 1：2 である．$1:\dfrac{3}{2}=2:3$ の 5 度（ドとソなど）の場合や $1:\dfrac{4}{3}=3:4$ の 4 度（ドとファなど）も調和しやすい．純正律では，ドミソやファラドといった和音の振動数の比が 4：5：6 で和音が美しく響く．しかし転調すると，もとの音階にはない振動数の音が現れるという欠点があったので，平均律を使うようになった．平均律では，ドから 1 オクターブ上のドまでの音は，等比数列で表される．図 9-1-4 のように，ピアノやキーボードの黒鍵（黒い半音のキー）も含め 12 分割して割り振られている．（ド）×k^{12}＝（1 オクターブ上のド）なので，$2=k^{12}$．すなわち，$k=\sqrt[12]{2}=1.059$ つまり，隣の音は $k=1.059$ 倍の振動数になっている．

図 9-1-4　純正律と平均律

> **例題**　可聴音の波長を求めよ．

解答 $\frac{340}{20} = 17$, $\frac{340}{20000} = 17 \times 10^{-3}$ より求める波長の範囲は 17 mm〜17 m.

例題 人は何オクターブ聞くことができるか求めよ.

解答 振動数は1オクターブ高くなると2倍になるから, 20 Hz を基準にして, x オクターブ聞こえるものとすると,

$$20 \times 2^x = 20000, \quad 2^x = 1000 = 10^3$$

両辺の対数をとって, $\log_{10} 2^x = x \log_{10} 2 = \log_{10} 10^3 = 3$ $\quad x = \frac{3}{\log_{10} 2} = \frac{3}{0.301} = 9.97 \approx 10$ よって, 約 10 オクターブを聞くことができる.

<音の波形>

同じ高さの音でも, ピアノとバイオリンでは, 違った感じを受ける. これは, 楽器ごとに音色の違いがあるからである. この音色の違いは, 音波の波形の違いである.

音をマイクで受け, PCソフトやオシロスコープを用いると横波として表示することができる. シンセサイザや, エレキギターのエフェクターでは, もとの波形を変化させて音色を変えている (図 9-1-5).

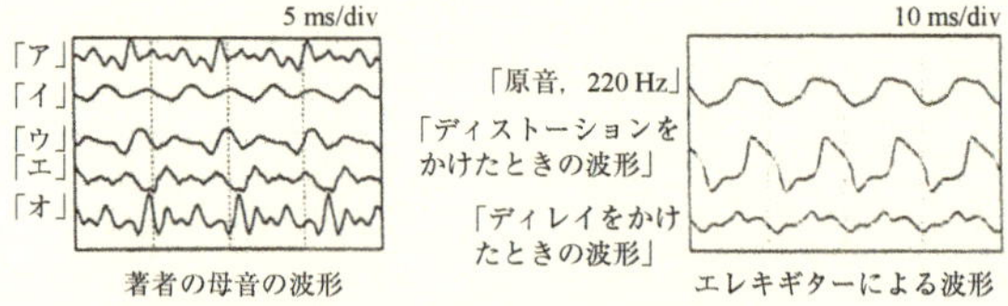

音叉は1種類の正弦波をだすもので, 音叉が出すような音を純音という (例えば, 図 9-1-6(a) の基本音). バイオリンやギターでは, 振動数の異なる多くの純音を重ね合わせ, 芸術的な音色をつくりあげている.

図 9-1-5 いろいろな音の波形

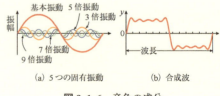

図 9-1-6 音色の成分

もっとも低い振動数の純音を基本音といい, 2倍, 3倍の振動数の純音を, 倍音という. 図 9-1-6(a) の5つの固有振動 (基礎振動, 3倍振動, 5倍振動, 7倍振動, 9倍振動) を合成すると, (b) のような合成波ができる. シンセサイザは, この原理を利用している.

<フーリエ級数>

図 9-1-6 では, 正弦波を足し合わせることで矩形波を作り出した. この様

に，正弦波を，周波数（周期）を変えて加え合わせると，いろいろな波形をある程度自由につくり出せる．逆に，ある波形はいくつかの正弦波に分解することができる．一般に関数 $f(x)$ が，すべての x に対して，

$$f(x+T) = f(x) \qquad 9\text{-}1\text{-}1$$

図 9-1-7 周期 T の任意の関数

となる正の定数 T をもつ場合，この関数は周期的であるといい，$f(x)$ を周期関数，T を周期という．周期関数は，図 9-1-7 のように長さ T の任意の区間のグラフの繰り返しとなる．したがって，n を整数とすると，

$$f(x+nT) = f(x) \quad (n = 1, 2, 3, \cdots) \qquad 9\text{-}1\text{-}2$$

が成り立ち，$2T, 3T, \cdots$ も周期となる．三角関数はその代表的なものである．

関数 $f(x)$ が，周期 $2L$ をもつとして，次のように書ける関数を選んでみる．$\dfrac{a_0}{2}$ としているのは，計算をしやすくするためである．

$$f(x) = \frac{a_0}{2} + a_1 \cos\frac{\pi x}{L} + a_2 \cos\frac{2\pi x}{L} + a_3 \cos\frac{3\pi x}{L} + \cdots$$
$$+ b_1 \sin\frac{\pi x}{L} + b_2 \sin\frac{2\pi x}{L} + b_3 \sin\frac{3\pi x}{L} + \cdots \qquad 9\text{-}1\text{-}3$$

すなわち，

$$f(x) = \frac{a_0}{2} + \sum_{x=1}^{\infty} \left(a_n \cos\frac{n\pi x}{L} + b_n \sin\frac{n\pi x}{L} \right) \qquad 9\text{-}1\text{-}4$$

となる．このとき $f(x)$ から，係数 a_n, b_n を求める．

三角関数 $\sin\dfrac{n\pi x}{L}$，$\cos\dfrac{n\pi x}{L}$ とそれらの積の積分は以下のとおりである．

m が正の整数または 0 のとき，

$$\int_{-L}^{L} \cos\frac{m\pi x}{L} dx = \begin{cases} 2L & (m = 0) \\ 0 & (m = 1, 2, 3, \cdots\cdots) \end{cases} \qquad 9\text{-}1\text{-}5$$

$$\int_{-L}^{L} \sin\frac{m\pi x}{L} dx = 0 \quad (m = 0, 1, 2, 3, \cdots\cdots) \qquad 9\text{-}1\text{-}6$$

である．また，m, n を正の整数とすると，

$$\int_{-L}^{L} \sin\frac{m\pi x}{L} \cos\frac{n\pi x}{L} dx = 0 \qquad 9\text{-}1\text{-}7$$

$$\int_{-L}^{L} \cos\frac{m\pi x}{L} \cos\frac{n\pi x}{L} dx = \begin{cases} L & (m = n) \\ 0 & (m \neq n) \end{cases} \qquad 9\text{-}1\text{-}8$$

$$\int_{-L}^{L} \sin\frac{m\pi x}{L}\sin\frac{n\pi x}{L}dx = \begin{cases} L & (m=n) \\ 0 & (m \neq n) \end{cases} \qquad 9\text{-}1\text{-}9$$

式 9-1-7 は, 積和公式 $\sin A\cos B = \dfrac{\sin(A+B)+\sin(A-B)}{2}$ を使えば, 式 9-1-6 より明らかである. 式 9-1-8 において, $m=n$ のときは, 倍角の公式を使って,

$$\int_{-L}^{L}\cos^2\frac{m\pi x}{L}dx = \frac{1}{2}\int_{-L}^{L}\left(1+\cos\frac{2m\pi}{L}x\right)dx = \frac{1}{2}\left[x+\frac{L}{2m\pi}\sin\frac{2m\pi}{L}x\right]_{-L}^{L} = L$$

$m \neq n$ ならば, 積和公式を使って,

$$\int_{-L}^{L}\cos\frac{m\pi x}{L}\cos\frac{n\pi x}{L}dx = \frac{1}{2}\int_{-L}^{L}\left\{\cos\frac{(m+n)\pi}{L}x+\cos\frac{(m-n)\pi}{L}x\right\}dx$$

$$= \frac{1}{2}\left[\frac{L}{(m+n)\pi}\sin\frac{(m+n)\pi}{L}x+\frac{L}{(m-n)\pi}\sin\frac{(m-n)\pi}{L}x\right]_{-L}^{L} = 0$$

式 9-1-9 でも, 式 9-1-8 の証明と同様である.

以上から, 式 9-1-3 の係数 a_n, b_n を求める. 式 9-1-4 の両辺に $\cos\dfrac{m\pi x}{L}$ $(m=0, 1, 2, 3, \cdots\cdots)$ を掛けて, x について, $-L$ から L まで積分すると,

$$\int_{-L}^{L}f(x)\cos\frac{m\pi x}{L}dx = \frac{a_0}{2}\int_{-L}^{L}\cos\frac{m\pi x}{L}dx$$

$$+\sum_{n=1}^{\infty}\left\{a_n\int_{-L}^{L}\cos\frac{m\pi x}{L}\cos\frac{n\pi x}{L}dx+b_n\int_{-L}^{L}\cos\frac{m\pi x}{L}\sin\frac{n\pi x}{L}dx\right\} \quad 9\text{-}1\text{-}10$$

ここで $m=0$ ならば, 右辺は第 1 項だけが残りその値は $a_0 L$ となる. また, $m=1, 2, 3, \cdots\cdots$ ならば, 第 1 項は式 9-1-5 より 0 とわかる. $\{\ \}$ 内の積分は式 9-1-8 と式 9-1-7 から, 初めのほうの積分が $m=n$ のときだけ残り, $a_m L$ となる.

$$\int_{-L}^{L}f(x)\cos\frac{m\pi x}{L}dx = a_m L \quad (m=0, 1, 2, 3, \cdots\cdots)$$

よって,

$$a_n = \frac{1}{L}\int_{-L}^{L}f(x)\cos\frac{n\pi x}{L}dx \quad (n=0, 1, 2, 3, \cdots\cdots) \qquad 9\text{-}1\text{-}11$$

次に b_n について, 式 9-1-3 の両辺に $\sin\dfrac{m\pi x}{L}$ $(m=1, 2, 3, \cdots\cdots)$ を掛けて, x について $-L$ から L まで積分する.

$$\int_{-L}^{L}f(x)\sin\frac{m\pi x}{L}dx = \frac{a_0}{2}\int_{-L}^{L}\sin\frac{m\pi x}{L}dx$$

$$+ \sum_{n=1}^{\infty}\left\{a_n\int_{-L}^{L}\sin\frac{m\pi x}{L}\cos\frac{n\pi x}{L}dx + b_n\int_{-L}^{L}\sin\frac{m\pi x}{L}\sin\frac{n\pi x}{L}dx\right\} \quad 9\text{-}1\text{-}12$$

右辺の第1項は，式9-1-6より0である．また，{ }内の積分は式9-1-7と式9-1-9より，2番目の積分で $m=n$ の項だけが0でない．従って右辺は，$b_m L$ となる．

$$\int_{-L}^{L}f(x)\sin\frac{m\pi x}{L}dx = b_m L \quad (m=0, 1, 2, 3, \cdots\cdots)$$

よって，

$$b_n = \frac{1}{L}\int_{-L}^{L}f(x)\sin\frac{n\pi x}{L}dx \quad (n=0, 1, 2, 3, \cdots\cdots) \quad 9\text{-}1\text{-}13$$

式9-1-11および式9-1-13で表せる．a_n と b_n を，**フーリエ係数**といい，

$$f(x) = \frac{a_0}{2} + \sum_{x=1}^{\infty}\left(a_n\cos\frac{n\pi x}{L} + b_n\sin\frac{n\pi x}{L}\right) \quad 9\text{-}1\text{-}14$$

で表せる級数を，**フーリエ級数**という．

例えば，のこぎり歯状の波をフーリエ級数で表すと，

$$f(x) = \frac{2}{\pi}\left\{\sin\omega t - \frac{1}{2}\sin 2\omega t + \cdots + \frac{(-1)^{n-1}}{n}\sin n\omega t + \cdots\right\} \quad 9\text{-}1\text{-}15$$

と書ける．

＜音の強さ＞

人間は感覚量と刺激量が比例しないため，受けた音の刺激に比例して感じているのではない．ウェーバー・フェヒナの法則によると，刺激量 I と感覚量 S との間に，

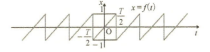

図9-1-8　のこぎり波

$$S = K\log\frac{I}{I_0} \quad K；定数，I_0；感覚を起こす最小限の刺激 \quad 9\text{-}1\text{-}16$$

という関係がある．

物理学では，音場の中の1点において，音の進行方向に垂直な単位面積を，単位時間に通過するエネルギーを**音の強さ**と定義する．また音は波なので，その強さは波の強さを表す式8-2-13と同じく，振幅の2乗と周波数の2乗に比例する．振幅を a，周波数を f，空気の密度を ρ，音速を v とすると，$I = 2\pi^2\rho a^2 f^2 v$ （W・m^{-2}）である．このため，周波数によって波の強さは変化する．記号としては，I（または J）が使われる．

音の強さについても，2つのとらえ方ができる．1つは，先に述べた「音

の強さ」であるが，もう1つは「音圧」という考え方である．音の強さのレベル N は，

$$N(\text{dB}) = 10 \log \frac{I}{I_0} \qquad (I_0 = 1 \times 10^{-12}\,\text{W}\cdot\text{m}^{-2}) \qquad 9\text{-}1\text{-}17$$

であり，音圧レベル（$I \propto p^2$；p は音圧）N は，

$$N(\text{dB}) = 20 \log \frac{p}{p_0} \qquad (p_0 = 2 \times 10^{-5}\,\text{N}\cdot\text{m}^{-2}) \qquad 9\text{-}1\text{-}18$$

となることが知られている．

　ところで，音の大きさ（loudness）は，次のように決めている．ある音の大きさと，これと同じ大きさに感じる 1 kHz の平面進行波の音の強さのレベルで示す．単位は〔phon〕である．

　N（phon）は，音圧レベルでは，「1 kHz, N（dB）の音」と同じ感覚を引き起こす．そのため，1 kHz の純音では，dB（デシベル）の値と phon（ホン）の値が一致する．

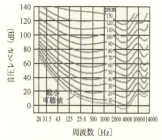

図 9-1-9　音の大きさの等感曲線　　図 9-1-10　音の強さ

<音速>

　音源で生じた音は，媒質の中を通過して，観測者のもとに届く．音源で音が生じてから，観測者が観測するまでにかかった時間を計ると音速が求まる．t ℃の空気中を伝わる音速 v（m/s）は，

$$v = 331.5 + 0.6t \text{ (m/s)} \qquad 9\text{-}1\text{-}18$$

である．気温 15 ℃の空気中での音速は，$v_{15} \fallingdotseq 340$ m/s である．音速は，媒質によって異なる．ちなみに固体中では非常に速い．

プチ実験　「音速ホース」

　100 m 程度の長い水道ホースを 3 本準備し，それぞれに空気，ヘリウム，二酸化炭素を充満させる．300 m のホースの場合，空気では，音が出口に到達するまで約 1 秒かかり感動的である．3 本のホースの入口で同時に音源を鳴らすと，出口では最初にヘリウムが，続いて空気，最後に二酸化炭素の順で音が到達する．

> **プチ実験** 「ガーガー声のガス」
> アヒルのようなガーガー声を出す気体がある．その正体は **He** である．音速が速いため，共鳴する振動数が変化する．**He**100% で実験を行うと酸欠になり非常に危険なので，**O₂** が 20% 混入しているもので実験しよう．

音速を理論的に求めてみよう．図 9-1-10 のように，長さ dx，断面積 S の空気柱 AB の面 A に力 F を加えたところ，面 B は B′ まで移動し，この面に加わっている力が $F+dF$ になったとする．このとき圧縮された長さは，AB と A′B′ の差で，これを δ とおく．

音の伝わる速さ (m/s)

媒　質	速　さ
二酸化炭素(0℃)	258
水蒸気　(100℃)	404.8
ヘリウム　(0℃)	970
水　　(23〜27℃)	1500
海水　　(20℃)	1513
窓ガラス	5440
鉄	5950

この変化が時間 dt の間に起こったとすると，この圧縮が $v=\dfrac{dx}{dt}$ の速さで伝わったことになり，力積 $dF\cdot dt$ によって，運動量変化が生じる．密度 ρ は変化しないものとすると，運動量変化は，気体の質量が $S\delta\rho$ なので $S\delta\rho v$ となる．したがって，

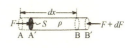

図 9-1-11
空気中を伝わる音速

$$dF\cdot dt = S\delta\rho v \qquad 9\text{-}1\text{-}19$$

圧力増加 $\dfrac{dF}{S}$ は，もとの体積 Sdx に対する体積変化 $S\delta$ の比，すなわち体積のひずみと比例し，その比例定数 k を体積弾性率という．

$$\frac{dF}{S} = k\frac{S\delta}{Sdx} = k\frac{\delta}{dx} \qquad 9\text{-}1\text{-}20$$

式 9-1-19，式 9-1-20 および $v=\dfrac{dx}{dt}$ より，

$$dF\cdot dt = Sk\frac{\delta}{dx}dt = Sk\delta\frac{1}{v} = S\delta\rho v \quad \to \quad \rho v^2 = k \quad \therefore\ v=\sqrt{\frac{k}{\rho}} \qquad 9\text{-}1\text{-}21$$

となる．気体は断熱変化をするので，理想気体について，圧力を p，体積を V，比熱比を γ とすると，ポアソンの法則より $pV^\gamma = C$ なので，V で微分して，

$$\frac{dp}{dV}V^\gamma + \gamma p V^{\gamma-1} = 0 \qquad -\frac{dp}{dV}V = \gamma p \qquad 9\text{-}1\text{-}22$$

この左辺の $\dfrac{dp}{-\dfrac{dV}{V}}$ は，圧力増加 dp と体積のひずみ $-\dfrac{dV}{V}$ の比であるから，体積弾性率 $k=\gamma p$ を表しているので，式 9-1-21 に代入すると

$$v = \sqrt{\frac{k}{\rho}} = \sqrt{\frac{\gamma p}{\rho}} \qquad \therefore v = \sqrt{\gamma \frac{p}{\rho}} \qquad \text{9-1-23}$$

空気の状態変化はボイル・シャルルの法則に従うものとし，標準状態での密度を ρ_0，圧力を p_0，温度を T_0，モル数を n，分子量を M，気体の質量を m とすると，

$$pV = nRT = \left(\frac{m}{M}\right)RT$$

$$\therefore pM = \left(\frac{m}{V}\right)RT = \rho RT \qquad \frac{R}{M} = \frac{p}{\rho T} = \frac{p_0}{\rho_0 T_0}$$

$$\frac{p}{\rho} = \frac{p_0}{\rho_0} \times \frac{T}{T_0} \quad (\text{ただし，} T = T_0 + t)$$

$$v = \sqrt{\gamma \frac{p_0 T}{\rho_0 T_0}} \qquad \text{9-1-24}$$

ところで，空気の比熱比 γ は $\gamma = 1.40$，大気圧 p_0 は $p_0 = 1.013 \times 10^5$ N/m², 密度 ρ は $\rho_0 = 1.29$ kg/m² なので，0℃での音速 v_0 は，

$$v_0 = \sqrt{1.40 \times \frac{1.013 \times 10^5}{1.29}} \fallingdotseq 331.5 \text{ m/s} \qquad \text{9-1-25}$$

となる．よって，式 9-1-23 は，

$$v = \sqrt{\gamma \frac{p_0 T}{\rho_0 T_0}} = v_0 \sqrt{\frac{T}{T_0}} = v_0 \sqrt{\frac{T+t}{T_0}} = v_0 \left(1 + \frac{t}{T_0}\right)^{\frac{1}{2}} \fallingdotseq v_0 \left(1 + \frac{1}{2} \times \frac{t}{273}\right)$$

$$= 331.5 \left(1 + \frac{1}{2} \times \frac{t}{273}\right)$$

よって，t ℃の場合，音速 v は，

$$v = 331.5 + 0.6t \qquad \text{9-1-26}$$

となる．

9.2 音波の伝搬

9.2.1 音の反射・屈折

音の反射の事例としてはこだまがよく知られている．

音の屈折の事例としては，晴れた夜に遠くの電車の音が聞こえることがあげられる．昼間，地面の方が温かく騒音などは，図 9-2-1 の上図に見るように上空の方に向かって屈折していく．上空の

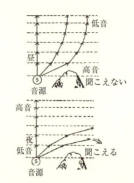

図 9-2-1 音の屈折の事例

ほうが気温が低く音速も小さいからである．逆に，放射冷却が生じた夜は，地面の方が気温が低く上空の方が高い場合があり，音波が空気の中を上昇すると，つまり屈折角が大きくなるように地面側に屈折する．そのため，遠くの音が聞こえるようになる．しかも回折の効果もあると，昼間に比べると，夜はかなり遠くの音源からの音が聞こえる．

9.2.2 音波の回折・干渉

塀の向こう側の人のひそひそ話が，塀を越えてこちら側にまで聞こえることがある．可聴音の波長は 17 mm～17 m 程度であり，身のまわりにある障害物と同程度なので少々の障害物であれば回折するからである．

音波の干渉は，室内だとステレオのスピーカーでも実験ができるが，運動場のような広い場所でも 100 W のギターアンプを 2 台準備し，同じ振動数の音を入力して鳴らしてもできる．スピーカーの前をゆっくり歩くと音が強め合う所と弱め合う所があることがわかる．最近では，音の干渉のために聞こえにくくなることが無いように，サラウンド効果をもった 5.1 ch の音響システムも実用化されている．

プチ実験　「おんさの回転による干渉」

音叉を鳴らして耳の傍で音叉をくるくると回転させると，音の干渉により音の弱くなるところが 4 カ所存在することを体感することができる．

解説　音叉の振動片を結ぶ方向と，それと垂直な方向とでは，空気の疎密の状態が反対である．音叉の振動片を結ぶ向きで考えると，振動片の内側が圧縮された場合，内側は密になり外側（図の左右の両側）は疎となる．音叉の振動の半周期後には，振動片は左右両側に最も開く．このとき，振動片の内側は疎となり外側は密になる．左右の振動片を結ぶ向きで，振動片の外側に進む音波は，最初疎，続いて密，その半周期後には疎…と振動を繰り返す．つまり，疎，密，疎，密，疎…と，音波が伝わっていく．それに対して，振動片を結ぶ線に対して垂直二等分線上では，最初，密，続いて疎，その後密と続く．つまり，密，疎，密，疎，密…と音波が伝わる．

振動片を結ぶ線とその垂直二等分線の間に存在する斜め 45 度の線上では，一方から疎の音波が届くが，他方からは密の音波が届き，打ち消し合い弱め合うことになる．このことから，音の弱くなるところが図のように 4 カ所存在する．

> **プチ実験**　「クインケ管（Quincke）の干渉」
>
> クインケ管は，音源から出た同位相の音波を別々の2つの行路に分け，再び重なり合うようにした実験装置である．トロンボーンのように，通り道の長さを変えられる行路変更管がついていて，これを抜き差しすることができる．音波の位相が揃うと強め合い，逆位相になると弱め合う．

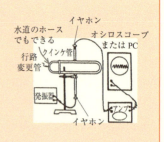

> **例題**　クインケ管に周波数 f の音波を入れ，行路変更管をある長さにしたところ，強め合っていたとする．行路変更管を L だけ引き抜いたところ再び強め合った．次の各問いに答えよ．
> (1) 音波の波長を求めよ．
> (2) 音速を求めよ．

解答　(1) 行路変更管を L だけ引き抜くと，一方の音波の行路を $2L$ だけ長くすることになる．行路差が $2L$ のときに，強め合ったので，音波の波長は $\lambda = 2L$ である．

(2) 音速を V とすると，$V = f\lambda = f \times 2L$　∴ $V = f\lambda = 2fL$

補足　$V = 331.5 + 0.6t$ より，気温も求めることができる．

9.2.3 うなりとチューニング

2つのスピーカーから，振動数がわずかに異なる音 $f_1 \fallingdotseq f_2$ を出すと，わーん，わーんといううなりが聞こえる．図9-2-2を見ると，2つの音波の山がちょうど重なるとき，音は強め合っている．その後，少しずつ

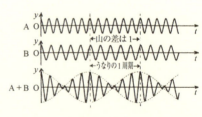

図9-2-2　うなり

互いの山がずれて，音は弱め合っていき，さらにずれてその後，山の数がちょうど1つだけずれたとき，再び音は強め合う．

うなりの周期を T とする場合，T 間に，$f_1 T$ 個の波と $f_2 T$ 個の波が干渉し，その差が1個であるから，

$$|f_1 T - f_2 T| = 1 \qquad i.e. \quad T|f_1 - f_2| = 1$$

$$\therefore f = \frac{1}{T} = |f_1 - f_2| \qquad\qquad 9\text{-}2\text{-}1$$

したがって，うなりの振動数（1秒間あたりに聞くうなりの回数）は，$f =$

$|f_1-f_2|$ である.

> **参考** うなりについての考察
> 2つの音波が,同一方向に進行しているとする ($f_1>f_2$).
> $$y_1 = a \sin 2\pi f_1\left(1-\frac{x}{v}\right), \quad y_2 = a \sin 2\pi f_2\left(1-\frac{x}{v}\right),$$
> y_1 と y_2 を重ね合わせると,合成波の式は和積の公式から,
> $$y = y_1 + y_2 = 2a \cos 2\pi\left(\frac{f_1-f_2}{2}\right)\left(1-\frac{x}{v}\right) \sin 2\pi\left(\frac{f_1+f_2}{2}\right)\left(1-\frac{x}{v}\right)$$
> となる.ここで,$A = 2a \cos 2\pi\left(\frac{f_1-f_2}{2}\right)\left(1-\frac{x}{v}\right)$ と置くと,$y = A \sin 2\pi\left(\frac{f_1+f_2}{2}\right)\left(1-\frac{x}{v}\right)$ となる.これは振動数が $\frac{f_1+f_2}{2}$ で,振幅が $A = 2a \cos 2\pi\left(\frac{f_1-f_2}{2}\right)\left(1-\frac{x}{v}\right)$ ($f_1>f_2$) の波である.$\sin$ の部分が1周期変化している間の $\cos$ の部分の変化はわずかであり,$\cos$ の部分が1周期変化している間の $\sin$ の部分は何周期も往復している.つまり,合成波の振幅 $A = 2a \cos 2\pi\left(\frac{f_1-f_2}{2}\right)\left(1-\frac{x}{v}\right)$ は,1秒間に,$\frac{f_1-f_2}{2}$ 回だけ最大値 $2a$ となり,$\frac{f_1-f_2}{2}$ 回だけ最小値 $-2a$ となるので,$\frac{f_1-f_2}{2} \times 2$ 回だけ $A=0$ となる.
> 合成波のエネルギーは(振幅)^2 に比例 $\left(I=\frac{1}{2}\cdot\rho v A^2\omega^2\right)$ するから,エネルギーは1秒間に f_1-f_2 回最大となる.したがって,うなりの回数 f は,$f=f_1-f_2$ (Hz) となる.

> **参考** チューニングとは,楽器の音程を正しい音程に設定することである.音程が若干ずれている場合,うなりが生じる.音程をあわせることとは,うなりを無くすことである.

9.2.4 ドップラー効果 (Doppler effect)

電車の警笛を聞いていると,近づいて来るときに高く聞こえ,遠ざかるときは低く聞こえる.この現象をドップラー効果という.音源と観測者の位置関係が,一直線上であるとみなせる場合について見てみる.

<音源 (source) が移動する場合>

i) 音源が近づくとき

観測者 Ob (observer) は静止.
(Ob 君とよぼう!)
音源 S は,速さ v で近づく.
振動数 f_0,波長 λ_0,音速 V

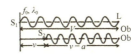

図 9-2-3
音源 S が近づくとき

音源 S_1 から 1 秒間に出た波は，1 秒後に距離 V の位置 L に達する．観測者 Ob はこの位置 L にいるものとする．この間（1 秒間）に音源は，f_0 個の波を送り出しながら v だけ進んで S_2 に達する．

$V-v$ の距離の中に，f_0 個の波が等間隔で押し込まれているから波長 λ_1 は，

$$\lambda_1 = \frac{V-v}{f_0} \qquad\qquad 9\text{-}2\text{-}2$$

ところで，$V=f_0\lambda_0$ より，$f_0 = \dfrac{V}{\lambda_0}$ であるから，

$$\lambda_1 = \lambda_0 \frac{V-v}{V} \qquad\qquad 9\text{-}2\text{-}3$$

音速が V で一定であるから，Ob 君が観測する振動数 f_1 は，$V=f_1\lambda_1$ より，

$$f_1 = \frac{V}{V-v} f_0 \qquad\qquad 9\text{-}2\text{-}4$$

$f_1 > f_0$ より，音が高く聞こえることを示す．

ii) 音源が遠ざかるとき

音源の速度を負：$-v$ を代入する

したがって，振動数 f_2 は，

$$f_2 = \frac{V}{V+v} f_0 \qquad\qquad 9\text{-}2\text{-}5$$

$f_2 < f_0$ より，音が低く聞こえることを示す．

＜観測者 Ob（observer）が移動するとき＞

i) 観測者が近づくとき

| 観測者 Ob：速さ u で近づく |
| 音源 S は，静止． |
| 振動数 f_0，波長 λ_0，音速 V |

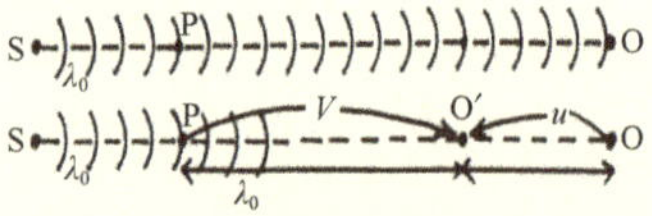

図 9-2-4 観測者 Ob が近づくとき

音源から振動数 f_0 の音波が出され続け，1 秒間では f_0 個の波が出される．音は 1 秒間に距離 V だけ進むので，1 m あたりに $\dfrac{f_0}{V}$ 個の波が存在している．音波の波長は不変であるが，観測者 Ob が音源に近づくので，音速が相対的に u だけ速くなり振動数が大きくなる．音波は 1 秒間に P から O' へ，観測者は 1 秒間に O から O' へ進むので，$PO' + OO' = V + u$ の間にある音波を全て聞くことになる．1 秒間に聞く音波の個数 f_3 は，$f_3 = \dfrac{f_0}{V}(V+u)$ となる．よって，

$$f_3 = \frac{V+u}{V} f_0 \qquad\qquad 9\text{-}2\text{-}6$$

ii) 観測者が遠ざかるとき

観測者の速度を負；$-u$ を代入する

したがって，振動数 f_4 は，

$$f_4 = \frac{V-u}{V}f_0 \qquad \text{9-2-7}$$

<観測者と音源がともに移動するとき>

以上をすべてふまえて1つの式にまとめると，

$$f = \frac{V \pm u}{V \mp v}f_0 \qquad \text{9-2-8}$$

補足 分子・分母の順に「観音」；上は上，下は下（＋と－で＋の位置）

例題 振動数 f_0 の音源が，右へ速度 v で移動している．また壁も右側へ速度 u で移動して

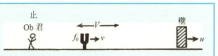

いるとき，以下の問に答えよ．ただし，音速は V とする．
(1) Ob が聞く直接音の振動数 f_1 を f_0 を用いて求めよ．
(2) 壁で音を聞くときの振動数 f' を f_0 を用いて求めよ．
(3) Ob が聞く壁からの反射音の振動数 f_2 を f_0 を用いて求めよ．
(4) Ob が聞くうなり f を，f_0 を用いて求めよ．

解答 壁に耳あり，
壁に口あり．

(1) 音速が V で，音源が v で遠ざかるので，

$$f_1 = \frac{V}{V+v}f_0$$

(2) 音速が V で，音源が v で近づき，観測者が u で遠ざかるので，

$$f' = \frac{V-u}{V-v}f_0$$

(3) 壁から f' の音が発せられていると考えて，

$$f_2 = \frac{V}{V+u}f' = \frac{V(V-u)}{(V-v)(V+u)}f_0$$

(4) 求めるうなり f は，

$$f = |f_1 - f_2| = \frac{2f_0 V^2 |u-v|}{(V+v)(V-v)(V+u)}$$

例題 列車が振動数 f_0 の警笛を鳴らしながら，速度 v で通過するときの振動数の変化について述べよ．なお，観測者は，線路から離れたところから観測している．また，音速は V とする．

解答 音源と観測者の位置関係は図のようになる。

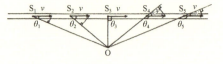

まず，簡単のため，S_3 について考えてみる．観測者 Ob が音源 S_3 からの音を聞く場合，この向きに音源は移動していないので，相対速度はゼロである．したがって，このとき聞く音波の振動数を f_3 とすると，

$$f_3 = f_0$$

である．S_1 や S_2 のように近づいてくる場合，観測者に近づく音源の速度の観測者の向きの成分は，$v\cos\theta$ なので，

$$f_1 = \frac{V}{V - v\cos\theta_1} f_0, \quad f_2 = \frac{V}{V - v\cos\theta_2} f_0$$

であり，S_4 や S_5 のように遠ざかる場合，観測者から遠ざかる音源の速度の観測者の向きの成分は，$v\cos\theta$ なので，

$$f_4 = \frac{V}{V + v\cos\theta_4} f_0, \quad f_5 = \frac{V}{V + v\cos\theta_5} f_0$$

補足 無限遠から近づく場合や無限遠に遠ざかる場合

無限遠から近づく場合；

$$\lim_{\theta \to 0} f' = \lim_{\theta \to 0} \frac{V}{V - v\cos\theta} f_0 = \frac{V}{V - v} f_0 = f_{\mathrm{I}}$$

無限遠に遠ざかる場合；$\displaystyle \lim_{\theta \to 0} f' = \lim_{\theta \to 0} \frac{V}{V - v\cos\theta} f_0 = \frac{V}{V + v} f_0 = f_{\mathrm{II}}$

参考 マッハ円錐（Mach cone）

航空機などが，音速を超えるときに発生する「ドーン」という爆音をソニック・ブーム（sonic boom）という．船の場合も，水波の伝搬速度より，航行速度の方が大きい場合には衝撃波を生じる．

時間 t の間に音源が vt だけ進むので，$t = 0$ に放出された音波は Vt の球面にまでしか達しない．$\sin\alpha = \dfrac{Vt}{vt} = \dfrac{V}{v}$ となる．角度 α をマッハ角，この円錐をマッハ円錐，$M = \dfrac{V}{v}$ をマッハ数という．

9.3 発音体の振動

9.3.1 弦の横振動

＜弦の振動＞

ギターやバイオリンの弦をはじくと，弦の両端が固定されているため，両端を節とする定在波（定常波）ができる．弦の上のいろいろな点に紙片をの

せてみると，腹では紙片が飛び落ち，節では紙片がそのまま動かないで残る．

ところで定在波の波長は，隣り合う節と節の間の距離の2倍である．よって，$\lambda_1 = 2L$, $\lambda_2 = 2\dfrac{L}{2}$, $\lambda_3 = 2\dfrac{L}{3}$, …, $\lambda_n = 2\dfrac{L}{n}$ である．

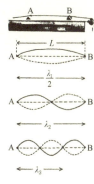

図9-3-1　弦の振動

<弦を伝わる波の速さ>

波の山の極めて短い部分 ΔL（以下微小部分という）が，円運動をしているとみなす．この微小部分は，図9-3-2のように図における下向きの力を受けていると考える．この微小部分を，両側から引く張力を S とすると，下向きの成分の $S\sin\theta$ の合力 $2S\sin\theta$ が向心力を与えると考える．

曲率半径を r，波の伝わる速さ v，線密度を ρ とすると，運動方程式は，$F = ma = m\dfrac{v^2}{r}$ より，$2S\sin\theta = \rho \Delta L \dfrac{v^2}{r}$ となる．ところで，円弧が $\dfrac{\Delta L}{2}$ で，半径が r，中心角が θ の場合なので，$\dfrac{\Delta L}{2} = r\theta$ より，$\theta = \dfrac{\Delta L}{2r}$ となり，θ が微小な場合には $\sin\theta \fallingdotseq \theta$ を利用して，

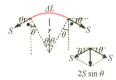

図9-3-2
弦を伝わる速度

$$2S\sin\theta = 2S\dfrac{\Delta L}{2r} = \rho \Delta L \dfrac{v^2}{r}$$

$$S = \rho v^2 \quad \therefore v = \sqrt{\dfrac{S}{\rho}} \qquad\qquad 9\text{-}3\text{-}1$$

<振動数>

弦の振動数 f は，弦を伝わる波の速さ v と波長 λ の関係から，$v = f\lambda$ より，$f = \dfrac{v}{\lambda}$ なので，

$$f_1 = \dfrac{v}{\lambda_1} = \dfrac{1}{2L}\sqrt{\dfrac{S}{\rho}}\ ;\ f_2 = \dfrac{v}{\lambda_2} = \dfrac{2}{2L}\sqrt{\dfrac{S}{\rho}}\ ;\ \cdots\cdots\ ;\ f_n = \dfrac{v}{\lambda_n} = \dfrac{n}{2L}\sqrt{\dfrac{S}{\rho}} \qquad 9\text{-}3\text{-}2$$

張力を一定にして，両端を固定された弦では，$f_1, f_2, f_3, \cdots, f_n$ の振動数の振動だけが存在できる．これらの振動数を固有振動数という．

固有振動のうち，

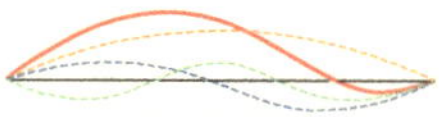

弦の合成振動→音色

図9-3-3
弦の合成振動

$$n=1 \to \begin{cases} 基本振動 \\ 基本音 \end{cases} \qquad n \geq 2 \to \begin{cases} 倍振動 \\ 倍本音 \end{cases}$$

一般に,弦の弾き方にもよるが,振動は1つの固有振動だけとは限らず,多数の固有振動数の混ざったものとなり,合成振動をする.これが,音色を決める.人間の耳には,基本音の高さの音に聞こえ,音色が違って聞こえる.

9.3.2 メルデの実験

メルデの実験は,図9-3-4に見るように,弦にかかる張力を変えたり,弦の長さを変えて,定在波の腹の数を調べることで,波の速さ $v = \sqrt{\dfrac{S}{\rho}}$ を求める実験である.

(実験のポイント) 音叉と弦のつけ方に要注意!

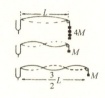

図 9-3-4
メルデの実験

メルデの実験では,音叉と弦の取りつけ方について注意しなければならない.音叉の振動数を f_0,弦の振動数を f_1, f_2 とする.

① 音叉の振動片の方向の延長に弦が張られた場合→音叉と弦の振動数は同じ $(f_0 = f_1)$

② 音叉の振動片と弦が垂直をなす場合→弦の振動数は音叉の $\dfrac{1}{2}$ $\left(f_2 = \dfrac{1}{2} f_0\right)$

弦が水平から運動をはじめて,水平に戻るまでの間に音叉は1振動する.一方,弦は慣性の法則により,前と反対の方向に進み,再び水平に戻るが,その間に音叉はもう1振動し,合計2振動する.

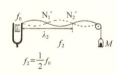

補足 「音叉がきれいな形の正弦波のみが持続するからくり」

まず,金属などの棒を振動させる場合,基本振動は,中央に節が1つある状態での振動である.2倍振動では節が2個になる.

音叉は,二又に分かれた形をしており,振動片の部分を叩くと特定の高さの音を発する.音叉では,図9-3-6左図に見るように,2倍振動にあたるものが基本音となり節は2個である.叉を折り曲げる2本の振動片の根本の P_1, P_2 は基本音の節に,また腹は P_1, P_2 の中点とし,ここに取っ手をつける.共鳴箱に音叉を取りつける場合,共鳴箱に腹の振動が伝わるわけである (P_1, P_2 は,実際には中央に寄っている).

図 9-3-5
金属棒の振動
(両端が自由端)

図 9-3-6
音叉の振動

たたき方によって，甲高いキーンという音が短い時間だけ鳴ることがある．図9-3-6の右図のような上音を含んだ音である．上音は，基本音の整数倍になっていず，6.27倍，17.2倍…なので早く減衰し基本音だけが残り，音叉は純音扱いができる．

9.3.3 気柱の振動

フルートやオルガンは，管に閉じ込められた空気（気柱）がつくる定在波を利用して音を発生させている．気柱には，一端が閉じている閉管と，両端が開いている開管がある．

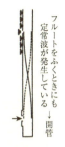

図 9-3-7 フルートにできる定在波

＜閉管＞

閉じた端における空気は変位ができないので節，開いた端における空気は変位が可能なので腹となる．

一端を開いた開管の長さを L，空気中を伝わる音速を V とする．閉管での定在波を，横波表示を用いて表すと，以下のようになる．

$n=1$；基本振動　　$\lambda_1 = 4L$　　；$f_1 = \dfrac{V}{4L}$

$n=2$；3倍振動　　$\lambda_2 = \dfrac{4}{3}L$　；$f_2 = \dfrac{3V}{4L}$

$n=3$；5倍振動　　$\lambda_3 = \dfrac{4}{5}L$　；$f_3 = \dfrac{5V}{4L}$

………

空気の変位（横波表示）

$$\lambda_n = \dfrac{4L}{2n-1} \; ; \; f_n = (2n-1)\dfrac{V}{4L} \qquad 9\text{-}3\text{-}3$$

＜開管（笛やフルート）＞

開管での定在波を，管の長さを L，音速を V として表すと，以下のようになる．

$n=1$；基本振動　　$\lambda_1 = 2L$ ；$f_1 = \dfrac{V}{2L}$

$n=2$；3倍振動　　$\lambda_2 = L$　　；$f_2 = \dfrac{V}{L}$

$n=3$；5倍振動　　$\lambda_3 = \dfrac{2}{3}L$ ；$f_3 = \dfrac{3V}{2L}$

………

$$\lambda_n = \dfrac{2L}{n} \; ; \; f_n = \dfrac{nV}{2L} \qquad 9\text{-}3\text{-}4$$

補足 開口端補正

開口は実際には腹ではなく，実際の腹は開口端よりも少し外側に位置する．管口から実際の腹までの距離 d を 開口端補正 といい，半径が r の場合一般に $d ≒ 0.6r$ である．

例題 気柱が共鳴して鳴っている．このとき，図に示す定在波ができている．空気の運動の激しいところと，圧力変化の激しいところを示せ．

解答 縦波表示を，実線部分のみの縦波の状態と，これに対して逆位相となる点線部分のみの縦波の状態とに描き分けると，次の図のようになる．

・空気の運動の激しいところ（腹）

　　A，C，E，G

・圧力変化（密度変化）の激しいところ（節）

　　B，D，F

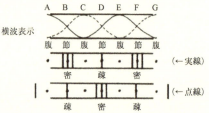

例題 マイクで音を受けるとき，音が大きくなるのは腹か節か？

解答 マイクでは音圧を受けている．

　　腹 …… 最小

　　節 …… 最大（反射板）

補足 スピーカーが腹，反射板を節と考えると，反射板付近にマイクを置く方が音が大きくなることから確認できる．

9.3.4 共鳴・共振

ブランコがもつ固有振動数に合わせて周期的にブランコを押すと，小さい力でも振れはしだいに大きくなる．力が，ブランコの動く向きに作用し続け，正の仕事をしてエネルギーを与え続けるからである．押し方が不規則な場合には，正の仕事や負の仕事をするため，ブランコという振動体に対して，エネルギーの注入ができない．この方法は，振動体にエネルギーを与えるのに有力な方法である．

例題とプチ実験　「振り子の共振」

振り子のAとCを同じ長さの振り子にし，Bの長さのみを変えておく．

最初，A，B，Cとも静止させておいてAだけを振らす．その後，これらの振り子はどのような運動をするか．

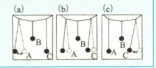

解答と実験結果　①Aを振動させると，やがてCは振動を始めるがBは振動しない．②Aの振動はしだいに減衰し，Cの振動はしだいに強まる．③Aの振動が完全に減衰し，一瞬静止したときにCの振動は最大になる（ただし，理想的な状況）．

その後，①→②→③の後，③→②→①→②→③を繰り返す．

Bは，A，Cと固有振動数が異なるので振動しない．

例題とプチ実験　「音叉の共鳴」

振動数の等しい2つの音叉を共鳴箱の口を向かい合わせて立て，一方の音叉を鳴らしてしばらくしてから，手で押さえて振動を止めてみよう．

解答と実験結果　もとの音叉が出した振動のエネルギーが，もう一方の音叉と共鳴し鳴らし始めるので，もとの音叉の振動を止めても，もう一方の音叉が鳴っている．

補足　音叉の共鳴箱は，音叉の固有振動数 f にあわせて，$V = f\lambda$ より波長 λ を計算し $\frac{1}{4}$ 波長にしてある．共鳴箱のなかに，空気と音速が異なるヘリウムガスや二酸化炭素を入れると共鳴しなくなる．これらの気体がまわりに散逸して共鳴箱のなかがもとの空気の状態になると，再び共鳴する．

ヘリウムガスをオルガン管というトロンボーンのような実験機のなかに入れると高い音が鳴り，二酸化炭素を入れると低い音が鳴る．

例題とプチ実験　「ブランデーグラスの共鳴」

ブランデーグラスの縁を水でぬらした指先で摩擦するとどうなるか．またブランデーグラスと共鳴する大きな声で叫ぶとどうなるか．

解答と実験結果　ブランデーグラスの縁を摩擦すると，いろいろな周波数の振動が生じる．このうち，ブランデーグラスの固有振動数と共鳴する振動数の摩擦音がグラスに共鳴して大きな美しい音を発生する．ブランデーグラスに向かって大声を出し続けると，共鳴した場合はブランデーグラスが割れてしまう．

例題とプチ実験　「気柱の共鳴の実験」

図のような閉管の開口端で音叉を鳴らすと，閉管の長さが適当な値のとき共鳴して大きな音が鳴る．気温 t ℃のときは，音速 V は $V=331.5+0.6t$ で求めることができる．水面を移動させて，第2，第3の共鳴点を探し，気柱の長さを測定することで音叉の振動数を求めよ．

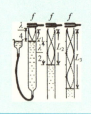

解答と実験結果　共鳴したとき，気柱内では定常波が生じている．気柱の長さを，短いものから順に L_1, L_2, L_3 とすると，波長 λ は，

$$\lambda = 2(L_2 - L_1) = L_3 - L_1$$

と求まる．音速は V なので，求める振動数 f は，

$$f = \frac{V}{\lambda} = \frac{V}{2(L_2-L_1)} = \frac{V}{L_3-L_1}$$

なお，開口端補正 d は，$d = \frac{\lambda}{4} - L_1$ で求まる．

プチ実験　「2オクターブの笛を作ろう」

ストローを下記の15本の長さに切り分け，ドレミの順に並べて，厚紙などに貼る．閉管のほうが鳴らしやすい．ストローとストローの間隔を1cm以上開ける方が吹きやすい．尺八を吹ける人は，開管でも鳴らせる人が多い．

ド 26.0 cm，レ 23.2 cm，ミ 20.6 cm，ファ 19.4 cm，ソ 17.4 cm，ラ 15.4 cm，シ 13.8 cm，

ド 13.0 cm，レ 11.6 cm，ミ 10.3 cm，ファ 9.7 cm，ソ 8.7 cm，ラ 7.7 cm，シ 6.9 cm，ド 6.5 cm である．

第10章　光　波

10.1　幾何光学

10.1.1　光の進路についての4つの基本法則

光は，直進法則，逆進法則，反射・屈折の法則，および他の光線に独立に進行するという4つの性質をもつ．光の通る道筋を光線という．

10.1.2　反射・屈折の法則

入射光線の入射角を i とし，反射光線の反射角を i'，屈折角を r とする．入射角と反射角は等しい（$i = i'$）（反射の法則）．また，媒質Iから媒質IIに入射し

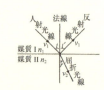

図 10-1-1　反射・屈折

て屈折するとき，その相対屈折率（媒質Ⅰに対する，媒質Ⅱの屈折率）n_{12} は，

$$n_{12} = \frac{v_1}{v_2} = \frac{\sin i}{\sin r} = \frac{n_2}{n_1} \qquad 10\text{-}1\text{-}1$$

で表される（**屈折の法則**）．n_1, n_2 は，媒質Ⅰ, Ⅱの絶対屈折率である．絶対屈折率は真空中の光速度を c，媒質中の光速度を v とするとき，

$$n = \frac{c}{v} \qquad 10\text{-}1\text{-}2$$

と表す．**屈折率**ともいう．つまり，真空に対する相対屈折率のことである．屈折率の大きい媒質は光学的に密で，屈折率の小さい媒質は光学的に疎である．

> **例題** 屈折率 n_1 の物質から，屈折率 n_2 の物質に光が入る場合の入射角と屈折角を θ_1, θ_2 とすると，$n_1 \sin \theta_1 = n_2 \sin \theta_2$（**スネルの法則**）となることを示せ．

解答 $n_{12} = \dfrac{\sin \theta_1}{\sin \theta_2} = \dfrac{v_1}{v_2} = \dfrac{\frac{v_1}{c}}{\frac{v_2}{c}} = \dfrac{\frac{1}{n_1}}{\frac{1}{n_2}} = \dfrac{n_2}{n_1}$　　∴ $n_1 \sin \theta_1 = n_2 \sin \theta_2$

> **プチ実験**　「消えるビーズ玉」
> 水と透明コップと観賞植物用の透明保水ビーズか消臭用の透明大玉のビーズを準備する．水を入れたコップにビーズ玉を入れ観察する．

実験結果　水の屈折率は 1.33 である．そこに，観賞植物用の透明保水ビーズなどを入れると，両者の屈折率がほぼ同じなので両者の境界の区別がつかず，中の保水ビーズが消えたように見える．

10.1.3 全反射

光が，光学的に密な媒質から疎な媒質に入射する場合，入射角より屈折角のほうが大きい．入射角を徐々に大きくすると屈折角も大きくなっていき，やがて屈折角が 90°になると屈折光線が見えない状態になる（図10-1-2）．このときの入射角 i_0 を**臨界角**といい，入射

図 10-1-2　全反射

角が臨界角より大きくなると光線は媒質の外に出られなくなり，すべて反射するようになる．これを全反射という．屈折率が n_1 の媒質から n_2 の媒質に入射する場合の臨界角 i_0 は，

$$n_1 \sin i_0 = n_2 \sin 90° \qquad ∴ \sin i_0 = \frac{n_2}{n_1} \qquad 10\text{-}1\text{-}3$$

> **プチ実験** 「消えるビー玉」
> 透明な細いペットボトルなどの容器と水の入ったバケツを用意する．水が入っていない空気だけのペットボトルなどの中にビー玉を入れ，水が入らないようバケツの水の中に沈める．ペットボトルの側面から中をのぞくとどのように見えるか？

実験結果 ペットボトルの側面に銀色の膜があるかのように見えて，ペットボトル中のビー玉は見えない．しかし，ペットボトルの中に水を入れていくと，ビー玉が現れる．これは，空気の入ったペットボトルの表面で，全反射が生じることを利用した実験である．

その他にも光ファイバーやLEDプレート（表札などに使う）も全反射を利用している．

10.1.4 累屈折

図10-1-3のように，次々と透明物体を屈折する現象を累屈折という．それぞれの媒質の境界で，

$$n_{12} = \frac{v_1}{v_2} = \frac{\sin\theta_1}{\sin\theta_2} = \frac{n_2}{n_1} ; n_{23} = \frac{v_2}{v_3} = \frac{\sin\theta_2}{\sin\theta_3} = \frac{n_3}{n_2}$$

$$; n_{31} = \frac{v_3}{v_4} = \frac{\sin\theta_3}{\sin\theta_4} = \frac{n_4}{n_3} \left(=\frac{n_1}{n_3}\right) \quad 10\text{-}1\text{-}4$$

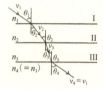

図10-1-3 累屈折

が成立する．これらを掛け合わせると，入射角θ_1と透過光の屈折角θ_4が，互いに平行のため$\theta_1 = \theta_4$なので$n_{12} \times n_{23} \times n_{31} = \frac{v_1}{v_2} \times \frac{v_2}{v_3} \times \frac{v_3}{v_4} = 1 \;(\because v_4 = v_1)$となり，$\frac{\sin\theta_1}{\sin\theta_4} = 1$，つまり$\theta_1 = \theta_4$なので途中の媒質II, IIIとは無関係に成立する．よって，

$$n_1 \sin\theta_1 = n_2 \sin\theta_2 = n_3 \sin\theta_3 = n_4 \sin\theta_4 \quad \therefore n\sin\theta = 一定 \quad 10\text{-}1\text{-}5$$

> **プチ実験** 「蜃気楼をつくろう」
> 5L程度の水槽，2Lのペットボトル，400gの砂糖を準備する．①ペットボトルに1Lの水を入れ，砂糖400gを溶かしておく．②水槽に1Lの水を入れ，ここに①の濃い砂糖水を，層をつくるように入れる．このとき2層が混ざらないようにゆっくりと入れる．③水槽を横から見て，蜃気楼を観察しよう．

実験結果 本来，蜃気楼が生じる場合には，光は累屈折をして眼に届いている．今回は観察しやすいように，水と砂糖水の2層のみで行った．

10.1.5 光学距離・光路差

光学距離は媒質の屈折率によって異なる．

波長λの光が図10-1-4のように，AからBまで距離Lを進行するとき，

途中に屈折率 n，厚さ d の平行平面の媒質を挿入した場合の，AB 間に含まれる波数 $k=\dfrac{1}{\lambda}$，および AB 間を通過するのに要する時間 t を求める．光速を c とする．

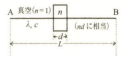

図 10-1-4　厚み d の媒質の挿入

$L-d$ は真空（$n=1$）であるが，d は屈折率 n なので，

$$k = \frac{L-d}{\lambda} + \frac{d}{\frac{\lambda}{n}} = \frac{L-d+nd}{\lambda} = \frac{L+(n-1)d}{\lambda} \qquad \text{10-1-6}$$

となり，AB 間を進むのにかかる時間 t は

$$t = \frac{L-d}{c} + \frac{d}{\frac{c}{n}} = \frac{L-d+nd}{c} = \frac{L+(n-1)d}{c} \qquad \text{10-1-7}$$

となる．式 10-1-6 と式 10-1-7 に，共通して見られるのは，光学距離 nd，光路差 $(n-1)d$ である．幾何学的には d の距離であっても，光にとってはその屈折率倍の nd になる．幾何学的距離 d と光学的距離 nd の差は，光路差 $(n-1)d$ となって観測される．

10.1.6　プリズムの偏角（deviation）

太陽の光をプリズムに通すと，光の波長ごとに，屈折率が異なるため 7 色に分かれる（光の分散）．光がプリズムを通過する場合，入射した境界面を透過するときと，屈折光がプリズムを出ていくときの 2 回，屈折を行う．入射光と透過光がどのくらい振れるのかを振れ角という．振れ角を δ とすると，図 10-1-5 より，

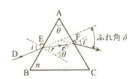

図 10-1-5　プリズム

$$\delta = (i-r) + (i'-r') = i+i'-\theta \quad \because r+r' = \theta$$

また，プリズムの屈折率を n とすると，

$$n = \frac{\sin i}{\sin r} = \frac{\sin i'}{\sin r'} \qquad \text{10-1-8}$$

θ および n は，与えられたプリズムについて一定であるから，δ は i の値によって異なる．ところで，頂角が小さく入射角 i も小さいときは，10-1-8 式は，以下のように変形できる．

$$n \fallingdotseq \frac{i}{r} \qquad n \fallingdotseq \frac{i'}{r'} \qquad \therefore i = nr \qquad i' = nr'$$

よって，

$$\delta = (i-r)+(i'-r') \fallingdotseq nr+nr'-(r+r')=(n-1)(r+r')=(n-1)\theta$$

$$\therefore \delta(n-1)\theta \qquad 10\text{-}1\text{-}9 \qquad (式 10\text{-}1\text{-}9 は, バイプリズムで用いる).$$

10.1.7 水の底は浅く見えるので危険！

図 10-1-6 のように，深さ h の水底にある物体を水の外から見る場合，物体 A からでた光線は APQ の経路を進む．θ と φ が小さいとき，PQ はその延長と A を通る鉛直線 AB との交点 A′ の方向から光線がくるように見える．つまり，深さが BA′（$=h'$）であるように見える．入射角と屈折角の関係から，$n=\dfrac{\sin\theta}{\sin\varphi}$ である．

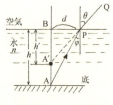

図 10-1-6　水の底

ところで，$\sin\theta=\dfrac{d}{\sqrt{h'^2+d^2}}$; $\sin\varphi=\dfrac{d}{\sqrt{h^2+d^2}}$ なので，

$$n=\frac{\sin\theta}{\sin\varphi}=\frac{\dfrac{d}{\sqrt{h'^2+d^2}}}{\dfrac{d}{\sqrt{h^2+d^2}}}=\frac{\sqrt{h^2+d^2}}{\sqrt{h'^2+d^2}}$$

$$n^2(h'^2+d^2)=h^2+d^2 \qquad ; h'^2=\frac{1}{n^2}(h^2+d^2)-d^2$$

$$\therefore h'=\sqrt{\frac{1}{n^2}(h^2+d^2)-d^2}$$

水面の真上から見た場合，$d=0$ となるので，$h'=\dfrac{h}{n}$ だけ，浅く見える．

> **例題**　水の屈折率を $n=\dfrac{4}{3}$ とし，深さ h の池の底を真上から見たとすれば，見かけの深さ h' はいくらか．

解答と解説　$h'=\dfrac{h}{n}=\dfrac{3}{4}h$　実際の深さの $\dfrac{3}{4}$ 倍に見える．1 m の底が 75 cm に見える．

10.2　鏡とレンズ

10.2.1　球面鏡

鏡には平面鏡や球面鏡があり，球面鏡には凸面鏡や凹面鏡がある．球面鏡の球の半径を<u>曲率半径</u>という．凹面鏡では，平行光線が入射した場合，反射したのち，ある 1 点に集まる．この点を焦点という．作図では，物体や像は，上下がわかるように上部に矢先のついた矢印で表す．

凹面鏡の場合は，物体から，軸に平行な光線を球面鏡に向かって描き，反射後，焦点Fを通るように線を描く．続いて，物体からでて焦点Fを通る光線を描き，反射後，軸に平行に線を描く．この2本の線の交点で像は決まる．このとき実像ができる．さらに，

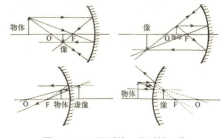

図 10-2-1　凹面鏡，凸面鏡の像

もう1本別の線を引くことで決めることもできる．物体からでて球の中心を通る光線を描き，反射後，同じ経路を逆進する．凸面鏡の場合には，鏡の向こう側に虚像ができる．

10.2.2　薄レンズ

レンズとは，2つの球面または，平面で囲まれた透明体のことで，その形によって図10-2-2に見るように6種類に分けられているが，縁よりも中央部のほうが厚い凸レンズ，縁より中央部のほうが薄い凹レンズである．曲率半径が等しい凹凸レンズは，凸レンズにも凹レンズにもならず，曲率半径が異なるときにはじめて凸レンズ，凹レンズとなる．

図 10-2-2　レンズの種類

図 10-2-3　両面の曲率半径が等しい場合

一般的なレンズは薄レンズとして扱え，作図や計算のときには，薄レンズの厚さは無視できる．

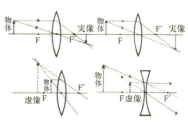

図 10-2-4　薄レンズの像

＜像の作図＞

レンズの像の作図は，次の点に注意して行おう．

① 軸に平行な光線は，透過後，焦点 F_2 を通る．

② 焦点 F_1 を通る光線は，透過後，軸に平行に進む．

③ レンズの中心を通る光線は，透過後，直進する．

＜結像公式＞

薄レンズの結像公式を求める．屈折率を n とすると，

$$\frac{\sin\theta_1}{\sin\theta_2} = n = \frac{\sin\theta_4}{\sin\theta_3} \qquad 10\text{-}2\text{-}1$$

$$\theta_1 = \varphi_1 + \alpha, \quad \theta_4 = \varphi_2 + \beta$$

$$\theta_2 + \theta_3 = \alpha + \beta$$

$$y_1 = r_1 \sin\varphi_1 = R_2 \sin\alpha$$

$$y_2 = r_2 \sin\varphi_2 = R_1 \sin\beta$$

$$\frac{y_1}{a} = \tan\varphi_1, \quad \frac{y_1}{b} = \tan\varphi_2,$$

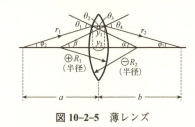

図 10-2-5　薄レンズ

が，成立する．d, y_1, y_2 は，a, b に比べて微小であり，$y_1 = y_2$ である．また，φ_1, φ_2, α, β, θ_1, θ_2, θ_3, θ_4 も微小なので，式10-2-1より，

$$\theta_1 = n\theta_2, \quad \theta_4 = n\theta_3$$

$$\theta_1 + \theta_4 = n(\theta_2 + \theta_3) = n(\alpha + \beta)$$

$$(\varphi_1 + \alpha) + (\varphi_2 + \beta) = n(\alpha + \beta)$$

$$\therefore \varphi_1 + \varphi_2 = (n-1)(\alpha + \beta)$$

よって，

図 10-2-6
薄レンズの拡大図

$$\alpha = \frac{y_1}{R_2}, \quad \beta = \frac{y_2}{R_1}, \quad \varphi_1 = \frac{y_1}{a}, \quad \varphi_2 = \frac{y_2}{b}$$

となるので，

$$\frac{y_1}{a} + \frac{y_2}{b} = (n-1)\left(\frac{y_1}{R_2} + \frac{y_2}{R_1}\right)$$

$y_1 = y_2$ より，

$$\frac{1}{a} + \frac{1}{b} = (n-1)\left(\frac{1}{R_2} + \frac{1}{R_1}\right)$$

右向きの半径を正とすれば，R_1 は右向きの半径なので正，R_2 は負である．

$$\frac{1}{a} + \frac{1}{b} = (n-1)\left(\frac{1}{R_2} - \frac{1}{R_1}\right)$$

ここで，上式の右辺 $(n-1)\left(\dfrac{1}{R_2} - \dfrac{1}{R_1}\right) = \dfrac{1}{f}$ とおき，この f を焦点距離といい，結像公式は，式10-2-2 となる．

$$\frac{1}{a} + \frac{1}{b} = \frac{1}{f} \qquad 10\text{-}2\text{-}2$$

a を物点焦点，b を像点焦点という．

<像の倍率>

像の大きさと物体の大きさの比，

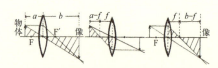

図 10-2-7　薄レンズの像の倍率

つまり倍率 m は，以下のように表せる．

$$m = \frac{b}{a} = \frac{f}{a-f} = \frac{b-f}{f} \qquad 10\text{-}2\text{-}3$$

表 10-2-1　薄レンズの像の性質

地名	物体の位置	像の位置	像の種類	像の大きさ
凸レンズ	$\infty > a > 2f$	レンズの後方 f と $2f$ の間	倒立実像	縮小
	$a = 2f$	レンズの後方 $2f$ の所	倒立実像	等大
	$2f > a > f$	レンズの後方 $2f$ より遠方有限の間	倒立実像	拡大
	$f > a > 0$	レンズの前方	正立虚像	拡大
凹レンズ	$\infty > a > 0$	レンズの前方 f までの間	正立虚像	縮小

＜レンズによる虚物体の像＞

レンズによる虚物体の像は，どうなるであろうか．いわゆる，虫めがねで拡大して観察する場合などがこれにあたる．

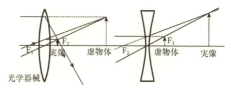

図 10-2-8　虚物体の像

10.3　光学機器

10.3.1　光学機器の光度と照度

＜光度＞

光度は光源から放射される光の単位立体角辺りの光束量で表される．単位はカンデラ（cd）を用いる．太陽の光度（約 3×10^{27} cd），40 W 蛍光ランプ（白色）（約 330 cd），100 W 白色シリカ電球（約 140 cd）．カンデラ＝ルクス×距離^2 である．

＜照度＞

照度とは，物体の表面を照らす光の明るさを表す物理量である．単位はルクス（lx）またはルーメン毎平方メートル（lm・m^{-2}）で表す．

図 10-3-1　光度と照度

①光度と照度の関係　照度は光度に比例する．L (lx) $\propto I$ (cd)

②受光面と照度の関係

同量の光を受け取っているときの面の照度は受光面の面積に反比例する．

$$L \text{ (lx)} \propto \frac{1}{S} \text{ (1/cm}^2\text{)}$$

③光源からの距離と照度の関係

同じ面積の面が光源から遠ざかると，その距離の2乗に反比例して受ける光の量が減るから，面の照度は光源からの距離の2乗に反比例する．

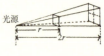

図 10-3-2　距離と照度

$$L\,(\mathrm{lx}) \propto \frac{1}{r^2}\,(1/\mathrm{cm}^2)$$

④ランベルトの法則

　①〜③をまとめると，面の照度 L (lx) は，光源の光度 I (cd) に比例し，光源からの距離 r (cm) の2乗に反比例し，光線の入射角 θ の余弦に比例する．これをランベルトの法則という．

$$L = \frac{I \cos \theta}{r^2} \qquad 10\text{-}3\text{-}1$$

10.3.2　眼

　人間の目は，レンズ眼である．
① 遠近の調節；毛様体筋により水晶体の膨らみを変え焦点距離を調節する．
② 明暗の調節；虹彩の開きを変え，光量を調節．
③ 遠近の判断；物体からの光線が両眼に入る光角の大小で判断する．
④ 大小の判断；眼が物体に張る視角の大小で判断する．同一物体の場合には，視角の大小で遠近の判断もできる．

図 10-3-3　眼のつくり

10.3.3　眼鏡（めがね）

　健全な眼の明視距離は 25 cm．近点（見ることができるもっとも近い点）は，眼から前方 10 cm 程度にあり，遠点（見ることのできるもっとも遠い点）は，無限遠方にある．

　水晶体の屈折率が大きすぎるか，眼球の奥行きが深すぎるため，遠方の物体の像を網膜の前方に結ぶ眼を近視眼という．近視眼用の眼鏡は，無限遠方の物体の虚像をその眼の遠点につくれるか，あるいは前方 25 cm の物体の虚像をその眼の明視の点につくれるような凹レンズである．

　水晶体の屈折率が小さすぎるか，眼球の奥行きが浅す

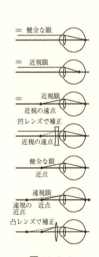

図 10-3-4
近視・遠視

ぎるため，近くの物体の像を網膜の後方に結ぶ眼を遠視眼という．遠視眼用の眼鏡は，前方 25 cm にある物体の虚像を，その眼の明視の点につくれるか，あるいは前方 10 cm にある物体の虚像をその眼の近点につくれるような凸レンズである．

例題 明視距離が 15 cm の人がかければよい眼鏡の焦点距離 f を求めよ．

解答 レンズの前方 25 cm のところにある物体の虚像が，この人の明視の点 15 cm 前方にできればよい．虚像なのでマイナス符号にして，

$$\frac{1}{25} + \frac{1}{-15} = \frac{1}{f} \quad \therefore f = -37.5 \text{ cm}（凹レンズ）$$

10.3.4 虫めがね・拡大鏡

虫めがねや拡大鏡では，図 10-3-6 のように凸レンズの焦点 F より内側に置いた物体の虚像が明視距離のところにできる．「虫めがねで物体の虚像を明視距離のところにつくって見たときの視角 θ'」と「物体を明視距離のところに置いて直接見たときの視角 θ」との比を虫めがねの倍率という．

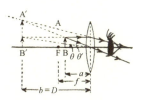

図 10-3-5 虫めがね

レンズと眼の距離が十分近いものとし，レンズの焦点距離を f，明視距離を D とすると，虫めがねの倍率 m は，近軸光線については，

$$m = \frac{\theta'}{\theta} \fallingdotseq \frac{\tan \theta'}{\tan \theta} = \frac{\frac{A'B'}{D}}{\frac{AB}{D}} = \frac{\frac{AB}{a}}{\frac{AB}{D}} = \frac{D}{a} \quad ; \quad \frac{1}{a} + \frac{1}{-D} = \frac{1}{f}$$

この 2 式から a を消去すると，

$$m = 1 + \frac{D}{f}$$

ところで，焦点距離の小さいレンズを用いると，物体の位置は焦点の位置とほぼ一致するから，$a=f$ とおいて，

$$m = \frac{\theta'}{\theta} \fallingdotseq \frac{\tan \theta'}{\tan \theta} = \frac{\frac{A'B'}{D}}{\frac{AB}{D}} = \frac{\frac{AB}{f}}{\frac{AB}{D}} = \frac{D}{f} \quad \therefore m \fallingdotseq \frac{D}{f} \qquad 10\text{-}3\text{-}2$$

となる．虫めがねの倍率は，一般に式 10-3-2 をいう．

> **プチ実験** 「ペットボトル顕微鏡」
>
> レーベンフック（オランダ）は，単眼レンズの顕微鏡をつくった．透きとおった大きなビー玉，中くらいのビー玉，小さなビー玉を使って新聞などの文字を読んでみよう．小さなビー玉のほうが，より拡大される．ビーズ玉（直径 2 mm）を，ペットボトルのキャップの内側に穴を開け，その穴に埋め，接眼レンズとする．ペットボトルの口にセロハンテープを橋渡しし，試料を乗せる台とし，タマネギなどの試料を乗せる．ペットボトルのキャップをひねることでピントを合わせる．約 166 倍の拡大率の顕微鏡となる．

10.3.5 写真機（カメラ）

フィルムを用いた写真機では，凸レンズを使って前方の物体の倒立実像をフィルム面上に結ばせる．

①光量調節；絞りによってレンズの開きを変えたり，シャッタースピードで露出時間（光の入る時間）を変えたりして調節する．

②被写界深度；レンズの焦点距離を一定値にすると，遠近の2物体に同時にピントを合わせることは理論的にはできない．図 10-3-6 で点 P にピントを合わせると P_1 や P_2 の像はぼけるが，人間の眼は，明視距離で見たとき，直径 0.07 mm 以下の大きさのものはすべて1点に見える．

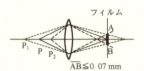

図 **10-3-6** 被写界深度

図の AB の大きさが 0.07 mm 以下なら P_1P_2 間のすべてのものは，ピントが合っていると認識される．この AB が 0.07 mm のときの P_1P_2 を被写界深度という．被写界深度は，焦点距離が短いほど，また絞りを絞り込むほど深い．

③像の明るさ；像の明るさは，レンズの面積，つまりレンズの口径 D の2乗に比例し，物体までの距離が焦点距離に比べて大きいときは，焦点距離 f の2乗に反比例するので，像の明るさは $\left(\dfrac{D}{f}\right)^2$ となる．

④レンズの F 値；$\dfrac{D}{f}$ の逆数の $\dfrac{f}{D}$ をレンズの F 値という．像の明るさは，F 値の2乗に反比例する．

> **プチ実験** 「ピンホールカメラとレンズつきカメラ」
>
> 細い筒が太い筒にぴったり収まる2種類の筒（ラップの芯など）を用意する．細い筒の一方の端に，半透明のコンビニ袋を膜のように張りスクリーンとする．太い筒の一方の端に，黒いガムテープをかぶせて穴をふさぎ，真ん中に1点だけ小さな穴ピンホールを開ける．細い筒のスクリーンが内側になるよ

うに，太い筒に差し込むと，スクリーンにきれいに「像」が写る．針穴をレンズに変えて，レンズつきカメラを作り観察し両者を比較しよう．レンズつきカメラにすると，より鮮明な像が得られる．

10.3.6 顕微鏡

顕微鏡は，対物レンズにより拡大された倒立実像を，虫めがねのはたらきをする接眼レンズで拡大して観察する道具である．倍率 m は，対物レンズ L_0 による像の倍率 m_0 と，接眼レンズ L_e による像の倍率 m_e の積で表され，図10-3-7 に見るように，PQ を P'Q' 経由で P″Q″ に拡大する．

$$m = \frac{P''Q''}{PQ} = \frac{P'Q'}{PQ} \times \frac{P''Q''}{P'Q'} = m_0 m_e$$

図10-3-7 顕微鏡

明視距離を D，光学的筒長を L とすると，

$$m_0 = \frac{b - f_0}{f_0} \fallingdotseq \frac{L}{f_0}, \quad m_e = \frac{D}{a'} \fallingdotseq \frac{D}{f_e}$$

なので，顕微鏡の倍率 m は，

$$m = m_0 m_e = \frac{DL}{f_0 f_e} \qquad 10\text{-}3\text{-}3$$

10.3.7 望遠鏡

望遠鏡は，遠方の物体の像を対物レンズで眼前につくり，これを接眼レンズ，または接眼鏡で拡大して観察する道具である．

図10-3-8 のような望遠鏡をケプラー式望遠鏡という．倍率 m は，物体が非常に遠方にあるとき，像と物体の視角の比で表される．図10-3-8 より，α と β がともに小さいとすると，

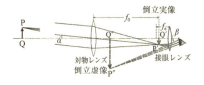

図10-3-8 ケプラー式望遠鏡

$$M = \frac{\beta}{\alpha} = \frac{\frac{P'Q'}{f_e}}{\frac{P'Q'}{f_o}} = \frac{f_0}{f_e} \qquad 10\text{-}3\text{-}4$$

これに対し，接眼レンズに凹レンズを用いて，正立像をつくるようにしたものがガリレオ式望遠鏡である．これらは，レンズを組み合わせているので屈折望遠鏡という．なお，接眼側に凹面鏡を用いて，反射させた像を見る望

遠鏡を反射望遠鏡という．

例題 ガリレオ式望遠鏡の仕組みと関係式を求めなさい．

解答 凸レンズと凹レンズを下図のように組み合わせる．

ガリレオ式望遠鏡も倍率 M は，物体PQと像P″Q″の視角の比 β/α によって表す．$b=f_0$ はケプラー式と変わらないとして，像P′Q′が凹レンズの焦点にできたとすると，$\beta=$P′Q′$/f_e$ なので，

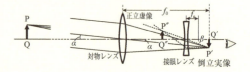

$$M=\frac{\beta}{\alpha}=\frac{\dfrac{P'Q'}{f_e}}{\dfrac{P'Q'}{f_e}}=\frac{f_0}{f_e}$$

となる．

10.4 光速の測定

ガリレイは，音速と同じ方法（1607年）で光速を測定しようとしたが成功しなかった．現在では光速 c は，$c=2.99792458\times 10^8$ m/s と定義されている．

10.4.1 レーマーの測定法（1676年）

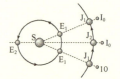

S：太陽，E：地球，J：木星

図 10-4-1 レーマーの測

レーマー（デンマーク）は，木星の衛星イオ I_0 の「食」の周期が，長くなったり短くなったりすることに気づき，光の速さが有限で伝わるのに時間がかかるからと考えた（当時は光の速さは無限大というのが一般的であった）．

食の周期を T とし，地球が木星と最短距離になる E_1（距離は E_1J_1）にあったとき，I_0 の食が起こったとする．それから n 回目の食のとき，地球は E_2 にあったとする．E_1 から E_2 に移動するまでの所要時間 t_1 は n 回に及ぶ食にかかる時間と，$E_2J_2-E_1J_1$ の距離を光が進むのにかかる時間との和なので，

$$t_1=nT+\frac{1}{c}(E_2J_2-E_1J_1)=nT+\frac{R}{c} \qquad 10\text{-}4\text{-}1$$

R；地球の公転軌道の直径，c；光速

となる．この状態から再び n 回食を起こしたとき，地球と木星との距離は再び，最短距離 E_1J_1 となり，所要時間 t_2 は，

$$t_2 = nT - \frac{R}{c}$$

と短くなり，その時間差は，

$$t_1 - t_2 = \frac{2R}{c} \quad \therefore c = \frac{2R}{t_1 - t_2} \text{ (m/s)}$$

この値に，データを入れてみる．$R = 2.99 \times 10^{11}$ m，$t_1 - t_2 = 33.3$ min $= 1992$ s（$n = 113$ 回）より，$c = \dfrac{2 \times 2.99 \times 10^{11}}{1992} = 3.00 \times 10^8$ m/s であった．

10.4.2 ブラッドリーの測定法（1728年）

恒星 S を地球から望遠鏡 AB で観測する場合を考えてみる．地球が静止しているなら S の方向を向ければよいが，実際には地球は速度 v で移動している．雨のときに急ぎ足の場合，傘を前に傾けたように，望遠鏡も恒星 S を観測する場合，図 10-4-2 のように地球の進む向きに θ だけ傾けることになる．この θ を光行差という．

図 10-4-2
ブラッドリーの測定

ブラッドリー（英）の測定の結果，光行差の最大値 θ_m はすべての恒星について一定値 $\theta_m = 20.5''$ であった．地球の公転速度を $v = 30$ km/s とすると，

$$\tan \theta_m = \frac{v}{c} \quad \therefore c = \frac{3 \times 10^4}{\tan 20.50''} = 3.018 \times 10^8 \text{ m/s} = 3.02 \times 10^8 \text{ m/s} \quad 10\text{-}4\text{-}3$$

（注）地球の自転速度は，もっとも速い赤道上で 0.46 km/s と，公転速度よりも値が小さいので近似的に無視できる．

10.4.3 フィゾーの実験（1849年）

ブラッドリー以後，100年間ほど光速の計測実験はされていない．この間に光の粒子説と波動説の大論争があった．

フィゾー（仏）の実験は，光速を地上で初めて計測した実験である．

光源 S をでた光は，鏡 M_1 で反射し，回転する歯車 G の歯の間を通り抜ける．その光はレンズ L_1，L_2 を経由したのち，距離 L だけ離れた鏡 M_2 で反射し，再び同じ歯車の間

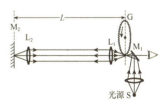

図 10-4-3 フィゾーの実験

を通って観測者に至る．その際に，光が歯の間を通れば明るくなり，歯の山に当たると暗くなる．歯車の回転速度を変化させ，光を通さなくなったとき

の時間を t とすると，光はこの間に $2L$ 進む．歯車の回転数 n と歯車の数 k との関係から以下の式が導ける．

$$\frac{2L}{c}=\frac{1}{2}\left(\frac{1}{n}\right)\left(\frac{1}{k}\right) \quad \therefore c=4Lnk \text{ (m/s)}$$

この式に，測定データ $L=8633$ m，$n=12.6$，$k=720$ 枚を入れると，光速が求まる．$c=4Lnk=4\times 8633\times 12.6\times 720=3.13\times 10^8$ m/s

10.4.4 フーコーの実験（1850年）

フィゾーの実験は，地球上で初めて光速を測定したという意味で画期的であるが，8 km 以上も往復することから，当時の科学者の間では受け入れられなかった．

フーコー（仏）は実験室内で，初めて光速測定に成功し，水中での速さも測定し，光の波動説を決定的なものにした．

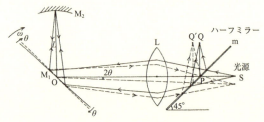

図 10-4-4　フーコーの実験

フーコーは，回転鏡を用い光の進む距離を 20 m まで短縮した．

光源 S からでた光は，45°傾けたハーフミラー（半透明鏡）m を透過し凸レンズ L を通り，回転鏡 M_1 で反射し，凹面鏡 M_2 の反射面の点 C に像を結んだのち反射する．

・M_1 が静止している場合

反射光は，M_2 で反射したのち同じ道を逆行し，ハーフミラー m によって進路を曲げられ，m から S までと等距離の点 Q に S の像を結ぶ．

・M_1 が回転する場合

光が鏡 M_1 と M_2 を往復する間に，M_1 は角度 θ だけ回転するので，光源 S の像の位置は Q からずれて Q' に結ぶことになる．

$M_1M_2=L$ とし，光が M_1M_2 を往復する時間を t，M_1 の回転角を θ，回転数を n，角速度を ω とおくと，

$$t=\frac{2L}{c}, \quad \omega=\frac{\theta}{t}=2\pi n \quad t=\frac{\theta}{2\pi n}=\frac{2L}{c}$$

$$\therefore c=\frac{4\pi nL}{\theta}$$

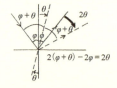

図 10-4-5　振れ角は 2 倍

$M_1S = M_1P + PQ = d$ とおくと，$QQ' = s$

反射角は M_1 の回転角の 2 倍〈光てこなどに利用される〉で，

(円弧 s) = (半径 d) × (中心角 2θ) なので，

$$s = d \cdot 2\theta \quad \therefore \theta = \frac{s}{2d}$$

よって，像のずれ s と光源から回転鏡 M_1 までの距離 d を測って，回転角 θ を求めることができる．データを入れて光速を求めると，$L = 20$ m，$n = 800$ s^{-1}，$s = 7.0 \times 10^{-4}$ m，$d = 0.52$ m なので，以下のようになる．

$$\theta = \frac{s}{2d} = \frac{7.0 \times 10^{-4}}{2 \times 0.52} = 6.73 \times 10^{-4} \text{ rad となり，}$$

$$c = \frac{4\pi nL}{\theta} = \frac{4\pi \times 800 \times 20}{6.73 \times 10^{-4}} = 2.99 \times 10^8 \text{ m/s}$$

10.5　光の干渉

10.5.1　ヤングの実験（1801 年）

光が波動であれば，2 つの光源から出た光によっても干渉が観察されるはずであるが，任意の 2

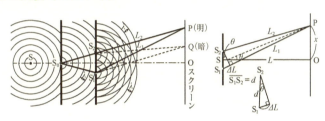

図 10-5-1　ヤングのダブルスリットの実験

光源からの光では見られない．ヤングは，単スリットからでた単色光を，ごく近くに置いたダブルスリットを通過させることにより 2 つの光に分け，可干渉性の光（coherent light）とし干渉縞を見ることに成功した（図 10-5-1）．ヤングの実験は，光が波動であることを示す決定的な証拠となった．

光路差 $S_1S_1' = \Delta L = |S_1P - S_2P|$ を求める．S_1P と S_2P は平行と見なせ，S_1S_2 の垂直二等分線 OS と SP のなす角を θ とする．S_2 から S_1P に垂線を降ろし，その足を S_1' とすると $S_1S_1' \perp S_2S_1'$ なので $\triangle OPS \sim \triangle S_1'S_1S_2$ なので $\angle S_1S_2S_1' = \theta$ である．また，$S_1S_2 = d$ なので，

$$\Delta L = |L_1 - L_2| = d \sin \theta \fallingdotseq d\theta = d \tan \theta = \frac{dx}{L}$$

$$d\frac{dx}{L} = \begin{cases} m\lambda & \cdots\cdots \text{明線} \\ \left(m+\dfrac{1}{2}\right)\lambda & \cdots\cdots \text{暗線} \end{cases} \quad (m=0, \pm 1, \pm 2, \cdots) \quad \text{10-5-1}$$

また $\varDelta L$ は，$d \ll L$ より，三平方の定理を利用して

$$L_1 = \sqrt{L^2 + \left(x+\frac{d}{2}\right)^2} = \left\{L^2 + \left(x+\frac{d}{2}\right)^2\right\}^{\frac{1}{2}} = L\left\{1+\left(\frac{x+\frac{d}{2}}{L}\right)^2\right\}^{\frac{1}{2}}$$

$$\fallingdotseq L\left\{1+\frac{1}{2}\left(\frac{x+\frac{d}{2}}{L}\right)^2\right\}^{\frac{1}{2}}$$

$$L_2 = \sqrt{L^2 + \left(x-\frac{d}{2}\right)^2} = \left\{L^2 + \left(x-\frac{d}{2}\right)^2\right\}^{\frac{1}{2}} = L\left\{1+\left(\frac{x-\frac{d}{2}}{L}\right)^2\right\}^{\frac{1}{2}}$$

$$\fallingdotseq L\left\{1+\frac{1}{2}\left(\frac{x-\frac{d}{2}}{L}\right)^2\right\}$$

よって，$\varDelta L = d\dfrac{x}{L}$ となる．

隣り合う明線（暗線）間隔 $\varDelta x$ は 1 波長 λ 分だけ光路差が異なるため，$\varDelta L = \lambda$ なので，$\varDelta x = \dfrac{L}{d}\lambda$ となる．

10.5.2 薄膜による干渉

シャボン玉や水面に浮かんだ油膜は美しく色づいて見えることがある．薄膜の表面で反射する光と，薄膜の裏面で反射する光が干渉して見られるものである．

＜反射の場合＞

薄膜の厚さ d，屈折率 n（>1）の薄膜に，波長 λ の光が入射し，反射光が干渉する場合について見てみる．

図 10-5-2 のように，光線 I, II が，薄膜の表面に入射する．光線 I は A で屈折し，C で反射し，B′ で屈折して目に到達する．光線 II は，B から進み B′ で反射しそのまま目に到達する．光線 II が B′ に達したとき，光線 I は A′ に達している．

光線 I と II の経路差は，図の A′C＋CB′ となる．△CDB′ が二等辺三角形なので，CB′＝CD．△A′DB′ が直角三角形なので，経路差はその底辺 A′D である．∠B′DA′＝r より，

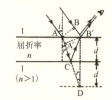

図 10-5-2
薄膜の干渉（反射の場合）

$A'D = 2d\cos r$ となる.

光路差は，媒質の屈折率が n なので，$2nd\cos r$ となる．この場合，点 B′ での反射は，疎（$n=1$）から密（$n>1$）への反射なので固定端反射となり，位相が π（半波長）だけずれる（点 C での反射は自由反射となり，位相はずれない）．

したがって，m を $m=0, 1, 2, \cdots$ の整数とすると，薄膜による干渉の条件は以下の式になる．

$$2nd\cos r = \begin{cases} \left(m+\dfrac{1}{2}\right)\lambda & \cdots\cdots \text{明} \\ m\lambda & \cdots\cdots \text{暗} \end{cases} \quad (m=0, 1, 2, \cdots) \quad 10\text{-}5\text{-}2$$

光が薄膜に垂直に入射すると，$r=0$ すなわち $\cos r=1$ なので，光路差は $2nd$ となる．

また，図 10-5-3 の目の位置から薄膜を見た場合，光の色によって模様の見え方が異なる．白色光はいろいろな波長の光が混じっているので，色ごとに条件が変わり干渉縞は色づく．しかし単色光では，1 つの波長の光だけなので，干渉縞は明暗となる．

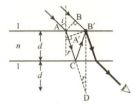

図 10-5-3
薄膜の干渉（透過の場合）

<透過の場合>

薄膜を透過した光の干渉縞では，反射による位相のずれが，両光線に生じない．薄膜の厚さを d，屈折率を n，光の波長を λ とすると，光路差は以下の式で表せる．

$$2nd\cos r = \begin{cases} m\lambda & \cdots\cdots \text{明} \\ \left(m+\dfrac{1}{2}\right)\lambda & \cdots\cdots \text{暗} \end{cases} \quad (m=0, 1, 2, \cdots) \quad 10\text{-}5\text{-}3$$

<反射防止膜>

眼鏡などでは，明るくはっきり見えるように，反射防止膜が活用されている．図 10-5-4 の MM′ 面および，NN′ 面で反射する光は，それぞれの入射光に対して，どちらも π だけ位相がずれるので，反射による位相のずれは考えなくてよい．干渉の条件は，ACB′ に含まれる波数と，BB′ に含まれる波数の差が，整数倍であれば強め

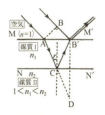

図 10-5-4
反射防止膜

あって干渉縞が明るくなり，半整数倍のときには弱めあって暗くなる．

$$2n_1d\cos r = \begin{cases} m\lambda & \cdots\cdots & 明 \\ \left(m+\dfrac{1}{2}\right)\lambda & \cdots\cdots & 暗 \end{cases} \quad (m=0,\ 1,\ 2,\ \cdots)$$

　ところで，レンズなどの表面についている反射防止膜では，光はレンズなどにほぼ垂直に入ってくるので，屈折角 r もほとんど 0（$r\fallingdotseq0$）となり $\cos r\fallingdotseq1$ となるので，$2n_1d=\left(m+\dfrac{1}{2}\right)\lambda$ のとき反射光線は弱くなり，透過光線が強くなる．m が小さいほど透過光線は強いので，$m=0$ のとき反射率は最小である．$m=0$ より，$d=\dfrac{\lambda}{4n_1}=\dfrac{1}{4}\left(\dfrac{\lambda}{n_1}\right)$ となるが，$\left(\dfrac{\lambda}{n_1}\right)$ は薄膜中での波長であるから，眼鏡を明るくするには，レンズの表面に $\dfrac{1}{4}$ 波長の厚さで，ガラスより屈折率の小さい薄膜をつけるとよい．

10.5.3　くさび形のすき間による干渉

　屈折率 n_0 の 2 枚の平行平面板ガラスを微小な角 θ だけ傾けて置く．面 CD で反射するとき，位相が π だけずれるので（面 AB の底面では自由端反射で位相はずれない），

$$2y = \begin{cases} \left(m+\dfrac{1}{2}\right)\lambda & \cdots\cdots & 明 \\ m\lambda & \cdots\cdots & 暗 \end{cases} \quad (m=0,\ 1,\ 2,\ \cdots)$$

10-5-4

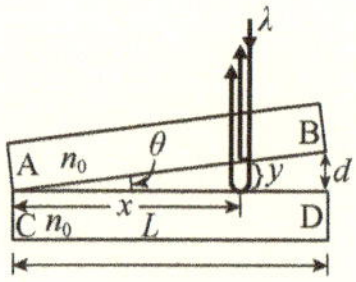

図 10-5-5
くさび形のすき間
による干渉

光の入射点と 2 枚のガラスの接点 A までの距離を x とすると，

$$y\fallingdotseq\theta x,\quad \theta\fallingdotseq\dfrac{d}{L}\qquad \therefore\ y\fallingdotseq\dfrac{x}{L}d$$

$$x = \begin{cases} \dfrac{L}{2d}\left(m+\dfrac{1}{2}\right)\lambda & \cdots\cdots & 暗線 \\ \dfrac{L}{2d}m\lambda & \cdots\cdots & 明線 \end{cases} \quad (m=0,\ 1,\ 2,\ \cdots) \qquad 10\text{-}5\text{-}5$$

　したがって，板ガラスを上から見たときに現れる，縞の間隔 Δx は，$\Delta x=\dfrac{L\lambda}{2d}$ である．

10.5.4　ニュートンリング

　平らなガラス板の上に，曲率半径の大きな凸レンズを置くと，凸レンズの曲率半径を R，接点 O から距離 x に干渉縞ができるときの凸レンズとガラス板との空気層の厚さを d とすると，光路差は $2d$ である．

$R \gg x$ すなわち $\dfrac{x}{R} \ll 1$ より,

$$d = R - \sqrt{R^2 - x^2} = R - R\left\{1 - \left(\dfrac{x}{R}\right)^2\right\}^{\frac{1}{2}}$$

$$\fallingdotseq R - R\left\{1 - \dfrac{1}{2}\left(\dfrac{x}{R}\right)^2\right\} = \dfrac{x^2}{2R}$$

$$\therefore\ 2d = \dfrac{x^2}{R} \qquad\qquad 10\text{-}5\text{-}6$$

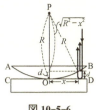

図 10-5-6
ニュートンリング

また, 平面 COD での反射は固定端反射のため位相が π だけずれるので (凸レンズの下面は自由端反射で位相がずれない),

$$2d = \dfrac{x^2}{R} = \begin{cases} \left(m + \dfrac{1}{2}\right)\lambda & \cdots\cdots\ \text{明} \\ m\lambda & \cdots\cdots\ \text{暗} \end{cases} \quad (m = 0, 1, 2, \cdots)$$

$$x = \begin{cases} \sqrt{R\left(m + \dfrac{1}{2}\right)\lambda} & \cdots\cdots\ \text{明} \\ \sqrt{Rm\lambda} & \cdots\cdots\ \text{暗} \end{cases} \quad (m = 0, 1, 2, \cdots)$$

$$\qquad\qquad\qquad\qquad\qquad 10\text{-}5\text{-}7$$

m 番目の暗環の半径 x を与えると, 波長 λ は,

$$\lambda = \dfrac{x^2}{mR}$$

白色光の場合は色づいた縞になり, 単色光の場合は明暗の縞となる. また, 透過光では明暗の条件が逆転する (図 10-5-10).

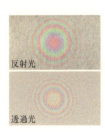

図 10-5-7
ニュートンリング写真

10.5.5 フレネルのバイミラー

フレネル (仏) は, 2 枚の鏡を少しだけ傾けておくと, 2 つの虚光源 (S_1, S_2) からでた光がスクリーン上 (図 10-5-8 の面 OP) で干渉縞をつくることを見つけた. 式 10-5-1 で $S_1 S_2 = d$, $a + b = L$ とすると,

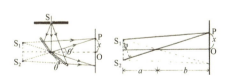

図 10-5-8 フルネルのバイミラー

$$|S_1 P - S_2 P| = d \sin \varphi \fallingdotseq d\varphi = d \tan \varphi = d\dfrac{x}{L}$$

である. ところで図 10-5-8 の左図より $\theta' = 2\theta$ ($\ll 1$) である. また, $S_1 S_2$ は, 高さ a の二等辺三角形の底辺なので, $S_1 S_2 = 2a\theta = d$

$$|S_1P - S_2P| = d\frac{x}{L} = 2a\theta \times \frac{x}{a+b} = \begin{cases} m\lambda & \cdots\cdots 明 \\ & (m = 0, 1, 2, \cdots) \\ \left(m + \frac{1}{2}\right)\lambda & \cdots\cdots 暗 \end{cases} \quad 10\text{-}5\text{-}8$$

明線の位置 $x = \dfrac{a+b}{2a\theta} m\lambda$, 縞の間隔 $\varDelta x = \dfrac{a+b}{2a\theta}\lambda$

10.5.6 フレネルのバイプリズム

バイプリズムを用いても, 2つの虚光源からでた光が干渉縞をつくる. プリズムの屈折率を n とし, バイプリズムの両端の角を θ とすると, 図 10-5-9 の振れ角 δ は,

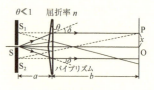

図 10-5-9
フレネルのバイプリズム

$\delta = (n-1)\theta$ （式 10-1-9 参照）
$S_1S_2 = 2SS_1 = 2a\delta = 2a(n-1)\theta$

式 10-5-1 より,

$$|S_1P - S_2P| = |S_1S_2| \times \frac{x}{a+b} = 2a(n-1)\theta \times \frac{x}{a+b}$$

$$2a(n-1)\theta \times \frac{x}{a+b} = \begin{cases} m\lambda & \cdots\cdots 明 \\ & (m=0,1,2,\cdots) \\ \left(m+\frac{1}{2}\right)\lambda & \cdots\cdots 暗 \end{cases} \quad 10\text{-}5\text{-}9$$

明線の位置 $x = \dfrac{a+b}{2a(n-1)\theta} m\lambda$, 縞の間隔 $\varDelta x = \dfrac{a+b}{2a(n-1)\theta}\lambda$

10.5.7 ロイドの鏡

金尺にレーザー光を照射すると, 干渉縞が見られる. 鏡の裏側に, 虚光源があると考える. 図 10-5-10 において, 虚光源 S′ からの直接光と実光源 S からの反射光との光路差は, $|S_1P - SP| = 2SS_0 \times \dfrac{x}{L} = 2d\dfrac{x}{L}$ である. 反射光では, 位相が π だけずれるので,

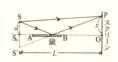

図 10-5-10 ロイドの鏡

$$2d\frac{x}{L} = \begin{cases} \left(m+\dfrac{1}{2}\right)\lambda & \cdots\cdots 明 \\ & (m=0,1,2,\cdots) \\ m\lambda & \cdots\cdots 暗 \end{cases} \quad 10\text{-}5\text{-}10$$

明線の位置 $x = \dfrac{L}{2d}\left(m+\dfrac{1}{2}\right)\lambda = \dfrac{(2m+1)L}{4d}\lambda$, 縞の間隔 $\varDelta x = \dfrac{L\lambda}{2d}$

10.6 光の回折
10.6.1 単スリット

光の波長は非常に短いため,回折の効果は観測しにくいので,極めて細い単スリット(図10-6-1)を用いる.

観測点Pは無限遠方とし,光線の波長をλ,スリット幅をdとする.

図10-6-1のように,単スリットに入る光線を,2本,3本,4本のように3通りに分けて考えてみると,式10-6-1のように整理できる.

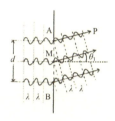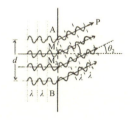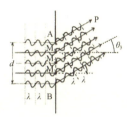

$$\begin{cases} MP - AP = \dfrac{\lambda}{2} = \dfrac{d}{2}\sin\theta_1 \\ BP - MP = \dfrac{\lambda}{2} = \dfrac{d}{2}\sin\theta_1 \\ BP - AP = \lambda = d\sin\theta_1 \\ \text{AM 上と BM 上の各点からの} \\ \text{光の光路差} \to \text{半波長}\left(\dfrac{\lambda}{2}\right) \\ \text{互い打ち消し合う} \to \text{暗線} \end{cases}$$

$$\begin{cases} M_1P - AP = \dfrac{\lambda}{2} = \dfrac{d}{3}\sin\theta_2 \\ M_2P - M_1P = \dfrac{\lambda}{2} = \dfrac{d}{3}\sin\theta_2 \\ BP - AP = \dfrac{3}{2}\lambda = d\sin\theta_2 \\ \text{AM}_1\text{ 上と M}_1\text{M}_2\text{ 上と BM}_2\text{ 上の各}\\ \text{点からの光の光路差} \to \text{半波長隣}\\ \text{合う光線は打ち消し合うが,残}\\ \text{りの区間の光線は,打ち消し合}\\ \text{う組がない} \to \text{明瞭} \end{cases}$$

$$\begin{cases} M_1P - AP = \dfrac{\lambda}{2} = \dfrac{d}{4}\sin\theta_3 \\ M_2P - M_1P = \dfrac{\lambda}{2} = \dfrac{d}{4}\sin\theta_3 \\ M_3P - M_2P = \dfrac{\lambda}{2} = \dfrac{d}{4}\sin\theta_3 \\ BP - M_3P = \dfrac{\lambda}{2} = \dfrac{d}{4}\sin\theta_3 \\ BP - AP = 2\lambda = d\sin\theta_3 \end{cases}$$

図 10-6-1 単スリット

$$d\sin\theta = \begin{cases} \left(m + \dfrac{1}{2}\right)\lambda & (m = 0, \pm 1, \pm 2, \cdots) \to \text{明線} \\ m\lambda & (m = \pm 1, \pm 2, \cdots) \to \text{暗線} \\ & (m = 0) \to (\text{光路差}) = 0 \text{ より,明線} \end{cases} \quad 10\text{-}6\text{-}1$$

さらに,一般化して考察してみよう.スリットAB(スリット幅D)に入射する光が完全な平面波で,波面はスリットABに完全に平行であったとする.スリットAB上の振動を,$D\sin\omega t$で表すとき,スリットAB間におけるξと$(\xi+d\xi)$の間からでて$\overline{PQ}$上に相当する位置に到達する光の波の振動を求めてみる.

図 10-6-2 単スリット

求める振動の式の振幅をEとおくと,その振動は$E\sin\omega t$となる.ABが

PQ へ進むと BQ＝L と比較して，$\zeta\sin\theta$ だけ加えた距離の分 $(L+\zeta\sin\theta)$ だけ，AB のときの振動よりも遅れるので，

$$E\sin\omega\left(t-\frac{L+\zeta\sin\theta}{c}\right)d\zeta$$

となる．c は光速とする．この振動を A から B の端まで加え合わせると，

$$\int_0^D E\sin\omega\left(t-\frac{L+\zeta\sin\theta}{c}\right)d\zeta$$

$$=\frac{cE}{\omega\sin\theta}\left\{\cos\omega\left(t-\frac{L+D\sin\theta}{c}\right)-\cos\omega\left(t-\frac{L}{c}\right)\right\}$$

$$=\frac{2cE}{\omega\sin\theta}\sin\frac{\omega D\sin\theta}{2c}\sin\left(\omega t-\frac{L+(D/2)\sin\theta}{c/\omega}\right)$$

となり，振幅は，$\dfrac{2cE}{\omega\sin\theta}\sin\dfrac{\omega D\sin\theta}{2c}$ となる．ところで，$c=\dfrac{\omega}{2\pi}\lambda$ より，$\omega=\dfrac{2\pi c}{\lambda}$ なので，

$$\frac{2cE}{\frac{2\pi c}{\lambda}\sin\theta}\sin\frac{\frac{2\pi c}{\lambda}D\sin\theta}{2c}=\frac{E}{\frac{\pi}{\lambda}\sin\theta}\sin\frac{\pi D\sin\theta}{\lambda}$$

である．光の強さ $I(\theta)$ は，この振幅の 2 乗に比例するので，

$$I(\theta)\propto\frac{\sin^2\left(\dfrac{\pi D}{\lambda}\sin\theta\right)}{\left(\dfrac{\pi}{\lambda}\sin\theta\right)^2} \qquad 10\text{-}6\text{-}2$$

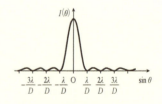

図10-6-3
単スリットでの光の強度

$D\sin\theta=m\lambda(m=\pm1,\pm2,\cdots)$ の位置では，$I(\theta)=0$ なので暗線となる（$m\neq0$）．

図 10-6-3 から，スリットの正面は明るく，その周囲は弱い縞模様であることがわかる．

10.6.2 回折格子

回折格子は，1 mm の幅の中に，500～1000 本もの細かい線を等間隔に刻み込んだもので，これを用いると，いろいろな波長の光波が混ざった光を単色光に分解することができる．この格子間隔 d を**格子定数**という．

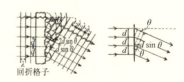

図10-6-4　回折格子

格子定数 d の回折格子に，波長 λ の光を垂直に入射させ，法線から θ（こ

れを回折角という）だけ回折した場合，明暗の条件は，次のようになる．隣りあう光の光路差は $d\sin\theta$ なので，

$$d\sin\theta = \begin{cases} m\lambda & \cdots\cdots \text{明} \\ \left(m+\dfrac{1}{2}\right)\lambda & \cdots\cdots \text{暗} \end{cases} \quad (m=0, \pm1, \pm2, \cdots) \qquad 10\text{-}6\text{-}3$$

である．白色光を入射させると，それぞれの波長ごとに強めあう位置が異なるため回折光は分光され色づく．

> **プチ実験**「分光筒をつくろう」
>
> ラップの芯などを利用して，望遠鏡のような筒とする．この筒の一方を対物側として，黒布地のガムテープや黒紙を利用してスリットをつくる．他方は，接眼側として分光シート（1 mm に 250 本）を貼ると完成．分光シート側からのぞく．図は分光筒を使って白熱電球（左），省エネ電球（右）を見たときのスペクトルである．
>
>
> 白熱電球のスペクトル　　省エネ電球のスペクトル

各スリットは，幅 $D(<d)$ があるので，λ/D の位置では弱めあい，強さが 0 になる場合もある．そのため，光の強度は図 10-6-5 のようになる．

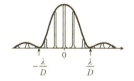

図 10-6-5　回折光の強度

10.7　光の分散・偏光・散乱

10.7.1　光の分散

太陽光線は，スリットを通してプリズムに入射すると，波長ごとの屈折率が異なるため，虹と同様に 7 色に分かれる．これを光の分散という．可視光領域の光の色は，波長が長いほうから赤橙黄緑青藍紫である．虹を 6 色とする場合は，赤橙黄緑青紫である．

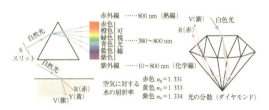

図 10-7-1　いろいろな分光現象

＜フラウンホーファー線＞

太陽光の可視光線のスペクトルは，連続スペクトルであるが，その中に図

10-7-2のように多数の黒線が入っている．これを，フラウンホーファー線とよぶ．フラウンホーファー線は，太陽の周囲の気体や地上の気体による吸収のために生じる暗線である．

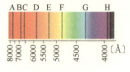

図 10-7-2
フラウンホーファー線

＜ナトリウムのD線＞

ナトリウムランプから出る光には，589.6 nm と 589.0 nm という2本の波長のものがあるが，ふつうの分光器では区別できないので，単色光として扱われる．

表 10-7-1　フラウンホーファー線の記号と波長

記号	波長(Å)	元素	記号	波長(Å)	元素
A	7593.7	地球大気	E	5269.6	Fe
B	6867.2	地球大気	F	4831.3	H
C	6562.8	H	G'	4340.5	H
D_1	5895.9	Na	H	3968.5	Ca
D_2	5890.0	Na	K	3933.7	Ca

＜赤方偏移＞

天体の光を分光器で調べると，本来の光の波長よりも赤い側に波長が偏移している（赤方偏移）．振動数 ν_0 の光を放出する天体が，速度 v で運動する場合，光のドップラー効果が観測される．高速で運動する場合は，相対論での扱いが必要である．光速を c とする．遠ざかる場合は $\theta = \pi$ rad なので，$\cos\theta = -1$ だから，光のドップラー効果の式は，

$$\nu = \nu_0 \frac{\sqrt{1-\left(\frac{v}{c}\right)^2}}{1-\left(\frac{v}{c}\right)\cos\theta} = \nu_0 \frac{\sqrt{1-\left(\frac{v}{c}\right)^2}}{1+\left(\frac{v}{c}\right)} = \nu_0 \frac{\sqrt{1-\beta^2}}{1+\beta} = \nu_0 \sqrt{\frac{1-\beta}{1+\beta}}$$

ただし $\beta = \dfrac{v}{c}$

10-7-1

となる．また波長 λ については，相対速度が0のときの波長を λ_0，相対速度が v のときの波長を λ，振動数を ν とすると，$c = \nu_0 \lambda_0 = \nu\lambda = \left(\nu_0\sqrt{\dfrac{1-\beta}{1+\beta}}\right)\lambda$ より，$\lambda = \sqrt{\dfrac{1+\beta}{1-\beta}}\lambda_0$ となるので，$\beta > 0$ より，$1+\beta > 1-\beta$ なので $\lambda > \lambda_0$ となる．波長の変化 $\Delta\lambda$ は $\Delta\lambda = \lambda - \lambda_0 > 0$ なので，$\Delta\lambda$ が正なら天体は地球から遠ざかっており，$\Delta\lambda$ が負なら地球に近づいている．$\Delta\lambda$ を観測すると正の値になるので，天体は地球から遠ざかっており，地球から遠い星ほど波長の伸びが大きい．つまり，より速い速度で遠ざかっていることを意味する．このことから，宇宙は膨張しているといえる．

10.7.2 偏光

自然光は，いろいろな向きの振動面をもっているが，偏光板を通すと振動する方向が一方向だけの光，偏光になる．

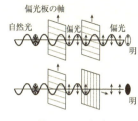

図 10-7-3 の上図（オープンニコル）のように，2 枚の偏光板を置くと，光は 2 枚目の偏光板も透過するので明るい．しかし 2 枚目を 90°回転させると（クロスニコル），光は 2 枚目の偏光板を透過できず暗くなる．これにより光が横波であることがわかる．

図 10-7-3 偏光

光の振動方向が完全に，1 つの方向だけになっているものを，直線偏光という．光の振動方向を考える場合は，電場 E の振動方向を考えればよい．y, z 方向の単位ベクトルを j, k とすると，自然光は，

$$E = (E_{y0} \sin \omega t)j + (E_{z0} \sin \omega t)k \qquad 10\text{-}7\text{-}2$$

と書ける．この光を，図 10-7-4 のような偏光面が x–y の偏光子に通すと，z 方向に振動する光は透過できないので，式 10-7-2 の第 2 項がなくなり，第 1 項だけが透過することがわかる．

図 10-7-4 偏光子の透過後

その結果，透過光の振幅は，入射光の振幅の $\cos\theta$ 倍になるので，透過光の強度は，$\cos^2\theta$ 倍になる．これをマリュスの法則という．

$$I = I_0 \cos^2 \theta \qquad 10\text{-}7\text{-}3$$

ところで，式 10-7-2 では，y 方向の振動と z 方向の振動が同位相であった．2 つの振動の間に位相差 φ があった場合は，

$$\begin{cases} E_y = a_y \sin(\omega t + \varphi) \\ E_z = a_z \sin \omega t \end{cases} \qquad 10\text{-}7\text{-}4$$

と書ける．特に，$a_y = a_z = a$，$\varphi = \dfrac{\pi}{2}$ のときは，式 10-7-4 より，

$$E_y = a \sin\left(\omega t + \frac{\pi}{2}\right) = a \cos \omega t$$

$$E_z = a \sin \omega t \qquad \therefore\ E_y^2 + E_z^2 = a^2 \qquad 10\text{-}7\text{-}5$$

なので円偏光となる．一般には，$\sin \omega t$ を消去して，

$$\left(\frac{E_y}{a_y}\right)^2 + \left(\frac{E_z}{a_z}\right)^2 - 2\left(\frac{E_y}{a_y}\right)\left(\frac{E_z}{a_z}\right)\cos\varphi = \sin^2\varphi \qquad 10\text{-}7\text{-}6$$

と，楕円偏光となる．

反射光を偏光子を通して見る場合，偏光子を回転させると，反射光の明るさが変化する．反射光 θ と屈折光 r が垂直になったとき，つまり $\theta + r = 90°$ の場合，反射光は完全に偏る．これをブリュースターの法則という．屈折の法則より，

図 10-7-5
ブリュースターの法則

$$n = \frac{\sin\theta}{\sin r} = \frac{\sin\theta}{\sin(90°-\theta)} = \frac{\sin\theta}{\cos\theta} = \tan\theta$$

$$\therefore\ n = \tan\theta \qquad 10\text{-}7\text{-}7$$

この θ を偏光角（ブリュースター角）という．

> **プチ実験**　「偏光サングラス実験」
>
> 偏光サングラスをかけると，水中の魚の姿がよく見えるようになる．水面での反射光は偏光している．反射光だけをカットするので水中の様子がよく見える．授業で黒板の端が光って見えないときやショーケースのガラス越しに写真撮影を行うときに利用できる．

10.7.3 散乱

散乱とは，光がその波長より小さい微粒子に当たって進路を曲げられる現象である．入射光の電場によって電子が振動させられ，それが周りに2次的な光（電磁波）を放出し，それらの干渉の結果として，散乱が観測される．

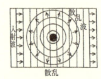

図 10-7-6　光の散乱

晴れた日の空が青いのは，大気中の微粒子によって太陽光の中の短い波長の青い光が散乱されるからであり，夕焼けでは大気中で散乱されずに透過してきた光を見ているので青い色の成分が失われ赤く見える．波長の長い光は散乱されにくいので赤外線カメラで利用されている．チンダル現象で，光の通る道筋がよく見えるのは，煙やほこりなどの微粒子によって光が散乱されるためである．一方，乱反射は，光が物体の表面でさまざまな方向に反射される現象である．光の波長によって散乱の度合いが異なるのに対し，乱反射は光の波長とは関係なく生じる．

第3編 熱力学

第11章 熱

11.1 温度

温度の概念は,「暖かい」とか「冷たい」という感覚から生じた.力の概念が,筋肉の緊張感から生じたのと同様である.井戸水の場合,「冬は温かく夏は冷たい」というが,実際,夏の方が冬の水温よりも高い.人間の感覚を温度計のように基準にするのは難しく客観的定義が必要になる.

11.1.1 物理的尺度としての温度

外部に熱が逃げないようにして,熱い湯と冷たい水を混ぜると,熱い湯は冷え,冷たい水は温まって両方の温度が同じになる.このとき,熱平衡に達したという.物体A, Bが熱平衡にあり,A, C

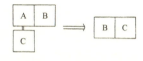

図 11-1-1 熱力学第 0 法則

も熱平衡にあれば,B, Cを接触させても熱平衡にある(熱力学第 0 法則).互いに熱平衡にある物体について,等しい値をとるような量として温度を考え,このAの役割を果たすものを温度計とする.このようにして定めた温度を経験温度という.

11.1.2 温度計の歴史

フィロンの書物(B.C. 3～2 頃)に,空気の熱膨張を目安に冷温の度合いを見るものが書かれている.1597 年には,ガリレオが図 11-1-2 のような示差温度計を作った.

17 世紀半ばに,ガリレオの後継者たちは,上端を真空にし,水のかわりにアルコールを入れ,ガラス玉を利用して目盛りをつけた(図 11-1-3).

1665 年にホイヘンス(蘭)は,沸騰しつつある水の温度が一定であることを発見し,定点の 1 つに利用することを提案したが受け入れられなかった.

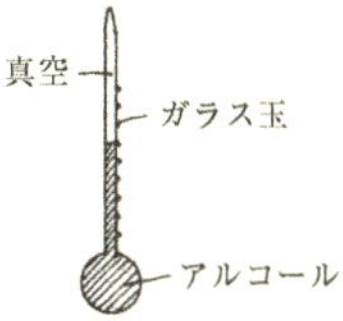

1714 年にファーレンハイト(独)は,水銀温度計を発明.1724 年に,華氏温度目盛°Fを提案し,温度計の定点として,水の氷点を 32°F,人間の体温を 96°F,沸騰する水の温度を 212°Fとした.最初はアルコールを用いていた.

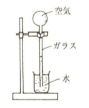

図 11-1-2 ガリレオの温度計

図 11-1-3 目盛付き温度計

1730年にレオミュール（仏）は，水の氷点を0°R，球部体積の1/1000ごとに目盛りをとり1度とした列氏温度目盛°Rを提唱．

1742年にセルシウス（スウェーデン）は，摂氏温度目盛℃を提唱．水の沸点と氷点を定点とし，その間を100等分した．水と氷が純粋であり，大気圧1気圧のもとでは，水の沸点を100℃，水の融点を0℃とした．華氏温度をF，摂氏温度をCとしたとき，両者の間の関係は，$C = \frac{5}{9}(F - 32)$である．

1848年にケルビン（英）は，絶対温度目盛Kを提唱．この温度目盛は，最低温度0K，水の3重点（triple point）を273.16Kと定めている．実験によると，1気圧での氷の融点は273K（273.15K），水の沸点は373K（373.15K）となる．

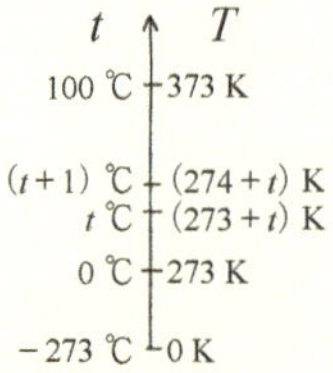

絶対温度Tと摂氏温度tの関係は，

$$t = T - 273.15 \fallingdotseq T - 273 \qquad 11\text{-}1\text{-}1$$

となる．なお，現在の国際単位系では，水の1気圧の沸点は100℃ではなく，99.974℃である．

図 11-1-4
セルシウス温度と絶対温度

11.1.3 相と相転移

物質は，気体（気相），液体（液相），固体（固相）の三態変化をする．どの状態にあるかを示す図を相図という．3相が平衡状態にある場合3重点という．水と氷と水蒸気の3相が平衡状態になる3重点は，0.01℃，0.0060気圧の場合である．それぞれが，互いに相を変えることを相転移という．相転移のあいだは潜熱のやりとりが行われる．液体から気体になるときには蒸発熱が吸収され，気体が液体になるときには凝縮熱が放出される．固体から液体になるときには融解熱が吸収され，液体から固体になるときには凝固熱が放出される．

図11-1-5で，水の1気圧と二酸化炭素の1気圧を比較すると，水の場合は，温度が低温から高温に変化するに従って，氷→水→水蒸気と変化する．二酸化炭素では，温度が低温から高温

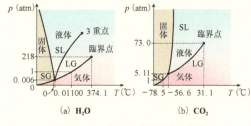

図 11-1-5　水と二酸化炭素の相図

に変化しても固体から気体に昇華する．しかし，約6気圧にすると，二酸

化炭素でも，固体→液体→気体と変化する．

11.2 熱量
11.2.1 熱量
　高温物体Aと低温物体Bを接触させると，物体Aの温度は下がり物体Bは上がる．このとき，AからBへ熱が移る．この熱の量を熱量という．物体A，Bの温度が等しくなると，熱の移動は止まり熱平衡に達する．

図 11-2-1　熱の移動

　熱が外界へ逃げない場合には，物体Aが失った熱量は，物体Bがもらった熱量に等しい．これを熱量の保存則という．

　熱量の単位は，国際的に決められたSI単位によって，熱量の単位は，J（ジュール）である．

11.2.2 熱容量
　海辺の砂浜では，乾いた砂の上ではやけどしそうに熱いが，湿った砂の上ではそう熱くはない．どちらも，太陽から同じだけの熱を受けているのに，湿った砂よりも乾いた砂の方が温度が上がりやすい．同じ温度上昇 Δt をさせるのに要する熱量 ΔQ は，物体によって異なる．物体の温度を1K上昇させるのに要する熱量を熱容量（記号 C）という．熱容量が C（J/K）の物体の温度を Δt だけ上昇させるのに必要な熱量は $\Delta Q = C\Delta t$ である．

11.2.3 比熱容量
　均質な物体では，熱容量 C はその質量 m に比例する．単位質量あたりの熱容量を c とすると，

$$C = cm \quad C = \frac{C}{m} = \frac{\Delta Q}{\Delta t} \cdot \frac{1}{m}$$

$$\therefore \Delta Q = cm\Delta t \qquad 11\text{-}2\text{-}1$$

表 11-2-1　物質の比熱容量

物　質	比熱容量
鉄（0℃）	0.437
銅（0℃）	0.38
銀（25℃）	0.236
ケイ素（25℃）	0.712
水（15℃）	4.19
海水（17℃）	3.93
メタノール（12℃）	2.5
水蒸気（100℃）	2.051
空気（20℃）	1.006

ここで c は，個々の物質に固有の値で，比熱容量という．比熱容量とは，物質1gの温度を1K上げるのに要する熱量のことをいい，単位はJ/gKである．

例題　比熱容量 c（J/gK）の物体 m（g）の温度を Δt（℃）だけ上げたとき，物体の吸収する熱量はいくらか．

解答 $Q = cm\Delta t$ (J)

11.2.5 膨張

温度が上昇すると，固体や液体や気体は膨張する．長さに注目するときは線膨張，面積変化については面膨張，体積変化については体膨張という．

＜固体の線膨張＞

断面の変化が長さの変化に比べて無視しうるとき，長さの変化だけに着目すればよい．0℃での長さが L_0 の物体がある．この物体の温度を t だけ上昇させた結果長さが L になった．この間，物体は一様に膨張するものとすると，変化量 ΔL は，$\Delta L = L - L_0$ なので，1 m あたりの変化量 $\dfrac{\Delta L}{L_0} = \dfrac{L - L_0}{L_0}$

図 11-2-3　線膨張

となる．したがって，1 K，1 m の変化量 α は，$\alpha = \dfrac{\dfrac{\Delta L}{L_0}}{t} = \dfrac{L - L_0}{L_0 t}$ なので，

$$L = L_0(1 + \alpha t)　\qquad 11\text{-}2\text{-}2$$

となる．α は線膨張率といい，長さ 1 m の物体が 1 K の温度上昇で伸びる長さを表す．単位は，1/K である．

例題 線膨張率 α で，温度 t（℃）のときに長さ L の物体がある．t'（℃）のときの長さを求めよ．

解答 $L = L_0(1 + \alpha t)$ および $L' = L_0(1 + \alpha t')$ となるので，これらの 2 式の辺々を割り算すると，

$$\dfrac{L'}{L} = \dfrac{L_0(1 + \alpha t')}{L_0(1 + \alpha t)} = (1 + \alpha t')(1 + \alpha t)^{-1} \fallingdotseq (1 + \alpha t')(1 - \alpha t)$$

このとき，$(1 + x)^n = 1 + nx$ という近似公式を利用した．

ここで，$\alpha^2 \ll 1$ なので，2 次の項は無視できるので，

$$L' = L\{1 + \alpha(t' - t)\} = L(1 + \alpha \Delta t) \quad (\Delta t = t' - t) \quad \therefore L' = L(1 + \alpha \Delta t)$$

＜固体の体膨張＞

0 ℃における物体の縦，横，高さを，それぞれ L_1, L_2, L_3 とし，それぞれの方向の線膨張率を，α_1, α_2, α_3 とする．0 ℃のときの体積 V_0 は，$V_0 = L_1 \cdot L_2 \cdot L_3$ なので，t（℃）のときの体積 V は，

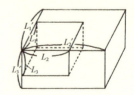

図 11-2-4　体膨張

$$V = L_1' \cdot L_2' \cdot L_3' = \{L_1(1 + \alpha_1 t)\}\{L_2(1 + \alpha_2 t)\}\{L_3(1 + \alpha_3 t)\}$$
$$= L_1 L_2 L_3 (1 + \alpha_1 t + \alpha_2 t + \alpha_3 t + \alpha_1 \alpha_2 t^2 + \alpha_2 \alpha_3 t^2 + \alpha_3 \alpha_1 t^2 + \alpha_1 \alpha_2 \alpha_3 t^3)$$

$\alpha^2 \ll 1$ なので，2 次以上の項は無視できるので，

$$V = V_0\{1 + (\alpha_1 + \alpha_2 + \alpha_3)t\} \qquad\qquad 11\text{-}2\text{-}3$$

体膨張率については，異方性と等方性があり，それぞれの体膨張をまとめると，

体膨張率	異方性 $(\alpha_1 + \alpha_2 + \alpha_3)$	等方性 3α $(\because \alpha_1 = \alpha_2 = \alpha_3)$
体膨張	$V = V_0\{1 + (\alpha_1 + \alpha_2 + \alpha_3)t\}$	$V = V_0(1 + 3\alpha t)$

となる．一般に，一様な固体（つまり等方性）の体積を V，体膨張率を β，温度上昇を Δt とすれば，

$$V = V_0(1 + \beta t) \qquad\qquad 11\text{-}2\text{-}4$$

と書ける．

11.2.6　熱の移動

＜熱伝導＞

熱伝導は，高温部の分子の熱運動のエネルギーが，接触している物体の低温部まで伝わることである．金属では電子が移動するので熱伝導が大きい．

温度 T_1 の高温物体 A と温度 T_2 の低温物体 B が長さ L の棒で連結されると，物体 A から物体 B に向けて熱が流れる．時間 t の間に A から B に流れる熱量 Q は，断面積を S とすると，

$$Q = k\frac{T_1 - T_2}{L}St \qquad\qquad 11\text{-}2\text{-}5$$

となる．k は熱伝導率といい，1秒間に，断面積 $1\,\mathrm{m^2}$，長さ $1\,\mathrm{m}$ の棒の端から端まで伝わる熱を意味する．熱伝導率の単位は，W/(m·K) である．また，$\dfrac{T_1 - T_2}{L}$ を温度勾配とよぶ．

表 11-2-2 より，料理に利用するのに，銅鍋の熱伝導が一番よいことがわかる．ステンレス鍋は熱伝導が悪く，アルミニウム鍋のほうがよい．空気はよい断熱材である．

表 11-2-2　熱伝導率

物　質	$k\,(\mathrm{W/(m\cdot k)})$
アルミニウム	236
銅	403
ステンレス	15
水（80℃）	0.673
空気	0.0241

＜対流＞

液体や気体では，流体自身が移動して熱を伝える．高温の部分と低温の部分の密度差によって，生じる流体の運動を対流とよぶ．

<熱放射>

　高温物体から低温側に熱が放射され，直接，低温物体が温まる熱の伝わり方を放射という．電球に加える電圧を徐々に高くすると，フィラメントは最初，赤黒い色から徐々に橙色，黄色，白色へと変化する．電球の色を3600 Kや4200 Kと温度で表現する．

<ニュートン冷却>

　空気中の高温物体は，周囲への放射や空気の対流などによって，周囲の温度と同じになる．温度差があまり大きくない範囲では，高温物体の温度をT，周囲の空気の温度をT_0とすると，高温物体が時間dtに失う熱量$-dQ$は，

$$dQ = kS(T - T_0) dt \qquad 11\text{-}2\text{-}6$$

となる．これをニュートン冷却の法則といい，Sは物体の表面積，kは周囲の流体の性質や物体の表面の形によって決まる定数である．

11.3　熱と仕事

11.3.1　熱の本性

　17～18世紀の科学者は，熱の本性をフロギストンと考えていた．ラボアジェ（仏）は，金属が燃えると質量が増加することを示し，フロギストン説を否定した．ラボアジェは，熱の本性として熱素(カロリック)を提案し質量を0(ゼロ)とした．金属の燃焼では，空気中の酸素と結合し質量が増加したと説明した．

　しかしその後，大砲で実弾を発射した場合と，空砲を撃った場合を比べると，空砲を撃つときの方が砲身が熱くなることが知られ，熱素説では説明ができなかった．ランフォード（米）は，大砲の砲身のくり抜き作業を水槽の中で行い，摩擦熱で沸騰させる実験を行った．この実験により熱の本性は運動であると考えられるようになった．

11.3.2　熱の仕事当量；J

　熱の本性を運動とした場合，どれだけの運動（仕事W）が熱（Q）に変わるのかが問題である．ジュールは，水熱量計の中で羽根車で水を攪拌し摩擦熱により水温を上昇させた．水1 gを1度温度上昇させるのに必要な熱量を1 calとするとき，ジュールは水温上昇より求めた熱量Q（cal）と仕事Wの間に$W = JQ$という関係が成立するとし仕事当量Jを求めた．現在で

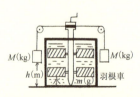

図 11-3-1　ジュールの実験

は $J = 4.18605$ J/cal とされている．

11.3.3 エネルギー保存則

摩擦力がはたらく面上を物体が運動する場合，物体がもっていた運動エネルギーは摩擦熱に変わり，力学的エネルギーの保存則は成立しない．しかし，エネルギーの概念を拡張し熱まで含めると，(力学的エネルギー) + (熱) = (一定) と考えることができる．この関係を熱力学第一法則という．

エネルギーには，図 11-3-4 にみるように，いろいろなエネルギーがあり，これらのエネルギーは互いに変換しあうが，外部とのやり取りがない限り，その総和は保存される．これをエネルギーの保存則という．

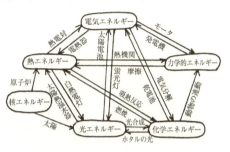

図 11-3-2 いろいろなエネルギー

第 12 章 気体法則

12.1 ボイルの法則

真空ポンプが発明され気圧を変えることができるようになった．1662 年に，ボイルは気体の体積と圧力の関係を調べた．ここでは歴史的に過去よく行われた教育実験としての「ボイルの法則の実験」を用いて解説する．実験器具は，一端を封じた細いガラス管の中程に適切な長さの水銀を入れたもの（図 12-1-1 参照，ガラス管の内径は 0.3 mm 程度，長さ約 1 m），曲尺，スタンド，ものさしなどである．現在は，水銀を用いた実験は推奨されないので，この実験は実施されなくなっているが，気体法則を理解するには優れている．

図 12-1-1 実験で用いる一端を閉じたガラス管

12.1.1 ガラス管を水平にしたとき

ガラス管を水平にした場合は，閉じ込められた空気の圧力は 1 気圧（1 atm）である．

$\therefore p = pa$

図 12-1-2 ガラス管を水平にした場合

12.1.2 ガラス管を傾けたとき

管口を上にしてガラス管を傾けると，水銀に作用する重力の影響で，閉じ込められた空気の体積が縮小する．閉じ込められた空気が受ける圧力 p は，大気圧 p_a と水銀から受ける圧力 p' の合計となる．

ガラス管の断面積を S，水銀の密度を ρ とすると，水銀の質量 m は，$m = \rho Sl$ なので，水銀が閉じ込められた空気に加える圧力 p'

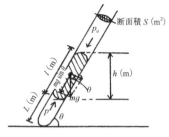

図 12-1-3 水銀柱に閉じ込められた空気が受ける圧力

は，$p' = \dfrac{mg \sin \theta}{S} = \dfrac{\rho g Sl \sin \theta}{S} = \rho g l \sin \theta$ である．

1 気圧 = 1 atm = 760 mmHg = 76 cmHg = 0.76 mHg = $0.76 \times \rho g$ N/m² なので，h (mHg) = $\rho g h$ (N/m²) = $\rho g h$ (Pa) である．したがって

$$p' (\text{N/m}^2) = \rho g l \sin \theta (\text{N/m}^2)$$
$$= \dfrac{\rho g Sl \sin \theta}{\rho g} (\text{mHg}) = l \sin\theta \ (\text{mHg}) = h \ (\text{mHg})$$

以下，圧力の単位を実験室にある水銀柱を用いた気圧計での測定と考えて mHg とする（注：気圧計では mmHg という単位になっている）

閉じ込められた空気の圧力 p は，水銀に作用する重力による圧力 $p' = h$ に大気圧 p_a を加えたものであるから，

$$p = h + p_a \ (\text{mHg})$$

となる．このとき，

$\theta > 0$（開端が上向き） → $p = p_a + h$ (mHg)

$\theta < 0$（開端が下向き） → $p = p_a - h$ (mHg)

となる．

この実験では，閉じ込められた空気にかかる圧力 p を，水銀柱の高低差 $l \sin \theta = h$ を測定することで測定している．水銀棒を傾けると h の値が

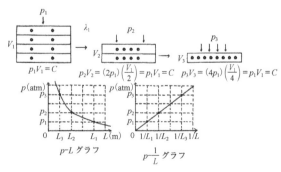

図 12-1-4 気体の圧力と体積の関係（1 atm = 1 気圧）

変化し，閉じ込められた空気の圧力 p も変化する．その圧力における気体の体積 V は，ガラス管の内径 S は一定なので，空気柱の長さ L をかけて，$V = SL$ と求めることができる（$V \propto L$）．したがって，閉じ込められた気体の圧力 p と体積 V の関係は，圧力と気柱の長さ L の関係を調べるとわかる．

以上から，一定量，一定温度の気体においては，

$$pV = C\text{（一定）} \qquad 12\text{-}1\text{-}1$$

がいえる．これを**ボイルの法則**という．

> **例題**と**プチ実験** 「逆さコップマジック」
> コップに水を満たし蓋をかぶせて逆さにしても，コップのなかの水がこぼれない．なぜだろうか？

解答と実験結果 コップにはがきなどで蓋をして逆さにするか，コップにガーゼを2重にし輪ゴムなどでしっかりと止めて逆さにすると水はこぼれない．これは，ふたの下からも大気圧が上向きにかかり，押し上げているからである．1気圧だと水の場合，ほぼ10 mの水柱を支えることができる．なお，ガーゼの場合は，水の表面張力が効いて，ふたをかぶせたのと同じ効果が得られる．

12.2 シャルルの法則

12.2.1 シャルルの法則

ボイルの法則の実験で用いた水銀棒，50 cm の直定規で幅が広いもの，プラスチック製メスシリンダー，熱湯を準備し，図 12-2-1 に示す実験装置を組む．気体の膨張の測定には，水銀で閉じ込めた空気柱の長さを測定すればよい．このときこの実験におけるガラス管の膨張は無視できるので，閉じ込められた気体の断面積の変化も無視できる．

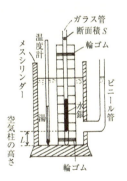

図 12-2-1 シャルルの実験

温度を変化させて，空気柱の長さ L を測定した結果が，図 12-2-2 である．L-t グラフは直線で表されるので，求める関係式は1次関数で表される．図 12-2-2 のグラフの傾きを k と置くと，$L = L_0 + kt = L_0\left(1 + \dfrac{k}{L_0}t\right)$ となる．この式の両辺に断

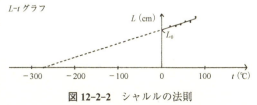

図 12-2-2 シャルルの法則

面積 S をかけると，$SL = SL_0\left(1 + \dfrac{k}{L_0}t\right)$ である．ところで，SL，SL_0 は，気柱の $t(℃)$，$t_0(℃)$ のときの体積 V，V_0 を示しているので，$V = V_0\left(1 + \dfrac{k}{L_0}t\right)$ と書け，気体の圧力が一定のもとでは，体積は温度の 1 次関数として変化する（ゲイ・リュサックは 1808 年に既に発見済）．この関係式での $\dfrac{k}{L_0}$ は，面積変化が無視できるとしたので体膨張率を表すと考えてよいため，気体の体膨張率 β を用いて，

$$V = V_0(1 + \beta t) \quad \beta = 0.00366 \fallingdotseq 1/273.15\text{（理想気体の場合）} \quad 12\text{-}2\text{-}1$$

$$V = V_0\left(1 + \dfrac{1}{273.15}t\right) \quad 12\text{-}2\text{-}2$$

一定量の気体の温度を定圧のもとで 1 ℃ 上げると，0 ℃ のときの体積の約 1/273 だけ体積が増加する．このときの体積変化を $\varDelta V$ とおくと，

$$\varDelta V = V - V_0 = V_0\left(1 + \dfrac{1}{273.15}t\right) - V_0 = \dfrac{1}{273.15}V_0 t \quad \therefore \varDelta V = \dfrac{1}{273.15}V_0 t$$

例題 沸点での体積を V_{100}，氷点での体積を V_0 として，その比を求めよ．

解答 $\dfrac{V_{100}}{V_0} = 1 + \dfrac{100}{273.15} = \dfrac{273.15 + 100}{273.15} = \dfrac{373.15}{273.15} = 1.3660$

よって，0 ℃ の気体と 100 ℃ の気体とでは理論上は体積比が 1.3660 だけ異なる．

12.2.2 絶対温度

例題 $V = V_0\left(1 + \dfrac{1}{273.15}t\right)$ より，理論上体積が 0 となる温度を求めよ．

解答 $V = 0$ より，$\quad \therefore t = -273.15\ ℃$

体積は負にならないので $V > 0$ となり，$-273.15\ ℃$ 以下は存在しない．この $-273.15\ ℃$ を絶対零度とし 0 K（ケルビン）として，温度目盛は摂氏温度目盛と同じとし，摂氏温度を t とし，絶対温度 T を $T = t + 273$ で表すと，$V = V_0\left(1 + \dfrac{1}{273}t\right) = V_0\dfrac{273 + t}{273}$ となる．$T_0 = 273$ K，$T = 273 + t$ とおくと，

$$V = V_0\dfrac{T}{T_0}$$

より，

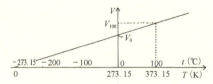

図 12-2-3 体積が 0 となる温度

$$\frac{V}{T} = \frac{V_0}{T_0} = C \quad (一定) \qquad 12\text{-}2\text{-}3$$

となる．気体の圧力が一定の場合，一定質量の気体の体積は絶対温度に比例する．これをシャルルの法則という．

補足 圧力が高い場合には，実在気体は厳密にはシャルルの法則には従わず，気体の膨張率は，圧力，温度によって変化する．

ボイルの法則，シャルルの法則に完全に従う理想上の気体を理想気体(ideal gas，完全気体)とよぶ．

12.3 気体の状態方程式

12.3.1 ボイル・シャルルの法則

実在気体は，高密度で低温の場合に理想気体からずれるが，高温低密度の希薄な場合には，理想気体と見なすことができる．

ボイルの法則とシャルルの法則の関係を1つにまとめてグラフにすると，立体図形の曲面で表される．

図 12-3-1 の下図に示す p-V グラフにおける点 A は，標準状態 (0℃，1気圧) である．このとき，気体の体積は 1 mol であれば 22.4 L なので，$A(p_0, V_0, T_0) = (1\,\mathrm{atm},\,22.4\,\mathrm{L},\,273\,\mathrm{K})$ と表せる．任意の点 X を $X(p, V, T)$ とする．

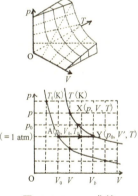

図 12-3-1 p-V 曲線

(i) A→Y の行程

圧力は $p_0 (= 1\,\mathrm{atm})$ で一定で，温度は T_0 から T に上昇し膨張して Y 点に至る．シャルルの法則より，

$$V' = V_0 \frac{T}{T_0}$$

(ii) Y→X の行程

温度は T で一定なのでボイルの法則により，

$$pV = p_0 V'$$

(iii) 両式より V' を消去すると，

$$pV = p_0 V_0 \frac{T}{T_0} \qquad \frac{pV}{T} = \frac{p_0 V_0}{T_0} = C \qquad 12\text{-}3\text{-}1$$

p-V グラフ上の点 $X(p, V, T)$ は，全く任意の点である．つまり，基準と

なる点 A の状態が決まれば，任意の点 X での状態を記述することができるということ意味する.

以上から，一定質量の気体の体積は，圧力に反比例し，絶対温度に比例する．これをボイル・シャルルの法則という.

12.3.2 理想気体の状態方程式

式 12-3-1 における C の値は，点 A $(p_0, V_0, T_0) = (1\ \mathrm{atm}, 22.4\ \mathrm{L}, 273\ \mathrm{K})$ により決めることができる．この値を R とする.

$$R = \frac{p_0 V_0}{T_0} = \frac{1\ \mathrm{atm} \times 22.4\ \mathrm{L/mol}}{273\ \mathrm{K}} = 0.0821\ \frac{\mathrm{atm \cdot L}}{\mathrm{molK}} \qquad 12\text{-}3\text{-}2$$

ところで，物理学では MKS 単位系を用いるので，

$$p_0 = 1\ \mathrm{atm} = 1.013 \times 10^5\ \mathrm{N/m^2}$$

$$T_0 = 0\,℃ = 273.15\ \mathrm{K}$$

$$V_0 = 22.4\ \mathrm{L/mol} = 2.24 \times 10^{-2}\ \mathrm{m^3/mol}$$

である．これらの数値を代入すると，

$$R = \frac{p_0 V_0}{T_0} = \frac{1.013 \times 10^5\ \mathrm{N/m^2} \times 2.24 \times 10^{-2}\ \mathrm{m^3/mol}}{273.15\ \mathrm{K}}$$

$$= 8.31\ \mathrm{J/(mol \cdot K)} \qquad 12\text{-}3\text{-}3$$

となる．この R を気体定数（gas constant）という.

1 mol の気体に対しては，

$$\frac{p_0 V_0}{T_0} = R \qquad i.e. \quad p_0 V_0 = R T_0 \qquad 12\text{-}3\text{-}4$$

が成り立つ．この気体が 2 mol あれば，体積 V_{02} は $V_{02} = 2V_0$ となるので $R_2 = \frac{p_0 V_{02}}{T_0} = \frac{p_0 2 V_0}{T_0} = 2R$, 3 mol あれば $R_3 = \frac{p_0 V_{03}}{T_0} = \frac{p_0 3 V_0}{T_0} = 3R$, この気体が n（mol）ある場合には，$R_n = \frac{p_0 V_{0n}}{T_0} = \frac{p_0 n V_0}{T_0} = nR$ となる．したがって，n（mol）ある場合は，$\frac{pV}{T} = nR$ より，

$$pV = nRT \qquad 12\text{-}3\text{-}5$$

式 12-3-5 を，理想気体の状態方程式という.

また，分子量が M の気体が m（g）あれば，そのモル数は $n = \dfrac{m}{M}$ なので，式 12-3-5 より，

$$pV = \frac{m}{M} RT \qquad 12\text{-}3\text{-}6$$

と書ける.

12.3.3 実在気体

実際の実在気体では,気体分子の大きさや,分子間に作用する分子間力が無視できないため,理想気体の状態方程式に従うとはいえない.実在気体は「圧力が低いほど」また「温度が高いほど」理想気体に近づく.逆にいうと,「圧力が高く,温度が低い場合」には理想気体から外れる.

1887年にファン・デル・ワールス(Van der Waals)は,圧力と体積に,次のような補正項を加えて表現した.

まず,気体の体積についての補正を考える.分子自身の体積変化は普通の圧力の範囲では問題にはならない.したがって,分子間のすきまの変化を考えればよい.つまり体積変化における補正は,すきまの変化とみると $V-b$ である.

次に,分子間の影響についての補正を考える.気体中に2個の小さな箱形空間A, Bをイメージしてみよう.このとき,AB間の引力は,Aの分子数にも,Bの分子数にも比例する.つまり,A, B中に含まれる分子数の積に比例する.気体全体では,単位体積中の分子数の2乗に比例すると考えればよいので,体積 V の2乗に逆比例する.つまり,a/V^2(a は比例定数)を圧力に補正すると,$p+a/V^2$ となる.

1 mol の場合は,

$$\left(p+\frac{a}{V^2}\right)(V-b)=R \qquad 12\text{-}3\text{-}7$$

また,n (mol) の場合は,

$$\left(p+\frac{na}{V^2}\right)(V-nb)=nRT \qquad 12\text{-}3\text{-}8$$

図 12-3-2 は,温度を一定としたときの圧力と体積の関係を表す等温曲線である.温度が高い場合,等温曲線には極大も極小もないが,温度を下げると臨界点が現れる.臨界点では,臨界温度 T_c,臨界圧 p_c は次のようになる.

$$T_c=\frac{8a}{27bR}, \quad p_c=\frac{a}{27b^2}, \quad V_c=3b \qquad 12\text{-}3\text{-}9$$

T_c 以下の温度での $p\text{-}V$ 曲線はS字カーブを描くが,この部分は直線ABで置き換え,これが気相,

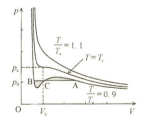

図 12-3-2
ファンデルワールスの状態方程式の等温曲線

液相の共存を表すと考えればよい．斜線を引いた図を，直線 AB で 2 つの部分の面積が等しくなるように分け（等面積の法則），そのように水平線を引いた場合の圧力 p_0 が，温度 T における飽和蒸気圧をあたえる．これをマクスウェルの規則という．

第 13 章　分子運動論

13.1　分子運動論

13.1.1　分子運動論

分子運動の発端は，ブラウンによるブラウン運動（1827 年）の提唱にある．当時，原子・分子の実在を証明できなかったので，たとえいろいろな物理・化学過程をよく説明ができても，便宜的説明に過ぎないという論争があった．ブラウン運動は，分子の存在を間接的にではあるが示した．

> **プチ実験**　「ブラウン運動の実験」
> 光学顕微鏡で 400 倍から 600 倍で，コップに入れた水に牛乳を数滴落としたコロイド溶液をプレパラートに 1 滴とって観察しよう．

13.1.2　気体の圧力

理想気体の分子は，ブラウン運動をイメージして，次のような性質をもつものと約束する．

① 分子を質点とし，気体分子が占める体積は無視する．
② 速度の大きさも向きも不規則な直線運動をする．
③ 分子同士の衝突は考えない．
④ 気体分子を完全な弾性体とする（反発係数 $e = 1$）．

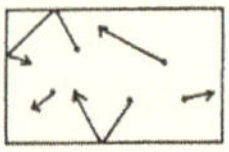

図 13-1-1
ブラウン運動

気体の圧力は，気体を閉じ込めた容器の壁に分子が衝突することによって生じる．図 13-1-2 のように，注射器に気体を閉じ込める場合，気体が多いとピストンの位置は高く，少ないと低くなる．気体分子はピストンに衝突をするとき，ピストンを下から押し上げる方向に力積を及ぼす．分子数が多いとピストンを支えられるだけの力（全圧力）になる．

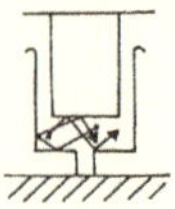

図 13-1-2
注射器の中の気体

> **プチ実験**　「気体の分子運動のイメージ」
>
> 　炭酸系の硬いペットボトルの胴体を15 cm程度切り取り，片方の口をゴム風船の膜でふたをする．直径が5 mm程度のプラスチック玉（ビービー弾など）を，20個程度入れて，逆側の口もゴム風船の膜でふたをする．ペットボトルをたてた形にもって，下のゴム風船の膜に口を当てて大きな声でうなり，プラスチック玉の動きを観察する．

実験結果　ゴム風船の膜に向かって大きな声を出すと，プラスチック玉は激しく運動する．プラスチック玉の数を半分にすると，気体分子の個数が半分に減った場合をシミュレーションできる．

　一辺の長さがLの立方体（体積V）の箱の中に閉じ込められた，絶対温度Tの1 mol（$=N_A$個）の**単原子分子気体**の圧力pを求める．気体分子の質量をm，はね返り係数を$e=1$とする．

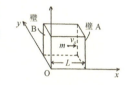

図 13-1-3
一辺の長さがLの箱

　容器に衝突する分子が容器の壁に及ぼす力の平均値を$\overline{F}$とする．壁の面積を$S(=L^2)$とすると，平均圧力$\overline{p}$は，

$$\overline{p} = \frac{\overline{F}}{S} \qquad 13\text{-}1\text{-}1$$

　立方体に沿ってx, y, z軸をとり，分子の速度$\vec{v}$を，$\vec{v}=(v_x, v_y, v_z)$とする．1個の分子の速度成分を$\vec{v}_1=(v_{1x}, v_{1y}, v_{1z})$とする．この分子が，壁Aに衝突すると，弾性衝突なので，分子の運動量変化Δpは，

$$\Delta p = -mv_{1x} - mv_{1x} = -2mv_{1x}$$

$$\therefore \Delta p = -2mv_{1x} \qquad 13\text{-}1\text{-}2$$

したがって，壁Aが受ける力積Iは，

$$I = 2mv_{1x} \qquad 13\text{-}1\text{-}3$$

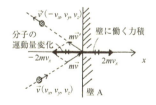

図 13-1-4　気体分子の衝突

となる．分子が壁Aに衝突してから，次に再び初めて壁Aに衝突するまでの時間tは，立方体の往復距離が$2L$なので，$t=\dfrac{2L}{v_{1x}}$である．単位時間あたりの衝突回数nは，経過時間の逆数$\dfrac{1}{t}$となるので，$\dfrac{v_{1x}}{2L}$である．よって，単位時間（$\Delta t=1$）あたりに1つの分子が壁Aに与える力積は，つまり1つの分子が壁Aに加える力F_1は，

$$F_1 = 2mv_{1x} \times \frac{v_{1x}}{2L} = \frac{mv_{1x}^2}{L} \qquad 13\text{-}1\text{-}4$$

気体分子の速度をそれぞれ v_1, v_2, $\cdots v_N$ とするとき，N 個の分子が受ける力の総和 F は，

$$\begin{aligned}
F &= F_1 + F_2 + F_3 + \cdots + F_N \\
&= \frac{mv_{1x}^2}{L} + \frac{mv_{2x}^2}{L} + \frac{mv_{3x}^2}{L} + \cdots + \frac{mv_{Nx}^2}{L} \\
&= \frac{m}{L}(v_{1x}^2 + v_{2x}^2 + v_{3x}^2 + \cdots + v_{Nx}^2) \qquad 13\text{-}1\text{-}5
\end{aligned}$$

個々の分子の運動は不規則なので，その平均値は，

$$\overline{v_x^2} = \frac{v_{1x}^2 + v_{2x}^2 + v_{3x}^2 + \cdots + v_{Nx}^2}{N} \qquad 13\text{-}1\text{-}6$$

となる．この和は2乗平均速度（root-mean-square velocity）の2乗である．式 13-1-6 を式 13-1-5 に代入すると，

$$F = \frac{m}{L} N \overline{v_x^2}$$

となる．右辺は，各分子の速度成分の2乗の平均であるので，左辺の力 F も平均値と考えてよいので，

$$\overline{F} = \frac{m}{L} N \overline{v_x^2} \qquad 13\text{-}1\text{-}7$$

式 13-1-7 を式 13-1-1 に代入すると，気体が壁 $S\,(=L^2)$ に及ぼす平均圧力 p が求まる．

$$p = \frac{\overline{F}}{S} = \frac{\overline{F}}{L^2} = \frac{m}{L^3} N \overline{v_x^2} \qquad 13\text{-}1\text{-}8$$

ところで，気体の内部では，x 方向にも，それに垂直な y, z 方向にも同じ数の割合で分子が運動しているから，

$$\overline{v_x^2} = \overline{v_y^2} = \overline{v_z^2} \qquad 13\text{-}1\text{-}9$$

である．また，$v^2 = v_x^2 + v_y^2 + v_z^2$ なので，

$$\overline{v^2} = \overline{v_x^2} + \overline{v_y^2} + \overline{v_z^2} = 3\overline{v_x^2} \qquad \therefore \quad \overline{v_x^2} = \frac{1}{3}\overline{v^2} \qquad 13\text{-}1\text{-}10$$

以上から，平均圧力 p は，容器の体積を $V = L^3$ とすると，

$$p = \frac{mN}{L^3}\overline{v^2} = \frac{mN}{3L^3}\overline{v^2} = \frac{mN}{3V}\overline{v^2} \qquad pV = \frac{1}{3}mN\overline{v^2} \qquad 13\text{-}1\text{-}11$$

この立方体の中の気体の個数を 1 mol としたので，その個数は N_A 個である．

したがって，式 13-1-11 は，

$$pV = \frac{1}{3} m N_A \overline{v^2} \qquad 13\text{-}1\text{-}12$$

と書ける．ところで，1 mol の理想気体の状態方程式は $pV = RT$ なので，

$$pV = \frac{1}{3} m N_A \overline{v^2} = RT \qquad 13\text{-}1\text{-}13$$

分子 1 個あたりの平均運動エネルギー $\overline{\varepsilon_k} = \frac{1}{2} m \overline{v^2}$ は，

$$\overline{\varepsilon_k} = \frac{1}{2} m \overline{v^2} = \frac{3}{2} \cdot \frac{R}{N_A} T = \frac{3}{2} k_B T \qquad 13\text{-}1\text{-}14$$

$k_B = \dfrac{R}{N_A}$ は，分子 1 個あたりの気体定数を表し，ボルツマン定数（Boltzmann-constant）とよばれ，その値は，

$$k_B = \frac{R}{N_A} = \frac{8.314}{6.023 \times 10^{23}} = 1.38 \times 10^{-23} \text{ J/K} \qquad 13\text{-}1\text{-}15$$

である．また式 13-1-14 より，絶対温度は気体分子の並進運動エネルギーと比例することがわかる．絶対零度では，分子の並進運動が停止することになるが，実際には停止せず最も低いエネルギーの状態に落ち込む．

例題 気体の分子量を M とする．絶対温度 T のときの 2 乗平均速度を求めよ．

解答 気体の分子量を M とすると，1 mol の気体分子 N_A 個の質量は $M(\text{g})$ なので，$m N_A = M \times 10^{-3}$ kg/mol となる．よって，

$$\overline{\varepsilon_k} \times N_A = \frac{1}{2} m \overline{v^2} \times 10^{-3} = \frac{3}{2} RT$$

$$\therefore \sqrt{\overline{v^2}} = \sqrt{\frac{3RT}{M} \times 10^3} = 1.57 \times 10^2 \sqrt{\frac{T}{M}} \text{ m/s}$$

補足 例題の解答より，高温ほど，また軽い気体ほど速度が大きいが，分子の速度はそれぞれまちまちである．このばらつきの状態を表すのが速度の分布関数で，これをマクスウェルの速度分布という．のちにボルツマンによって一般化されマクスウェル‐ボルツマン速度分布則という．

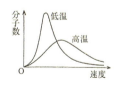

13.2 エネルギー等分配の法則

13.2.1 単原子分子の理想気体の比熱容量

単原子分子の理想気体の平均運動エネルギー $\overline{\varepsilon_k}$ は，$\overline{\varepsilon_k} = \frac{3}{2} k_B T$ である．1 mol の気体の運動エネルギー $\overline{E_k}$ は，アボガドロ数を N_A とすると，

$$\overline{E_k} = N_A \overline{\varepsilon_k} = \frac{3}{2} k_B N_A T = \frac{3}{2} RT \qquad 13\text{-}2\text{-}1$$

となる．1 mol の気体がその内部にもつエネルギーは，気体内部の個々の分子がもつ平均運動エネルギーの総和であり，これを**内部エネルギー**という．理想気体では，分子間力が無視でき位置エネルギーも無視できる．したがって理想気体では，外部から与えられたエネルギーはすべて気体内部の個々の分子の平均運動エネルギーになる．

1 mol の気体を 1 K 温度上昇させるのに与えなければならない熱量を**モル比熱容量**という．気体では，熱膨張により体積が変化するので，体積を一定に保ちながら温度上昇させる場合と，気体の圧力を一定に保って温度上昇させる場合で，比熱容量が異なる．定積比熱容量を C_v，定圧比熱容量を C_p とする．

定圧変化の場合，定積変化に対して，同じ 1 K 温度上昇をさせる場合でも，外部に気体が膨張する際にする仕事の分だけ，余分にエネルギーが必要である．その仕事 W は，圧力 p のまま，断面積が S のピストンが ΔL だけ押し出されるので（図 13-2-1），

$$W = pS \times \Delta L = p(S\Delta L) = p\Delta V \qquad 13\text{-}2\text{-}2$$

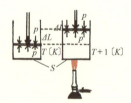

図 13-2-1
シリンダー内の気体にかかる圧力

である．1 mol の気体の温度が T のときの体積を V とし，1 K だけ温度上昇したときの体積を $(V + \Delta V)$ とすれば，気体の状態方程式は，それぞれ，

$$pV = RT, \quad p(V + \Delta V) = R(T+1)$$

となるので，辺々を引いて，

$$W = p\Delta V = R \qquad 13\text{-}2\text{-}3$$

したがって，気体定数 R は，1 mol の気体分子を 1 K だけ加熱して，定圧膨張させるときの仕事に値する．よって，

$$C_p - C_v = R \qquad 13\text{-}2\text{-}4$$

となる.

13.2.2 単原子分子理想気体の定圧モル比熱容量と定積モル比熱容量

単原子分子理想気体の定圧モル比熱容量 C_p と定積モル比熱容量 C_v を求める. 式 13-2-1 から, 絶対温度 T の 1 mol の気体の内部エネルギー U_1 は,

$$U_1 = \frac{3}{2}RT \qquad\qquad 13\text{-}2\text{-}5$$

である. これを 1 K だけ温度上昇させたときの内部エネルギー U_2 は,

$$U_2 = \frac{3}{2}R(T+1) \qquad\qquad 13\text{-}2\text{-}6$$

なので, 内部エネルギーの変化量 ΔU は,

$$\Delta U = U_2 - U_1 = \frac{3}{2}R \qquad\qquad 13\text{-}2\text{-}7$$

膨張による仕事は考えないので, 定積モル比熱容量 C_v は,

$$C_v = \frac{3}{2}R \qquad\qquad 13\text{-}2\text{-}8$$

である. 定圧モル比熱容量 C_p はこの式に R を加えて,

$$C_p = C_v + R = \frac{5}{2}R \qquad\qquad 13\text{-}2\text{-}9$$

となる. また, モル比熱容量の比, 比熱比 γ は,

$$\gamma = \frac{C_p}{C_v} = \frac{\frac{5}{2}R}{\frac{3}{2}R} = \frac{5}{3} \fallingdotseq 1.67 \qquad\qquad 13\text{-}2\text{-}10$$

13.2.3 エネルギー等分配の法則

＜単原子分子におけるエネルギー等分配の法則＞

単原子分子気体は, 空間を並進運動する完全弾性球とみなした. 単原子分子気体の運動方向は, x-y-z 直交座標では x, y, z 方向のいずれも同等であるから, 各方向の平均の速さをそれぞれ $\overline{v_x}, \overline{v_y}, \overline{v_z}$ とすると,

$$\frac{1}{2}m\overline{v_x^2} = \frac{1}{2}m\overline{v_y^2} = \frac{1}{2}m\overline{v_z^2} \qquad\qquad 13\text{-}2\text{-}11$$

が成立する. また, 気体 1 分子の平均運動エネルギーは式 13-2-1 より,

$$\bar{\varepsilon}_k = \frac{1}{2}m(\overline{v_x^2} + \overline{v_y^2} + \overline{v_z^2}) = \frac{3}{2}k_{\mathrm{B}}T \qquad\qquad 13\text{-}2\text{-}12$$

したがって,

$$\frac{1}{2}m\overline{v_x^2} = \frac{1}{2}m\overline{v_y^2} = \frac{1}{2}m\overline{v_z^2} = \frac{1}{2}k_{\mathrm{B}}T \qquad \text{13-2-13}$$

となる．つまり，1方向に対する並進運動エネルギーは $\frac{1}{2}k_{\mathrm{B}}T$ であり，これを x, y, z 方向について合計したものが，1分子の全体のエネルギー $\frac{3}{2}k_{\mathrm{B}}T$ であるということである．

ここで自由度（degree of freedom）を考える．自由度とは，力学系においてその配置を決める座標で，任意に独立な変化をなしうるものの数をいう．この場合，気体分子は，x, y, z 方向にそれぞれ1自由度ずつもっていて，気体分子の自由度は3である．1個の気体分子は，1自由度に対して $\frac{1}{2}k_{\mathrm{B}}T$ ずつエネルギーが分配されている．これを**エネルギー等分配の法則**という．

＜2原子分子におけるエネルギー等分配の法則＞

2原子分子の並進運動は，単原子分子の場合と同じように，x, y, z の3方向への運動を行うことができるので，自由度は3である．

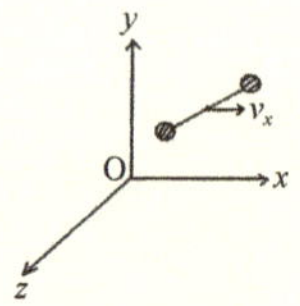

2原子分子は，図 13-2-3 左図のように，回転させることができる．

図 13-2-2
2原子分子の並進運動

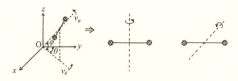

図 13-2-3　2原子分子の回転

図 13-2-3 より，回転運動による自由度は2とわかり，それぞれの自由度について，θ 方向の回転運動を v_θ，φ 方向の回転運動を v_φ とすると，$\frac{1}{2}m\overline{v_\theta^2} = \frac{1}{2}m\overline{v_\varphi^2}$ となる．

さらに，2原子分子においては，常温の範囲では振動しないが，高温になると2つの原子をつなぐ棒の部分が硬いばねのように振動を始める．弾性定数を k とすると，運動エネルギーは $\left\langle \frac{1}{2}mv^2 \right\rangle$，振動の位置エネルギーは $\left\langle \frac{1}{2}kx^2 \right\rangle$ となる．

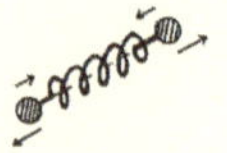

図 13-2-4
2原子分子の振動

$\left\langle \frac{1}{2}kx^2 \right\rangle = \left\langle \frac{1}{2}mv^2 \right\rangle$ なので，運動エネルギー分で $\frac{1}{2}k_{\mathrm{B}}T$，位置エネルギー分で

$\frac{1}{2}k_B T$ が配分され，合計 $\left(\frac{1}{2}k_B T\right) \times 2 = k_B T$ が配分される．

以上から，2原子分子は，常温では並進運動による自由度が3，回転運動による自由度が2で，自由度の合計は5となり，1 molの気体が温度 T でもつ内部エネルギー U は，

$$U = N_A \left(\frac{1}{2}k_B T \times 3 + \frac{1}{2}k_B T \times 2\right) = \frac{5}{2}N_A k_B T = \frac{5}{2}RT \qquad 13\text{-}2\text{-}14$$

よって，

$$C_v = \frac{5}{2}R, \quad C_p = \frac{7}{2}R, \quad \gamma = 1.40 \qquad 13\text{-}2\text{-}15$$

＜3原子分子のモル比熱容量＞

3原子分子を考える場合は，二酸化炭素のように一直線上に並んでいるものと，水のように3原子が一直線上に並んでいないものとを区別する必要がある．二酸化炭素のように原子が一直線上に並ぶ場合は，自由度は2原子分子と同じである．水のような分子の場合は，回転運動の自由度が1つ増えるので，並進運動による自由度が3，回転運動による自由度が3となり，1 molの気体が温度 T でもつ内部エネルギー U は，

図 13-2-5
3原子分子の
回転運動

$$U = N_A \left(\frac{1}{2}k_B T \times 3 + \frac{1}{2}k_B T \times 3\right) = \frac{6}{2}N_A k_B T = \frac{6}{2}RT = 3RT \qquad 13\text{-}2\text{-}16$$

よって，

$$C_v = 3R, \quad C_p = 4R, \quad \gamma = 1.33 \qquad 13\text{-}2\text{-}17$$

となる．一般に，分子の自由度を f で表せば，多原子分子1個の運動エネルギーは，$\bar{\varepsilon}_k = f \cdot \frac{1}{2}k_B T$ なので，1 molの気体の内部エネルギー U は，

$$U = N_A \left(\frac{1}{2}k_B T \times f\right) = \frac{f}{2}N_A k_B T = \frac{f}{2}RT \qquad 13\text{-}2\text{-}18$$

よって，

$$C_v = \frac{f}{2}R, \quad C_p = R + \frac{f}{2}R \qquad 13\text{-}2\text{-}21$$

となる．

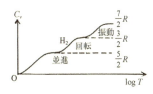

図 13-2-6　水素の比熱

水素分子の温度を広範囲に変化させる場合，低温では並進運動のみで自由度は3で単原子分子のように振る舞うが，温度を上げると回転運

動が始まり自由度は 5 となり，さらに高温にすると，振動の自由度が発生し自由度は 7 となる．

13.3 固体における熱運動
13.3.1 固体の比熱

固体は，結晶の集まりと考えることができる．欠陥のない結晶では，原子は規則正しく並んでおり，結晶内の決まった点に原子が存在している．このような決まった点を格子点という．格子点にある原子には，周囲の原子から分子間力（斥力と引力）が作用しており，原子は格子点を中心に振動する．

図 13-3-1 固体のモデル

13.3.2 デュロン・プティの法則

デュロン（仏）とプティ（仏）は，1819 年に固体元素のモル比熱容量 C は，構成元素の種類によらず $C = 3R = 25$ J/(mol・K) であることを発見した．これをデュロン・プティの法則という．

単原子固体 1 mol のモル比熱容量は，結晶体全体のエネルギーを ε，運動エネルギーを ε_k，位置エネルギーを ε_p とすると，

$$\varepsilon = \varepsilon_k + \varepsilon_p \qquad \text{13-3-1}$$

1 つの原子の熱運動の速度を，$\vec{v} = (v_x, v_y, v_z)$ とし，各原子間がばね定数 k のばねでつながれているとすると，

$$\varepsilon = \frac{1}{2}mv_x^2 + \frac{1}{2}mv_y^2 + \frac{1}{2}mv_z^2 + \frac{1}{2}kx^2 + \frac{1}{2}ky^2 + \frac{1}{2}kz^2$$

となる．x 方向について，

$$\varepsilon_x = \frac{1}{2}mv_x^2 + \frac{1}{2}kx^2 \qquad \text{13-3-2}$$

1 周期についての平均を求めると，

$$\left\langle \frac{1}{2}mv_x^2 \right\rangle = \left\langle \frac{1}{2}kx^2 \right\rangle = \frac{1}{2}k_B T \qquad \text{13-3-3}$$

となり，振動の 1 自由度については，$k_B T$ のエネルギーが分配される．

$$\bar{\varepsilon} = \bar{\varepsilon}_x + \bar{\varepsilon}_y + \bar{\varepsilon}_z = k_B T \times 3 = 3 k_B T$$

結晶体 1 mol の内部エネルギーは，アボガドロ数を N_A とすると，

$$U = 3 k_B T \times N_A = 3 N_A k_B T = 3RT \qquad \text{13-3-4}$$

固体のモル比熱容量 C は，

$$C = 3R = 25 \text{ J/(mol·K)} \qquad 13\text{-}3\text{-}5$$

となる．しかし，低温になると量子効果のためにモル比熱容量は $3R$ より減少する．

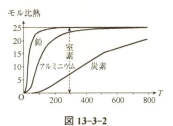

図 13-3-2
固体のモル比熱容量の温度による変化

第14章 熱力学の諸法則

14.1 熱力学第1法則

外界とエネルギーのやり取りがない系では，力学的エネルギーと熱の総和は保存される．これを，熱力学第1法則（the first law of thermodynamics）という．理想気体では分子間力は作用しないと考え，気体の内部エネルギーは気体分子の運動エネルギーの総和と考えてよい．また，仕事は外部からされる仕事を W，外部に対してする仕事を W' とする．$W' = -W$ となる．

14.1.1 定積変化

定積変化では，気体が外部にする仕事は $W' = p\Delta V = 0$ である．

n mol の気体の温度が T_1 のときの気体の内部エネルギーを U_1 とする．外部から

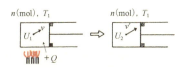

図 14-1-1　定積変化

Q だけ熱を加えると，気体の温度は T_2，気体の内部エネルギーは U_2 になった．内部エネルギーは $\Delta U = U_2 - U_1$ だけ増加したので，

$$\Delta U = Q \qquad 14\text{-}1\text{-}1$$

定積モル比熱容量は C_v なので，$Q = nC_v\Delta T$ である．よって，

$$\Delta U = nC_v\Delta T \qquad 14\text{-}1\text{-}2$$

14.1.2 定圧変化

定圧変化では，圧力 p を一定に保って，外部とつりあいを保ちながらゆっくりと変化（準静的変化）させる．

n mol の気体の温度が T_1 のときの気体の内部エネルギーを U_1 とする．外部から Q だけ熱を加

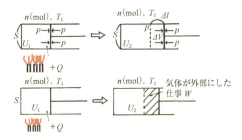

図 14-1-2　定圧変化

えたところ，外部に W' の仕事をし，気体の温度は T_2，気体の内部エネルギーは U_2 になった．このとき，内部エネルギーは $\Delta U = U_2 - U_1$ だけ増加したので，

$$\Delta U = Q - W' = Q + W \qquad \text{14-1-3}$$

定圧モル比熱容量を C_p とすると，$Q = nC_p \Delta T$ であるから，

$$\Delta U = nC_p \Delta T - W' = nC_p \Delta T + W$$

となる．仕事 $W(=-W')$ は，ピストンの断面積を S とすると，

$$W = -F \cdot \Delta L = -(pS)\Delta L = -p\Delta V \qquad \text{14-1-4}$$

である．理想気体の状態方程式 $pV = nRT$ なので，

$$W = -p\Delta V = -\Delta(pV) = -\Delta(nRT) = -nR\Delta T$$

したがって，

$$\Delta U = nC_p \Delta T - nR\Delta T \,;\, \Delta U = nC_v \Delta T \qquad \text{14-1-5}$$

$$\therefore\ \Delta U = nC_v \Delta T = nC_p \Delta T - nR\Delta T$$

$$C_p = C_v + R \qquad \text{14-1-6}$$

14.1.3 等温変化

温度を一定（T）に保って，外部とつりあいを保ちながら準静的変化をさせる．$\Delta T = 0$ なので，気体の内部エネルギーの変化は，式 14-1-6 より，$\Delta U = nC_v \Delta T = 0$ となる．

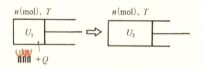

図 14-1-4　等温変化

$$\Delta U = Q + W = Q - W' = 0 \qquad \therefore\ W' = Q$$

また $pV = nRT$ より，$pV = $ 一定 となる（等温曲線，ボイル曲線）ことがわかる．

図 14-1-4 のグラフに示した仕事 W' は，

$$pV = nRT \text{ より } p = \frac{nRT}{V}$$

$$W' = \int_{V_1}^{V_2} p\, dV = \int_{V_1}^{V_2} \frac{nRT}{V} dV = nRT[\log V]_{V_1}^{V_2}$$

$$= nRT(\log V_2 - \log V_1) = nRT \log \frac{V_2}{V_1}$$

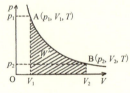

図 14-1-4
等温変化のグラフ

$$\therefore\ W' = nRT \log \frac{V_2}{V_1} = nRT \log \frac{p_1}{p_2} \quad (\because pV = \text{一定}) \qquad \text{14-1-7}$$

$$\therefore\ Q = W' = nRT \log \frac{V_2}{V_1} \qquad \text{14-1-8}$$

14.1.4 断熱変化

　断熱変化では，外部との間で熱のやり取りを行わないまま気体の体積を変化させる．

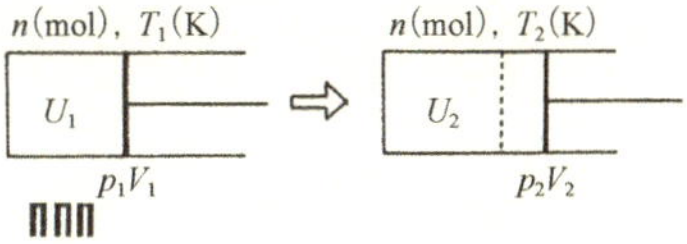

　$Q=0$ なので，熱力学第1法則において，

図14-1-5 断熱変化

$$\Delta U = W = -p\Delta V \qquad 14\text{-}1\text{-}9$$

　式14-1-9より，$\Delta V > 0$ ならば $\Delta U < 0$，$\Delta T < 0$ となり温度が下がる．断熱変化では，気体が膨張して外部に仕事をすると内部エネルギーが減少する．$dU = nC_v dT = W$，$W = -pdV$ より，

$$nC_v dT + pdV = 0 \qquad 14\text{-}1\text{-}10$$

　理想気体の状態方程式より $p = \dfrac{nRT}{V} = \dfrac{n(C_p - C_v)T}{V}$ なので，これを式14-1-10に代入すると，

$$nC_v dT + \frac{n(C_p - C_v)T}{V} \cdot dV \qquad 14\text{-}1\text{-}11$$

　式14-1-11を $nC_v T$ で割ると，

$$\frac{dT}{T} + \left(\frac{C_p}{C_v} - 1\right)\frac{dV}{V} = 0 \qquad 14\text{-}1\text{-}12$$

　ここで比熱比 γ は $\gamma = \dfrac{C_p}{C_v}$ なので，

$$\frac{dT}{T} + (\gamma - 1)\frac{dV}{V} = 0 \qquad 14\text{-}1\text{-}13$$

　式14-1-13を積分すると，

$$\log T + (\gamma - 1)\log V = \text{定数} \qquad \therefore \ \log TV^{(\gamma-1)} = \text{定数} \qquad 14\text{-}1\text{-}14$$

　したがって，

$$TV^{(\gamma-1)} = C \qquad 14\text{-}1\text{-}15$$

　式14-1-15は，理想気体が断熱変化をするときの絶対温度 T と気体の体積 V との関係式である．$\gamma > 1$ なので，膨張すると温度が下がり，圧縮すると温度が上昇することがわかる．

　また，理想気体の状態方程式より $T = \dfrac{pV}{nR}$ なので，これを式14-1-15に代入すると，

$$\frac{pV}{nR}V^{(\gamma-1)} = C \qquad pV^{\gamma} = C \cdot nR = C'$$

$$\therefore pV^{\gamma} = C'$$

これを**ポアソンの法則**といい，理想気体の断熱変化では，圧力と体積の γ 乗の積は一定であることを意味する．

14.1.5 等温曲線と断熱曲線

等温曲線と断熱曲線の関係を p-V グラフにすると図 14-1-6 のようになる．等温曲線では，$pV = nRT$ において $T =$（一定）より，$pdV + Vdp = 0$ となるので，

$$\therefore \frac{dp}{dV} = -\frac{p}{V}$$

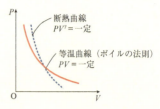

図 14-1-6 等温曲線と断熱曲線

となる．また，断熱曲線では，$pV^{\gamma} = C'$ より，$dpV^{\gamma} + \gamma pV^{\gamma-1}dV = 0$ なので，

$$\therefore \frac{dp}{dV} = -\gamma\frac{p}{V}$$

となる．$1 < \gamma$（< 2）より，**断熱曲線のほうが等温曲線よりも急減少をしている**ことがわかる．

プチ実験　「雲を作ろう」

準備物：500 mL 炭酸飲料用ペットボトル，自転車の空気入れ，6号のゴム栓またはシリコン栓（ネット販売）
実験：①ゴム栓に，自転車の空気入れについているボールに空気を入れる針を貫通するように刺す（水ロケットと同じ要領）．
②ペットボトルの内側がわずかにしめる程度の水を入れ，ゴム栓でふたをする．このとき，温度計を入れておいてもよい．図はシール型液晶温度計．
③ペットボトルに空気を押し込みボトル内部を加圧する．
④この状態で，ゴム栓を一気に外すと，ペットボトルの中に雲ができる．

雲

液晶温度計

14.2 熱力学第2法則

14.2.1 可逆変化と不可逆変化

自然界には，ある方向に向かっての変化は生じるが，逆向きの変化はひとりでには生じないものがある．これを**不可逆変化**という．逆向きの変化が生じ，まわりになんの変化も残さない変化を**可逆変化**という．

<熱の移動>

熱は，高温物体から低温物体へ移動する．逆向きの移動はひとりでには起こらない．この変化は不可逆変化である．

図 14-2-1 熱の移動は不可逆

<自由膨張>

部屋が2つあり，1つの部屋は気体で充満していて，もう1つの部屋は真空である．部屋をしきる壁に穴を開けると，気体が真空の部屋に広

図 14-2-2 自由膨張

がっていく．これを自由膨張という．逆向きの反応はひとりでには起こらない．もとの状態に戻すためには，ピストンに仕事を加えて圧縮しなければならない．このとき熱が発生するが，この熱を100%仕事に戻すことができない．なので，この変化は不可逆変化である．

<拡散>

水に赤インクを1滴落として長い時間放置しておくと，赤インクが液全体に広がるが，逆の反応はひとりでには生じない．この変化も不可逆変化である．

図 14-2-3 拡散

可逆変化には，真空中で揺らす「振り子」など，純粋に力学的な現象がある．図 14-2-4 の振り子の場合，重力による位置エネルギー E_p と運動エネルギー E_k は互いに転換しあい，周期的にもとに戻る．

図 14-2-4 振り子

14.2.2 自然界の不可逆性

図 14-2-5 のように，箱の中に n 個の球（分子とみなす）を入れて，適当に箱を振り混ぜた後に，球が左側にある確率を求める．

ある分子がAにある確率 P は，$P = \dfrac{1}{2}$ である．分子数が n になれば，全分子がAにある確率 P_A は，$P_A = \left(\dfrac{1}{2}\right)^n$ である．もし，$n = 100$ ならば $P_A = \left(\dfrac{1}{2}\right)^{100}$

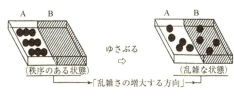

図 14-2-5 乱雑さの増大する方向

≒8×10^{-31} となる．この値は，天文学的に小さな値で起こりにくい．つまり，自然現象は「起こりやすい」方向に向かって進む．すなわち不可逆変化とは「乱雑さ」の増大する方向へ進む変化であるといえる．

14.2.3 熱力学第2法則

摩擦がある水平面上で，物体を滑らせれば，運動エネルギーは摩擦熱に変わり減速し止まる．しかし，物体が周囲の熱を吸収し，それを運動エネルギーに変換して走りだすことはない．つまり，摩擦によって熱が発生する現象は不可逆である．

このことをトムソン（後のケルビン卿）は，「一定温度の1つの熱源から熱を取って，これをすべて仕事に変換することは不可能である」と表現した．これを熱力学第2法則（トムソンの原理）という．

ところで，この不可逆現象をもし可能にする熱機関があるとする．例えば，「海水から熱を得て，この熱を利用してスクリューを回して移動する船は，スクリューを回すので熱を海水に戻すことになる．このように考えた船では，燃料が不要ということになる」．この事例は，熱力学第1法則は満たしてはいるが，熱力学の第2法則を満たさないので，このような熱機関は実在しない．このような不可能な熱機関を第2種永久機関といい，オストワルドの表現ともいう．熱力学第2法則は，いろいろな表現の仕方があるが，経験にもとづく経験法則である．

クラウジウスは，熱力学第2法則を，次のように表現した．

「高温物体から低温物体に熱が移る現象は不可逆である．つまり，熱を低温物体から高温物体に移し，周囲になんの変化も残さないようにすることは不可能である」とである．これを，熱力学第2法則（クラウジウスの原理）という．

14.2.4 熱機関（heat engine）とカルノー・サイクル

18世紀の後半にJ・ワットにより蒸気機関が改良されると，イギリスでは産業革命が進み，19世紀半ばには蒸気機関車，蒸気船が次々と実用化された．次に燃費をどこまで効率よくできるかが課題となった．カルノーは，熱力学第1法則が知られてない時代に，熱効率についての考察を行った．彼は，カルノー・サイクルという理想的な熱機関

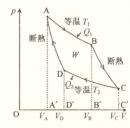

図 14-2-6
カルノー・サイクル

を提案し思考実験を行った．サイクルを行う物質の作業物質には理想気体を用いる．

カルノー・サイクルを用いて，n (mol) の理想気体を，A→B→C→D→A と，高熱源 (T_1) と低熱源 (T_2) の間を一巡させてみる．ただし，サイクルの各過程は準静的過程とする．

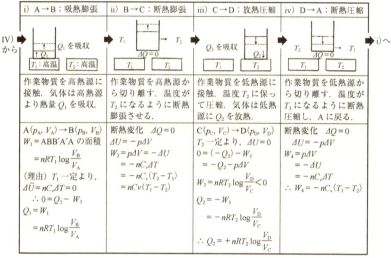

図 14-2-7　カルノー・サイクルにおける各過程

カルノー・サイクルが1サイクル進行する間に，気体が外部にする仕事 W' は，$W' = W'_1 + W'_2 + W'_3 + W'_4$ である．ここで，等温変化には式 14-1-7 を用いて，

$$W' = nRT_1 \log \frac{V_B}{V_A} + nC_v(T_1 - T_2) - nRT_2 \log \frac{V_C}{V_D} - nC_v(T_1 - T_2)$$

$$= nRT_1 \log \frac{V_B}{V_A} - nRT_2 \log \frac{V_C}{V_D}$$

$$= Q_1 - Q_2 \qquad\qquad 14\text{-}2\text{-}3$$

14.2.5　熱効率 e

熱機関が1サイクルの間に外部にする仕事を，この間に受け取った熱量で割った値 e を熱効率という．カルノー・サイクルでの熱効率は，

$$e = \frac{W'}{Q_1} = \frac{Q_1 - Q_2}{Q_1} = 1 - \frac{Q_2}{Q_1} \qquad 14\text{-}2\text{-}4$$

ところで，ポアソンの法則 $TV^{\gamma-1} = \text{const}$ より，

$$T_1 V_B^{\gamma-1} = T_2 V_C^{\gamma-1}, \quad T_2 V_D^{\gamma-1} = T_1 V_A^{\gamma-1}$$

よって,

$$\frac{Q_2}{Q_1} = \frac{nRT_2 \log \frac{V_C}{V_D}}{nRT_2 \log \frac{V_B}{V_A}} = \frac{T_2}{T_1}$$

以上から,

$$e = 1 - \frac{Q_2}{Q_1} = 1 - \frac{T_2}{T_1}, \quad Q_1 : Q_2 : W = T_1 : T_2 : T_1 - T_2 \qquad 14\text{-}2\text{-}5$$

熱効率をよくするためには，$\frac{T_2}{T_1}$ の値をできるだけ小さくすればいいので，T_1 の温度を高くし，T_2 の温度を低くすればよい．熱効率が100%の熱機関にするためには，$Q_2 = 0$ すなわち，$T_2 = 0$ になるが，これは，トムソンの原理に反するので不可能である．

ところでカルノー・サイクルは，途中の過程がすべて準静的過程なので，これを逆転させて，A→D→C→B→Aのように逆回転させてもよい．逆サイクルでは，低熱源より Q_2 を得て，高熱源に Q_1 を放出し，その間に外部から仕

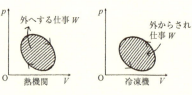

図14-2-8　カルノー・サイクルにおける熱機関と冷凍機

事 W をされる．冷蔵庫や冷房などが該当する．順サイクル（左）では $W' = Q_2 - Q_1$ となり，逆サイクル（右）では $-W' = Q_2 - Q_1$ となる．順サイクルでも逆サイクルでも $W' = Q_2 - Q_1$ である．また，カルノー・サイクルでは，

$$\frac{Q_2}{Q_1} = \frac{T_2}{T_1} \quad i.e. \quad \frac{Q_1}{T_1} = \frac{Q_2}{T_2} \quad \frac{Q_1}{T_1} - \frac{Q_2}{T_2} = \frac{Q_1}{T_1} + \left(-\frac{Q_2}{T_2}\right) = 0 \qquad 14\text{-}2\text{-}6$$

となる．

例題　クラウジウスの原理とトムソンの原理が等しいことを証明せよ．

解答　カルノー・サイクルを ⓒ とし，トムソンの原理を否定するサイクルを ⓒ′ とし，背理法を用いて証明する．

① 「クラウジウスの原理が成立しない場合，トムソンの原理が成立しない」を証明

　Q_2 が，ひとりでに低熱源から高熱源に移動できると仮定する．カルノー・サイクルを動かして，図のように高熱源 H から Q_1 をもらい低熱源 L に Q_2 を放出し,

外部に W' の仕事をしたとする．

高熱源は，Q_1 を放出し Q_2 を受け取るので，
$$-Q_1 + Q_2 = -(W' + Q_2) + Q_2 = -W'$$
となり，外部に仕事 W' のみをしたことになる．

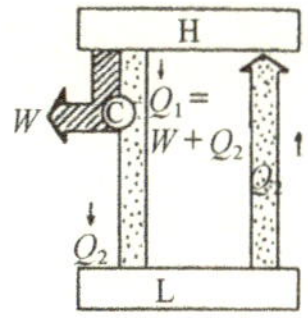

低熱源は，Q_2 を放出し Q_2 を受け取るので，
$$-Q_2 + Q_2 = 0$$

となり変化がない．このことは，熱を100%仕事に変えたことになり「トムソンの原理が不成立」となる．

② 「トムソンの原理が成立しない場合，クラウジウスの原理が成立しない」を証明

サイクルⓒ' により，熱が100%仕事に変わると仮定する．つまり，高熱源から Q を得て，その Q がすべて W' に変わると仮定するので，$Q=W'$ となる．

高熱源は，カルノー・サイクルを逆回転させながら，Q を放出し Q_1 を受け取るので，
$$-Q + Q_1 = -Q + (Q_2 + W') = -Q + (Q_2 + Q) = Q_2$$

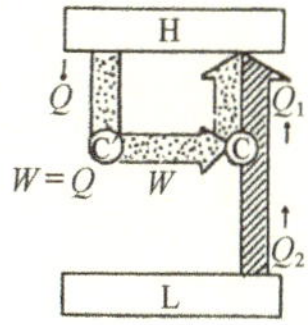

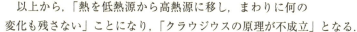

となり，Q_2 だけ高熱源に熱が移動したことになる．

低熱源では，Q_2 が使われた．

以上から，「熱を低熱源から高熱源に移し，まわりに何の変化も残さない」ことになり，「クラウジウスの原理が不成立」となる．

①，②より，クラウジウスの原理とトムソンの原理は同等であることが証明された．(Q. E. D.)

14.2.6 不可逆機関 (irreversible engine)

実在の熱機関は，カルノー・サイクルのような可逆機関とは違って，準静的な変化を行うことはなく，エネルギーの損失がある．したがって，熱機関を逆に操作しても，可逆機関としては動かない．このような熱機関を不可逆機関という．

14.2.7 カルノーの定理

温度が決まっている2つの熱源の間ではたらく可逆機関の効率はすべて等しく，これらの熱源の間ではたらく不可逆機関の効率は可逆機関の効率よりも低い．これをカルノーの定理という．

<可逆機関の効率は最大である>

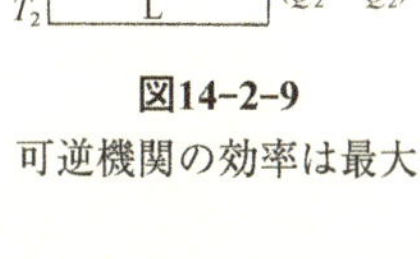

温度 T_1 の高熱源と，温度 T_2 の低熱源の間に，可逆機関Aと不可逆機関Bを入れ，機関Aを逆サイクルで，機関Bを順サイクルで操作する．

機関Bは，高熱源から Q_1' を吸収し，低熱源へ Q_2'

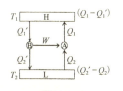

図14-2-9
可逆機関の効率は最大

を放出し，その間に仕事 W' をする．機関 A は，B のする仕事 W' をもらって，低熱源から Q_2 を吸収し，高熱源へ Q_1 を放出する．

　機関 B の効率が機関 A の効率よりも高いと，仮定すると $e_B > e_A$ となる．A，B 両機関はともにもとの状態に戻って，内部エネルギーの変化はないので，$Q_1 - Q_2$，$Q_1' - Q_2'$ は，

$$Q_1 - Q_2 = Q_1' - Q_2' = W' \qquad\qquad 14\text{-}2\text{-}7$$

となるが，$e_B > e_A$ すなわち，$\dfrac{W'}{Q_1'} > \dfrac{W'}{Q_1}$ なので，$Q_1 - Q_1' = Q_2 - Q_2' > 0$ となる．2 つの熱機関を同時に考えると，一方の機関のする仕事はちょうど他方に費やされる．両機関を合わせたものを 1 つの機関と考えると，この機関では他からエネルギーが与えられないまま，熱が高熱源にひとりでに運ばれたことになり，クラウジウスの原理に反する．したがって，$e_B > e_A$ は正しくないから

$$e_A \geqq e_B$$

　あるいは，

$$Q_1 - Q_1' \leqq 0 \ (Q_1 \leqq Q_1')\ ;\ Q_2 - Q_2' \leqq 0 \ (Q_2 \leqq Q_2') \qquad 14\text{-}2\text{-}8$$

でなければならない．

　次に，$e_A = e_B$ とすると，

$$Q_1 - Q_1' = Q_2 - Q_2' = 0 \qquad\qquad 14\text{-}2\text{-}9$$

となり，全体が可逆機関になってしまう．これは，不可逆機関を含むことと矛盾する．したがって，

$$e_A > e_B \qquad\qquad 14\text{-}2\text{-}10$$

でなければならない．

　以上から，可逆機関の効率は最大であるといえる．（Q. E. D.）

＜高熱源と低熱源が決まった熱機関の効率は等しい＞

　図 14-2-11 で不可逆機関とした機関 B も，ここでは可逆機関として，2 つの機関の役割を入れ替えて，同じように，

$$Q_1 - Q_2 = Q_1' - Q_2' = W \qquad\qquad 14\text{-}2\text{-}11$$

$$e_A > e_B \quad i.e. \quad \frac{W}{Q_1} > \frac{W}{Q_1'} \qquad\qquad 14\text{-}2\text{-}12$$

$$Q_1 - Q_1' = Q_2 - Q_2' < 0 \quad \text{すなわち} \quad Q_1' > Q_1\ ;\ Q_2' > Q_2 \qquad 14\text{-}2\text{-}13$$

これはクラウジウスの原理に反する．よって，式 14-2-12 は正しくないので，

$$Q_1 \geqq Q_1'\ ;\ Q_2 \geqq Q_2'\ ; \text{あるいは，} e_A \leqq e_B \qquad\qquad 14\text{-}2\text{-}14$$

である.以上,式 14-2-8,式 14-2-10,式 14-2-14 より,

$$e_A = e_B \qquad\qquad 14\text{-}2\text{-}15$$

よって,決められた 2 つの熱源の間ではたらく可逆機関の効率はすべて等しい.

例題 水の沸点と凝固点との間にはたらく可逆機関の効率を求めよ.

解答
$$e = \frac{T_1 - T_2}{T_1}$$
$$= \frac{373 - 273}{373}$$

モーター	……60〜90%	発電機	……95% 以上
蒸気タービン	……約40%	乾電池	……約90%
ディーゼル機関で	……35〜40%	燃料電池	……約60%
ガソリン機関で	……20〜30%	原子炉	……約30%
蒸気機関で	……18〜20%	太陽電池	……20〜25%

$$= \frac{100}{373} \approx 0.27$$

補足 これが,上記の熱機関の最大効率で,どんな熱機関も最大効率を超えることはできない.熱機関の効率を見ると,歴史的に蒸気機関車がディーゼル機関車に代わりモーターで走る電車へと代わってきたことがわかる.

14.2.8 熱力学的温度 (thermodynamical temperature)

カルノーは,可逆機関の効率が,可逆機関の種類や作業物質によらないことを示した.トムソンは,カルノーのこの考えから物質の個性によらない温度を,次のように提案した(1848 年).

高熱源から Q_1 の熱量を吸収し,低熱源に Q_2 の熱量を放出する可逆機関の熱効率 e は,

$$e = \frac{Q_1 - Q_2}{Q_1} = 1 - \frac{Q_2}{Q_1} \qquad\qquad 14\text{-}2\text{-}16$$

である.式 14-2-16 の右辺第 2 項の $\frac{Q_2}{Q_1}$ は,両熱源の温度だけに関係し,作業物質の種類によらない.この機関を 1 サイクル操作すると,外部に $Q_1 - Q_2$ だけの仕事が取りだせ,操作を 2 サイクル行うとこの仕事の 2 倍の仕事が取りだせる.$\frac{Q_2}{Q_1}$ の値は一定で,熱源の状態に関係するのは温度だけであるから,両熱源の温度を θ_1, θ_2 とおけば,

$$\frac{Q_2}{Q_1} = \frac{\theta_2}{\theta_1} \qquad\qquad 14\text{-}2\text{-}17$$

となる.このようにして決めた温度を熱力学的温度という.

可逆機関の熱効率 e は 1 より大きくならないので,Q_2 は負にはならない.したがって $Q_2 = 0$ のときに,熱源の温度の最低値となる.よって $\theta_2 = 0$ とできる.この温度を熱力学的温度の零度とすると,温度は式 14-2-17 で求める

ことができる．この温度は，その比が決まるだけで，1目盛りの大きさは勝手に定めることができる．そこで，摂氏温度目盛の決め方と同じように，1気圧のもとで，沸騰する水の温度を θ_B，融解する温度を氷の温度 θ_0 とし，

$$\theta_B - \theta_0 = 100 \text{ 度} \tag{14-2-18}$$

とする．この両温度間で可逆サイクルを操作するときの熱を $Q_B,\ Q_0$ とすれば，式14-2-17より，

$$\frac{\theta_B}{\theta_0} = \frac{\theta_B + 100}{\theta_0} = \frac{Q_B}{Q_0} \tag{14-2-19}$$

となる．

ところで，式14-2-19の右辺の $\dfrac{Q_B}{Q_0}$ は，原理的には実測でき，物質の種類によらず一定となるので，$\theta_0 = 273.15$ と決めることができる．したがって，未知の温度の熱源と水の氷点の熱源の間で可逆サイクルを操作すると，未知の熱源の温度を求めることができ，

$$\frac{\theta}{\theta_0} = \frac{Q}{Q_0} \qquad \text{すなわち} \quad \theta = 273.15 \times \frac{Q}{Q_0} \tag{14-2-20}$$

と求まる．これによる目盛りが熱力学的温度目盛で，温度の単位は，これまでと同じく記号 K を用いる．

理想気体を用いたカルノー・サイクルでは，$\dfrac{Q_1}{T_1} = \dfrac{Q_2}{T_2}$ が成立し，温度 T は理想気体による絶対温度である．両熱源の一方を理想気体による水の沸点の温度 T として，他方を水の凝固点の温度 T_0 とすると，

$$\frac{T}{T_0} = \frac{Q}{Q_0} \tag{14-2-21}$$

より，

$$\frac{T}{T_0} = \frac{\theta}{\theta_0} \tag{14-2-22}$$

となる．理想気体による絶対温度も水の沸点と凝固点との差は，定義より100度なので，

$$\frac{T_0 + 100}{T_0} = \frac{\theta_0 + 100}{\theta_0} \tag{14-2-23}$$

ゆえに，

$$T_0 = \theta_0 \tag{14-2-24}$$

となる．したがって，式14-2-24を式14-2-22に代入すると，

$$T = \theta \tag{14-2-25}$$

となり，熱力学的絶対温度と，理想気体によって定められた絶対温度は一致する．

14.3 エントロピー

エントロピーは，物質を構成する分子や原子の運動の乱雑さと結びついた量である．温度 T_1 の高温熱源から熱 Q_1 を吸収し，温度 T_2 の低温熱源に熱 Q_2 を放出する可逆機関では $\dfrac{Q_1}{T_1}=\dfrac{Q_2}{T_2}$ という関係があり，この $\dfrac{Q}{T}$ がエントロピーに関係する．

14.3.1 可逆変化と不可逆変化

温度 T_1 の高温熱源から Q_1 の熱量を吸収し，温度 T_2 の低温熱源に Q_2 の熱量を放出するカルノー・サイクルⒶが，2つのサイクルⒷ，Ⓒでできていると考えてみよう．

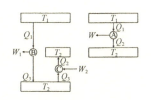

図 **14-3-1**
カルノー・サイクルⒶⒷⒸ

Ⓑ，Ⓒの機関が外部にした仕事は，$W_1' - W_2'$ である．

$$W_1' = Q_1 - Q_3 ;$$
$$W_2' = -(Q_3 - Q_2)$$

なので，

$$\begin{aligned} W_1' - W_2' &= (Q_1 - Q_3) - \{-(Q_3 - Q_2)\} \\ &= Q_1 - Q_2 = W' \end{aligned}$$
$$\therefore W' = W_1' - W_2' \qquad 14\text{-}3\text{-}1$$

熱機関Ⓑ，Ⓒが外部にした仕事は熱機関Ⓐが外部にした仕事 W' と同じである．

第3の熱源 T_3 の温度を絶対温度1Kに設定する．ある熱機関が温度 T_1 で Q_1 を吸収し，1Kの熱源で Q を放出する場合，T_1 と T_2 の熱源間ではたらく熱機関は，T_1 と1Kの熱源間で順サイクルを行い，T_2 と1Kの熱源間で逆サイクルを行う機関であると考えてよい．Q_S を1Kの熱源で吸収・放出された熱とすると，

$$\dfrac{Q_1}{T_1} = \dfrac{Q_S}{1}, \quad \dfrac{Q_2}{T_2} = \dfrac{Q_S}{1} \qquad 14\text{-}3\text{-}2$$

したがって，

$$\frac{Q_1}{T_1} = \frac{Q_2}{T_2} = \frac{Q_S}{1} = S \qquad 14\text{-}3\text{-}3$$

と書ける．ここで S はこのサイクルにおける任意の温度 T と，温度 T における吸収または放出熱量 Q の比の値であり，

図 14-3-2 カルノー・サイクルの例

$$S = \frac{Q}{T} \qquad 14\text{-}3\text{-}4$$

となる．この値は，温度によらず一定である．また，$Q_S = 1 \times S$ なので，この比の値は，カルノー・サイクルの低温熱源が 1K のときに，熱機関から低温熱源に放出する熱量を示す．カルノー・サイクルによって 1K の熱源が熱機関より得る熱量 Q_S がわかれば $Q_S = 1 \times S$ より，S の値がわかる．温度 T の熱源から得る熱量は $Q = ST$ である．したがって，このとき熱機関が 1K になるまでにする仕事は，

$$W = Q - Q_S = S(T-1) \qquad 14\text{-}3\text{-}5$$

カルノー・サイクルでは，$\frac{Q_1}{T_1} = \frac{Q_2}{T_2}$ であったが，この機関と同一条件ではたらく不可逆機関の熱効率を e とすると，

$$e = \frac{Q_1 - Q_2}{Q_1} < \frac{T_1 - T_2}{T_1} \qquad \therefore \frac{Q_1}{T_1} < \frac{Q_2}{T_2} \qquad 14\text{-}3\text{-}6$$

となる．Q_1, Q_2 の符号は，吸収の場合には正，放出の場合には負とする．

$$\text{可逆機関}：\frac{Q_1}{T_1} + \frac{Q_2}{T_2} = 0 \qquad 14\text{-}3\text{-}7$$

$$\text{不可逆機関}：\frac{Q_1}{T_1} + \frac{Q_2}{T_2} < 0 \qquad 14\text{-}3\text{-}8$$

式 14-3-7 は，等温可逆過程で，系が温度 T の熱源から熱 Q を受け取ると，系の S の値は $\frac{Q}{T}$ 増加するが，熱 Q を放出した熱源の S の値は $\frac{Q}{T}$ だけ減少するので，系と熱源の全体の S の値は変化しないことを意味する．

ところで，高熱源の温度が T_n で，低熱源の温度が T_1 の熱源の間を，任意の物体が準静的に任意の変化を行い，最後にもとの状態に戻ったとする．この準静的なサイクルを図 14-3-3 のように多数のカルノー・サイクルに分割し，各熱源の温度を，$T_1, T_2, T_3, \ldots, T_n$ とする．

それぞれのカルノー・サイクルで，同じ熱源から熱を受け取ったり，これに熱を与えたりするので，差し引き，各

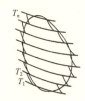

図 14-3-3 多数のカルノー・サイクルに分割

熱源で受け取る熱量を Q_1, Q_2, Q_3, ……, Q_n とすると，準静的な変化で可逆変化を行うので，各カルノー・サイクルについて，$\dfrac{Q_1}{T_1}+\dfrac{Q_2}{T_2}=0$ 等々が成立し，全体として，

$$\frac{Q_1}{T_1}+\frac{Q_2}{T_2}+\cdots\cdots+\frac{Q_n}{T_n}=\sum_{i=1}^{n}\frac{Q_i}{T_i}=0 \qquad\text{14-3-9}$$

が成立する．無数のカルノー・サイクルに分けた極限では，和 Σ は積分になるので，

$$\sum\frac{Q_i}{T_i}=\oint\frac{dQ}{T}=0 \qquad\text{14-3-10}$$

と書くことができる．$\oint$ は，物体がある状態から変化して，またもとの状態に戻るまでの 1 サイクルの積分を意味する．

不可逆サイクルの場合は，$\dfrac{Q_1}{T_1}+\dfrac{Q_2}{T_2}<0$ 等々により，

$$\sum\frac{Q_i}{T_i}=\oint\frac{dQ}{T}<0 \qquad\text{14-3-11}$$

となる．式 14-3-11 をクラウジウスの不等式という．

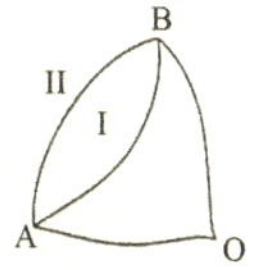

ところで，このサイクルの道筋は任意なので，図 14-3-4 のように，状態 A からスタートし，道筋 I を通って状態 B に至り，その後，別の道筋 II を通って状態 A に戻る過程で考えると，式 14-3-10 は，

$$\int_{\text{AI B}}\frac{dQ}{T}+\int_{\text{BII A}}\frac{dQ}{T}=0 \qquad\text{14-3-12}$$

と書ける．準静的変化 II を逆にたどれば熱の吸収，放出が逆なので，

$$\int_{\text{BII A}}\frac{dQ}{T}=-\int_{\text{AII B}}\frac{dQ}{T} \qquad\text{14-3-13}$$

である．よって，

$$\int_{\text{AI B}}\frac{dQ}{T}=\int_{\text{AII B}}\frac{dQ}{T} \qquad\text{14-3-14}$$

となり，$\displaystyle\int_{\text{A}}^{\text{B}}\frac{dQ}{T}$ は道筋によらないで，状態 A と状態 B だけで決まる．

そこで，1 つの基準 O を考え，準静的変化に沿って，

$$\int_{\text{A}}^{\text{B}}\frac{dQ}{T}=S(\text{B})-S(\text{A})$$

図 14-3-4
状態 A から状態 B への変化

$$S_A = \int_O^A \frac{dQ}{T} \,;\, S_B = \int_O^B \frac{dQ}{T} \qquad 14\text{-}3\text{-}15$$

を決めれば，これらは，それぞれ状態 O と A，状態 O と B だけで決まるので，

$$\int_A^B \frac{dQ}{T} = \int_A^O \frac{dQ}{T} + \int_O^B \frac{dQ}{T} = \int_O^B \frac{dQ}{T} - \int_O^A \frac{dQ}{T} \qquad 14\text{-}3\text{-}16$$

となる．したがって，A→B の準静的変化をする間に温度 T で物体が受け取れる熱量を dQ とすると，

$$\int_A^B \frac{dQ}{T} = S_B - S_A \qquad 14\text{-}3\text{-}17$$

となる．S は状態で決まる量なので状態量である．この状態量 S をエントロピーという．そして，その微分は，エントロピーの微小な変化量で式 14-3-18 のように表せる．

$$dS = \frac{dQ}{T} \qquad 14\text{-}3\text{-}18$$

エントロピー S の定義

① A，B 間のエントロピーの差　　　$S_B - S_A = \int_A^B \frac{dQ}{T}$

② 微分による定義　　　　　　　　　$dS = \frac{dQ}{T}$

14.3.2 熱力学第 3 法則（ネルンストの定理）

エントロピーは，ある基準状態における値が決まらないと，その状態での値は求まらない．そこで，その基準量として，絶対温度 0 K の平衡状態にある系のエントロピー S の値を 0 と定めると，絶対温度 T の状態にある系がもつエントロピー S は，

$$S = \int_0^T \frac{dQ}{T} \quad \text{ただし，} T=0 \text{ のとき } S=0 \qquad 14\text{-}3\text{-}19$$

と求めることができる．

14.3.3 エントロピー増大の法則

ある系が，不可逆過程 I の道筋に沿って，状態 B から状態 A まで変化し，次に可逆過程 II の道筋を通って，始めの状態 B に戻るサイクルを考える．このサイクルは全体としては不可逆であるから，

図 14-3-5
状態 B から状態 A へは不可逆過程，状態から状態 B へは可逆過程

$$\oint \frac{dQ}{T} = \int_{A}^{B} \frac{dQ}{T} + \int_{B}^{A} \frac{dQ}{T} < 0 \qquad \text{14-3-20}$$

である．A→Bの過程は可逆過程なので，

$$\int_{B}^{A} \frac{dQ}{T} = S_B - S_A \qquad \text{14-3-21}$$

であるが，B→Aの過程は不可逆過程なので，

$$\int_{A}^{B} \frac{dQ}{T} < S_A - S_B \qquad \text{14-3-22}$$

である．なお S_A, S_B は，状態A，Bでのエントロピーを示すものとする．式14-3-22は，1つの系が不可逆変化により，状態Bから状態Aに移るとき，$\int_{B}^{A} \frac{dQ}{T}$ は，状態A，Bのエントロピーの差より小さいことを示している．

状態A，Bが近接している場合，両辺を微分すると，左辺は $\frac{dQ}{T}$ となり，右辺は dS となるから，式14-3-22は，

$$\frac{dQ}{T} < dS \qquad \text{14-3-23}$$

となる．系を断熱的に，孤立系として不可逆変化させると，

$$dQ = 0 \qquad \text{14-3-24}$$

なので，式14-3-22から，

$$S_A - S_B > 0 \quad \therefore S_A > S_B \qquad \text{14-3-25}$$

となる．すなわち，B→Aの不可逆変化をさせると，エントロピーは増大する．

> **エントロピー増大の法則**
> 孤立系（断熱系）が不可逆変化をすると，変化後の状態でのエントロピーは変化前の状態でのエントロピーよりも増大する．

14.3.4　ボルツマンの原理 $S = k_B \log W$

熱力学と統計力学の創始者ボルツマンの墓は，ウィーンに移されていて，ベートーベンなどの音楽家の墓地の近くにあり，墓石には「$S = k \log W$」という数式が掘られている．

S はエントロピー，k はボルツマン定数，そして W は系がとりうる微視的状態の数（例．複数の分子がとりうる運動パターンの数）を表す．

写真提供：
近重悠一

図 14-3-6
ボルツマンの墓

それでは $S\,(=k_{\mathrm{B}}\log W)$ と $dS=\dfrac{dQ}{T}$ との間の関係を見てみる.

空間 V を，ある v_0 のサイズに分割した場合，その区画の数 N は，$N=\dfrac{V}{v_0}$ となる．v_0 は次のように考える．標準状態（1 気圧，0℃）の 1 mol の気体分子 1 個が，平均的に占める空間の大きさを $\bar{v}$ とすると，

$$\bar{v}=\frac{22.4\times10^{-3}}{6.02\times10^{23}}=3.72\times10^{-26}\,\mathrm{m}^3 \qquad\qquad 14\text{-}3\text{-}26$$

である．一方，気体分子の原子・分子の大きさは 10^{-10} m 程度なので，気体分子 1 個あたりの体積 v_m は，$v_m=10^{-30}$ m^3 程度となるので，v_0 は $\bar{v}\gg v_0\gg v_m$ を満たす.

さて，気体の微視的状態数 W は，この N 個の区画に，各分子がどのように入っているかという場合の数である．分子数を 1 mol としているので，アボガドロ数個 $N_{\mathrm{A}}=K$ 存在する.

1 番目の分子が入る場所は N 通りある．2 番目の分子が入る場所も N 通り，3 番目も N 通りとすると，

$$W=N^K \qquad\qquad 14\text{-}3\text{-}27$$

となる．両辺の対数をとると，

$$\log W=K\log N \qquad\qquad 14\text{-}3\text{-}28$$

ところで，$N=V/v_0$，$N_{\mathrm{A}}=K$ なので，

$$\log W=N_{\mathrm{A}}\log\left(\frac{V}{v_0}\right)=N_{\mathrm{A}}(\log V-\log v_0)$$

ここで，両辺にボルツマン定数 k_{B} を掛けると，

$$k_{\mathrm{B}}\log W=k_{\mathrm{B}}N_{\mathrm{A}}(\log V-\log v_0)=R(\log V-\log v_0) \qquad 14\text{-}3\text{-}29$$

ところで状態 A→B の自由膨張のエントロピーの変化は，

$$S_{\mathrm{B}}-S_{\mathrm{A}}=\sum\frac{dQ}{T}=\sum\frac{p\varDelta T}{T}=\sum\frac{R\varDelta V}{V}=\int_{V_{\mathrm{A}}}^{V_{\mathrm{B}}}\frac{RdV}{V}$$

$$\therefore\ S_{\mathrm{B}}-S_{\mathrm{A}}=R(\log V_{\mathrm{B}}-\log V_{\mathrm{A}}) \qquad\qquad 14\text{-}3\text{-}30$$

$$S_{\mathrm{B}}-S_{\mathrm{A}}=R(\log V_{\mathrm{B}}-\log V_{\mathrm{A}})=k_{\mathrm{B}}(\log W_{\mathrm{B}}-\log W_{\mathrm{A}}) \qquad 14\text{-}3\text{-}31$$

以上から，

$$S=k_{\mathrm{B}}\log W \qquad\qquad 14\text{-}3\text{-}32$$

となる.

第4編 電磁気学

第15章 静電気

15.1 電荷と真空静電場
15.1.1 静電気研究の歴史

B.C.6世紀頃，古代ギリシアのターレスは，琥珀を摩擦すると，ほこりや羽毛を引きつけることを発見した．これは摩擦電気とよばれた．英語のelectronやelectricityは，琥珀のギリシア語の$ηλεκτρον$に由来している．16世紀末には，エリザベス女王の侍医であったギルバートは，『磁石』("De Magnet", 1600年）という書物で，electricusという言葉を初めて使った．摩擦によって羽毛などを引きつける物質を電気性物質とした．それに対して金属などは非電気性物質とした．ゲーリケ（独）は，1660年に硫黄球を回転させそれを手で摩擦することで帯電させる起電機を作った．国内では，平賀源内は1776年にエレキテルで実験を行った．グレイ（英）は，1729年に，発生した電気を逃がすもの，つまり電気を通す導体を非電気性物質，逆に不導体つまり絶縁体を電気性物質とした．

デュフェイ（仏）は，1733年に「電気の二流体説」を提唱し，「ガラス棒を絹で摩擦したとき発生する電気」と，「樹脂を猫の皮で摩擦したとき発生する電気」とは，性質が異なるとし，電気には2種類あることを提唱した．同種の電気間には斥力が作用し，異種の電気間には引力が作用する．異種の電気を接触させると中和することがわかった．1745年頃，独，蘭などで，電気実験が流行した．独では公開の見世物も行われた．ミュッセンブルク（蘭）は，大量の電気を蓄えられるライデン瓶（1746年，コンデンサーの一種）をライデン大学で開発した．フランクリン（米）は，1750年に「電気の一流体説」を提唱．ガラス電気は，電気が過

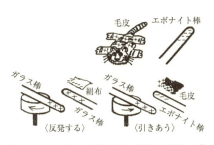

図15-1-1 ガラス棒と絹，樹脂と猫皮の摩擦電気

図15-1-2 ライデン瓶

剰な場合とし，プラスの電気とした．樹脂電気は電気が不足な場合とし，マイナスの電気とした．また，1752年には，「たこあげ実験」を行い，雷の稲妻は，空中放電によるものであることを示した．クーロン（仏）は，1785年に静電気についてクーロンの法則を発見した．また同年，磁気についてのクーロンの法則を発見している．ベネット（英）は，1786年に金箔検電器を発明した．

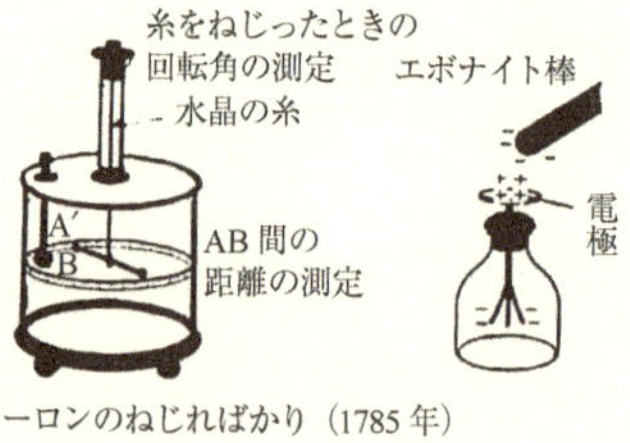

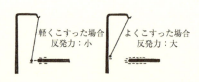

図 15-1-3　クーロンのねじればかりと箔検電器

15.1.2　電荷

エボナイト棒を毛皮で擦ると，エボナイト棒には負の電気が，ガラス棒を絹布で擦るとガラス棒には正の電気が生じる．物体が電気を帯びることを帯電または荷電といい，物体がもっている電気を電荷，電気の量を電気量という．

図 15-1-4　帯電量の実験

はじめ電気的に中性であった2物体を摩擦して電気を起こし，その後この2物体を接触させると再び中性になる．2物体に生じた電気量が等量異種であったことがわかる．これを電荷保存則という．

それぞれの物質が，正に帯電しやすいか，負に帯電しやすいかを表したものを帯電列という．両端のもの同士を用いるほど帯電しやすい．

（＋）毛皮－フランネル－象牙－羽毛－水晶－フリントガラス－綿－絹－ゴム－硫黄－セルロイド－エボナイト（－）

物体の帯電の正負はさまざまな条件で変化するが，材料により上のような傾向がある．

図 15-1-5　帯電列

摩擦は，物体表面で行われる現象で，帯電列は物体表面の状態，温度，湿

度などによって変わることがある.

プチ実験 「正電荷と負電荷」

ストローを2本用意する.紙コップの底を上にして,その底に押しピンを上向きにしてセロハンテープで止める.この上に,1本のストローを天秤のように置く.再度2本のストローをティッシュペーパーで擦るとストローはマイナスに帯電する.1本を天秤にし,もう1本を近づけると,天秤のストローは反発して逃げる.手でもつストローをプラスチック消しゴムで擦るとプラスに帯電するので,天秤のストローは引き寄せられる.

15.1.3 クーロンの法則

電気振り子の実験で,帯電した物体の距離を近づけると振り子はより強く反発する.また,帯電量が多くなると振り子の反発が強くなる.クーロンは,より精密な測定を行い,作用する力は距離の逆自乗に比例し,電気量に比例することを明らかにした.比例定数を k として数式で表現すると,r だけ離れた2つの電荷 q_1, q_2 に作用する力 F は,

$$F = k\frac{q_1 q_2}{r^2} \quad (F>0;斥力,\ F<0;引力) \qquad 15\text{-}1\text{-}2$$

MKS単位系での電荷の単位は,C（クーロン）で,その大きさは真空中で等量の電荷を1m離して置いたとき,互いに作用する力の大きさが

$$F = \frac{c^2}{10^7} \ (\mathrm{N}) \fallingdotseq 9.0 \times 10^9 \ \mathrm{N} \qquad 15\text{-}1\text{-}3$$

となる電荷が1Cである.c は光速で $c = 3.0 \times 10^8$ m/s である.よって,式15-1-2の比例定数 k は,$k \approx 9.0 \times 10^9 = \dfrac{1}{4\pi_0 \varepsilon}$ となる.ε_0 は,真空の誘電率といい,$\varepsilon_0 = \dfrac{10^7}{4\pi c^2} = 8.85 \times 10^{-2}$ F/m である.

以上から,クーロンの法則は,

$$F = k\frac{q_1 q_2}{r^2} = 9.0 \times 10^9 \frac{q_1 q_2}{r^2} = \frac{1}{4\pi\varepsilon_0} \cdot \frac{q_1 q_2}{r^2} \ (\mathrm{N}) \qquad 15\text{-}1\text{-}4$$

例題 1Cの電荷を1m離して置くためには,どのくらいの力で支えなければならないか.

解答 $F = 9.0 \times 10^9 \dfrac{1 \times 1}{1^2} = 9.0 \times 10^9$ N

ところで,力 F はベクトルである.q_1 から q_2 に向かうベクトルを $\boldsymbol{r}$,その大きさを $r = |\boldsymbol{r}|$ とおくと,$\boldsymbol{r}$ と同じ向きの単位ベクトル $\boldsymbol{e}$ は,$\boldsymbol{e} = \dfrac{\boldsymbol{r}}{r}$ と表せるので,

$$F=\frac{1}{4\pi\varepsilon_0}\cdot\frac{q_1q_2}{r^2}e \quad , \quad F=\frac{1}{4\pi\varepsilon_0}\cdot\frac{q_1q_2}{r^3}r$$

15.1.4 電場（electric field）

　真空中のある1点に電荷Qをおき，この電荷からr離れたところに，試験用の電荷として$+1$Cの電荷をおくと，クーロンの法則により，

$$F=\frac{1}{4\pi\varepsilon_0}\cdot\frac{Q\times1}{r^2} \tag{15-1-7}$$

の大きさの力を受ける．$+1$Cの電荷を取り除き$+2$Cの電荷と置き換えると，

$$F=\frac{1}{4\pi\varepsilon_0}\cdot\frac{Q\times2}{r^2} \tag{15-1-8}$$

の大きさの力を受ける．$+2$Cの電荷を取り除き$+3$Cの電荷と置き換えると，

$$F=\frac{1}{4\pi\varepsilon_0}\cdot\frac{Q\times3}{r^2} \tag{15-1-9}$$

これを繰り返し，任意の$+q$の電荷と置き換えると，

$$F=\frac{1}{4\pi\varepsilon_0}\cdot\frac{Q\times q}{r^2} \tag{15-1-10}$$

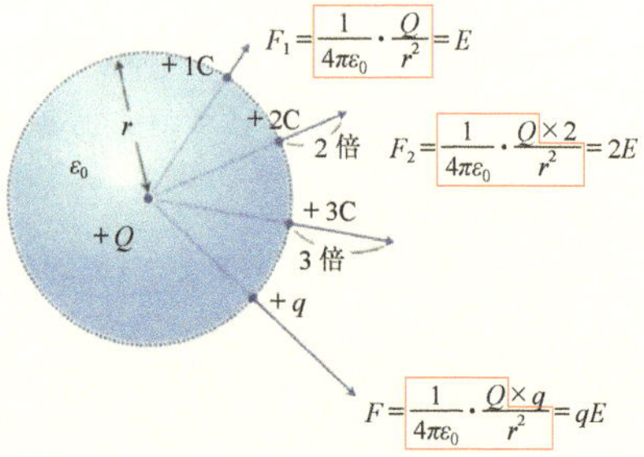

図 15-1-5　電　場

の大きさの力を受ける．位置rを決めると，その位置に置いた電荷が受ける力Fの大きさは，その電荷の大きさに比例する．ここで，$\dfrac{1}{4\pi\varepsilon_0}\cdot\dfrac{Q}{r^2}$を比例定数とし，$E$とおくと，

$$E=\frac{1}{4\pi\varepsilon_0}\cdot\frac{Q}{r^2} \tag{15-1-11}$$

と書ける．電荷Qのまわりの空間は，電荷Qのために変化を受け，他の電荷をおくと電気的な力が作用する．このような空間を電場という．電荷Qのまわりに$+1$Cの試験用の電荷をもっていった場合に，試験用の電荷が受ける力の大きさを電場の強さ E という．

　また，$F=\dfrac{1}{4\pi\varepsilon_0}\cdot\dfrac{Q\times q}{r^2}=q\times\dfrac{1}{4\pi\varepsilon_0}\cdot\dfrac{Q}{r^2}=qE$ より，

$$F=qE \quad , \quad E=\frac{F}{q} \tag{15-1-12}$$

　電場Eを，eを単位ベクトルとして，ベクトルで表すと，

$$E = \frac{1}{4\pi\varepsilon_0} \cdot \frac{Q}{r^2} e \quad , \quad E = \frac{1}{4\pi\varepsilon_0} \cdot \frac{Q}{r^3} r \qquad 15\text{-}1\text{-}13$$

と表せる．

15.1.5 電気力線 N

19世紀の中頃には静電気力は電荷間に直接に瞬間的に作用する（遠隔作用）と考えられていたが，ファラデーは電気力線を考案し近接作用を提案した．電気力線は，正電荷から出て負の電荷に入る．また，長さの方向には縮まろうとし，隣合う電気力線同士は反発しあう．電気力線の接線方向は，その点における電場の方向を示す．

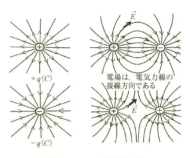

図 15-1-7 電気力線

電気力線は，その密度が電場の強さを示すように描くと約束する．電場の強さが E の点では，電場に垂直な単位面積 $1\,\mathrm{m}^2$ あたりに E 本の割合で引く．図 15-1-6 のように，電場の強さが E の場合，電場に垂直な面積 S の面を貫く電気力線の総本数 N は，

$$N = ES \text{ 本} \qquad 15\text{-}1\text{-}14$$

図 15-1-8
電気力線の本数

である．

> **例題** 点電荷 $+q$ からでる電気力線の総本数を求めよ．ただし，真空の誘電率を ε_0 とする．

解答 点電荷 q から r 離れた位置での電場の強さ E は，

$$E = \frac{1}{4\pi\varepsilon_0} \cdot \frac{Q}{r^2}$$

なので，この球面の $1\,\mathrm{m}^2$ あたりには，$E = \dfrac{1}{4\pi\varepsilon_0} \cdot \dfrac{Q}{r^2}$ 本の電気力線が貫くので，球面全体で受ける全電気力線の本数は，

$$N = ES = \left(\frac{1}{4\pi\varepsilon_0} \cdot \frac{Q}{r^2}\right) \times (4\pi r^2) \quad \therefore N = \frac{Q}{\varepsilon_0} \quad \text{（答）}$$

補足 上式で 4π が消えた．π は 3.1415… と続く無理数で，π が消えて有理化されたことになるから，この単位系を有理化単位系という．

15.1.6 電束 Ψ

真空中におかれた $+q$ の点電荷からでる電気力線の本数を $N = \dfrac{q}{\varepsilon_0}$ としたが, 分母 ε_0 を払って $\Psi = \varepsilon_0 N = q$ とおき, $+q$ の電荷からは $+q$ 本の電束がでると決めると, $1\,\text{m}^2$ あたりを貫く電束, すなわち電束密度 D は,

$$D = \frac{\Psi}{S} = \frac{\varepsilon_0 N}{S} = \frac{\varepsilon_0 ES}{S} = \varepsilon_0 E \qquad 15\text{-}1\text{-}15$$

となる.

15.2 ガウスの法則
15.2.1 ガウスの法則の導出

真空中に1個の電荷 $+q$ がある. これを内部に含むように自由に閉曲面 S を考える. S を細分してその1つの小片 dS に立てた外向きの垂直な単位法線ベクトルを $\boldsymbol{n}$ とし, 点電荷 q が dS のところにつくる電場を $\boldsymbol{E}$, また $\boldsymbol{E}$ と $\boldsymbol{n}$ との間の角を θ, q から dS の距離を r とする.

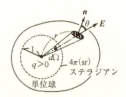

図15-2-1 ガウスの法則

q と dS の周縁を通る直線群のつくる錐面が q を中心とした半径1の球から切りとる面積を $d\Omega$ とする ($d\Omega$ を q が dS をみこむ立体角という). dS で, 錐面を垂直に切った切り口の断面積を dS' とすると,

図15-2-2 dS' 面

$$\frac{d\Omega}{1} = \frac{dS'}{r^2} \qquad \therefore\ dS' = r^2 d\Omega = \cos\theta \cdot dS$$

となる. ところで, $E\cos\theta \cdot dS$ という量を考えると, $E = \dfrac{1}{4\pi\varepsilon_0} \cdot \dfrac{q}{r^2}$ より,

$$E\cos\theta \cdot dS = \frac{q}{4\pi\varepsilon_0} \cdot \frac{1}{r^2} \cdot \cos\theta \cdot dS = \frac{q}{4\pi\varepsilon_0} d\Omega$$

また, $E\cos\theta$ は $\boldsymbol{E}$ の $\boldsymbol{n}$ 方向の成分なので, これを $E_n = \boldsymbol{E}\cdot\boldsymbol{n}$ と書くと,

$$\boldsymbol{E}\cdot\boldsymbol{n}\,dS = \frac{q}{4\pi\varepsilon_0} d\Omega \qquad 15\text{-}2\text{-}1$$

となる. これを閉曲面 S 全体について積分すると,

$$\int \boldsymbol{E}\cdot\boldsymbol{n}\,dS = \int \frac{q}{4\pi\varepsilon_0} d\Omega = \frac{q}{4\pi\varepsilon_0}\int d\Omega = \frac{q}{4\pi\varepsilon_0}\cdot 4\pi = \frac{q}{\varepsilon_0} \quad \left(\because \int d\Omega = 4\pi\right)$$

$$\therefore \int_S \boldsymbol{E} \cdot \boldsymbol{n} dS = \frac{q}{\varepsilon_0} \qquad \text{15-2-2}$$

ところで点電荷$+q$が，閉曲面Sの外部にある場合は，

$$dS_1 \text{ で } E_1 n_1 dS_1 = \frac{q}{4\pi\varepsilon_0} d\Omega > 0, \quad dS_2 \text{ で } E_2 n_2 dS_2 = -\frac{q}{4\pi\varepsilon_0} d\Omega < 0$$

なので，$|E_1 n_1 dS_1| = |E_2 n_2 dS_2| = \frac{q}{4\pi\varepsilon_0} d\Omega$ となり，この両者は，互いに打ち消しあいS全体について，

$$\int_S \boldsymbol{E} \cdot \boldsymbol{n} dS = 0 \qquad \text{15-2-3}$$

となる．$q<0$の場合も同様である．

さらに，Sの形が複雑になって，Sを錐面が3回以上切る場合も同様に考えることができる．したがって一般に，

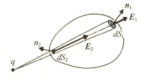

図 15-2-3 点電荷が閉曲面Sの外部にある場合

$$\int_S \boldsymbol{E} \cdot \boldsymbol{n} dS = \begin{cases} \dfrac{q}{\varepsilon_0} \cdots (q \text{ が } S \text{ の中にあるとき}) \\ 0 \cdots (q \text{ が } S \text{ の外にあるとき}) \end{cases} \qquad \text{15-2-4}$$

最後に点電荷がいくつもあるときを見てみる．任意の閉曲面を考え，この内部に複数の点電荷q_1, q_2, q_3, $\cdots$, q_nが存在する場合，全体がつくる電場$\boldsymbol{E}$は，それらの点電荷がそれぞれ単独に存在したときにつくる電場$\boldsymbol{E}_1$, $\boldsymbol{E}_2$, $\boldsymbol{E}_3$, $\cdots$, $\boldsymbol{E}_n$のベクトル和なので，$\boldsymbol{E} = \boldsymbol{E}_1 + \boldsymbol{E}_2 + \boldsymbol{E}_3 \cdots + \boldsymbol{E}_n$となる．したがって，

図 15-2-4 複雑な閉曲面の場合

$$\int_S \boldsymbol{E} \cdot \boldsymbol{n} dS = \int_S \boldsymbol{E}_1 \cdot \boldsymbol{n} dS + \int_S \boldsymbol{E}_2 \cdot \boldsymbol{n} dS + \cdots + \int_S \boldsymbol{E}_n \cdot \boldsymbol{n} dS = \frac{q_1 + q_2 + \cdots}{\varepsilon_0} = \sum_{j=1}^n \frac{q_j}{\varepsilon_0}$$

15-2-5

と書ける．閉曲面の内部の領域Vに体積密度ρで分布する電荷$Q\left(=\iiint_V \rho dV\right)$が存在すると考えると，

$$\int_S \boldsymbol{E} \cdot \boldsymbol{n} dS = \frac{Q}{\varepsilon_0} \qquad \text{15-2-6}$$

となる．これをガウスの法則という．これは積分形である．

15.2.2 ガウスの法則の微分形

ガウスの法則の積分形は，ある有限の面内Sの積分で表したが，微分形はある1点に関して微分で表す．面Sが小さい極限としての微小体積$\Delta V =$

$\Delta x \Delta y \Delta z$ を考える。この微小体積内の電荷 ΔQ は，

$$\Delta Q = \rho \Delta V = \rho \Delta x \Delta y \Delta z \qquad 15\text{-}2\text{-}7$$

この電荷がつくる電場 E を面積分で表す。

$$[E_x(x+\Delta x, y, z) - E_x(x, y, z)]\Delta y \Delta z + \lfloor E_y(x, y+\Delta y, z) - E_y(x, y, z)\rfloor \Delta z \Delta x$$

$$+ [E_z(x, y, z+\Delta z) - E_z(x, y, z)]\Delta x \Delta y = \frac{\Delta Q}{\varepsilon_0} \qquad 15\text{-}2\text{-}8$$

ここで，$\Delta x \Delta y \Delta z$ で割ると，

$$\frac{[E_x(x+\Delta x, y, z) - E_x(x, y, z)]}{\Delta x} + \frac{\lfloor E_y(x, y+\Delta y, z) - E_y(x, y, z)\rfloor}{\Delta y}$$

$$+ \frac{[E_z(x, y, z+\Delta z) - E_z(x, y, z)]}{\Delta z} = \frac{\rho}{\varepsilon_0} \qquad 15\text{-}2\text{-}9$$

$$\therefore \quad \frac{\partial E_x}{\partial x} + \frac{\partial E_y}{\partial y} + \frac{\partial E_z}{\partial z} = \frac{\rho}{\varepsilon_0} \qquad 15\text{-}2\text{-}10$$

ところで，

$$\frac{\partial E_x}{\partial x} + \frac{\partial E_y}{\partial y} + \frac{\partial E_z}{\partial z} = \left(\frac{\partial}{\partial x}, \frac{\partial}{\partial y}, \frac{\partial}{\partial z}\right) \cdot (E_x, E_y, E_z)$$

であり，$\nabla = \left(\dfrac{\partial}{\partial x}, \dfrac{\partial}{\partial y}, \dfrac{\partial}{\partial z}\right)$ なので（∇ は，ナブラと読む），

$$\frac{\partial E_x}{\partial x} + \frac{\partial E_y}{\partial y} + \frac{\partial E_z}{\partial z} = \nabla \cdot \boldsymbol{E} = \mathrm{div}\,\boldsymbol{E} = \frac{\rho}{\varepsilon_0} \qquad 15\text{-}2\text{-}11$$

となる（div は，ダイバージェンスと読む。発散という意味）。この式 div $\boldsymbol{E} = \rho/\varepsilon_0$ は，マクスウエル方程式の1つである。また，電束密度 $\boldsymbol{D}$ を用いると，$\boldsymbol{D} = \varepsilon_0 \boldsymbol{E}$ なので，div $\boldsymbol{D} = \rho$ とも書ける。

補足 ガウスの定理

ガウスの定理は $\displaystyle\int_V \mathrm{div}\,\boldsymbol{E}dV = \int_S \boldsymbol{E} \cdot \boldsymbol{n}dS$ と表される。左辺は div $\boldsymbol{E}$ を立体全体で積分したものであり，右辺は閉曲面の面積分である。つまりガウスの定理とは，ベクトル場において面積分と発散の体積積分を変換する公式であるといえる。このことから，ガウスの法則の微分形を求めてみる。まず，ガウスの法則の積分形は，$\displaystyle\int_S \boldsymbol{E} \cdot \boldsymbol{n}dS = \frac{Q}{\varepsilon_0}$ である。

$$\int_V \mathrm{div}\,\boldsymbol{E}dV = \int_S \boldsymbol{E} \cdot \boldsymbol{n}dS = \frac{Q}{\varepsilon_0}$$

ところで，$Q = \displaystyle\int_V \rho dV$ なので，$\displaystyle\int_V \mathrm{div}\,\boldsymbol{E}dV = \frac{1}{\varepsilon_0}\int_V \rho dV$，

立体 V は，どのような形をしていてもいいので，div $\boldsymbol{E} = \dfrac{\rho}{\varepsilon_0}$ となる。

15.3 電位

15.3.1 電位

図15-3-1に見るように，強さ E の一様な電場の中に，単位正電荷+1Cを置くと，電場の方向に $F=E$ の力を受ける．したがって，正電荷+1CをA点からB点まで距離 d だけ，ゆっくりと運ぶには，同じ大きさの外力を加えて，
$W=Fd=Ed$ の仕事をしなければならない．

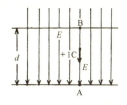

図15-3-1 一様な電場中の電荷が受ける力

解答 $W=F_1 \times L = (qE \sin\theta) \times L = qEL \sin\theta = qEd$
$W'=F_2 d = qEd$ ∴ $W=W'$

例題 強さ E の一様な電場がある．この電場内に，$+q$ の電荷をおく．この正電荷をAからB（距離は L）へ運ぶのに要する仕事 W，A'からBへ運ぶのに要する仕事 W' を求めよ．また，このことからどのようなことが考えられるか．

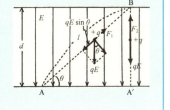

解答 （略）

図15-3-2の基準点AからBまで電荷を運ぶのに要する仕事は，その道筋によらず，始めの位置と終わりの位置だけで決まる．このとき作用する力を<u>保存力</u>とよぶ．単位正電荷を運ぶのに要する仕事が V なら，点Bは

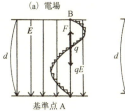 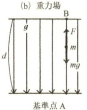

図15-3-2 電場と重力場

基準点Aより，V だけ電位が高いといい，点Bの電位は V であるという．

$W=Fd=Ed=V$

∴ $V=Ed \quad E=\dfrac{V}{d}$ 　　　　　　15-3-1

これらのことから，1Vを次のように定義する．<u>1Cの正電荷を運ぶのに1Jの仕事を要するとき，2点間の電位差を1Vとする</u>．q (C) の正電荷を V (V) 電位の高いところに運ぶのに要する仕事 W (J) は，$W=qV$ で，単位については J=C・V，V=J/C である．q (C) の正電荷は，V (V) 電位の低い点に対して，qV (J) の電気エネルギーをもっている．

15.3.2 等電位面（線）

電位の等しい点を結んで得られる面（線）を等電位面（線）という．A 点の電位を V_A，B 点の電位を V_B とする場合，A 点から B 点まで正電荷 q を運ぶのに要する仕事 W は $q(V_B - V_A)$ である．このとき $V_A = V_B$ ならば，$W = 0$ となるので，等電位面に沿って電荷を移動させた場合の仕事は 0 である．これらのことから，等電位面は電場と垂直で，電気力線は等電位面と直交することがわかる．もし垂直でないとすると，電荷の受ける力の等電位面方向の成分は 0 でないことなり，電荷が力を受けて等電位面上を移動し仕事がされることになり，これまでの議論と矛盾する．

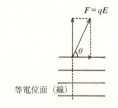

図 15-3-3　等電位面と電場との関係

点電荷のまわりの等電位面は図 (a) のように，異種等量の点電荷間の付近の等電位面は (b) のように，同種等量の点電荷間の付近の等電位面は (c) のようになる．

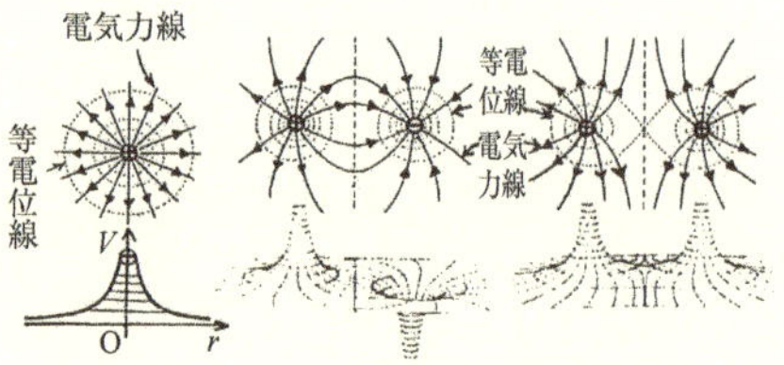

図 15-3-4　いろいろな場合の等電位面

15.3.3 絶対電位

点電荷のつくる電場の強さは，電荷の存在する位置からの距離の 2 乗に反比例するので 1 次関数的な変化ではなく，電位も同様である．

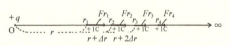

図 15-3-5　絶対電位

無限遠を 0 としたときの電位を絶対電位という．絶対電位を求めてみよう．距離 r が十分に大きい場合について，単位正電荷 +1 C を，静電気力に逆らって無限遠より位置 r まで運ぶのに要する仕事を求める．電場中で，単位正電荷を，r から $r + \Delta r$ まで，静電気力に逆らって運ぶのに要する仕事を W_{r_1} とする．W_{r_1} は，この区間での電荷に作用する平均の力 $\overline{F}_{r_1}$ と，移動距離 $(r + \Delta r) - r = \Delta r$ との積である．

相乗平均して求めたこの区間の平均の力を $\overline{F}_{r_1}$，またこの区間の仕事を W_{r_1} とすると，

$$F_{r_1} = \sqrt{F_{r1} \times F_{r2}} = \sqrt{\left(\frac{1}{4\pi\varepsilon_0} \cdot \frac{q}{r^2}\right)\left(\frac{1}{4\pi\varepsilon_0} \cdot \frac{q}{(r+\Delta r)^2}\right)} = \frac{1}{4\pi\varepsilon_0} \cdot \frac{q}{r(r+\Delta r)}$$

$$= \frac{1}{4\pi\varepsilon_0} \cdot \frac{q}{\Delta r}\left(\frac{1}{r} - \frac{1}{r+\Delta r}\right) \qquad\qquad 15\text{-}3\text{-}2$$

$$\therefore W_{r_1} = F_{r_1} \times \Delta r = \frac{q}{4\pi\varepsilon_0}\left(\frac{1}{r} - \frac{1}{r+\Delta r}\right) \qquad\qquad 15\text{-}3\text{-}3$$

ここで，単位正電荷を r_1 から r_2 に運ぶ仕事を W_1，r_2 から r_3 に運ぶ仕事を W_2，r_3 から r_4 に運ぶ仕事を W_3，… とすると，

$$W_{r\to\infty} = W_1 + W_2 + W_3 + \cdots$$

$$= \frac{q}{4\pi\varepsilon_0}\left(\frac{1}{r} - \frac{1}{r+\Delta r}\right) + \frac{q}{4\pi\varepsilon_0}\left(\frac{1}{r+\Delta r} - \frac{1}{r+2\Delta r}\right)$$

$$+ \frac{q}{4\pi\varepsilon_0}\left(\frac{1}{r+2\Delta r} - \frac{1}{r+3\Delta r}\right) + \cdots$$

$$= \frac{q}{4\pi\varepsilon_0}\left[\left(\frac{1}{r} - \frac{1}{r+\Delta r}\right) + \left(\frac{1}{r+\Delta r} - \frac{1}{r+2\Delta r}\right) + \left(\frac{1}{r+2\Delta r} - \frac{1}{r+3\Delta r}\right)\right.$$

$$+ \cdots \left.\left(-\frac{1}{\infty}\right)\right] = \frac{q}{4\pi\varepsilon_0}\left(\frac{1}{r} - \frac{1}{\infty}\right) \quad \left(\because \frac{1}{\infty} = 0\right)$$

$$\therefore W_{r\to\infty} = \frac{1}{4\pi\varepsilon_0} \cdot \frac{q}{r} \qquad\qquad 15\text{-}3\text{-}4$$

$x=\infty$ での絶対電位を 0 V とし，$x=r$ での電位を V とすると，単位正電荷を無限遠から $x=r$ まで運ぶのに要する仕事は，電位差が V より，

$$W = 1 \times V \qquad \therefore V(r) = \frac{1}{4\pi\varepsilon_0} \cdot \frac{q}{r} \quad ; \quad \text{単位は，} \ V = \frac{J}{C} = \text{J}\!/\!\text{C}$$

積分を利用すると，簡単に絶対電位を求めることができる．正電荷 $+q$ を，原点に置き，電荷から距離 r だけ離れた点 P での電位を求める．直線 OP を x 軸にとり，正電荷 q' を点 P から無限遠点まで動かすときの静電気力が行う仕事 W は，

$$W = \int_r^\infty F dx = \int_r^\infty \frac{1}{4\pi\varepsilon_0} \cdot \frac{q \cdot q'}{x^2} dx = \frac{q \cdot q'}{4\pi\varepsilon_0}\left[-\frac{1}{x}\right]_r^\infty = \frac{1}{4\pi\varepsilon_0} \cdot \frac{qq'}{r}$$

$$\therefore V = \frac{w}{q'} = \frac{1}{4\pi\varepsilon_0} \cdot \frac{q}{r} \qquad\qquad 15\text{-}3\text{-}5$$

15.3.4　電場の強さと電位差との関係

正電荷は，電場の向きに力を受ける．そのため，電気力線に沿って移動するに従って，電位は下がる．強さ E の一様な電場の中で，正電荷 q を，電

場に逆らってBからAに移すのに要する仕事 W は，$W = Fd = qEd$ である．また，$W = qV$ なので，

$$qV = qEd$$

$$\therefore V = Ed \quad E = \frac{V}{d} \quad ; \quad 単位は，N/C = V/m$$

電位の降下する割合 $\frac{V}{d}$ を電位の勾配といい，

$$\frac{V}{d} = \tan\theta = |E| \qquad \text{15-3-6}$$

となる．よって電場の強さ E は，微小区間での電位の変化量と考えると，

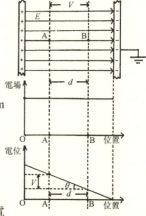

図 15-3-6　電位の勾配

$$E = -\frac{dV}{dx} \qquad \text{15-3-7}$$

となる．また，

$$V_B - V_A = -\int_A^B E dx \qquad \text{15-3-8}$$

である．さらに，保存力は位置エネルギーを偏微分することによって導かれるので，電場は電位を偏微分することによって求められる．

$$E_x = -\frac{\partial V}{\partial x}, \quad E_y = -\frac{\partial V}{\partial y}, \quad E_z = -\frac{\partial V}{\partial z} \qquad \text{15-3-9}$$

$$\therefore \boldsymbol{E} = -\mathrm{grad}V = -\nabla V \qquad \text{15-3-10}$$

となる．電場の強さは電位の勾配で表されるので，電位は電場の静電ポテンシャルであることがわかる．

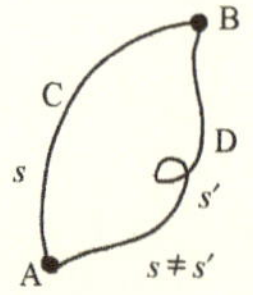

また，単位正電荷を A から C を経由して B に運んでも，A から D を経由して B に運んでも電場がする仕事は同じであり，たどる向きを逆向きにして考えると，符号を逆にすればよい．

図 15-3-7
電場のする仕事

$$\int_{ACB} E \cdot dr = \int_{ADB} E \cdot dr = -\int_{BDA} E \cdot dr$$

$$\therefore \int_{ACB} E \cdot dr + \int_{BDA} E \cdot dr = 0$$

電場内で電荷が閉曲線を描いて一周してもとに戻ったときに，電場がする仕事は0となる．

$$\oint \boldsymbol{E} \cdot d\boldsymbol{r} = 0 \qquad\qquad 15\text{-}3\text{-}11$$

　静電場が閉じた渦巻き状の場をつくっていると，この電場での電気力線に沿って一周したときの仕事は 0 ではないので，そのような形態の電場は存在しないことを意味している．つまり静電場は渦無しである．

15.3.5　$\oint \boldsymbol{E} \cdot d\boldsymbol{r} = 0$ の微分形

　図 15-3-8 のような x-y 平面において，長方形の渦を考える．$\oint \boldsymbol{E} \cdot d\boldsymbol{r} = 0$ を求めるには，それぞれの線積分を（成分）×（長さ）として計算するとよいので，

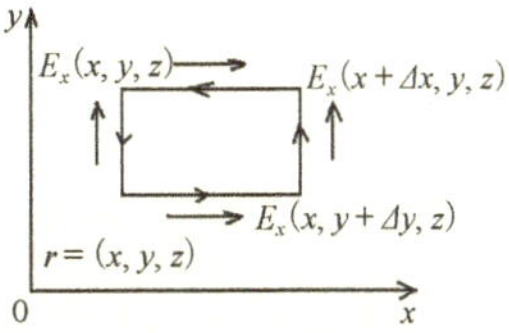

図 15-3-8　電場の線積分

$$\oint \boldsymbol{E} \cdot d\boldsymbol{r} = 0 = E_x(x, y, z)\Delta x + E_y(x+\Delta x, y, z)\Delta y$$

$$- (E_x(x, y+\Delta y, z)\Delta x + E_y(x, y, z)\Delta y$$

$$= \left(\frac{E_y(x+\Delta x, y, z) - E_y(x, y, z)}{\Delta x} - \frac{E_x(x, y+\Delta y, z) - E_x(x, y, z)}{\Delta y} \right) \Delta x \Delta y = 0$$

ところで，$\oint \boldsymbol{E} \cdot d\boldsymbol{r} = 0$ において，$\Delta x \to 0$，$\Delta y \to 0$ とすると，

$$\frac{\partial E_y}{\partial x} - \frac{\partial E_x}{\partial y} = 0 \qquad\qquad 15\text{-}3\text{-}12$$

となる．y-z 平面，z-x 平面についても同様に考え，

$$\frac{\partial E_z}{\partial y} - \frac{\partial E_y}{\partial z} = 0, \quad \frac{\partial E_x}{\partial z} - \frac{\partial E_z}{\partial x} = 0 \qquad\qquad 15\text{-}3\text{-}13$$

以上から，$\nabla \times \boldsymbol{E} = \mathrm{rot}\,\boldsymbol{E} = 0$ $\qquad\qquad 15\text{-}3\text{-}14$

> **補足**　ストークスの定理は，$\int_S \mathrm{rot}\,\boldsymbol{E} \cdot d\boldsymbol{S} = \oint_C \boldsymbol{E} \cdot d\boldsymbol{r}$ であり，C は面 S の境界線を表す閉曲線である．ところで，$\oint_C \boldsymbol{E} \cdot d\boldsymbol{r} = 0$ より，$\int_S \mathrm{rot}\,\boldsymbol{E} \cdot d\boldsymbol{S} = \oint_C \boldsymbol{E} \cdot d\boldsymbol{r} = 0$ なので，つねに $\int_S \mathrm{rot}\,\boldsymbol{E} \cdot d\boldsymbol{S} = 0$ でなければならない．よって，$\mathrm{rot}\,\boldsymbol{E} = 0$ でなければならない．
> 　また，$\boldsymbol{E} = -\mathrm{grad}\,V = -\nabla V$ より，$\mathrm{rot}\,\boldsymbol{E} = \mathrm{rot}(-\mathrm{grad}\,V) = -\mathrm{rot}(\mathrm{grad}\,V) = 0$ である．

15.3.6　電気双極子

　極めて近い距離にある正負の電荷 $+q$，$-q$ の対を電気双極子という．始点を負電荷とし終点を正電荷とするベクトルを d とするとき，$p = qd$ を電気双極子モーメントという．分極した分子などは，電気双極子と考える．

　図 15-3-9 のように，一様な電場 E のなかに，この電気双極子を置くと，

正電荷には $+qE$ の静電気力が，負電荷には $-qE$ の静電気力が作用する．したがって，合力は 0 となり，偶力のモーメント N は，

$$N = p \times E \quad , \quad N = pE\sin\theta \qquad 15\text{-}3\text{-}15$$

となる．また，この場合の電気双極子による電位 V は，$V = -\mathbf{p} \cdot \mathbf{E}$ となる．

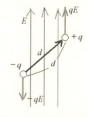

図 15-3-9　電気双極子

15.3.7　ベクトル解析のいろいろな計算

・grad（グラディエント）

静電場 $\mathbf{E}$（ベクトル場）に対して電位 ϕ（スカラー場）を考えると，

$$\mathrm{grad} = \nabla = \left(\frac{\partial}{\partial x}, \frac{\partial}{\partial y}, \frac{\partial}{\partial z}\right) \qquad 15\text{-}3\text{-}16$$

なので，

$$\mathbf{E} = -\mathrm{grad}\,\phi = -\nabla\phi = -\left(\frac{\partial\phi}{\partial x}, \frac{\partial\phi}{\partial y}, \frac{\partial\phi}{\partial z}\right) \qquad 15\text{-}3\text{-}17$$

・div（ダイバージェンス）

div は，ベクトル場 $\mathbf{E}(E_x, E_y, E_z)$ に対して，発散を表すベクトルである．

$$\mathrm{div}\,\mathbf{E} = \frac{\partial E_x}{\partial x} + \frac{\partial E_y}{\partial y} + \frac{\partial E_z}{\partial z} \qquad 15\text{-}3\text{-}18$$

$$\therefore\ \mathrm{div}\,\mathbf{E} = \nabla \cdot \mathbf{E} \qquad 15\text{-}3\text{-}19$$

・ラプラシアン Δ

スカラー場 ϕ の勾配ベクトル $\mathrm{grad}\,\phi$ の発散 div を取ると，

$$\mathrm{div}(\mathrm{grad}\,\phi) = \nabla \cdot (\nabla\phi) = \left(\frac{\partial}{\partial x}, \frac{\partial}{\partial y}, \frac{\partial}{\partial z}\right) \cdot \left(\frac{\partial\phi}{\partial x}, \frac{\partial\phi}{\partial y}, \frac{\partial\phi}{\partial z}\right)$$

$$= \frac{\partial}{\partial x}\left(\frac{\partial\phi}{\partial x}\right) + \frac{\partial}{\partial y}\left(\frac{\partial\phi}{\partial y}\right) + \frac{\partial}{\partial z}\left(\frac{\partial\phi}{\partial z}\right) = \frac{\partial^2\phi}{\partial x^2} + \frac{\partial^2\phi}{\partial y^2} + \frac{\partial^2\phi}{\partial z^2} \qquad 15\text{-}3\text{-}20$$

ところで，$\nabla \cdot (\nabla\phi) = (\nabla \cdot \nabla)\phi = \nabla^2\phi = \Delta\phi$ となる Δ（デルタ）を決めるとき，この Δ をラプラシアン，あるいはラプラスの演算子という．

$$\Delta = \frac{\partial^2}{\partial x^2} + \frac{\partial^2}{\partial y^2} + \frac{\partial^2}{\partial z^2} \qquad 15\text{-}3\text{-}21$$

この演算子をスカラー場 ϕ に作用させると，

$$\Delta\phi = \left(\frac{\partial^2}{\partial x^2} + \frac{\partial^2}{\partial y^2} + \frac{\partial^2}{\partial z^2}\right)\phi = \frac{\partial^2\phi}{\partial x^2} + \frac{\partial^2\phi}{\partial y^2} + \frac{\partial^2\phi}{\partial z^2}$$

となる．ところで，$\mathbf{E} = -\mathrm{grad}\,\phi$ について div をとると，ガウスの法則は

$\operatorname{div} \boldsymbol{E} = \dfrac{\rho}{\varepsilon_0}$ なので，$\quad \operatorname{div}(-\operatorname{grad}\phi) = \dfrac{\rho}{\varepsilon_0}, \quad -\operatorname{div}(\operatorname{grad}\phi) = \dfrac{\rho}{\varepsilon_0}$

$$\therefore \frac{\partial^2 \phi}{\partial x^2} + \frac{\partial^2 \phi}{\partial y^2} + \frac{\partial^2 \phi}{\partial z^2} = -\frac{\rho}{\varepsilon_0} \qquad\qquad 15\text{-}3\text{-}22$$

となる．これを**ポアソンの方程式**という．また，式 15-3-22 の右辺が 0 の場合を，**ラプラスの方程式**という．

・rot（ローテーション）

　rot は，ベクトル場 $\boldsymbol{E}(E_x, E_y, E_z)$ に対して，回転を示すベクトルである．

$$\operatorname{rot}\boldsymbol{E} = \left(\frac{\partial E_z}{\partial y} - \frac{\partial E_y}{\partial z},\ \frac{\partial E_x}{\partial z} - \frac{\partial E_z}{\partial x},\ \frac{\partial E_y}{\partial x} - \frac{\partial E_x}{\partial y} \right)$$

　ところで，ナブラを用いると，$\operatorname{rot}\boldsymbol{E} = \nabla \times \boldsymbol{E}$ となる．

・$\operatorname{div}(\operatorname{rot}\boldsymbol{f}) = 0$

$$\operatorname{div}(\operatorname{rot}\boldsymbol{f}) = \operatorname{div}\left(\frac{\partial f_z}{\partial y} - \frac{\partial f_y}{\partial z},\ \frac{\partial f_x}{\partial z} - \frac{\partial f_z}{\partial x},\ \frac{\partial f_y}{\partial x} - \frac{\partial f_x}{\partial y} \right)$$

$$= \frac{\partial}{\partial x}\left(\frac{\partial f_z}{\partial y} - \frac{\partial f_y}{\partial z} \right) + \frac{\partial}{\partial y}\left(\frac{\partial f_x}{\partial z} - \frac{\partial f_z}{\partial x} \right) + \frac{\partial}{\partial z}\left(\frac{\partial f_y}{\partial x} - \frac{\partial f_x}{\partial y} \right)$$

$$= \left(\frac{\partial^2 f_z}{\partial x \partial y} - \frac{\partial^2 f_y}{\partial x \partial z} \right) + \left(\frac{\partial^2 f_x}{\partial y \partial z} - \frac{\partial^2 f_z}{\partial y \partial x} \right) + \left(\frac{\partial^2 f_y}{\partial z \partial x} - \frac{\partial^2 f_x}{\partial z \partial y} \right)$$

$$= \left(\frac{\partial^2 f_z}{\partial x \partial y} - \frac{\partial^2 f_z}{\partial y \partial x} \right) + \left(\frac{\partial^2 f_x}{\partial y \partial z} - \frac{\partial^2 f_x}{\partial z \partial y} \right) + \left(\frac{\partial^2 f_y}{\partial z \partial x} - \frac{\partial^2 f_y}{\partial x \partial z} \right)$$

$$= 0 \quad (\text{補足})\quad 0 \text{ はスカラー}$$

・$\operatorname{rot}(\operatorname{grad}\boldsymbol{f}) = 0$

$$\operatorname{rot}(\operatorname{grad}\boldsymbol{f}) = \operatorname{rot}\left(\frac{\partial f}{\partial x},\ \frac{\partial f}{\partial y},\ \frac{\partial f}{\partial z} \right)$$

$$= \left[\frac{\partial}{\partial y}\left(\frac{\partial f}{\partial z} \right) - \frac{\partial}{\partial z}\left(\frac{\partial f}{\partial y} \right),\ \frac{\partial}{\partial z}\left(\frac{\partial f}{\partial x} \right) - \frac{\partial}{\partial x}\left(\frac{\partial f}{\partial z} \right),\ \frac{\partial}{\partial x}\left(\frac{\partial f}{\partial y} \right) - \frac{\partial}{\partial y}\left(\frac{\partial f}{\partial x} \right) \right]$$

$$= \left(\frac{\partial^2 f}{\partial y \partial z} - \frac{\partial f}{\partial z \partial y},\ \frac{\partial^2 f}{\partial z \partial x} - \frac{\partial f}{\partial x \partial z},\ \frac{\partial^2 f}{\partial x \partial y} - \frac{\partial f}{\partial y \partial x} \right)$$

$$= (0, 0, 0) = 0 \quad (\text{補足})\quad 0 \text{ はベクトル}$$

・$\operatorname{rot}(\operatorname{rot}\boldsymbol{f}) = \operatorname{grad}(\operatorname{div}\boldsymbol{f}) - \Delta\boldsymbol{f}$

$$\operatorname{rot}(\operatorname{rot}\boldsymbol{f}) = \nabla \times (\nabla \times \boldsymbol{f}) = \nabla(\nabla \cdot \boldsymbol{f}) - \nabla \cdot \nabla \boldsymbol{f}$$

$$= \operatorname{grad}(\operatorname{div}\boldsymbol{f}) - \Delta\boldsymbol{f} \quad (\text{Q.E.D})$$

15.4 コンデンサー

15.4.1 静電誘導

<導体と不導体>

図 15-4-1
自由電子が存在

物体には金属のように電気をよく通す<u>導体</u>と，紙やプラスチックのように電気を通しにくい<u>不導体（絶縁体）</u>があり，中間のものを<u>半導体</u>という．金属は，<u>自由電子</u>が自由に移動することで電気を伝えている（図 15-4-1）．プラスチックなどの不導体のなかの電子はすべて原子や分子に属し，自由に移動することができない<u>束縛電子</u>なので，電気を伝えにくい（図 15-4-2）．

図 15-4-2
電子は原子に束縛

<導体の静電誘導>

> **プチ実験**　「静電誘導」
>
> 2つの金属球 A, B をナイロンなどの糸でつるし，両球が触れるように支える．これに，負に帯電したストローを近づけ，そのまま A, B 両球を引き離すとどうなるか．

実験結果　球 A は正に帯電し，球 B は負に帯電する．

導体に帯電体を近づけると，図 15-4-3 のように導体の帯電体に近い側に異種の電気が，遠い側に同種の電気が現れる．これを<u>静電誘導</u>という．静電誘導によって生じた正負の電気量は等しい．

図 15-4-3
静電誘導

15.4.2 箔検電器

電気に正負の 2 種類があると考えた場合，対象とする帯電体が正に帯電しているか，負に帯電しているかを調べる装置が箔検電器である．

(a)　最初，箔検電器は電気的に中性で，電荷の偏りはなく，箔は閉じている．

(b)　箔検電器に，負に帯電したエボナイト棒を近づけると箔は開く．このとき，金属板は正に帯電し箔は負に帯電する．

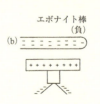

(c)　箔検電器の上部の金属円板に指を触れると，箔は閉じる．

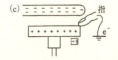

（理由）　金属円板に現れた正電荷は，エボナイト棒の負電荷に引かれるためその場を離れることができないが，箔に現れた負電荷，すなわち自由電子は，指を伝わって地面に逃げたため箔は閉じる（アース）．

(d)　指を離し，エボナイト棒を遠ざけると，箔は再び開く．これを**検電状態**という．これで帯電体の正負を判定できる準備が整う．

（理由）　金属円板には正電荷があるため，箔からさらに自由電子を上部へ引き寄せる．このため，箔では電子が不足し正に帯電し箔は開く．

(e)　正に帯電したガラス棒を近づけた場合，箔はさらに開く．

（理由）　箔から自由電子がさらに引き寄せられ，箔はより正に帯電することになり，箔の開きは大きくなる．

(f)　負に帯電したエボナイト棒を近づけた場合は，箔の開きは小さくなる．ところが，さらに近づけると，箔の開きは大きくなる．

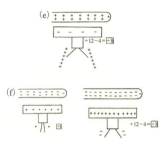

図 15-4-4　箔検電器の帯電状態

プチ実験　「箔検電器を作って検電状態を確かめよう」

（準備）アルミホイル，アルミテープ（導電性のある），ゼムクリップ2個，500 mLのペットボトルやジャム瓶，食品トレー，両面テープ，千枚とおし（作り方）①市販のアルミホイルを7 mm幅にカットし箔とする．②箔検電器の頭部を，食品トレーを使って，自由にデザインして，ペットボトルのフタやジャム瓶のフタに両面テープで貼る．なお，このとき，先端放電をしないデザインにしよう！③食品トレーを，導電性のあるアルミテープでカバーするようにくるむ．④これら全体を串刺しにするように，ペットボトルのフタやジャム瓶のフタに，千枚とおしでゼムクリップが通る程度の穴を開ける．⑤ゼムクリップを図のように長く伸ばしてこの穴に通し，通したゼムクリップの脚をアルミテープで，食品トレーをくるんだアルミテープにしっかりと貼り付ける．⑥7 mm幅のアルミホイルの箔を，2つ折りにして，ゼムクリップではさみ，⑤のゼムクリップにつるし，その下から，ペットボトルや瓶をねじ込んでしめれば完成．

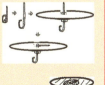

15.4.3　誘電分極

　発泡スチロール片や紙くずなどの不導体は，正に帯電したものにも負に帯電したものにも引き寄せられる．不導体に，帯電体を近づけると，帯電体に近い側の不導体の表面に，異種の電気が現れ，両者が互いに引き合うからである．不導体では，電子は原子や分子から離れて自由に動きまわることはできない．しかし，帯電体の静電気力を受けて，図15-4-5のように原子や分子の電子配置が偏る．不導体の内部では，正負の電気は打ち消されるが，帯電体の近くの不導体の表面には電気が現れることになる．このように不導体の表面に，異種の電気が現れる現象を**誘電分極**という．このため，不導体を**誘電体**とよぶ．

図 15-4-5
分極モデル

15.4.4　電場内に置かれた導体

　電場内に導体を置くと，静電誘導により導体の内部に，外部電場と逆向きに正電荷から負電荷に向かう向きの電場が生じ，外部の電場を打ち消す．結果，導体内部では $E=0$ となる．もし導体内部に電場が存在すると，電子が移動し電流が流れ，電場の強さが0になるまで，つまり導体全体が等電位となるまで移動が続く．結果，導体の表面は等電位面となり，電気力線は導体表面に垂直に入る．また，導体内部は電場の強さが0であるため，電気力線は導体内部に入り込めない．

図 15-4-6
導体内部の電場

　導体に中空部分がある場合（ファラデー・ゲージという），外部から電気力線は内部に入り込めないので，中空部分の電場は外部の電場の影響を受けない．これを**静電遮蔽**あるいは**シールド**という．精密な測定器は外部電場の影響を受けるのを防ぐため，金属の箱に入れる．雷が発生した場合，自動車のなかに逃げると安全といわれるのも，静電遮蔽のおかげである．

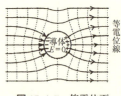

図 15-4-7　等電位面

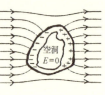

図 15-4-8　中空モデル

プチ実験　「雷シールド実験」

（準備）黒い厚紙や黒下敷きなど，アルミテープ，圧電素子，シャーペンに芯（作り方）①黒い厚紙などをハガキ程度の大きさに切る．②アルミテープで，車やビル，雷雲などを作る．③「地面」として幅1cm程度のアルミテープを貼る．空に雷雲，ビルを2本，自動車や樹木などを貼る．樹木のそばに人を置くと側撃雷を観察することができる．自動車の場合，図のように，内部にあたる部分はアルミテープをくりぬいて金属の箱状にし，シールド効果を検証する．④圧電素子のまわりに導線を巻き，導線の他端を地面とみなしたアルミテープに貼る．⑤圧電素子を上空の雲に接触させ，スイッチを繰り返し押す．電気火花が，雷のように飛ぶ．このとき，雲の様々な場所に接触させて行うと，あちらこちらのビルや自動車の屋根に雷が落ちることがわかる．⑥最後に，ビルの1つにシャーペンの芯を避雷針として立てると，雷はほとんど避雷針のほうに落ちる．⑦自動車の屋根に雷が落ちても，内部まで火花が入ってこないことがわかる．

例題　雷が近づいてきた．このとき，落雷から身を守るために安全と考えられる順を答えよ．

解答　雷のような高電圧な場合は，岩や地面，木や人体などは導体とみなすべきである．電気力線のおおよその状態を描いてみると，(1)や(4)の先端では密な状態にあり危ない．つまり高い木は避雷針のように雷が落ちやすい．平地に立っているのも危ない．(3)や(5)が比較的安全といえる．(2)の場合は，地面に落雷した場合，地面に電流が流れるので安全とはいえない．なお(4)の場合，側撃雷に注意が必要！自動車の中はシールド効果が効いて比較的安全．

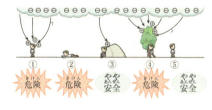

15.4.5　コンデンサー

＜電気容量＞

絶縁棒で支えた金属球や，地球のように孤立した導体球に $+Q$ の電荷を与えた場合の導体球表面およびそのまわりの電場の状態を見てみる。$+Q$ の電荷が，表面積 S の導体表面に一様に広がっているとすると，単位面積あたりの電荷，すなわち電荷密度 σ は，

$$\sigma = \frac{Q}{S} \qquad\qquad 15\text{-}4\text{-}1$$

図 15-4-9　導体球のまわりの電場と電位

である．導体が球形でその半径を r とした場合，導体表面での電場の強さ E は，表面積 $S = 4\pi r^2$ より，

$$E = \frac{\sigma}{\varepsilon_0} = \frac{Q}{\varepsilon_0 S} = \frac{1}{4\pi\varepsilon_0} \cdot \frac{Q}{r^2} \qquad\qquad 15\text{-}4\text{-}2$$

となる．このことから，導体球の表面に $+Q$ の電荷が一様に広がっている場合に外部につくられる電場と，球の中心に点電荷 $+Q$ が置かれた場合に外部につくられる電場は同じであることがわかる．太陽を地球の位置から観測すれば，大きな球体であるが，宇宙の遠くから太陽を観測すれば点にしかみえないのと似たイメージである．

さて，このようなことから，電位についても，導体球の表面および外部では，

$$V(x) = \frac{1}{4\pi\varepsilon_0} \cdot \frac{Q}{x} \quad (ただし，x \geq r) \qquad 15\text{-}4\text{-}3$$

が成立する．導体球の表面，つまり導体球自身の電位 V は，

$$V = \frac{1}{4\pi\varepsilon_0} \cdot \frac{Q}{r} = \frac{Q}{4\pi\varepsilon_0 r} \qquad\qquad 15\text{-}4\text{-}4$$

となる．r は定数なので，V は Q に比例する．比例定数 C を，

$$C = 4\pi\varepsilon_0 r \qquad\qquad 15\text{-}4\text{-}5$$

とおくと，

$$V = \frac{Q}{C} \quad または，\quad Q = CV \qquad\qquad 15\text{-}4\text{-}6$$

と書ける．この C を導体球の電気容量（静電容量）という．電気容量の単位には F（ファラッド）を用いる．1 F は，1 C の電荷を与えると，1 V だけ電位が上がるときの電気容量の値で，

$$1\,\mathrm{F} = \frac{1\,\mathrm{Q}}{1\,\mathrm{V}} = 1\,\mathrm{C/V}$$

である．

> **例題** 地球が導体とすると，その電気容量は何 F か．ただし，地球半径を $R = 6.4 \times 10^6$ m とする．

解答 $C = 4\pi\varepsilon_0 R$, $\dfrac{1}{4\pi\varepsilon_0} = 9.0 \times 10^9$ なので，$C = \dfrac{6.4 \times 10^6}{9.0 \times 10^9} = 7.1 \times 10^{-4}$ F

この例題からもわかるように，F という単位はあまりにも大きいので，一般に μF（マイクロファラッド）$= 10^{-6}$ F や pF（ピコファラッド）$= 10^{-12}$ F という単位を用いる．しかし，最近では電気二重層を利用した大容量コンデンサーがつくられ，数 100 F の製品も出回っている．

＜平行板コンデンサー＞

導体に正電荷を与えると導体の電位はあがるが，与える電荷が増すにつれて，正の電荷に対する反発力が増加するため，正電荷を与え続けることは難しくなり，ついに貯まっていた電荷が周囲に飛び移ってしまう．これを放電という．

ところで，図 15-4-10 のように，帯電した箔検電器に，アースした導体を近づけてみると，図 (a) よりも，箔の開きが小さくなる．これは，アースした導体の表面に，静電誘導で箔検電器と反対符号の電荷が生じ，この電荷が箔の電荷を引き寄せるためである．結果，箔検電器の金属円板上には，より多くの電荷が蓄えられることになる．

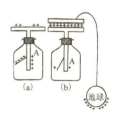

図 15-4-10 箔検電器と極板

このような「2 つの導体を向かい合わせて電気を蓄えやすくした装置をコンデンサーまたはキャパシター」という．2 枚の金属板を平行に向かい合わせたコンデンサーを平行板コンデンサーという．

平行板コンデンサーの電気容量 C を求めてみる．極板間距離を d，極板面積を S とする．

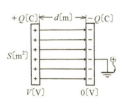

図 15-4-11　平行板コンデンサー

最初，$+Q$ に帯電した極板と $-Q$ に帯電した極板が，空気中に単独で置かれているとする．これらを，向かい合わせて1組の平行板コンデンサーにするとする．正極板の外側と，負極板の外側では，それぞれの電気力線が打ち消し合い，電気力線の本数はゼロ本となる．つまり電場 E は，$E=0$ となる．極板間では，正極板が単独だったときには負極板に向かって $\dfrac{Q}{2\varepsilon_0}$ 本の電気力線が放出され，負極板が単独だったときには $\dfrac{Q}{2\varepsilon_0}$ 本の電気力線が吸い込まれていたので，これらが重ね合わせられて $\dfrac{Q}{\varepsilon_0}$ の電気力線が存在することになる．その結果，極板間の電場 E は $E=\dfrac{Q}{\varepsilon_0}$ となる．このとき，極板間の隣合う電気力線は互いに押し合うため，均一に並び，極板上の電荷も極板上で均一に広がる．

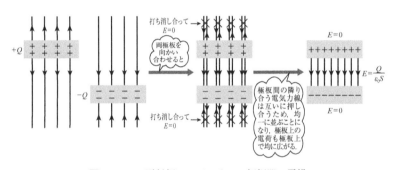

図15-4-12　平行板コンデンサーの極板間の電場

ところで一般に，一方の極板をアースし，他方の極板に $+Q$ の電荷を与えると，静電誘導によって，アースした側の極板上には同量の負電荷が生じる．このとき電荷は金属極板の上に一様に分布するので，電場の強さは，

$$E=\dfrac{Q}{\varepsilon_0 S} \qquad\qquad 15\text{-}4\text{-}7$$

となる．極板間の電位差 V は，$V=Ed$ なので，

$$V=Ed=\dfrac{Q}{\varepsilon_0 S}d=\dfrac{d}{\varepsilon_0 S}Q \quad \therefore\ Q=\varepsilon_0\dfrac{S}{d}V=CV$$

以上から，このコンデンサーの電気容量 C は，

$$C=\varepsilon_0\dfrac{S}{d} \qquad\qquad 15\text{-}4\text{-}8$$

となる．

<導体の挿入>

最初，両極板に，それぞれ $+Q$, $-Q$ の電荷が蓄えられ，極板Aの電位は $+V_A$，極板Bは 0V であるとする．両極板間に厚さ L の導体を挿入すると，静電誘導により，導体表面の面 C には $-Q$，面Dには $+Q$ の電荷が生じる．

導体中の電場の強さ E は $E=0$ で電位は一定である．したがって，両極板間の電場の状態は，図 15-4-13 のようになる．

詳しく見ると，まず電場について，

$0 \leq x < r$ のとき，$E = \dfrac{\sigma}{\varepsilon_0} = \dfrac{Q}{\varepsilon_0 S}$

$r \leq x < r+L$ のとき，$E = 0$

$r+L \leq x < d$ のとき，$E = \dfrac{\sigma}{\varepsilon_0} = \dfrac{Q}{\varepsilon_0 S}$

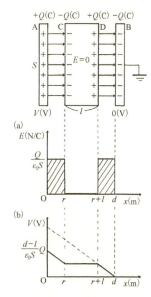

図 15-4-13 導体挿入時の電気容量

となる．また電位については，極板Aの電位 V_A は，E-x グラフの面積より，

$$V_A = E(d-L) = \dfrac{Q}{\varepsilon_0 S}(d-L) \qquad 15\text{-}4\text{-}9$$

である．また，極板Aから x の位置での電位 V は，V-x グラフのように，

$0 \leq x < r$ のとき，$V = \dfrac{Q}{\varepsilon_0 S}(d-L-x)$

$r \leq x < r+L$ のとき，$V = \dfrac{Q}{\varepsilon_0 S}(d-L-r)$

$r+L \leq x < d$ のとき，$V = \dfrac{Q}{\varepsilon_0 S}(d-x)$

となる．なお，このコンデンサーの電気容量 C は，式 15-4-9 より，

$$Q = \varepsilon_0 \dfrac{S}{d-L} V = CV \quad \therefore\ C = \varepsilon_0 \dfrac{S}{d-L} \qquad 15\text{-}4\text{-}10$$

となる．このことは，極板間隔を d から $d-L$ に縮めたことに相当する．

<誘電体の挿入>

両極板にそれぞれ $+Q$, $-Q$ が帯電している平行板コンデンサーに，誘電体を挿入すると，誘電体は誘電分極を起こすので，正極板の側には負電荷 $-q$

が，負極板の側には正電荷 $+q$ が生じる．誘電体中の電気力線の本数は，$\dfrac{Q}{\varepsilon_0}$ から $\dfrac{q}{\varepsilon_0}$ を引いたものとなり，真空中の $\dfrac{Q-q}{Q}$ 倍になる．この逆数

$\varepsilon_r = \dfrac{Q}{Q-q}$ （＞1）を**比誘電率**という．

比誘電率 ε_r の物質を電位差のある2つの極板の間に入れると，電気力線の本数は $\dfrac{1}{\varepsilon_r}$ 倍に減り，電場の強さも $\dfrac{1}{\varepsilon_r}$ となり，電位差も $\dfrac{1}{\varepsilon_r}$ となる．

コンデンサーの両極板の電荷は Q で一定であるが，電位差が $\dfrac{1}{\varepsilon_r}$ となるため，このコンデンサーの電気容量を C' とすると，

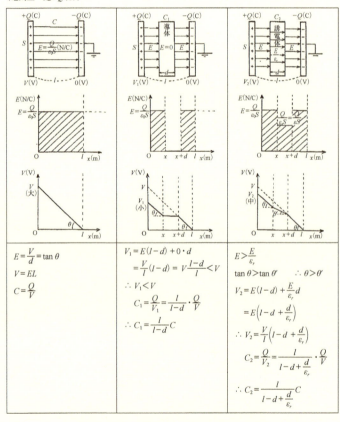

図15-4-14　電気量一定の場合の電気容量

〈電位差一定；V(V)〉

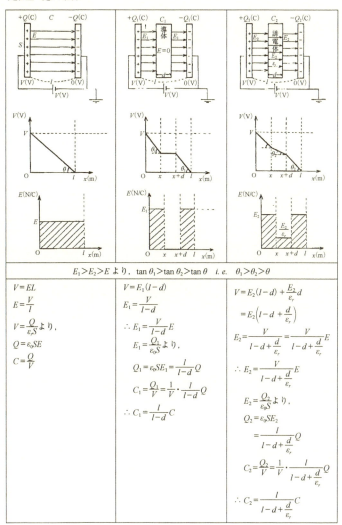

図 15-4-15　電位差一定の場合の電気容量

$$Q = CV = C'V' \quad ; \quad V' = V \times \frac{1}{\varepsilon_r}$$

より,

$$C' = \varepsilon_r C = \varepsilon_r \varepsilon_0 \frac{S}{d} = \varepsilon \frac{S}{d} \qquad 15\text{-}4\text{-}11$$

となる．ε を誘電率という．$\varepsilon = \varepsilon_r \varepsilon_0$ である．

表 15-4-1 に見るように，空気の比誘電率は $\varepsilon_r \fallingdotseq 1$ なので，空気の誘電率も，

ε_0 としてよい.

15.4.6 コンデンサーの接続

コンデンサーを 2 個以上，組み合わせると電気容量を変えたり，耐電圧を変えたりできる．耐電圧とは，極板間の絶縁が破れることなく安全に加え得る電圧の限度である．

表 15-4-1　比誘電率

物質	比誘電率
ガラス	5〜16
チタン酸バリウム磁器	5000
白雲母	6.0〜8.0
パラフィン	1.9〜2.4
水（20℃）	8.16
二酸化炭素	1.00096
空気	1.00059

<並列接続>

2 個のコンデンサーを図 15-4-16 のように接続することを並列接続という．並列接続したコンデンサーを 1 つのコンデンサーとみなしたときの電気容量を合

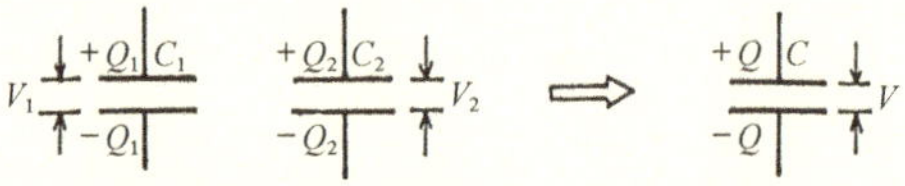

図 15-4-16　コンデンサーの並列接続

成容量という．それぞれのコンデンサーの電気容量を C_1, C_2, 蓄えられた電気量を Q_1, Q_2, 電位差を V_1, V_2 とすると，$Q_1 = C_1 V_1$ および $Q_2 = C_2 V_2$ の関係が成り立ち，全体として蓄えられる総電気量 Q は，$Q = Q_1 + Q_2$ である．

並列に接続した場合，2 つのコンデンサーの電位差が異なると，電位の高い方から低い方へ正電荷の移動が等電位になるまで続く．結果，並列接続にある 2 つのコンデンサーは互いに電位が等しく，$V = V_1 = V_2$ となる．よって，

$$Q = CV = Q_1 + Q_2 = (C_1 + C_2)V$$

が成り立ち，並列接続の合成容量 C は，

$$C = C_1 + C_2$$

となる．並列に接続するコンデンサーの個数が増加した場合は，

$$C = C_1 + C_2 + C_3 + \cdots + C_n = \sum_{i=1}^{n} C_i \qquad \text{15-4-12}$$

例題　200 V に充電した電気容量が 3 μF，耐電圧が 300 V のコンデンサーと，300 V に充電した電気容量が 1 μF，耐電圧が 500 V のコンデンサーを並列に接続した．

(1)　コンデンサーの正極どうしを接続した場合の極板間電圧を求めよ．

(2)　一方の正極を相手の負極に接続した場合の極板間電圧を求めよ．

(3)　接続後の耐電圧を求めよ．

解答　(1)　$(3 \times 200 + 1 \times 300) \times 10^{-6} = (3 + 1) \times 10^{-6} \times V$

$$\therefore V = \frac{900}{4} = 225 \text{ V}$$

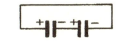

(2) 一見すると，直列接続のように見えるが，他の部品がないため，並列接続で，これらの2つのコンデンサーの極板間電圧は等しくなる．

$$(3 \times 200 - 1 \times 300) \times 10^{-6} = (3+1) \times 10^{-6} \times V$$

$$V = \frac{300}{4} = 75 \text{ V}$$

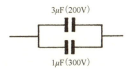

(3) 耐電圧の低い 200 V 以上がかかると，放電してしまうので，全体としても 200 V までである．

<直列接続>

2個のコンデンサーを，図 15-4-17 のように接続することを，直列接続という．最初，どちらのコンデンサーも電荷をもたなかったとする．上端の極板に $+Q$ の電荷を与えると，静電誘導によって各極板には上から順に，$-Q, +Q, -Q$ と電荷が現れる．それぞれのコンデンサーの電気容量を C_1, C_2 とすると，それぞれのコンデンサーの両極板間に生じる電位差 V_1, V_2 は，

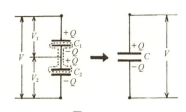

図 15-4-17
コンデンサーの直列接続

$$V_1 = \frac{Q}{C_1} \qquad V_2 = \frac{Q}{C_2}$$

となる．したがって，接続したコンデンサーの両端の電位差 V は，

$$V = V_1 + V_2 = \frac{Q}{C_1} + \frac{Q}{C_2} = \frac{Q}{C}$$

よって，直列接続の場合の合成容量 C は，

$$\frac{1}{C} = \frac{1}{C_1} + \frac{1}{C_2}$$

となる．直列に接続するコンデンサーの個数が増加した場合は，

$$\frac{1}{C} = \frac{1}{C_1} + \frac{1}{C_2} + \frac{1}{C_3} + \cdots + \frac{1}{C_n} = \sum_{i=1}^{n} \frac{1}{C_i} \qquad 15\text{-}4\text{-}13$$

となる．

例題 電気容量がそれぞれ 1.0 pF, 2.0 pF, 3.0 pF の充電されていないコンデンサー C_1, C_2, C_3 が，スイッチ S_1, S_2 とともに，右図のように 15 V の電池接続されている．次の順序で S_1, S_2 を開閉するとき，各段階での AB 間の電位差はいくらか．
(1) S_1 を閉じた場合．　　(2) S_1 を開き，S_2 を閉じた場合．
(3) S_2 を開き，S_1 を閉じた場合．　　(4) S_1 を開き，S_2 を閉じた場合．

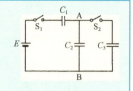

解答 (1) $V_1 + V_2 = 15$
$-1.0 \times 10^{-12} V_1 + 2.0 \times 10^{-12} V_2 = 0$ （電荷保存則）
∴ $V_1 = 2V_2$　$V_1 = 10$ V　$V_2 = 5.0$ V

(2) $2.0 \times 10^{-12} \times 5.0 = (2.0 + 3.0) \times 10^{-12} V_3$
∴ $V_3 = \dfrac{10}{5.0} = 2.0$ V

(3) $V_1' + V_3' = 15$
$-C_1 V_1' + C_2 V_2' = -C_1 V_1 + C_2 V_3$
$-V_1 + 2V_3 = -10 + 4 = -6$
∴ $V_1 = 12$ V　$V_3 = 3.0$ V

(4) $2.0 \times 10^{-12} \times 3.0 + 3.0 \times 10^{-12} \times 2.0 = (2.0 + 3.0) \times 10^{-12} V_3'$
∴ $V_3' = \dfrac{12}{5.0} = 2.4$ V

15.4.7　電場のエネルギー

コンデンサーの充電に必要な仕事を求める．電気容量が C のコンデンサーを電位差 V の電池で充電を始めると，コンデンサーの極板間の電位差が徐々に大きくなり V になると充電が終了する．このときコンデンサーには，$Q = CV$ の電荷が蓄えられる．

電荷は，一度にコンデンサーに送り込まれるのではなく徐々に流れ込むので，極板間の電位差も徐々に大きくなる．電位差が v のときに，さらに dq だけ充電するのに必要な仕事 dw は，

$$dw = dq \cdot v \qquad \text{15-4-14}$$

で，これは図 15-4-18 で影をつけた長方形の面積に等しい．したがって，充電されていない状態から電位差が V になるまでに充電するのに必要な仕事 W は，$dq \to 0$ とすると △OAB の面積となるので，

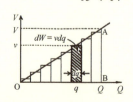

図 15-4-18　静電エネルギー

$$W = \frac{1}{2}QV = \frac{1}{2}CV^2 = \frac{1}{2}\frac{Q^2}{C} \qquad 15\text{-}4\text{-}15$$

となる．これをコンデンサーに蓄えられた静電エネルギーという．

ところで，仕事 w を $q=0$ から $q=Q$ まで積分すると，$dw = dq \cdot v$ より，

$$W = \int_0^Q w\,dq = \int_0^Q \frac{q}{C}\,dq = \frac{1}{C}\left[\frac{1}{2}q^2\right]_0^Q = \frac{1}{2}\frac{Q^2}{C} = \frac{1}{2}QV = \frac{1}{2}CV^2 \quad 15\text{-}4\text{-}16$$

となる．この仕事 W は，コンデンサーの両極板間につくられた電場に蓄えられることになる．$E = V/d$ より，静電エネルギー U は，

$$U = \frac{1}{2}CV^2 = \frac{1}{2}C(Ed)^2 = \frac{1}{2}\left(\varepsilon_0 \frac{S}{d}\right)E^2 d^2 = \frac{1}{2}\varepsilon_0 E^2 Sd \qquad 15\text{-}4\text{-}17$$

Sd は体積 V なので，エネルギー密度 u_e は，

$$u_e = \frac{U}{Sd} = \frac{1}{2}\varepsilon_0 E^2 \qquad 15\text{-}4\text{-}18$$

となる．電束密度 D を用いて表現すると，$D = \varepsilon_0 E$ より，

$$u_e = \frac{1}{2}\varepsilon_0 E^2 = \frac{1}{2}DE \qquad 15\text{-}4\text{-}19$$

となる．

15.5 分極ベクトル

15.5.1 分極ベクトル

誘電体は，電場の中に置かれた場合，誘電体全体としては分極が生じる．表面に生じた電荷 $\pm Q'$ を分極電荷という．分極電荷の面密度を $\pm\sigma$ とする．ミクロに見ると，正電荷をもつ粒子は電場の向きに，負電荷をもつ粒子は電場と逆向きに偏る．偏ることによって生じた電荷を $q,\ -q$ とし，その平均的中心距離を d とすると，大きさが $p = qd$ で，向きが負電荷から正電荷の方を向いた電気双極子モーメントをもった電気双極子になる．

単位体積 $1\,\mathrm{m}^3$ あたりの原子数を n_0 とおくと，誘電体の電荷密度 ρ は，$\rho = \pm q\,n_0$ となる．電場を与える前は，誘電体は電気的に中性であるが，電場を与えたのち電荷は d だけ偏る．誘電体の断面積を S とすると，誘電体の両極には，

$$\rho Sd = \pm qn_0 Sd = \pm qdn_0 S = pn_0 S \qquad 15\text{-}5\text{-}1$$

という分極電荷が生じる．これを断面積 S で割ると，分極電荷の面密度 $\pm\sigma$ となる．

$$\sigma = p\,n_0 \qquad \text{15-5-2}$$

ここで，分極ベクトル P を，電気双極子モーメント p を用いて，次のように定義する．

$$|P| = |p n_0| = |p| n_0 = p n_0 = \sigma \qquad \therefore |P| = \sigma \qquad \text{15-5-3}$$

ところで図 15-5-1 のように，真空中での電場の強さを E_0, 両極板の電荷密度を σ, 誘電体中での電場の強さを E, 誘電体表面の電荷密度を σ_p とすると，

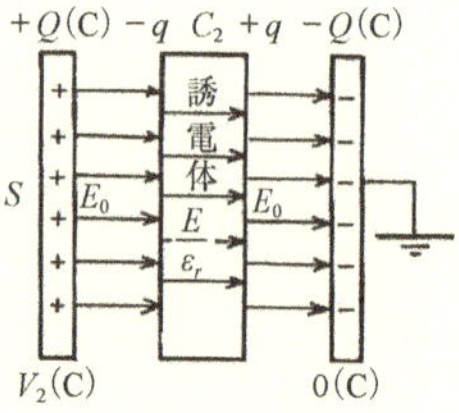

$$E_0 = \frac{Q}{\varepsilon_0 S} = \frac{\sigma}{\varepsilon_0} \qquad \text{15-5-4}$$

$$E = \frac{Q-q}{\varepsilon_0 S} = \frac{\sigma - \sigma q}{\varepsilon_0} = \frac{\sigma - P}{\varepsilon_0} \qquad \text{15-5-5}$$

図 15-5-1 誘電体を挿入

また，誘電体中での電場の強さ E は，

$$E = \frac{E_0}{\varepsilon_r} = \frac{Q}{\varepsilon_r \varepsilon_0 S} = \frac{Q}{\varepsilon S} \qquad \text{15-5-6}$$

$$E = \frac{\sigma}{\varepsilon_r \varepsilon_0} = \frac{\sigma}{\varepsilon} \qquad \text{15-5-7}$$

とも書け，

$$\sigma = \varepsilon_0 E_0 = \varepsilon E = D \qquad \text{15-5-8}$$

となる．D は電束密度である．また，誘電体中では $\sigma = \varepsilon_0 E + P$ なので，

$$D = \varepsilon_0 E + P \qquad \text{15-5-9}$$

となる．ここで式 15-5-9 を変形して，

$$P = D - \varepsilon_0 E = \varepsilon E - \varepsilon_0 E = \varepsilon_r \varepsilon_0 E - \varepsilon_0 E = (\varepsilon_r - 1)\varepsilon_0 E$$

とし，さらに $\varepsilon_r - 1 = \chi_e$ とおくと

$$P = \chi_e \varepsilon_0 E \qquad \text{15-5-10}$$

という近似的な比例関係が成立している．この比例係数 χ_e を電気感受率という．

分極ベクトルと誘電体の表面が垂直でない場合は次のように考える．誘電体の表面上の微小な面積 ds に対して垂直で内側から外側に向かう単位法線ベクトルを n, 分極ベクトルと単位法線ベクトルのなす角を θ とおくと，この微小面積における分極電荷の面密度 σ は，

$$\sigma = P \cos\theta = \boldsymbol{P} \cdot \boldsymbol{n}\,(=Pn) \qquad \text{15-5-11}$$

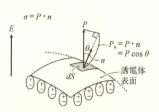

図 15-5-2 $\sigma = P \cdot n\,(=P_n)$

となる．これを誘電体の表面全体で積分すると，誘電分極により，誘電体の表面 S に現れる電荷がわかる．

$$\iint_S \boldsymbol{P} \cdot \boldsymbol{n} dS \qquad 15\text{-}5\text{-}12$$

ところで，この電荷が，誘電体の表面 S に出て来ることにより，誘電体内部では，その -1 倍の分極電荷が残ることになるので，これを Q' とおくと，

$$Q' = -\iint_S \boldsymbol{P} \cdot \boldsymbol{n} dS \qquad 15\text{-}5\text{-}13$$

となる．ここで，ガウスの定理 $\iint_S \boldsymbol{f} \cdot \boldsymbol{n} ds = \iiint_V \operatorname{div} \boldsymbol{f} dV$ を用いると，

$$Q' = -\iiint_V \operatorname{div} \boldsymbol{P} dV \qquad 15\text{-}5\text{-}14$$

となる．全体積が V の誘電体中の微小な体積 ΔV 内の分極電荷を $\Delta Q'$ とすると，

$$\Delta Q' = -\operatorname{div} \boldsymbol{P} \Delta V \qquad 15\text{-}5\text{-}15$$

なので，分極電荷の体積密度を ρ' とおくと，$\rho' = \dfrac{\Delta Q'}{\Delta V}$ より，

$$\rho' = -\operatorname{div} \boldsymbol{P} \qquad 15\text{-}5\text{-}16$$

となる．ところで，真空中においては，

$$\operatorname{div} \boldsymbol{E}_0 = \frac{\rho}{\varepsilon_0} \qquad 15\text{-}5\text{-}17$$

が成立したが，ここで，真空と誘電体をあわせた系を考える．その場合，分極電荷の体積密度 ρ' も加える必要があるので，

$$\operatorname{div} \boldsymbol{E}_0 = \frac{\rho - \rho'}{\varepsilon_0} \quad , \quad \varepsilon_0 \operatorname{div} \boldsymbol{E} = \rho + \rho'$$

より，

$$\operatorname{div}(\varepsilon_0 \boldsymbol{E}) - \rho' = \operatorname{div}(\varepsilon_0 \boldsymbol{E}) + \operatorname{div} \boldsymbol{P} = \rho \qquad \therefore \operatorname{div}(\varepsilon_0 \boldsymbol{E} + \boldsymbol{P}) = \rho$$

ところで，$\varepsilon_0 \boldsymbol{E} + \boldsymbol{P} = \boldsymbol{D}$ なので，

$$\operatorname{div} \boldsymbol{D} = \rho \qquad 15\text{-}5\text{-}18$$

となる．

15.5.2 圧電効果

誘電体に外部から電場を加えると分極を起こした．水晶やロッシェル塩（酒石酸カリウム-ナトリウム）（$\mathbf{KNaC_4H_4O_6}$）などでは，ある方向に圧力や張力を加えると，正負の電荷を生じる．この現象を圧電効果またはピエゾ効果という．このような結晶は，自然の状態では，原子が正負のイオンになって正

しく並び，正負のイオンの作用が打ち消し合い分極を生じないが，これに圧力を加えると，結晶構造がひずみ分極が生じる．これを利用して発電するのが圧電素子である．また逆に，このような結晶に電場を加えると，素子が伸びたり縮んだりするので，圧電スピーカーなどに利用できる．

> **プチ実験**「圧電スピーカーでカチカチライトを作ろう！」
> 　圧電スピーカーを，靴のインソールの裏側に貼り，LEDを靴の外側に見えるように接続する．夜道をジョギングするときも安全！「カチカチライト」は，ペットボトルなどを利用してビー玉が通る透明な筒を作り，2個の圧電スピーカーの振動面を内側にして筒の両端を封じ，LED1個を接続する．2個の圧電スピーカーに交互にビー玉があたりほぼ連続的に光る．

第16章　定常電流

16.1　電流と電気抵抗

16.1.1　電流

　導体の両端に電圧を加えると電流が流れる．長さ L，断面積 S，1 m³ あたりの自由電子数 n_0 の導体の両端に電圧 V を加えたところ，自由電子が導体中を平均速度 $\bar{v}$ で移動した．

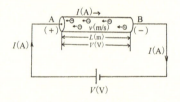

図 16-1-1　電流

　導体中の総電子数 N は，$N = n_0 SL$ である．導体中の自由電子のもつ総電気量 Q は，自由電子1個の電荷を e とすると，$Q = eN = en_0 SL$ となる．

　これらの電荷が断面 A を通過するのに要する時間 t は $t = \dfrac{L}{\bar{v}}$ で，この時間内に端 B にある自由電子は端 A まで移動し，AB 間の全ての電荷は断面 A を通過する．導線 AB を流れる電流は A から B の向きで，その大きさ I は，ある断面を1秒間に通過する電気量の大きさなので，

$$I = \frac{Q}{t} = \frac{n_0 eSL}{L/\bar{v}} = n_0 e \bar{v} S \qquad \therefore I = n_0 e \bar{v} S \qquad \text{16-1-1}$$

となる．1 A とは，ある断面を通過する電気量が，1秒間あたりに1 C であるような電流の強さで，$1\,\mathrm{A} = \dfrac{1\,\mathrm{C}}{1\,\mathrm{s}} = 1\,\mathrm{C/s}$，$1\,\mathrm{C} = 1\,\mathrm{A} \times 1\,\mathrm{s} = 1\,\mathrm{A\cdot s}$ である．

> **例題** $1\,m^3$ あたりに 10^{29} の自由電子数をもつ銅の自由電子の平均速度（ドリフト速度）$\bar{v}$ を求めよ．ただし，断面積 $S=1\,mm^2$，$e=1.6\times10^{-19}\,C$，流れる電流の強さを $1\,A$ とする．

> **解答** $\bar{v}=\dfrac{I}{n_0 eS}=\dfrac{1}{10^{29}\times(1.6\times10^{-19})\times(1\times10^{-6})}=0.625\times10^{-4}\,m/s$
>
> $=6.3\times10^{-3}\,cm/s$

このことから，導線を流れる自由電子の速度は極めて遅いことがわかる．

ところで，導体中の自由電子は導体中の電場 $E=\dfrac{V}{L}$ により，$F=eE=e\dfrac{V}{L}$ の力を受けて加速するが，図 16-1-2 に示すように，原子の振動により速度 v に比例した抵抗力 $f=kv$ を受ける．電子の質量を m として，運動方程式をたてると，

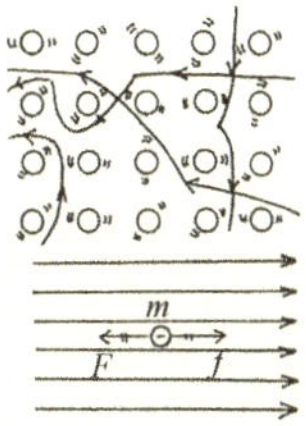

図 16-1-2 導体内での抵抗

$$ma=F-f=e\frac{V}{L}-kv=0 \quad \therefore\ v=\frac{eV}{kL} \qquad\qquad 16\text{-}1\text{-}2$$

となる．

16.1.2　オームの法則

式 16-1-1 に，電子の平均移動速度 v を代入すると，

$$I=n_0 evS=n_0 e\frac{eV}{kL}S=\frac{n_0 e^2}{k}\frac{S}{L}V \qquad \therefore\ V=\frac{k}{n_0 e^2}\frac{L}{S}I$$

ここで，R を抵抗として，

$$R=\frac{k}{n_0 e^2}\frac{L}{S} \qquad\qquad 16\text{-}1\text{-}3$$

とおくと，$V=RI$ となる．電気抵抗には，表 16-1-1 のようなカラーコード情報が印刷されているものもある．

表 16-1-1 抵抗のカラーコード

色分け	第1帯・第2帯の数字	第3帯（倍数）	第4帯（誤差）	覚え方
黒	0	$\times 10^0$		黒い礼服
茶	1	$\times 10^1$	±1%	お茶を一杯，小林一茶
赤	2	$\times 10^2$	±2%	赤い人参
橙	3	$\times 10^3$	±3%	だいだいミカン
黄	4	$\times 10^4$		四季
緑	5	$\times 10^5$	(±5%)	緑の5月，五月みどり
青	6	$\times 10^6$	±6%	青虫
紫	7	$\times 10^7$	±12.5%	紫式部
灰	8	$\times 10^8$		ハイハイ
白	9	$\times 10^9$		ホワイトクリスマス
金		$\times 10^{-1}$	±5%	
銀		$\times 10^{-2}$	±10%	
色なし			±20%	

16.1.3　電気抵抗率

式 16-1-3 において，$\rho = \dfrac{k}{n_0 e^2}$ とおくと，

$$R = \rho \dfrac{S}{L} z \qquad\qquad\qquad\text{16-1-4}$$

と書ける．ρ を物質の抵抗率（比抵抗）といい，単位は $\Omega \mathrm{m}$ を用いる．また抵抗率の逆数を電気伝導率 $\sigma \left(= \dfrac{1}{\rho} \right)$，あるいは電気伝導度や導電率という．単位は $\Omega^{-1} \mathrm{m}^{-1}$ となる．

ところで，電場 E の強さは $E = \dfrac{V}{L}$ なので，電子の質量を m，電荷を e とすると運動方程式は，

$$ma = eE \qquad \therefore\ a = \dfrac{eE}{m}$$

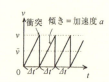

図 16-1-3　導体内での自由電子の衝突

電子が陽イオンに衝突せずに直進運動できる時間を Δt とすると，Δt 秒後には，$v = a\Delta t = \dfrac{eE}{m}\Delta t$ の速さとなる．衝突によって電子の速さが 0 になるとすれば，この間の平均の速さ $\bar{v}$ は，

$$\bar{v} = \dfrac{0+v}{2} = \dfrac{eE\Delta t}{2m} = \dfrac{e\Delta t}{2m}E = \dfrac{e\Delta t}{2m}\cdot\dfrac{V}{L} \qquad \therefore\ I = n_0 e \bar{v} S = \dfrac{n_0 e^2 \Delta t}{2m}\dfrac{S}{L}V$$

以上から，

$$R = \dfrac{2m}{n_0 e^2 \Delta t}\dfrac{L}{S}\ ;\ \rho = \dfrac{2m}{n_0 e^2 \Delta t}\ ;\ k = \dfrac{2m}{\Delta t}$$

と書けることがわかる．導体の抵抗率は $10^{-8}\ \Omega\mathrm{m}$ 程度である．

16.1.4 抵抗の温度変化

一般に，導体の抵抗率は，図 16-1-4 にみるように，温度に対してほぼ直線的に増加する．0℃のときの抵抗率を ρ_0，t（℃）のときに抵抗率を ρ とすると，

$$\rho = \rho_0(1 + \alpha t) \qquad 16\text{-}1\text{-}5$$

と書ける．ここで α は温度係数といい，単位は 1/K である．**導体では α は正，半導体では α は負となる**．また，0℃での抵抗を R_0 とし，t（℃）のときに抵抗を R とすると，

$$R = R_0(1 + \alpha t) \qquad 16\text{-}1\text{-}6$$

なお，抵抗は式 16-1-4 にみるように，温度が上昇するにつれて増大するので，I-V グラフは図 16-1-5 のようになる．

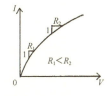

図 16-1-4 銅の抵抗率

しかし，半導体では減少する．その理由は，以下の 2 つが挙げられる．

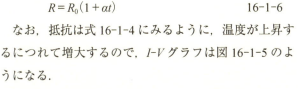

図 16-1-5 非オーム抵抗

(a) 電流が導体を流れるとき，電子は結晶格子（金属イオン）の間を縫って移動する．高温では，陽イオンの熱振動が激しいので，自由電子が導体内を移動するとき，衝突散乱を受けることが多くなり抵抗値が増大する．

(b) 熱振動が激しくなると，原子のまわりに束縛されていた電子が解放される率が高くなり，1 m³ あたりの自由電子数 n が増え抵抗値が小さくなる．

普通の金属では n は不変であるが，半導体では熱励起（thermal excitation）が起こる．

16.1.5 超伝導

金属の抵抗は，温度が低くなるにつれて減少するが，ある金属などでは，特定の温度以下になると急に抵抗値が減少し，0 になる．この現象を**超伝導**（superconductivity）といい，カマリング・オンネス（オランダ）が 1911 年に発見した．超伝導が生じるときの温度を**転移温度**または**臨界温度**という．オンネスは，水銀をヘリウムで冷やして電気抵抗を測定したところ，図 16-1-6 にみるように，約 4.2 K で，電気抵抗が急に無くなることを発見

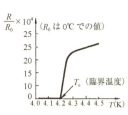

図 16-1-6 水銀の電気抵抗

した．

　超伝導状態では，電気抵抗が0なので電流は減衰することなく永久に流れる．また，磁石からの磁束が超伝導体内部に入らないため超伝導体上で磁石を浮かすことができる．これを**マイスナー効果**という．超伝導状態では，$|E|=0$, $|B|=0$である．

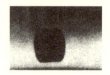

図 16-1-7　マイスナー効果およびピン止め効果

16.1.6　電解液の抵抗

　純水は抵抗が極めて大きく，導電性は無いといえる．少量の硫酸などを加えると，水はかなり良導体になる．硫酸が水溶液中で，

$$H_2SO_4 \rightleftharpoons 2H^+ + SO_4^{2-}$$

と電離し，これらのイオンが電荷を運ぶためである．水に溶けてその溶液が電気の導体となる物質を**電解質**という．溶液中でイオン化している分子の量と全量の比を電離度といい，電離度が大きい物質を強電解質，小さい物質を弱電解質という．電解質でない物質を非電解質という．

16.1.7　電流密度

　単位面積あたりの電流を**電流密度**といい，iまたはjで表す．電流密度の大きさは，電流の流れの断面積Sのなかの単位面積を単位時間に通過する電気量$i=I/S$である．電流の流れる向きも考える場合は，電流密度を表すベクトルiを用いる．オームの法則の式$V=RI=\rho\dfrac{L}{S}I$は，$\dfrac{V}{L}=\rho\dfrac{I}{S}$と変形できるので，

$$E=\rho i, \quad i=\frac{1}{\rho}E=\sigma E$$

となる．この$i=\sigma E$が，一般化されたオームの法則である．

16.2　起電力と直流回路

16.2.1　電　池

＜接触電位差＞

　異種の金属を接触させると，接触面に電位差を生じる．このときの電位差を**接触電位差**という．金属内では，自由電子は自由に運動をしている．金属表面では，表面に残される陽イオンのため，自由電子は金属外へ飛び出さ

図 16-2-1
電気二重層

ない．そのため金属表面では，陽イオンが並んだ層より，わずかに電子の方が外側に分布し，電気二重層を形成している．つまり，層の外側は負に，層の内側は正に帯電する．したがって，金属内から外に向かって，二重層内で電位は急激に変化する．この電位差は金属によって異なり，表面の電子を金属内部に引き戻す効果が異なるので，一方が電子を失い正に帯電する．

<電極電位>

接触電位差は，金属と電解質溶液の間にも生じる．これを電極電位という．水は，ごくわずかにしか電離しない．

$$2H_2O \rightleftharpoons H_3O^+ + OH^-$$

図 16-2-2
亜鉛の電極電位

Zn（亜鉛）は，水分子の作用を受け，Zn^{2+} となって液中に溶け出すと同時に，金属 Zn 内には電子が残り負に帯電する．そのため溶液中の Zn^{2+} を引き戻そうとする．つまり「Zn を溶かそうとする水の作用」と「Zn^{2+} を引き戻そうとする帯電 Zn の作用」がつりあったとき，平衡状態に達する．

ある金属を，その金属イオンを含む 1 mol/L の溶液に浸したとき生じる電位差を標準電極電位（標準単極電位）という．水素の標準電極電位を 0.00 V と約束し，それと比較して示す（表 16-2-1）．イオン化傾向が，水素より大きいものは負，水素よりも小さいものは正とする．

表 16-2-1　単極電位

電　極	電極電位 (V)
Li | Li$^+$	−2.96
K | K$^+$	−2.92
Na | Na$^+$	−2.71
Al | Al^{3+}	−1.70
Zn | Zn^{2+}	−0.76
Fe | Fe^{2+}	−0.44
Cd | Cd^{2+}	−0.40
Ni | Ni^{2+}	−0.22
Pb | Pb^{2+}	−0.12
H$_2$ | H$_3$O$^+$	0.00
Cu | Cu^{2+}	+0.34
Ag | Ag$^+$	+0.80
Hg | Hg^{2+}	+0.86
Au | Au$^+$	+1.70

亜鉛板と銅板を希硫酸に入れて電池にしたものをボルタ電池という．＋極と－極を導線でつなぐと，銅板から亜鉛板に電流が流れ，電子は逆向きに亜鉛板から銅板に流れる．

(−)　亜鉛板　$Zn \rightarrow Zn^{2+} + 2e^-$
(＋)　銅　板　$2H^+ + 2e^- \rightarrow H_2 \uparrow$

ところでボルタ電池では，＋極で発生した水素は電池の分極作用を引き起こす．その原因は

① $H_2 \rightarrow 2H^+ + 2e^-$ という再溶解で逆の起電力を生じる．
② 水素の気泡が銅板を覆い＋極と隔てるため，界面の抵抗が増大する．

分極作用への対処としては，H_2 を酸化し H_2O にするような減極剤（MnO_2, $K_2Cr_2O_7$ など）を用いる．

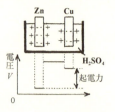

図 16-2-3　ボルタ電池の反応メカニズム

表 16-2-2　電池の種類

名称［起電力(V)・内部抵抗(Ω)］ 　　（＋）構造（－）	極での変化 $\begin{cases} 負極\cdots\cdots 電子生産，酸化 \\ 正極\cdots\cdots 電子消費，還元 \end{cases}$
ボルタ電池［約 1.1・－］ $Cu\|H_2SO_4\|Zn$	負極：$Zn \to Zn^{2+} + 2e^-$ 正極：$2H^+ + 2e^- \to H_2\uparrow$
ダニエル電池［1.06〜1.09・約 4］ $Cu\|CuSO_4\|ZnSO_4\|Zn$ （H_2SO_4）	負極：$Zn \to Zn^{2+} + 2e^-$　希 $ZnSO_4$（または H_2SO_4）と飽 正極：$2H^+ + 2e^- \to H_2$　和 $CuSO_4$ とは素焼きの円筒でへだてられている．
ルクランシェ電池［1.5・0.25〜4］ $C\|MnO_2+C\|NH_4Cl\|Zn$	負極：$Zn + 4NH_4^+ \to [Zn(NH_3)_4]^{2+} + 4H^+ + 2e^-$ 正極：$4H^+ + 4e^- + 3MnO_2 \to Mn_3O_4 + 2H_2O$
乾電池［1.5・0.25〜4］	電解液 NH_4Cl 溶液にデキストリンなどを加えて溶液の流動を防いだルクランシェ電池
鉛蓄電池［2.0・微小 0.02 程度］ $PbO_2\|H_2SO_4\|Pb$	負極：$Pb + SO_4^{2-} \to PbSO_4\downarrow + 2e^-$（充電可；2 次電池） 正極：$PbO_2 + 4H^+ + SO_4^{2-} + 2e^- \to PbSO_4\downarrow + 2H_2O$

> **プチ実験**　「いろいろな電池をつくろう」
>
> ①レモン電池；アルミ箔の上に，切ったレモンの果実面を接触させ，これにフォークなどをさす．アルミ箔が－極，フォークが＋極となる．微力な電池なので LED を点灯するためには，4 個程度を直列接続する必要がある．②**ステンレス製のスプーン電池・フォーク電池・食器電池**；スプーンや食器に食塩水を染みこませたティッシュを巻きつけ，これにアルミ箔を食器と接触しないように巻く（接触するとショートする）．微力な電池なので，4 個程度直列に接続する必要がある．③**鉛筆の芯電池**；鉛筆の芯は炭素電極とみなせ，備長炭電池と同じように電池になる．鉛筆の芯に食塩水をしみ込ませたティッシュを巻き，その上からアルミ箔をショートしないように巻くと完成．4 本程度で，電子メロディが鳴る．④**備長炭電池**；この手の電池で，一番パワーがある．備長炭に食塩水をしみこませたティッシュを巻き，その上からアルミ箔をショートしないように巻く．備長炭のかけらだけで電池を作っても 1 個で電子メロディが鳴る．

16.2.2　電池の起電力と内部抵抗

電池内部には抵抗があり，内部抵抗 (r) という．電池によって生じる電圧を起電力 (E) といい，電池の両極間の電圧を端子電圧 (V) という．

回路に流れる電流 I は，$E = (R+r)I$ より，$I = \dfrac{E}{R+r}$ である．端子電圧 V と外部抵抗 R のあいだには $V = RI$ の関係があるので，

$$E = (R+r)I = RI + rI = V + rI \quad \therefore V = E - rI$$

16-2-1

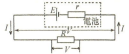

図 16-2-4　起電力と端子電圧

なお，導線は抵抗を0とみなし，導線上では電位差を生じないとする．さて図16.2.4の回路で，外部抵抗をスライド抵抗（すべり抵抗）に変えて，電池の両端の端子電圧と回路を流れる電流を測定したところ図16-2-5グラフが得られた．

電池の起電力 E は，電流 I が0のときの端子電圧に等しい．つまり V-I グラフの V 切片の値である．

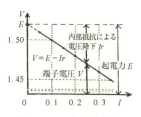

図 16-2-5　起電力測定

16.2.3　キルヒホッフの法則 (Kirchhoff)

まず，回路1の各部分を流れる電流の値は，合成抵抗 R を求めてから，回路を流れる各電流値を求めることができる

$$R = \dfrac{R_1 R_2 + R_2 R_3 + R_3 R_1}{R_1 + R_2}$$

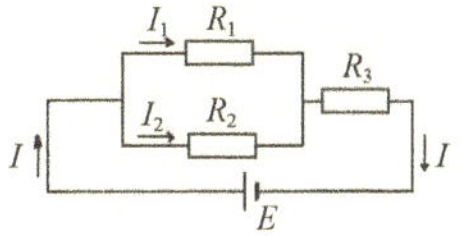

図 16-2-16　回路1

したがって，各電流値は，

$$I = \dfrac{(R_1 R_2)E}{R_1 R_2 + R_2 R_3 + R_3 R_1}, \quad I_1 = \dfrac{R_2 E}{R_1 R_2 + R_2 R_3 + R_3 R_1}, \quad I_2 = \dfrac{R_1 E}{R_1 R_2 + R_2 R_3 + R_3 R_1}$$

となる．しかし，回路2の場合は，どのようにすればよいのであろうか．合成抵抗を求めるのも難しく，簡単には解けないので，次のキルヒホッフの法則を利用する．

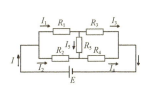

図 16-2-17　回路2

<キルヒホッフの第1法則>

導線が1点で交わるとき，その点に流入する電流の和と，流出する電流の和は等しい．

会合点に電荷を蓄えることはできないから，流入する電流は流出する電流に等しい．したがって，$I_1+I_2+I_3=I_4+I_5$と書ける．ここで，流入する電流を正，流出する電流を負とすると，会合点での電流の代数和は0である．

$$I_1+I_2+I_3+(-I_4)+(-I_5)=0 \quad \therefore \sum I=0 \quad (第1法則) \quad 16\text{-}2\text{-}1$$

<キルヒホッフの第2法則>

回路網（network）中の任意の閉回路（網目，mesh）内において，一定の向きにたどった起電力の総和は，同じ向きに生じる電圧降下の総和に等しい．

$$\sum E = \sum RI \quad 16\text{-}2\text{-}2$$

第2法則は，一筆描きの回路では「電圧降下の総和」は「起電力の総和」に等しいというものである．つまり，$V_1+V_2+V_3+V_4=E$，あるいは $R_1I+R_2I+R_3I+R_4I=E$ と書ける．一般的な回路では，電流の流れる向きはまちまちなので，任意の向きを決め，「回路をたどる向き」とする．

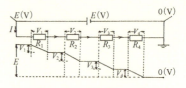

図16-2-8　電圧降下の和

$$\begin{cases} 同じ向きの　電　流 \to 正 \\ 同じ向きの電圧降下 \to 正 \\ 逆向きの　　電　流 \to 負 \\ 逆向きの電圧降下　 \to 負 \end{cases}$$

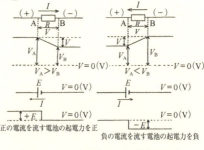

図16-2-9　電圧降下や起電力の正負

例題　内部抵抗が無視できる電池を4個，直列につないだ．次のそれぞれの場合について，電位を表す概念図を描け．
(1)　(b)の電池の負極をアースした場合の電位の概念図．
(2)　(b)の電池の正極をアースした場合の電位の概念図．

解答例　(1)　　　　　　　　　(2)

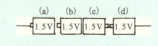

16.2.4 ホイートストンブリッジ（Wheatstone bridge）

1837年に電信が開発され，電気抵抗の正確な値が必要となったが，電流計・電圧計には内部抵抗があるため，正確な抵抗値の測定は難しかった．ホイートストンは，1843年にクリスティの発明を改良して，内部抵抗の影響を無視できる抵抗値の測定方法の実用化を行った．

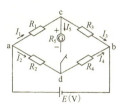

図 16-2-10
ホイートストンブリッジ抵抗は長方形記号

図 16-2-10 のような回路を組み，検流計 G のふれを 0 としたとき，4つの抵抗 R_1, R_2, R_3, R_4 の間には，どのような関係があるか．検流計 G の内部抵抗を R_5 とする．

考え方 1；3つの網目のそれぞれについて，キルヒホッフの第2法則による式をたてて解く．

考え方 2；$I_5=0$ より，$I_1=I_3$, $I_2=I_4$ 　　$R_1I_1=R_2I_2$, $R_3I_1=R_4I_2$

$$\therefore \frac{R_1}{R_2}=\frac{R_3}{R_4} \quad\quad 16\text{-}2\text{-}4$$

いま，R_3 が未知抵抗 R_x とすると，

$$\frac{R_1}{R_2}=\frac{R_x}{R_4} \quad \therefore R_x=\frac{R_1}{R_2}R_4$$

考え方 3；$V_{cd}=V_{cb}-V_{db}=\dfrac{R_3}{R_1+R_3}E-\dfrac{R_4}{R_2+R_4}E=\dfrac{R_2R_3-R_1R_4}{(R_1+R_3)(R_2+R_4)}E$

ところで，$V_{cd}=0$ であるためには，$R_2R_3-R_1R_4=0$

ここで，$R_x=R_3$ とすると，$R_2R_x-R_1R_4=0$ 　　$\therefore R_x=\dfrac{R_1}{R_2}R_4$

補足 「電流 I_5 の流れる向き」

1) $V_{cd}>0$（D より C の方が電位が高い）とき，電流は c→d に流れるので $I_5>0$ なので，$R_2R_3-R_1R_4>0$ i.e. $\dfrac{R_1}{R_2}<\dfrac{R_3}{R_4}$

2) $V_{cd}=0$ のとき $I_5=0$ より，$R_2R_3-R_1R_4=0$ $\dfrac{R_1}{R_2}=\dfrac{R_3}{R_4}$

3) $V_{cd}<0$ のとき，d→c　　$I_5<0$ より，$R_2R_3-R_1R_4<0$ i.e. $\dfrac{R_1}{R_2}>\dfrac{R_3}{R_4}$．

補足 考え方 1 で解いてみよう．

点 c で，$I_1=I_3+I_5$ …… ①　　　　$E=R_1I_1+R_3I_3$ …… ②

点 d で，$I_2+I_5=I_4$ …… ③　　　　$E=R_2I_2+R_4I_4$ …… ④

$0=R_1I_1+R_5I_5+(-R_2I_2)$ …… ⑤

①〜⑤ より，

$$I_5 = \frac{(R_2R_3 - R_1R_4)E}{R_1R_2(R_3+R_4+R_5) + R_2R_3(R_4+R_5) + R_1R_4(R_3+R_5) + R_3R_4R_5}$$

$I_5 = 0$ より，$R_2R_3 - R_1R_4 = 0$

16.2.5　電位差計（Potentiometer）

電池から電流が流れると，内部に化学変化が生じるが，この変化は不可逆的なので，電流を流すと起電力の正しい測定ができない．そこで，電位差計を用いて，電池の起電力を測定する．

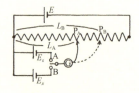

図 16-2-11　電位差計

まず図 16-2-11 のように，主回路を組む．電池，電流計，メートルブリッジをつなぐ．続いて，副回路を組む．起電力 E_x が未知の電池 E_x と検流計をつないで，主回路につなぐ．

メートルブリッジの 1 m あたりの抵抗を K とすると，

$$R = KL_0 \quad (L_0 = 1 \text{ m})$$

である．検流計のふれが 0 になるように接点を移動させ，そのときの位置を L とすると，

$$E = R_I, \quad E_x = rI \quad \therefore E_x = \frac{L}{L_0}E$$

となり，E_x が求められる．しかし，この回路では電池 E の電流を流しながら測定を行うので，電池 E の疲労が進み標準電池としての役目を果たさない．そこで，この電池 E を補助電池とし，別に標準電池 E_s を準備し用いる．

切り替えスイッチを A にしたとき検流計を 0 にする接点の O からの長さを L_A，切り替えスイッチを B にしたときの接点の長さを L_B とすると，

$$E_S = \frac{L_A}{L_0}E, \quad E_x = \frac{L_B}{L_0}E \quad \rightarrow \quad \frac{E_x}{E_S} = \frac{L_B}{L_A} \quad \therefore E_x = \frac{L_B}{L_A}E_S \qquad 16\text{-}2\text{-}5$$

16.2.6　電流計・電圧計の接続

<電流計・電圧計の接続>

電流計は回路に直列に接続し，電圧計は回路に並列に接続する．しかし，図(A)，(B) のような回路の場合，電流計と電圧計の接続の仕方が問題になる．抵抗の値は R_0 であり，実際に抵抗にかかっている電圧を V_0 とし，電圧計と電流計で測定した値が抵抗の両端の電圧 V と抵抗を流れる電流 I であるとする．

(A)	(B)
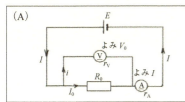	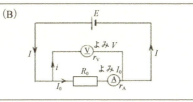
電流計のよみ I，電圧計のよみ V_0 であるから，キルヒホッフの法則より， $$V_0 = I_0 R_0 = ir_V = IR : I = I_0 + i$$ $$\Delta R = R - R_0$$ (相対誤差) $= \left|\dfrac{\Delta R}{R_0}\right| = \left|\dfrac{R - R_0}{R_0}\right| = \left|\dfrac{R}{R_0} - 1\right|$ $= \left|\dfrac{I}{I_0} - 1\right| = \left|\dfrac{-i}{I}\right| = \dfrac{R_0}{R_0 + r_V}$	電流計のよみ I_0，電圧計のよみ V であるから，キルヒホッフの法則より， $$V = I_0 R = I_0(R_0 + r_A)$$ $$\Delta R = R - R_0$$ (相対誤差) $= \left|\dfrac{\Delta R}{R_0}\right| = \dfrac{R - R_0}{R_0} = \dfrac{r_A}{R_0}$

電流計・電圧計を同時に使うときは，抵抗 R_0 に対して相対誤差の小さい方の回路を用いるとよい．このようにして抵抗値を測定する方法を**電圧降下法**という．

(相対誤差の差) = (A の相対誤差) - (B の相対誤差)
$$= \dfrac{R_0}{R_0 + r_V} - \dfrac{r_A}{R_0} = \dfrac{R_0^2 + r_A R_0 - r_A r_V}{R_0(R_0 + r_V)} \gtreqless 0$$

ところで，r_A は電流計の内部抵抗とり $r_A \ll R_0,\ r_V \gg R_0$ であるから，上式は，次のように見なせる．

$$\dfrac{R_0^2 - r_A r_V}{R_0(R_0 + r_V)} \gtreqless 0$$

$R_0^2 < r_A r_V \ \left(\dfrac{\Delta I}{I_0} < \dfrac{\Delta V}{V_0}\right)$	$R_0^2 = r_A r_V \ \left(\dfrac{\Delta I}{I_0} = \dfrac{\Delta V}{V_0}\right)$	$R_0^2 > r_A r_V \ \left(\dfrac{\Delta I}{I_0} > \dfrac{\Delta V}{V_0}\right)$
A の回路を使う	A, B どちらの回路でもよい	B の回路を使う

補足 $\dfrac{\Delta I}{I_0} - \dfrac{\Delta V}{V_0}$ を求めてみる．

$\dfrac{\Delta I}{I_0}$ は A の回路より $\dfrac{\Delta I}{I_0} = \dfrac{R_0}{r_A}$, $\dfrac{\Delta V}{V_0}$ は B の回路より $\dfrac{\Delta V}{V_0} = \dfrac{r_A}{R_0}$

∴ $\dfrac{\Delta I}{I_0} - \dfrac{\Delta V}{V_0} = \dfrac{R_0}{r_A} - \dfrac{r_A}{R_0} = \dfrac{R_0^2 - r_A r_V}{R_0 r_V} \gtreqless 0$

◁**電流計の分流器**▷

　電流計の指針がふれるのは，指針の裏側に置かれたコイルに電流が流れ磁化し，近くに置いてある磁石から力を受けるためである．このコイルに強い電流を流すとコイルが焼き切れてしまうので，ミリアンペア程度の電流しか流せない（ミリアンメーター）．

表16-2-3 電気用図記号（従来の記号と著しく異なるものは，旧記号をそれぞれ下に示した．）

電圧および電流の種類	接続点	スイッチ	電池	ランプ
直流 ═ 交流 ∿ （旧記号）	┬┴	（旧記号）	─╟─	─⊗─
電気抵抗	可変抵抗器	すべり抵抗器	コンデンサー	コイル
（旧記号）	（旧記号）	（旧記号）	─┤├─	─⌇⌇─
ダイオード	トランジスター	モーター	発電機	電圧計	電流計	検流計
（旧記号）		─Ⓜ─	─Ⓖ─	─Ⓥ─	─Ⓐ─	─①─
直流，交流の違いを示すために，文字の下に ═ または ∿ の記号をつけてもよい．				（例）直流電流計 ─Ⓐ═		

そこで，最大目盛が I_0 の電流計を用いて，より大きな電流を測定したい場合には，I_0 以上の電流を別の抵抗に逃がせばよい．これを分流器という．電流計の内部抵抗の値を r_A とすると，分流器の抵抗の値 R は，

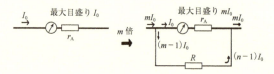

図 16-2-12 分流器

$$r_A I_0 = R(m-1)I_0 \quad \therefore R = \frac{r_A}{m-1}$$

となる．この分流器を電流計に並列に接続すれば，最大 mI_0 (A) の電流まで測定できる．

<電圧計の倍率器>

最大目盛 V_0，内部抵抗 r_V の電圧計に V_0 以上の電圧がかかると，コイルは焼き切れてしまう．そこで，それ以上の電圧は別の部分にかけるとよい．これを倍率器とよぶ．倍率器の抵抗 R は，

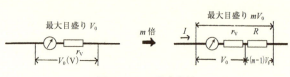

図 16-2-20 倍率器抵

$$V_0 = r_V I, \quad (m-1)V_0 = RI$$

$$\frac{(m-1)V_0}{V_\text{V}} = \frac{RI}{r_\text{V}I} \qquad \therefore \ R = (m-1)r_\text{V}$$

となる．この倍率器を電圧計に直列に接続すれば，最大 mV_0 の電圧まで測定できる．

<電流計を電圧計として使う方法>

最大目盛が I_0，内部抵抗が r_A の電流計の端子間には最大 $r_\text{A}I_0$ の電圧がかけられる．したがって，電流計の目盛りの上に電圧を示す目盛りを書き加えればよい．

ところで，一般に電流計の内部抵抗は小さいため，電流計を回路に並列に入れると，主回路の抵抗値よりも小さくなり，電流計に多くの電流が流れてしまう．そこで倍率器も入れるようにする．このようにしてテスターとして利用することができるわけである．

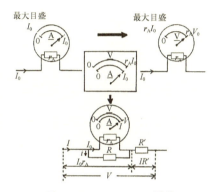

図 16-2-14 テスターの原理

図 16-2-14 のテスターでは，最大電流は，左端の点線と左端から 2 番目の点線の位置にある端子を用いると，

$$I_0 r_\text{A} = Ri \qquad i = \frac{r_\text{A}}{R}I_0 \qquad I = I_0 + i = I_0 + \frac{r_\text{A}}{R}I_0 = \frac{R + r_\text{A}}{R}I_0$$

また，最大電圧は，両端にある端子を用いると，

$$V = r_\text{A}I_0 + R'I = r_\text{A}I_0 + R'\frac{R + r_\text{A}}{R}I_0 = \frac{Rr_\text{A} + RR' + R'r_\text{A}}{R}I_0$$

16.3　電流と熱

16.3.1　電力（electric power）

導体の 2 点間を 1 C の電荷を運ぶのに 1 J の仕事が必要となるとき，その 2 点間の電圧が 1 V ボルトである．逆に ＋1 C 電荷が，1 V の電位差の 2 点間を電場の方向に移動すれば，電荷は外部に 1 J の仕事をする．電気量 Q の電荷が，電位

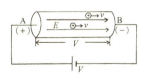

図 16-3-1　電力

差 V の 2 点間 AB を移動する場合，この電荷が外部に行う仕事 W は，$W = QV$ である．点 A から点 B までの経過時間を t とすれば，電荷が 1 秒あたり外部にする仕事，つまり仕事率 P は，

$$P = \frac{W}{t} = \frac{QV}{t} = \frac{Q}{t}V = IV \quad \therefore P = VI \qquad 16\text{-}3\text{-}1$$

また，1 秒間に電流がする仕事（仕事率）を電力（electric power）という．

$$P = VI = \frac{V^2}{R} = RI^2 \qquad 16\text{-}3\text{-}2$$

単位には W（ワット）を用いる．1 秒間に 1 J の仕事をする仕事を 1 W という．

16.3.2 電力量（仕事量）

電流 I が時間 t にした仕事を電力量という．電力が P のとき，時間 t 間に行う電力量 W は，$W = Pt = VIt = \frac{V^2}{R}t = RI^2 t$ となる．日常使用する 1 kWh とは，1 kW の電力が 1 時間にする仕事（電力量）を表すので，

$$1\,\text{kWh} = 1000\,\text{Wh} = 1 \times 10 \times^3 \times 60 \times 60 = 3.6 \times 10^6\,\text{J}$$

である．60 W の電球は，1 秒間に電流のする仕事が 60 J であることを示し，明るさを示しているのではない．明るさはルーメンという単位で示す．

例題 起電力が E，内部抵抗が r の乾電池に，抵抗値 R の負荷を接続した．負荷で消費する電力 $P(I)$ を最大にするためには，R の値をいくらにすればよいか．

解答 キルヒホッフの第 2 法則より，$RI + rI = E$
両辺を I 倍すると，$RI^2 + rI^2 = EI$

$$\therefore P = RI^2 = EI - rI^2 = I(E - rI)$$

$P(I)$ は I についての 2 次関数なので，$I = \frac{E}{2r}$ のとき最大．

このとき R は，$R = \frac{E - rI}{I} = r$ なので，$R = r$ のとき，R における電力は最大となる．したがって，その最大値 $P_{\max}$ は，$P_{\max} = P\left(\frac{E}{2r}\right) = \frac{E^2}{4r}$ である．

このとき，内部抵抗における電力も最大値 $P_{\max}$ になり，負荷で発生する熱と同じ量の熱が乾電池内部においても発生し，電池は熱くなり破損する場合もある．

16.3.3 ジュール熱と非オーム抵抗

電流が抵抗を流れるとき，この電力は熱に変わる．このとき発生する熱をジュール熱といい，$W = VIt = RI^2 t = \frac{V^2}{R}t$（交流の場合は，$I, V$ は実効値である）

だけ，熱が発生する．

　一般に，抵抗に電流が流れるとジュール熱が発生し，抵抗は熱をもつようになる．金属の場合は，金属イオンの熱振動が激しくなり，自由電子の運動を妨げるため，抵抗は増大する．このような抵抗を非オーム抵抗という．抵抗値は，

$$R = R_0(1 + \alpha t) \qquad 16\text{-}3\text{-}6$$

となる．日常使用する銅線や鉄線なども，本来は非オーム抵抗であるが，電流の変化があまり大きくない範囲では，オーム抵抗として扱う．電球や真空管，ダイオード，トランジスタなどの非オーム抵抗では，図 16-3-2 のような特性曲線が与えられ，グラフを用いて，電圧，電流の値を求める．

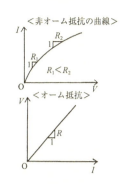

図 16-3-2
非オーム抵抗の特性曲線

補足 非オーム抵抗の抵抗 R は，$R = \dfrac{V}{I}$ である．$\dfrac{\Delta V}{\Delta I}$ ではないので注意！

例題 タングステン電球にかかる電圧と電流の関係について，室温が 20℃ の部屋で測定したところ，右図の特定曲線が得られた．以下の問いに答えよ．

(1) 温度 t (℃) でのタングステンフィラメントの抵抗値 R は，$R = R_0\{1 + 7.2 \times 10^{-3}(t - 20)\}$ である．電圧 100 V でのフィラメントの温度を求めよ．ただし，R_0 は 20 ℃ で 6.1 Ω である．

(2) この電球と 100 Ω のニクロム線を右図のように直列につなぎ，50 V の電源に接続した．回路に流れる電流は何 A か．

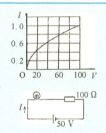

解答 (1) グラフより，100 V のとき 1 A なので，$100 = 1 \times R$
　　　　∴ $R = 100$ Ω
　　　　$100 = 6.1\{1 + 7.2 \times 10^{-3}(t - 20)\}$　　∴ $t = 2.2 \times 10^3$ ℃

(2) 電球の電圧を V (V) とおくと，キルヒホッフの第2法則より，
　　$50 = V + 100I$　　∴ $I = 0.5 - 0.01 \times V$
この式をグラフに描き込み，特性曲線との交点を読むと，$I = 0.36$ A である．

プチ実験 「エジソン電球の実験いろいろタイプ」

　単1型アルカリ乾電池を 10 個直列接続し電源とする．シャープペンシルの芯を導線につないだものを電源につなぐと，シャープペンシルの芯は，最初

は赤黒く光り始め徐々に明るい色になり、やがてまぶしく輝いて焼き切れる。このフィラメントを長く点灯させるのには、空気中の酸素を遮断する必要がある。そのためには、二酸化炭素やヘリウム、液体窒素のなかで光らせるとよい。

フィラメントには、鉛筆の芯や竹炭なども用いることができる。竹串をアルミホイルでくるんでガスコンロの上に長いピンセットではさんでかざして蒸し焼きにすると竹炭をつくることができる。2本を打ち合わせてみると、カーン、カーンという高い備長炭のような澄んだ音が聞こえる。これが確認できれば、電気伝導性がある状態になっている。テスターでチェックするとなおよい。なお、アルカリ乾電池10個の直列接続は危険でもあるので、実験結果がわかれば、直ちに回路から外すこと。

プチ実験 「スチールウールの発火実験」

キャンプに行ったときに、ライターなどを忘れて困ったという経験は無いだろうか？ ジュール熱を利用した実験の第2弾、単1型乾電池1個とスチールウールを用いて、火種を作ることができる。台所の洗い用の目の細かいスチールウールをひとつまみ取りだす。これを、乾電池のプラス極とマイナス極に触れることができる程度まで長く引き延ばす。乾電池を立て、机とマイナス極の間に、スチールウールの片端を挟み、スチールウールの他端を、乾電池のプラス極に近づけると、たちまち、スチールウールが燃え始める。このとき、ティッシュペーパーなどに火を移し、火種とする。乾電池1個で、雨のキャンプ場でも安心して薪に火をつけることができる。

16.3.5 熱電効果

2種類の金属A、Bの各端を接合し、その接合点の一方を高温に、他方を低温に保つと電流が流れる。これを<u>ゼーベック効果</u>（1821年）という。電流を熱電流、熱電流を生じさせる起電力を<u>熱起電力</u>という。このような装置を<u>熱電対</u>という。熱電対は、温度計として利用できる。一方を0℃に保ちながら起電力測定を行うと他方の温度が計測できる。JISの熱電対 K は、アルメル・クロメル熱電対で、アルメルはニッケル Ni 94 %、マンガン Mn 2.5 %、アルミニウム Al 2 %、ケイ素 Si 1 %、鉄 Fe 0.5 %、クロメルは Ni 89 %、クロム Cr 9.8 %、Fe 1 %、Mn 0.2 % の組成をもち、−200 ℃〜1000 ℃までの計測に利用される。

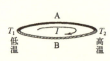

図 16-3-3 熱電対

接合させた2種類の金属に電流を流すと、接点ではジュール熱の他に、電

流の強さに比例した熱の発生または吸収が起こる．この現象をペルチェ効果（1834年）という．電流を流す向きを逆にすると，熱の発生と吸収は逆になる．ペルチェ効果とゼーベック効果は逆の現象である．

第17章 磁 場

17.1 静磁場

17.1.1 磁石と静磁気の歴史

磁気的現象は古くギリシア時代から知られていた．クレタ島の羊飼いが，鉄片がついた杖が地面に吸い着けられることから磁鉄鉱（Fe_3O_4）を発見したと伝えられている．磁石の英語magnetは，磁鉄鉱の産地であった小アジアの地名のマグネシア（Magnesia）に由来するとされている．中国で，磁針が南北を指す指向性が発見され，十字軍に参加したペリグリヌスは磁石の磁極間には引力も斥力も働くことを発見したとされている．その後，航海に磁針を利用．コロンブスは，磁針の地磁気による偏角に気づいていたとされている．1500年代台後半には，ロバート・ノイマン（羅針盤の職人）が伏角をはじめて測定した．

1600年に，ギルバートは，地球を巨大な磁石と考え，球状の磁石をつくって確かめた．また，磁石の引力と電気の引力の違いを次のように指摘した．それは，天然磁石が鉄を引きつける性質は自然のままだが，電気的性質は摩擦によって発生する．電気的物質はいろいろ物を引きつけるが，磁石は鉄など特別なものだけである．磁石は磁荷を単独に分離できないというものである．

1785年にクーロンは，磁石の両端の磁荷に作用する力を測定し，クーロンの法則を提唱した．電荷と同じく1785年である．同符号では斥力，異符号では引力を示し，距離の2乗に反比例する．ある磁石のN極の磁荷を$+m_1$，別の磁石S極の磁荷を$-m_2$とすると，

$$F = \frac{1}{4\pi\mu_0} \frac{m_1 m_2}{r^2} \qquad 17\text{-}1\text{-}1$$

と書ける．力の単位をNとする場合，磁荷の単位をWb（ウエーバー）と決める．なおμ_0は，真空の透磁率という．

以上のように，磁気の力と電気の力はよく似た性質をもつが，両者の間に

は本質的な違いがある．磁荷には，正（N）または負（S）の磁荷が単独には存在しない．1本の棒磁石のN極とS極に，それぞれ$+m$，$-m$の磁荷があると考えると，磁石全体のもつ磁荷は0である．この磁石を図17-1-1の最上段の図のように，2本に切り分ける

図 17-1-1
切っても切っても磁石

と，N極だけとS極だけに分かれそうであるが，実際はN極とS極のペアとなり，切っても切っても同じ結果になり，どんどん小さな磁石に分かれていく．磁石を構成しているのは，短い棒の両端に正負の磁荷がついた小さい磁石で，磁気双極子（magnetic dipole）という．

近接作用の立場では，磁荷のまわりの空間にはゆがみが生じ，そのゆがんだ状態にある空間に磁荷が置かれると，それに力が作用すると考える．磁石の場合，この空間のゆがみを磁場（magnetic field）といい，時間的に変化していない場合には静磁場（static magnetic field）という．

17.1.2　磁気におけるクーロンの法則

無限に長い棒磁石をイメージし，N極の磁荷に対してS極の磁荷からの影響が無視できるとすると，本来は単極の磁荷は存在しないが，静電気における電荷のように，単独で存在する磁荷をイメージすることができる．このよ

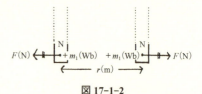

図 17-1-2
磁気におけるクーロンの法則

うな磁石を2個準備し真空中におく．この間に作用する力Fは，それぞれN極の磁荷を$+m_1$，$+m_2$とし，両者の距離をrとすると，

$$F = \frac{1}{4\pi\mu_0}\frac{m_1 m_2}{r^2} = 6.33 \times 10^4 \frac{m_1 m_2}{r^2} \qquad \text{17-1-2}$$

となる．磁荷の値が大きいと作用する力の大きさも大きいので，磁荷は磁石の磁極の強さであることがわかる．式17-1-2に，$m_1=1$，$m_2=1$，$r=1$ mと，単位となる値を代入すると$F = 6.33 \times 10^4 \frac{1 \times 1}{1^2}$となる．このことから，「1 Wbは，真空中で強さの等しい2つの磁極を1 m離して置くとき，互いに及ぼす力の大きさが，$6.33 \times 10^4 \frac{10^7}{(4\pi)^2}$（N）のときの磁極の強さである」ことがわかる．また，真空の透磁率μ_0は，$\mu_0 = 4\pi \times 10^{-7}$ Wb^2/Nm^{2}である．物質の透磁率をμ，比透磁率をμ_rとすれば，$\mu = \mu_r \mu_0$（Wb^2/Nm^2）なので，物質中でのクーロンの法則は，

$$F = \frac{1}{4\pi\mu}\frac{m_1 m_2}{r^2} = \frac{1}{4\pi\mu_r \mu_0}\frac{m_1 m_2}{r^2} \qquad 17\text{-}1\text{-}3$$

となる．

17.1.3 静磁場

　真空中の一点に，磁荷 M を置いた．この磁荷から r 離れた点に，+1 Wb の磁荷を置くと，同種の極どうしなので，反発力が作用する．この力の大きさを F_1 とすると，

$$F_1 = \frac{1}{4\pi\mu_0}\frac{M \times 1}{r^2}$$

図 17-1-3　真空中に置かれた磁荷がつくる静磁場 H

である．+1 Wb の磁荷の代わりに +2 Wb の磁荷を置くと，力の大きさ F_2 は $F_2 = \frac{1}{4\pi\mu_0}\frac{M \times 2}{r^2}$ となる．同様に +3 Wb に置き換えると，力の大きさ F_3 は $F_3 = \frac{1}{4\pi\mu_0}\frac{M \times 3}{r^2}$ となる．数学的帰納法的な手法をとり，一般の場合を考えて，$+m$ の磁荷を置くと，力の大きさ F は，

$$F = \frac{1}{4\pi\mu_0}\frac{Mm}{r^2} \qquad 17\text{-}1\text{-}4$$

となる．これらの式を概観すると，$\frac{1}{4\pi\mu_0}\frac{M}{r^2}$ が，どの式にも共通して含まれている．これを比例定数として H で表すと，式 17-1-4 は，

$$F = mH\,;\; H = \frac{1}{4\pi\mu_0}\frac{M}{r^2} \qquad 17\text{-}1\text{-}5$$

となる．この H を磁場の強さという．

　ところで，磁石は N 極に $+m$，S 極に $-m$ 磁気をもつ磁気双極子になっているとみなせるので，一様な磁場 H の中におくと，それぞれ $+mH$，$-mH$ という大きさの力が作用すると考えることができる．この 2 力は大きさが等しく，逆向きの偶力なので，磁石を磁場の方向に向かせようとする．磁極間の距離を l，磁石と磁場のなす角を θ とすると，偶力のモーメントの大きさ N は，

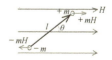

図 17-1-4　磁気双極子

$$N = mHl\sin\theta = (ml)H\sin\theta = \mu_m H\sin\theta$$

となる．$\mu_m = ml$ を磁気双極子モーメントという．結果，偶力のモーメント N は，

$$N = \mu_m \times H \qquad 17\text{-}1\text{-}6$$

となる．ただし，「×」は外積を表している．

17.1.4 磁束

磁場の強さを視覚的に表す方法として，磁力線および磁束を用いる．

<磁力線>

磁石の上に紙を乗せ，その上に砂鉄などを均一にまいてみると，図17-1-5のように，鉄粉は曲線を描くように並ぶ．このような曲線をイメージし磁力線と呼ぶ．磁力線は，N極から出てS極に入る．磁力線上の点で，磁力線に引いた接線の向きは，その点での磁場の向きを示す．磁場の強さが H (N/Wb) のところでは，1 m² の面積を垂直に貫く磁力線が H（本）であるように描く．したがって，磁場の強さが H (N/Wb) のところの磁力線に垂直な面積が S の平面を貫く磁力線の本数 N は，

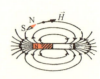

図17-1-5　磁力線

$$N = HS \quad (本)$$

である．真空中に置かれた $+m$ の点磁荷から出る磁力線の本数 N は，球の半径を r とすると，球の表面積が $4\pi r^2$ なので，

図17-1-6　点磁荷から出る磁力線

$$N = HS = \left(\frac{1}{4\pi\mu_0}\frac{m}{r^2}\right) \times (4\pi r^2) = \frac{m}{\mu_0}$$

$$\therefore N = \frac{m}{\mu_0} \quad (本) \qquad 17\text{-}1\text{-}7$$

$+m$ の磁荷から出る磁力線の総本数は $\dfrac{m}{\mu_0}$（本）となる．

> **例題**　比透磁率 μ_r の物質中に置かれた $+m$ (Wb) の点磁荷から出る磁力線の本数 N を求めよ．
>
> **解答**　点磁荷を中心に，半径 r の球を考えると，
>
> $$N = H'S = \left(\frac{1}{4\pi\mu_r\mu_0}\frac{m}{r^2}\right) \times (4\pi r^2) = \frac{m}{\mu_r\mu_0} = \frac{m}{\mu} \quad (本), \quad \mu = \mu_r\mu_0$$

> **プチ実験**　「磁力線をみてみよう」
>
> 磁石の上に紙や透明なプラチック板などを乗せその上に鉄粉を振りまくと磁力線を見られる．磁石に鉄粉がつくと大変なので，ポリ袋に入れておくとよい．鉄粉は，使い捨てカイロの中味を，水を張った洗面器の中にあけ，ポ

リ袋に入れた磁石で鉄粉を集めるのもよい．もう1つ，ビニタイを1cm以下の長さに切り分け，これを磁石のまわりに振りまくように置くと，磁力線の様子を3Dのように可視化できる．

＜磁束密度＞

同じ $+m$ の磁荷であっても，真空中なのか，物質中なのかによって磁荷から出る磁力線の本数が異なる．そこで式17-1-7の分母を払って，磁力線の本数 N に乗じて，$\Phi=\mu_0 N=m$ とすると，$+m$ の磁荷から出る数を媒質に無関係に決めることができ，透磁率が μ の物質中に $+m$ の磁荷が置かれた場合も $\Phi=\mu N=m$ となる．$+m$ の磁荷からは m の磁束がでる．

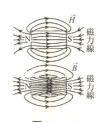

図 17-1-7 磁力線と磁束

磁力線は，N極から出てS極に入るように描くので，磁石の中でもN極からS極に向かい，外部の磁力線と連続しない．磁束は，棒磁石の外部ではN極からでてS極に入り，棒磁石の内部では外部からの磁束が連続して，そのままループを描く．

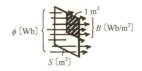

図 17-1-8 磁束密度

$+1$ Wb の磁荷から1本の磁束がでるので，磁束の単位には Wb を用いる．単位面積を貫く磁束を磁束密度という．S (m^2) の面積を貫く磁束を Φ とすると，磁束密度 B (Wb/m^2) は，

・真空中；$B=\dfrac{\Phi}{S}=\dfrac{\mu_0 N}{S}=\dfrac{\mu_0 HS}{S}=\mu_0 H$ 　　　　　　17-1-8

・物質中；$B=\dfrac{\Phi}{S}=\dfrac{\mu N}{S}=\dfrac{\mu H'S}{S}=\mu H'$ 　　　　　　17-1-9

また，同じ強さの磁場 H を与えた場合，真空中の磁束密度は $B_0=\mu_0 H$ となり，比透磁率 μ_r の物質中での磁束密度 B_S は，$B_S=\mu H=\mu_r \mu_0 H=\mu_r B_0$ となる

表 17-1-1 強磁性体の比透磁率

強磁性体	組成（%）	(初)比透磁率	最大比透磁率
純鉄	**Fe**	200〜300	6000〜8000
ケイ素鋼	4Si（残りは **Fe**）	500	7000
パーマロイ	78.5 **Ni**	8,000	10,000
ミューメタル	5**Cu**, 2**Cr**, 77**Ni**	20,000	100,000
スーパーマロイ	5**Mo**, 79**Ni**, 0.3**Mn**	100,000	1,000,000

ので，磁性体中の磁束密度は，真空中の μ_r 倍になるので，真空中より磁束をよく通す．磁束密度の単位は，(Wb/m²) = (T)(テスラ) や 10^{-4} (Wb/m²) = 1 (Wb/cm²) = 1 gauss (ガウス) も用いる．

17.1.5 地磁気（地球の磁場）

<地磁気の3要素>

地磁気の3要素は偏角 α，伏角 β，水平分力である．磁針が水平面内で指す方向は，南北の方向から少し偏り，その角 α を偏角という．東を正，西を負とすると東京では約 $-6°$（西へ6度）偏している．磁針は，水平方向から少しおじぎをするように傾き，この傾き β を伏角という．N極が下に傾くときを正，上に傾くときを負とする．東京では，約 $+49°$ である．地磁気の強さの水平方向の成分の大きさを水平分力という．東京では，$H_0 \fallingdotseq 24$ N/Wb である．また，$H_0 = H\cos\beta$ の関係がある．

図 17-1-9　磁束密度

<地磁気>

地球は大きな磁石とみなせ，地磁極の地点では，伏角は $\pm 90°$ と考えられるが，それは地理上の南北極と一致せず変化する．磁北極は，2010 年では，N85.0° W132.6°，磁南極は 64.4° E137.3° のあたりで，年毎に変動する．

図 17-1-10　地磁気

> **プチ実験**　「方位磁針を作ろう」
>
> ぬい針を，磁石に擦りつけて磁化させ，これを方位磁針とする．発泡スチロールの船の上に載せ，水面に浮かせるとよい．

17.1.3 磁気ヒステリシス

磁性体が磁化されていないときは，図 17-1-11a のように，磁性体内部の磁区は，まちまちの方向を向いているが，外部から強い磁場がかけられると，磁区の向きは図 17-1-11b のように，一方向を向いて揃う．外部からの磁場を強めていくと，図 17-1-11c のように磁化され，点 A で磁化は飽和する．磁場を徐々に弱めていくと，A→B→C→D と曲線をたどる．このとき図 17-1-11c の OB を残留磁気，OC を保持力という．この曲線は点 O を通らない．この

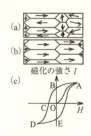

図 17-1-11
磁気ヒステリシス

ように，変化をさせる前の磁化の影響が残る現象を磁気ヒステリシスといい，Fe，Ni，フェライトなどの強磁性体では顕著である．

17.2 電流の磁気作用
17.2.1 電流による磁気作用の発見

電気と磁気はよく似た性質をもつことは知られていたが，当初はこれらの間の関係が認められていなかった．1820年5月，コペンハーゲン大学のエルステッドは，講義実験という授業において，電流が流れる導線のそばにおかれていた磁針が振れることを偶然に発見した．これにより，電気的な現象と磁気的な現象との間に関連があることが認められた．

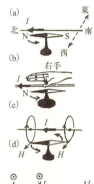

エルステッドは，図17-2-1(a)のように，南北の方向を向いている磁針の上方に，それに平行に導線を置き，電流を南から北に流すと，磁針のN極は西へ振れた．導線を，磁針に平行に東側に移動させても西側に移動させても，磁針の振れる向きに変化はなかった．また，導線を磁針の下におき電流を南から北へ流したところ

図 17-2-1
電流による方位磁針の振れ

磁針の振れる向きは逆になった．このことから，直線電流の周囲には，図17-2-1(c)，(d)に示すように，電流の向きに右ネジを回す向きと一致する向きの磁場ができていることがわかる（右ねじの法則）．電流の向きは，紙面の裏から表へ電流が流れている場合は⊙，紙面の表から裏へ電流が流れている場合は⊗のように書く．

エルステッドの発見は，当時たまたま旅行で来ていたアラゴによってパリで報告され，たちまち人々の注目をあび，それから数週間後に，ビオとサバールが，それぞれ単独に，電流とそのまわりにできる磁場について報告した（ビオ・サバールの法則）．

導線の微小部分 ds を流れている電流 I を電流素片 Ids という．これと θ の角をなし，距離 r 離れている点Pに作る磁場の強さ dH および磁束密度の大きさ dB は，

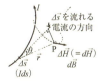

図 17-2-2
ビオ・サバールの法則

$$dH = \frac{1}{4\pi} \cdot \frac{Ids}{r^2} \sin\theta, \qquad dB = \frac{\mu_0}{4\pi} \cdot \frac{Ids}{r^2} \sin\theta \qquad 17\text{-}2\text{-}1$$

である．式17-2-1は，まず数学的に形式を想定し，直線状の針金に定常電流を流し，絹糸につるした小磁針をそばで振動させ周期を測定することで磁場の強さを測定する実験を行いながら後から当てはめた．

磁束密度 $d\boldsymbol{B}$ は，その向きまで考えると，

$$d\boldsymbol{B} = \frac{\mu_0}{4\pi} \cdot \frac{Id\boldsymbol{s}}{r^3} \times \boldsymbol{r} \qquad 17\text{-}2\text{-}2$$

となり，磁場・磁束密度の向きは，定常電流の方向 $d\boldsymbol{s}$ と電流から点 P への位置ベクトル $\boldsymbol{r}$ の両方に垂直で，右ねじを，$d\boldsymbol{s}$ から $\boldsymbol{r}$ の方向に回したとき，右ねじの進む方向である．また，式17-2-1を電流素片 Ids について積分すると，

$$H = \int dH = \int \frac{1}{4\pi} \cdot \frac{Ids}{r^2} \sin\theta = \frac{I}{4\pi} \int \frac{\sin\theta}{r^2} \cdot ds$$

$$B = \int dB = \int \frac{\mu_0}{4\pi} \cdot \frac{Ids}{r^2} \sin\theta = \frac{\mu_0 I}{4\pi} \int \frac{\sin\theta}{r^2} \cdot ds = 10^{-7} \int \frac{\sin\theta}{r^2} \cdot ds$$

$$17\text{-}2\text{-}3$$

＜無限に長い直線電流がつくる磁場＞

電流素片 Ids が作る磁場の強さ dH は，式17-2-1より，

$$dH = \frac{1}{4\pi} \cdot \frac{Ids}{r^2} \sin\theta$$

である．ここで $\sin\theta = \cos\varphi$ と置くと，図17-2-4より，

$$r = PA = \frac{a}{\sin\theta} = \frac{a}{\cos\varphi} \quad (OP = a),$$

$$ds = \frac{AB}{\cos\varphi} = \frac{rd\varphi}{\cos\varphi} = \frac{a}{\cos\varphi} \cdot \frac{d\varphi}{\cos\varphi} = \frac{ad\varphi}{\cos^2\varphi}$$

$$\therefore\ dH = \frac{1}{4\pi} \cdot \frac{Ids}{r^2} \sin\theta = \frac{1}{4\pi} \cdot \frac{I\sin\theta}{r^2} ds$$

$$= \frac{I}{4\pi} \left(\frac{\cos\varphi}{a}\right)^2 \cos\varphi \cdot \frac{ad\varphi}{\cos^2\varphi} = \frac{I}{4\pi} \cdot \frac{\cos\varphi}{a} d\varphi$$

図 17-2-3
直線電流のまわりの磁場

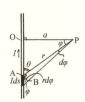

図 17-2-4
直線電流の近傍

なので，垂線 OP に関して $\varphi = -\frac{\pi}{2}$ から $\varphi = \frac{\pi}{2}$ まで積分すれば，

$$H = \int_{-\frac{\pi}{2}}^{\frac{\pi}{2}} dH = \int_{-\frac{\pi}{2}}^{\frac{\pi}{2}} \frac{I}{4\pi} \cdot \frac{\cos\varphi}{a} d\varphi = \frac{I}{4\pi a} \int_{-\frac{\pi}{2}}^{\frac{\pi}{2}} \cos\varphi d\varphi = \frac{I}{4\pi a} \Big[\sin\varphi\Big]_{-\frac{\pi}{2}}^{\frac{\pi}{2}} = \frac{1}{4\pi} \cdot \frac{2I}{a}$$

$$\therefore H = \frac{1}{4\pi} \cdot \frac{2I}{a} = \frac{I}{2\pi a} \text{ (A/m)}, \quad B = \frac{\mu_0 I}{2\pi a} \text{ (T)} \qquad 17\text{-}2\text{-}4$$

ところで式 17-2-4 より，無限に長い直線電流 I が，導線より垂直に a だけ離れた点につくる磁場の強さ H は $H = \dfrac{I}{2\pi a}$ なので，この点に磁荷 m を置くと，この磁荷が受ける力の大きさ F は $F = mH = \dfrac{mI}{2\pi a}$ となる．したがって，この磁荷を導線のまわりに磁場に逆らって 1 周させるのに要する仕事 W は，

$$W = F \cdot 2\pi a = mH \cdot 2\pi a = \frac{mI}{2\pi a} \cdot 2\pi a = mI \qquad 17\text{-}2\text{-}5$$

となる．以上から，

電流の強さが I の電流のまわりに，磁荷 $+m$ を磁場に逆らって 1 周させるのに要する仕事 W は，$W = mI$ である．

補足　「仕事の定義」
（力学的な仕事）＝（力）×（変位）　　；$W = Fs$　　1 J = 1 N・1 m
（電気的な仕事）＝（電荷）×（電位差）；$W = qV$　　1 J = 1 C・1 V
（電磁気的な仕事）＝（磁荷）×（電流）；$W = mI$　　1 J = 1 Wb・1 A 　　17-2-6

1 A の電流のまわりを，磁場に逆らって N 極を 1 周させるのに要する仕事が 1 J のとき，N 極の磁荷 +1 Wb ということもできる．

$$1 \text{ J} = 1 \text{ Wb} \times 1 \text{ A} \quad \text{なので，} \quad \text{Wb} = \frac{\text{J}}{\text{A}} = \frac{\text{Ws}}{\text{A}} = \frac{\text{VAs}}{\text{A}} = \text{Vs}$$

$$\therefore \text{Wb} = \text{Vs} \quad (\textit{cf.} \ \text{C} = \text{As}) \qquad 17\text{-}2\text{-}7$$

＜円電流が中心軸上につくる磁場＞

円形コイルに電流 I が流れるとき，コイル上に生じる磁場は，図 17-2-5 の（a）のようになり，その向きは右ねじの法則に従って決まる．コイルを流れる電流素片 Ids は，半径に垂直であると考え，ビオ・サバールの法則の式 17-2-1 に代入すると，

$$dH = \frac{1}{4\pi} \cdot \frac{Ids}{r^2} \sin\theta = \frac{1}{4\pi} \cdot \frac{Ids}{r^2} \sin 90° = \frac{1}{4\pi} \cdot \frac{Ids}{r^2}$$

なので，これを ds に沿って積分すると，$\oint ds = 2\pi r$ より，

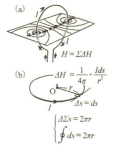

図 17-2-5
円電流がつくる磁場

$$H = \oint dH = \oint \frac{1}{4\pi} \cdot \frac{Ids}{r^2} = \frac{1}{4\pi} \cdot \frac{I}{r^2} \oint ds = \frac{1}{4\pi} \cdot \frac{I}{r^2} \cdot 2\pi r = \frac{I}{2r}$$

$$\therefore H = \frac{I}{2r}, \quad B = \frac{\mu_0 I}{2r} \qquad 17\text{-}2\text{-}8$$

ところで，コイルの巻数がNのときは，1巻のコイルにNIの電流が流れていると考えればよいので，

$$H = \frac{NI}{2r} ; B = \frac{\mu_0 NI}{2r} \qquad 17\text{-}2\text{-}9$$

となる．

図 17-2-6
N巻の場合

＜ヘルムホルツのコイル＞

一様な磁場（磁束密度Bが一定）を発生させるために，等しい半径をもった2つの円形コイルを，互いに中心軸をあわせて半径と同じ距離だけ離して配置した一対のコイルをヘルムホルツのコイルという．磁場の強さHは，コイルの半径をr，流れる電流をIとすると，$H = \frac{8}{\sqrt{125}} \cdot \frac{I}{r} = 0.716\frac{I}{r}$である．

図 17-2-7
ヘルムホルツのコイル

＜ソレノイドがつくる磁場＞

中空円筒の側面に一定の間隔で導線を巻いたコイルをソレノイドという．ソレノイドに電流を流すと，コイル全体が磁石となる．コイルを右手でつかんだときに，電流が指先の方に流れるとした場合の親指の示す向きがソレノイド内部にできる磁場の向きである．

コイルの導線の巻きが疎だと，図17.2.9の上のようになるが，密に巻くと下の図のように磁束はそれぞれ1本の導線のまわりにできるのではなく，コイルの導線全体を取り巻くようにできる．その結果，コイル内部にはそれぞれの導線がつくるすべての磁束が通り，磁束密度は大きくなる．また，磁束は互いに反発しあうので等間隔に並び，一様な磁場をつくる．一方，コイルの外部では，無限の空間に磁束が広がり疎となり，磁場の強さはほぼ0とみなしうる．

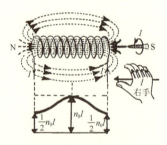

図 17-2-8
ソレノイドがつくる磁場

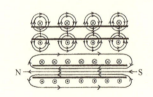

図 17-2-9
ソレノイドがつくる磁場—その2

コイルの全長がL，全巻数がN，流れる電流の強さがIのソレノイド内部

の磁場の強さを求めるため，$+m$ の磁荷を図 17.2.10 の A→B→C→D→A と 1 周させる場合の仕事 W を求める．

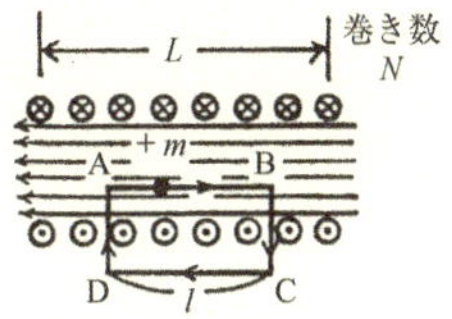

図 17-2-10
ソレノイドがつくる磁場―その 3

i)　A→B；$+m$ の磁荷には，磁場より $F=mH$ の力が作用するので，これに逆らって距離 l だけ運ぶの要する仕事 W_{AB} は，$W_{AB}=Fl=mHl$

ii)　B→C；磁束に対して垂直に移動させるので仕事は 0，$W_{BC}=0$．

iii)　C→D；ソレノイドの外部の磁場は，ほぼ 0 とみなしうるので，$W_{CD}\fallingdotseq0$．

iv)　D→A；B→C と同様に，$W_{DA}=0$．

以上から，1 周させるのに要する仕事 W は，

$$W=W_{AB}+W_{BC}+W_{CD}+W_{DA}=mHl+0+0+0=mHl \qquad \therefore W=mHl \qquad \text{17-2-10}$$

ところで，ABCD の枠のなかに含まれる導線の本数は，1 m あたりの巻数を n_0 とすると，n_0l である．1 本の導線に，I の電流が流れているので，n_0l 本の導線をひとかたまりとみて，これに $I_0=n_0lI$ の電流が流れていると考える．この電流のまわりを $+m$ の磁荷を 1 周させるのに要する仕事 W は，

$$W=mI_0=mn_0lI$$

である．以上から，

$$W=mHl=mn_0lI \qquad \therefore H=n_0I ; B=\mu_0n_0I \qquad\qquad \text{17-2-11}$$

17.2.2　電磁石

ソレノイドに電流を流すと，電磁石になる．コイルの断面積を S，長さを L，巻数を N，流れる電流の強さを I とするとき，電磁石の磁極の強さ m を求める．磁場の強さ H および，磁束密度の大きさ B は，

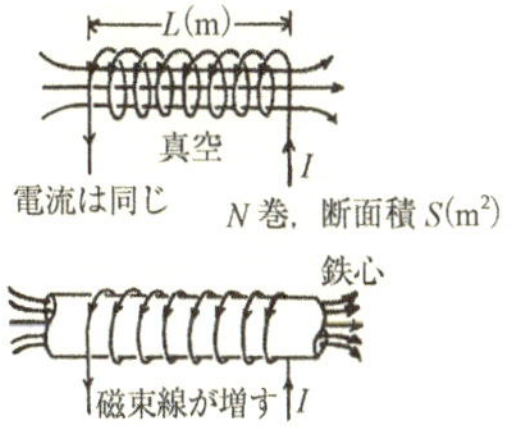

図 17-2-11　電磁石

$$H=n_0I=\frac{N}{L}I, \quad B=\mu_0n_0I=\mu_0\frac{N}{L}I \quad \text{17-2-12}$$

なので，断面 S を貫く磁束 Φ は，

$$\Phi=BS=\mu_0n_0IS=\mu_0\frac{N}{L}IS \qquad\qquad \text{17-2-13}$$

磁極を通る磁束の数がわかったので，磁荷（磁極の強さ）m は，

$$m = \Phi = BS = \mu_0 n_0 IS = \mu_0 \frac{N}{L} IS \qquad \text{17-2-14}$$

$$m' = \Phi' = B'S = \mu_r BS = \mu_r \mu_0 n_0 IS = \mu_r \mu_0 \frac{N}{L} IS = \mu \frac{N}{L} IS \qquad \text{17-2-15}$$

17.2.3 アンペールの法則（Ampère）

直線電流のまわりの磁束密度は，$B = \frac{\mu_0 I}{2\pi a}$ であった．ここで，半径 a が一定の円について積分してみると，

$$\oint B ds = B \cdot 2\pi a = \frac{\mu_0 I}{2\pi a} \cdot 2\pi a = \mu_0 I \qquad \text{17-2-16}$$

となる．一般に，導線を囲むような任意の閉曲面を考えて，その閉曲線上に微小な線素 ds をとって積分する場合を考えてみる．B_s は B の ds 方向の成分とする．

$$\oint B_s ds = \mu_0 I \qquad \text{17-2-17}$$

あるいは，磁場の強さ H は，

$$\oint H_s ds = \oint H \cdot ds = I \qquad \text{17-2-18}$$

となる．また，電流が，何本も閉曲面を貫いている場合は，

$$\oint H \cdot ds = \sum_n i_n \qquad \text{17-2-19}$$

である．

アンペールの法則を微分形で表現する．電流密度を i，閉曲線 C をふちとするような曲面 S（図 17-2-12）に沿って面積分すると，

$$\oint H \cdot ds = \int_C i \cdot ds \qquad \text{17-2-20}$$

図 17-2-12
閉曲線 C を含む曲面 S

となる．次に曲面 S を図 17-2-13 のように，微小な網目に分割し，その微小面積を dS とし，この微小面積 dS のまわりを囲むように $\oint H \cdot ds$ を考える．この場合，となりあう網目の積分が境界線上で打ち消し，結果として大きな閉曲線 C に積分したのと同じことになる．

網目の位置 x と位置 $x + dx$ とでは H_y の値が異なり，位置 $x + dx$ では，

図 17-2-13
網目で分割した図

$$H_y(x+dx) \approx H_y(x) + \frac{\partial H_y}{\partial x} dx$$

なので，$dxdy$ の網目を考えると，

$$\oint_{(xy)} \boldsymbol{H} \cdot d\boldsymbol{s} = H_x dx + \left(H_y + \frac{\partial H_y}{\partial x} dx\right) dy - \left(H_x + \frac{\partial H_x}{\partial y} dx\right) dx - H_y dy$$

$$= \left(\frac{\partial H_y}{\partial x} - \frac{\partial H_x}{\partial y}\right) dxdy$$

これはまさに，$\nabla \times \boldsymbol{H}$ のベクトル積の z 成分である．したがって，すべての網目に関する和を求めると，閉曲線 C についての積分となるので，

$$\oint \boldsymbol{H} \cdot d\boldsymbol{s} = \int (\nabla \times \boldsymbol{H}) \cdot d\boldsymbol{S}$$

また，アンペールの法則より，

$$\oint \boldsymbol{H} \cdot d\boldsymbol{s} = \int (\nabla \times \boldsymbol{H}) \cdot d\boldsymbol{S} = \int \boldsymbol{i} \cdot d\boldsymbol{S}$$

なので，

$$\nabla \times \boldsymbol{H} = \boldsymbol{i} \qquad\qquad 17\text{-}2\text{-}21$$

これが，アンペールの法則の微分形である．したがって，その成分は，

$$\left(\frac{\partial H_z}{\partial y} - \frac{\partial H_y}{\partial z}, \ \frac{\partial H_x}{\partial z} - \frac{\partial H_z}{\partial x}, \ \frac{\partial H_y}{\partial x} - \frac{\partial H_x}{\partial y}\right)$$

であり，

$$\text{rot } \boldsymbol{H} = \text{curl } \boldsymbol{H} = \boldsymbol{i} \qquad\qquad 17\text{-}2\text{-}22$$

と書ける．

$$\oint \boldsymbol{H} \cdot d\boldsymbol{s} = \int \text{rot } \boldsymbol{H} \cdot d\boldsymbol{S} \qquad\qquad 17\text{-}2\text{-}23$$

なお，式 17-2-22 を，一般にストークスの定理という．

17.2.4 磁性体

磁化の強さを表す量として，電気分極に対応する磁化ベクトル $\boldsymbol{M}$ を考える．磁性体内の断面積 S，長さ L の立方体の両端の面に現れた磁荷を単位体積あたり $+\sigma_m$，$-\sigma_m$ とする．断面積 S の全磁荷は $\sigma_m S$ となる．長さ L の部分について全磁気モーメントの大きさは $\sigma_m SL$ であるが SL は体積なので，単位体積あたりの磁気モーメントは σ_m となる．そこで，大きさが σ_m に等しく，$-\sigma_m$ から σ_m に向かう磁気モーメントベクトルの総和のベクトル $\boldsymbol{M}$ を磁化，あるいは磁気分極という．単位は，Wb/m^2＝T である．

一般に，$\boldsymbol{M}$ は $\boldsymbol{H}$ に比例するので，

$$M = \mu_0 \chi_m H \qquad \text{17-2-24}$$

が成り立つ．χ_m は，物質の磁化率という．磁束密度 B は，真空の透磁率を μ_0 とすると，

$$B = \mu_0 H + M = \mu_0 H + \mu_0 \chi_m H = \mu_0 (1 + \chi_m) H$$

となる．ここで，$\mu_r = 1 + \chi_m$，$\mu_r \mu_0 = \mu$ とおくと，

$$B = \mu H \qquad \text{17-2-25}$$

となる．

　誘電分極の場合，電気感受率 χ_e は正であるが，磁性体の場合磁化率 χ_m は，常磁性体（$\chi_m > 0$），反磁性体（$\chi_m < 0$），強磁性体（$\chi_m \gg 1$）の 3 つに分かれる．常磁性体には，気体では O_2 や NO など，固体では Ti，Mn などがある．反磁性体には，大部分の気体（O_2 などを除く）や炭素，金，銀，銅などがある．強磁性体は，一度磁化されると，外部からの磁化を取り除いても磁石の性質をもつもので，Fe，Ni，Co などである．強磁性体は，高温になると，強磁性体の性質を失う．この温度をキュリー温度という．Fe は 1043 K，Ni は 637 K である．

> **プチ実験**　「乾電池 1 個の強力電磁石」
> 　単一型乾電池 1 個を用いて、パチンコ玉のような鉄球を持ち上げてみよう．巻数を多くすると電気抵抗が大きくなり電流が弱くなる．太い線を用いると，鉄心に 150 回か 200 回巻くだけで相当強い電磁石になる．また，人（体重 60 kg 程度）も持ち上げてみよう．

17.3　電流が磁場から受ける力

17.3.1　電磁力

　磁場 H の中に，長さ L の導体をおき，これに電流 I を流すと，導体は磁場から図 17-3-1 に示す力 F を受ける．この実験装置を電気ブランコとよぶ．

　電流が受ける力の向きは，次の 2 通りの方法で説明できる．フレミングの左手の法則と磁束の相互作用による説明である．フレミングの左手の法則では，左手の 3 本の指を図 17-3-2 のようにした

図 17-3-1　電磁力

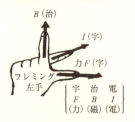

図 17-3-2
フレミングの左手の法則

とき，親指の向きに導線が動くと説明する．磁束の相互作用では，磁石によって作られた磁束と導線がそのまわりに作る磁束を合成すると図17-3-3の右図のようになるので，電流は磁束が密の方から疎の方へ，つまり右向きに力を受けると説明する．

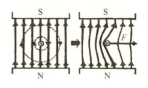

図 17-3-3
磁束の相互作用による解釈

力の大きさを求めよう．導体と N 極の距離が r のとき，導体中を流れる電流素片 Ids が N 極の点につくる磁場の大きさは，ビオ・サバールの法則より求められる．図 17-3-4 では，電流素片と N 極の位置関係から，$\theta = 90°$，$\int ds = L$ なので，

図 17-3-4
電流が磁場に及ぼす力

$$dH = \frac{1}{4\pi} \cdot \frac{Ids \sin\theta}{r^2} = \frac{1}{4\pi} \cdot \frac{Ids}{r^2}$$

$$\therefore H = \frac{1}{4\pi} \cdot \frac{IL}{r^2} \qquad 17\text{-}3\text{-}1$$

電流が作る磁場のなかに $+m$ の磁荷，つまり N 極があるので，磁極 N に作用する力の大きさ F は，$F = mH$ より，

$$F = mH = m \cdot \frac{1}{4\pi} \cdot \frac{IL}{r^2} = IL \cdot \frac{1}{4\pi} \cdot \frac{m}{r^2}$$

である．m の磁荷から r 離れた点の磁束密度の大きさ B は $B = \frac{1}{4\pi} \cdot \frac{m}{r^2}$ なので，

$$F = ILB \qquad 17\text{-}3\text{-}2$$

と求まる．この力は，「電流がつくる磁場が，磁極 N に加える力」であるが，磁石が重く磁極は固定さていて動かないので，固定されていない導線が反作用を受けて動く．向きまで含めて表すと，外積の × を用いて，

$$\boldsymbol{F} = I\boldsymbol{L} \times \boldsymbol{B} \qquad 17\text{-}3\text{-}3$$

となる．

> **プチ実験** 「リニアーモーターカーを作ってみよう」
>
> （準備物）DVD ケース，ネオジム磁石（直径 1 cm 程度，100 円ショップのものでよい）8 個程度，鉄製の焼き串など 2 本，やや太く曲がりにくい短い導線 2 cm 程度 2 本，両面テープ，電車の絵を描いた紙，セロハンテープ．（作り方）ケースの底に，磁石 8 個を同じ極が上を向くように両面テープで一列に貼る．その上面に両面テープを貼り，2 本の焼き串を貼り付け，リニアモー

ターが走る線路とする．2本の線路をまたがるように，バーを2本乗せ，電車の型紙を乗せ走行させる．レールの導線に電流を流すと，フレミングの左手の法則のとおりバーが移動し電車が動く．手回し発電機を使い，回転方向を変えると，電車が前後に移動する．

例題 質量 m，長さ L の導線を極めて軽い導線で水平につるし，強さ B の磁場を鉛直上方にかけた．導線に強さ I の電流を流すと，鉛直と θ の角度をなしてつりあった．図の $\tan\theta$ の値を求めよ．

解答 $\tan\theta = \dfrac{ILB}{mg}$

磁束密度 B の一様な磁場のなかに長方形のコイル ABCD をおくと，例題に見たようにコイルは力を受け動く．鉛直軸のまわりに自由に回転できるようにしこれに電流 I を流す．コイルの辺 AD，BC に作用する力の向きは，フレミングの左手の法則より，AD 線は上向きに，BC 線は下向きであり，その大きが同じであるためお互いに相殺する．

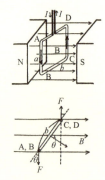

図 17-3-5
コイルが磁場から受ける力

続いて，コイルの辺 AB，CD には，磁場に垂直に，$F=IaB$ ($a=$AB$=$CD) の大きさの力を受ける．この偶力の腕の長さ L は，$L=b\sin\theta$ なので，偶力のモーメントの大きさ N は，

$$N = F \cdot b\sin\theta = IaB \cdot b\sin\theta = IBS\sin\theta \quad (S=ab) \qquad 17\text{-}3\text{-}4$$

となる．N が最大となるのは，$\theta=90°$ のときで，

$$N = F \cdot b\sin 90° = IBS$$

である．また，$\theta=0°$ のとき，$N=0$ となる．

このようにコイルを回転させようとする力が作用するのを利用したのが，モーターや直流電流計などである．

このときコイルを貫く磁束 Φ は，$\theta=0°$ のとき，紙面と垂直なので，$\Phi=BS$，$\theta=90°$ のときには，$\Phi=0$ となる．任意の θ の場合，磁束 Φ は，

$$\Phi = BS\cos\theta \qquad 17\text{-}3\text{-}5$$

となる．

> **プチ実験** 「クリップモーターカー」
>
> クリップモーターを作成し，クリップモーターカーをつくってみよう．整流子は，モーターとするコイルの一方の極のエナメル線の被覆を反面のみはがし，他方は全面はがす．

17.3.2 平行電流に作用する力

アンペールは，平行電流間には引力が，反平行電流間には斥力が作用することを発見した．距離 r 隔てて互いに平行におかれた十分に長い 2 本の導線 P，Q に，それぞれ I_1, I_2 の電流を流したところ互いに引き合う．電流 I_1 が導線 Q の位置につくる磁場の磁束密度 B_1 は，

$$B_1 = \frac{\mu_0}{4\pi} \cdot \frac{2I_1}{r}$$

で，電流 I_2 が導線 P の位置につくる磁場の磁束密度 B_2 は，

$$B_2 = \frac{\mu_0}{4\pi} \cdot \frac{2I_2}{r}$$

図 17-3-6 平行電流に作用する力

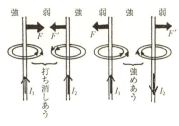

図 17-3-7 平行電流に作用する力の向き

なので，磁束密度 B_2 の磁場にある導線 P の長さ L の部分が受ける力 F_2 の大きさは，

$$F_2 = I_1 L B_2 = \frac{\mu_0}{4\pi} \cdot \frac{2I_1 I_2}{r} L$$

同様に，磁束密度 B_1 の磁場にある導線 Q の長さ L の部分が受ける力 F_1 の大きさは，

$$F_1 = I_2 L B_1 = \frac{\mu_0}{4\pi} \cdot \frac{2I_1 I_2}{r} L$$

となる．つまり，この 2 力 F_1, F_2 は，作用・反作用の関係にあることがわかる．以上から，長さ L の 2 本の導線を r 隔てて平行に並べ，I_1, I_2 の電流を流すと，それぞれの導線に作用する力の大きさ F は等しく，

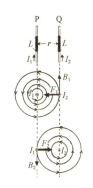

図 17-3-8 平行電流

$$F = \frac{\mu_0}{4\pi} \cdot \frac{2I_1I_2}{r}L = 10^{-7}\frac{2I_1I_2}{r}L \qquad 17\text{-}3\text{-}6$$

となり,同じ向きの電流では引力,逆向きでは斥力となる.

図17-3-9のように,長さLの導線を距離rだけはなしておき,これに強さIの電流を流したとき,互いに作用する力の大きさFは,

$$F = \frac{\mu_0}{4\pi} \cdot \frac{2I \cdot I}{r} = 2 \times 10^{-7}\frac{I^2}{r}L \quad (\mathrm{N})$$

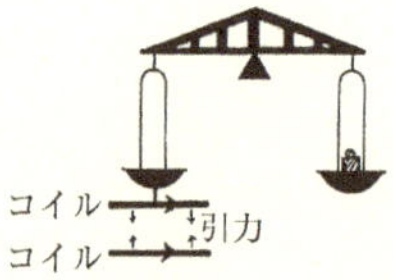

図 17-3-9
平行電流に作用する力の測定

である.これにより,1Aが定義できる.長さ1mの導体を真空中で1m隔てておき,これらに等しい電流を流すとき,導体のそれぞれに$F = 2 \times 10^{-7}$Nの力が作用するような電流を1Aと定める.なお,m, kg, s, Aの4つを基本単位とし,これらを組み合わせた単位系をMKSA単位系という.

17.3.3 ローレンツ力 (Lorentz Force)

図17-3-10のように磁束密度Bの磁場の中に,長さLの導体を磁場と直角におく.導体を電流Iが流れるとき,導体に作用する力の大きさは$F = ILB$である.ここで,導体の断面積をS,導体中の1m³あたりの電子数をn_0個とし,電子の平均速度をvとすると,導体を流れる電流Iは$I = n_0evS$となり,

$$F = ILB = n_0evSLB$$

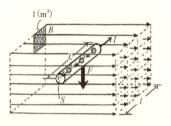

図 17-3-10
磁場中の電流に作用する力

である.この導体中の総電子数Nは,$N = n_0SL$なので,電子1個あたりに作用する力の大きさfは,

$$f = \frac{F}{N} = \frac{n_0evSLB}{n_0SL} = evB$$

となる.

荷電粒子が,磁場を速度vで垂直に横切るとき,磁場から受ける力を磁場によるローレンツ力といい,磁束密度が$\boldsymbol{B}$,で荷電粒子の電荷がqのとき,ローレンツ力$\boldsymbol{F}$は,

$$\boldsymbol{F} = q\boldsymbol{v} \times \boldsymbol{B} \qquad 17\text{-}3\text{-}7$$

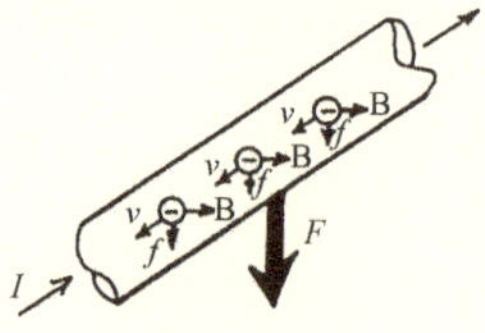

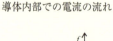

図 17-3-11
導体内部での電流の流れ

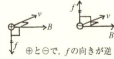

図 17-3-12
ローレンツ力の向き

である．力の向きは，正電荷の場合はフレミングの左手の法則により知ることができる．負電荷の場合は，逆向きである．

荷電粒子は，電場からも力を受けるので，電場 E，磁束密度 B の中を，速度 v で運動する荷電粒子が受ける力 F は，

$$F = q(E + v \times B) \qquad 17\text{-}3\text{-}8$$

となる．一般にこの力をローレンツ力という．

例題 1. $+q$ の正電荷を電子銃で加速した後，一様な磁場 B の中へ入れた．
(1) 電子銃の平行板間の距離が d，電位差が V のときの電場の強さとこの電荷が受ける力の大きさを求めよ．
(2) 最初，電子銃の正極板のごく近くに静止していた質量 m の正電荷が，負極板を飛び出すときの速度を求めよ．
(3) この電荷が図の点 P の位置から点 Q まで進んだとき，磁束密度 B の一様な磁場を紙面の下から上向きに粒子の運動方向と垂直にかけた．この電荷が磁場から受けるローレンツ力を求めよ．
(4) (3) から判断して，この電荷のこの後の運動を説明せよ．

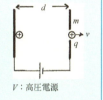

V：高圧電源

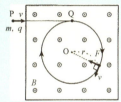

解答 (1) $E = \dfrac{V}{d}$, $F = qE = q\dfrac{V}{d}$ (2) $W = Fd = q\dfrac{V}{d} \cdot d = qV$ より，$\dfrac{1}{2}mv^2 = qV$

∴ $v = \sqrt{\dfrac{2qV}{m}}$ (3) $F = qvB = qB\sqrt{\dfrac{2qV}{m}}$；力の向きは，正電荷の速度 v に対して垂直 (4) 正電荷に作用するローレンツ力は，常に正電荷の速度 v と垂直をなすから，ローレンツ力が向心力となって円運動をする．

$$qvB = \dfrac{mv^2}{qB} \quad \text{半径 } r = \dfrac{mv}{qB} = \dfrac{m}{qB}\sqrt{\dfrac{2qV}{m}} = \sqrt{\dfrac{2Vm}{qB^2}}$$

例題 2. 一様な磁場（磁束密度）B に，入射角 θ で，質量 m，$+q$ の正電荷が速度 v で入射した．
(1) この電荷の受けるローレンツ力 F を求めよ．
(2) この電荷の磁場に垂直な方向の運動について説明せよ．
(3) (2) の運動の周期 T を求めよ．
(4) このらせん運動の半径 r とピッチ L を求めよ．

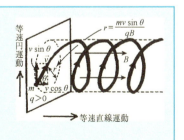

解答 (1) 磁場に斜めに入射した場合，
$$F = qv'B = qvB\sin\theta \quad (v' = v\sin\theta)$$

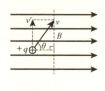

(2) 荷電粒子は，$F = qvB\sin\theta$ のローレンツ力を，磁場と垂直な方向に受け，この力を向心力として等速円運動を行う．

$$qvB\sin\theta = m \cdot \frac{(v\sin\theta)^2}{r} \quad \therefore r = \frac{mv\sin\theta}{qB} \quad \text{よって半径} r = \frac{mv\sin\theta}{qB} \text{の等速円運動をする．}$$

(3) $T = \dfrac{2\pi r}{v\sin\theta} = \dfrac{2\pi m}{qB}$ （サイクロトロン周期；周期 T は速度 v に無関係）

(4) 磁場の方向には，電荷は力を受けないので，等速円運動をする．

半径 r は (2) より $r = \dfrac{mv\sin\theta}{qB}$，ピッチ L は $L = (v\cos\theta)T = \dfrac{2\pi mv\cos\theta}{qB}$

補足 サイクロトロン

サイクロトロンは，アメリカのローレンスとリビングストンによって開発された加速器である．中空の半円形の2個の電極 D（ディ）を向かい合わせて真空容器の中に入れ，これに数万ボルトの高周波電源を接続し，磁束密度 B の一様な磁場をかける．中心部のイオン源から質量 m，電荷 q のイオンを発生させると，イオンは電極のギャップの電場によって加速され，D のなかでは等速円運動を行う．円運動の周期 T は $T = \dfrac{2\pi m}{qB}$ である．この周期と同じ周期の高周波電圧を D（ディ）にかけると，イオンは半回転してギャップに戻ってくる度に，ギャップで加速され速度が大きくなり円軌道の半径が大きくなる．このようにして十分に大きなエネルギーをもったイオンは，偏向電極板によって向きを変えられ外部に取りだされる．

例題 3. ペトリ皿の内側に銅のリング A をはめ，中央に銅の柱 B をおき，硫酸銅水溶液（$CuSO_4 \rightarrow Cu^{2+} + SO_4^{2-}$）を入れる．このペトリ皿を U 字形磁石ではさみ，A→B に電流を流すと，溶液は回転しはじめる．この現象の起こる理由を説明し，上からみてどちら向きに回転するか述べよ．また Cu^{2+} と SO_4^{2-} で回転の向きに違いはあるか．

解答 どちらも時計まわり．（理由）ローレンツ力を受けるので，Cu^{2+} も SO_4^{2-} も時計回りになり，溶液は時計回りに回転する．

第 18 章　電磁誘導

18.1　ファラデーの電磁誘導の法則

18.1.1　ファラデーの電磁誘導の法則

　1820 年のエルステッドの発見は，電流が磁気的な現象を生じるというものであった．ファラデーは，逆の現象も生じると考え，11 年後の 1831 年 8 月 29 日ついに電磁誘導を発見した．コイルに磁石を近づけたり，遠ざけたりすると，回路に電池や電源が無いのに，電流が流れる．この電流を誘導電流といい，電流を流す起電力を誘導起電力という．

図 18-1-1
電磁誘導

> **プチ実験**　「防災用シャカシャカ振るフルライト」
>
> （準備物）　ネオジム磁石と，それが通るような透明な太いストロー（ペットボトルを利用して作ってもよい），白色の大玉のダイオード，エナメル線 0.4 mm（パイプに 1000 回程度巻く），アルミテープ．（作り方）太いストローをパイプし，エナメル線を 1000 回程度巻く．その中にネオジム磁石を入れ，その両側の穴を柔らかい緩衝材などでセロハンテープを用いて十字に貼ってふたをする．500 mL の炭酸飲料用のペットボトルを首のあたりで切り，内側にアルミテープを貼って凹面鏡にする．キャップに LED の端子が入るように穴を 2 つあけ，凹面鏡の底から白色 LED が前方を照らす向きに取り付ける．コイルの両端と白色 LED の端子をそれぞれつなぐと完成！コイルのなかを磁石が行き来することで誘導電流が流れ LED が光る．ファラデーの電磁誘導の方法そのものである．

　続いて，誘導起電力の大きさと向きを求める．

　図 18-1-2 のように，一様な磁場（磁束密度 B）の中で導体棒 AB を一定速度 v で右向きに移動させると，自由電子（$-e$）は，磁場からローレンツ力 f_B を受けて，B の側に集まり B は A よりも低い電位となる．これにより導線 AB 内部には内部電場 E が生じ，電子は B から A の向きに力 f_E を受ける．導線 AB が右向きに速度 v で移動し続けても，導線内部の電場の強さは無限に大きくなるのではなくやがて定常状態になる．このとき，導線内部の電場から受ける力 f_E と磁場から受ける力 f_B がつりあい，$f_E = f_B$ となるので，

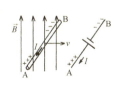

図 18-1-2
誘導起電力の向き

$$F = eE = evB \quad \therefore E = vB$$

が成り立つ．このとき，導線の長さを L とすると，導線の両端に生じる電位差は，

$$V = EL = vBL \qquad 18\text{-}1\text{-}1$$

となる．

次に，導線 AB が，図 18-1-3 のように磁場中に置かれたコの字型コイルをまたぐように置かれ，右向きに速度 v で移動しているとする．導線 AB が dt 間に移動する距離 l は，$l = vdt$ なので，dt 間に導線 AB が描く面積 dS は $dS = lL = vdt \cdot L$ である．したがって，dt 間の磁束の変化 $d\varPhi$ は，$d\varPhi = BdS = Bvdt \cdot L$ となり，1秒あたりの磁束の変化は，

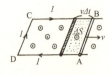

図 18-1-3
磁束の変化

$$\frac{d\varPhi}{dt} = \frac{Bvdt \cdot L}{dt} = vBL = V \qquad 18\text{-}1\text{-}2$$

となり，式 18-1-1 で得られた vBL と同じである．このことから，導線 AB に誘導される起電力 V は，1秒間に導線が横切る磁束に等しく，その大きさ V は，$V = vBL$ であることがわかる．

また，磁束密度 B に対して，右ねじの法則を満たすような向きを正とすると，誘導起電力の向きは負であるから，

$$V = -\frac{d\varPhi}{dt} \qquad 18\text{-}1\text{-}3$$

と書ける．これを，ファラデーの電磁誘導の法則という．このことは，「誘導電流は磁束の変化を妨げる向きに流れる」ということを表しており，これをレンツの法則という．

1巻きのコイルがあり，このコイルのふちを閉曲線 C，コイルの内部を閉曲面 S とする．コイルを貫く磁束が時間的変化をすれば，この閉回路には $-\dfrac{d\varPhi}{dt}$ の起電力が生じる．このことは，その場に電場が生じたことを意味する．この電場の回路に沿った方向の成分 E_s を閉曲線 C の1周について積分した値 $\oint_C E_s dl$ は，起電力なので，$V = \oint_C E_s dl = -\dfrac{d\varPhi}{dt}$ である．ところで，閉曲線 C を貫く磁束 $\varPhi$ は，面 S 上での磁束密度 B の法線方向の成分を B_n とすると，

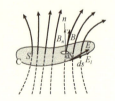

図 18-1-4
閉曲線 C に発生する誘導起電力

$\Phi = \int_S B_n dS$ なので,

$$V = \oint_C E_s dl = -\frac{d}{dt}\int_S B_n dS = -\int_S \frac{\partial B_n}{\partial t} dS \qquad 18\text{-}1\text{-}4$$

となる．またベクトル表記すると

$$V = \oint_C \boldsymbol{E} dl = -\frac{d}{dt}\int_S \boldsymbol{B} dS = -\int_S \frac{\partial \boldsymbol{B}}{\partial t} dS \qquad 18\text{-}1\text{-}5$$

となり，時間変化をする磁束密度 $\boldsymbol{B}$ の中にある任意の閉回路には，式18-1-4や式18-1-5に示した起電力が生じる．

ところで，ストークスの定理 $\oint_C \boldsymbol{E} dl = \int_S \mathrm{rot}\,\boldsymbol{E} \cdot \boldsymbol{n} dS \left(=\int_S (\nabla \times \boldsymbol{E}) \cdot d\boldsymbol{S}\right)$ により，線積分を面積分に変換すると，

$$\int_S \mathrm{rot}\,\boldsymbol{E} \cdot \boldsymbol{n} dS = -\int_S \frac{\partial \boldsymbol{B}}{\partial t} dS \qquad 18\text{-}1\text{-}6$$

と書ける．この関係が任意の曲面 S に対して成立するためには，被積分関数が等しい必要がある．よって，

$$\mathrm{rot}\,\boldsymbol{E} = -\frac{\partial \boldsymbol{B}}{\partial t} \qquad 18\text{-}1\text{-}7$$

という，空間の各点での電場と磁場の関係式が導かれる．この式は，マクスウェル方程式の1つで，磁場 $\boldsymbol{B}$ の時間的変化によって誘導電場 $\boldsymbol{E}$ が生じることを表している．

例題 CD間の長さが L で，この間の抵抗が R のコイルがある．長さ L の導線を，コイルの枠に沿って速度 v で動かすとき，導線に作用する力の大きさと向きを求めよ．さらに，この外力がする仕事率を求めよ．

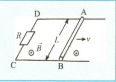

解答 AからBに流れる電流 I は，$I = \dfrac{V_e}{R} = \dfrac{BLv}{R}$ なので，導線に作用する力 F は，$F = ILB = \dfrac{BLv}{R}LB = \dfrac{B^2L^2v}{R}$ となる．力の向きは，図の左向きで，導線に対してブレーキーをかける向きである．このときの仕事率 P は，$P = Fv$ より，$P = Fv = \dfrac{B^2L^2v}{R}v = \dfrac{(BLv)^2}{R} = \dfrac{V_e^2}{R} = V_e I$ である．

補足 $P = \dfrac{V_e^2}{R} = V_e I$ はこの回路での電力である．外力 F がした仕事は，すべて抵抗 R で，ジュール熱として消費される．導線を右側に引くために，コイルの右端に滑車を取りつけ質量 m のおもりをつるし静かに放すが，おもりはすばやく終端速度で落下し，その後はおもりも導線も等速直線運動をする．おもりが失う位置エネルギーは，コイルにおいてジュール熱として消費される．磁場の中

で導線が動くとき，誘導電流が磁場から受ける力は，必ず導線の運動を妨げる向きに作用する．この現象を電磁制動という．またコイルは，力学でいう質量のように変化を拒む性質，慣性をもっていると考えられる．

18.1.2 渦電流

電磁誘導は，一般の導体にも生じ，図 18-1-5 のように，銅板やアルミ板を磁石に対して図のように回転させると，板上に誘導電流が流れる．この電流を渦電流という．

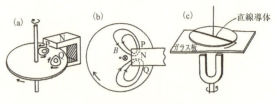

図 18-1-5 渦電流

金属板が時計回りに回転すると，点 P の付近の磁束は増加するので，その変化を打ち消す向きの磁束（上向き）を作るように渦電流が流れる．点 Q の付近では磁束が減少するので，下向きの磁束を作るように渦電流が流れる．渦電流は，フレミングの法則に従う力を受けるので (c) のように，金属板の下で磁石を回転させると板は磁石の回転方向に回転し始める．積算電力計もこの原理を利用している．同様に，回転している金属板に磁石を近づけると電磁制動が生じ金属板は止まる．このとき，渦電流によってジュール熱が発生し，金属板の温度が上昇する．電磁調理器はこの原理を応用している．

金属板に，図のように切れ込みを入れると，その隙間に遮られて渦電流が流れないため，回転は長続きし，しかも円板の温度も上昇しない．

図 18-1-6 切れ込みの入った円板

プチ実験　「かわむらのコマ-渦電流で回すコマ」

（準備物）モーター（100 円ショップなどの扇風機で OK），ネオジム磁石 2 個，長さ 5 cm，幅 1 cm 程度のプラ段（木片などで OK），アルミを含むシート（ガスレンジ用下敷きシートや缶ジュースの側面やカップ麺のふたなど），DVD の空ケースなど，セロハンテープ，コピー用紙，カラーサインペン．（作り方）①ミニ扇風機の羽をはずし，モーターの軸に回転棒を取り付ける．回転棒は，長さ 5 cm，幅 1 cm 程度のプラ段などの棒の両端にネオジム磁石を，同じ極が上向きになるようにセロハンテープで

強固に取りつける．これで回転台は完成！　②回転円板を作る．コピー用紙とアルミ板を貼り，はさみで円形に切り抜く，円板の中心に，凸部をつくりコマのようにまわる円板にする．このコマをDVDケースなどの上におき，磁石を回転させた回転台をケースの下側から近づけると，コマが回り始める．実験1「ベンハムのコマやカラーゴマをみよう！」これらのコマやいろいろな色に着色したコマを回して，色変わり体験をすることができる．実験2「ゾートロープでアニメーションをみよう！」小窓をつけた回転円筒を作りゾートロープを作成して，アニメーションのコマ送り実験をしてみよう．ランニングや木登りをしている様子が楽しめる．実験3「アラゴーの円板の応用」アラゴー円板だと渦電流が流れるが，円板に切れ込みを入れて羽根車のようにすると，渦電流が途切れるため回らなくなる．

プチ実験　「アルミパイプにネオジム磁石がくっつく？」

（準備物）球形のネオジム磁石と同じくらいの直径のビー玉，それが通るようなアルミのパイプを用意する．あるいは，アルミ板と円板状のネオジム磁石を用意する．（実験方法）ネオジム磁石が，アルミパイプやアルミ板にくっつかないことを見せてから，「このパイプの中にビー玉を入れるとどうなるか？」と言ってビー玉を入れると，あっという間に自由落下する．「それでは，ネオジム磁石も同じかな？」と言ってパイプにネオジム磁石を入れると，ネオジム磁石が作る誘導電流にネオジム磁石が引きつけられゆっくりと落ちてくる．アルミ板を坂にしてネオジム磁石をすべらしても面白い．

18.1.3　自己誘導

コイルに流れる電流が変化すると，その電流がつくる磁場が変化するので，電磁誘導により逆起電力が生じ誘導電流が流れる．この現象を自己誘導という．

コイルの全長を l，1mあたりの巻数を n，真空の透磁率を μ_0 とする．電流 I を流すと，このコイルに生じる磁束 Φ は，

図 18-1-7　自己誘導

$$\Phi = BS = \mu_0 HS = \mu_0 nIS \qquad 18\text{-}1\text{-}8$$

となるが，最初コイルには磁束が無く電流を流すことで磁束が Φ になったので，電磁誘導の法則により，コイルに逆起電力 V が生じ，

$$V = -nl\frac{d\Phi}{dt} = -nl\frac{d(\mu_0 nIS)}{dt} = -\mu_0 n^2 ls \frac{dI}{dt} \qquad 18\text{-}1\text{-}9$$

となる．ここで，$L = \mu_0 n^2 lS$ とおくと，

$$V = -L\frac{dI}{dt} \qquad 18\text{-}1\text{-}10$$

と書ける．比例定数 L は，自己インダクタンスといい，単位は H（ヘンリー）である．

18.1.4 相互誘導

2つの1巻のコイル1，コイル2を，図18-1-8のように，向かい合わせて置く．コイル1を流れる電流 I_1 がつくる磁場 B_1 による磁束 Φ_1 のうちのほとんどが，コイル2を貫き，コイル2を貫く磁束 Φ_2 は，磁束 Φ_1 の k（$k<1$）倍であるとすると，$B_1 = \dfrac{\mu_0 I_1}{2r}$ より Φ_1 は $\Phi_1 = B_1 S = \dfrac{\mu_0 I_1}{2r} S$ なので，Φ_2 は，

図 18-1-8 相互誘導

$$\Phi_2 = k\Phi_1 = kB_1 S = k\frac{\mu_0 I_1}{2r} S \qquad 18\text{-}1\text{-}11$$

ここで，$M = k\dfrac{\mu_0}{2r} S$ とおくと，$\Phi_2 = MI_1$ とかける．電流 I_1 を時間的に変化させると，Φ_2 も変化するので，電磁誘導によってコイル2に誘導起電力が生じる．

$$V_2 = -\frac{d\Phi_2}{dt} = -M\frac{dI_1}{dt} \qquad 18\text{-}1\text{-}12$$

この現象を相互誘導という．比例定数 M を相互インダクタンスといい，単位は H（ヘンリー）である．

コイル1の巻数を N_1 巻にすると M も N_1 倍になり，コイル2の巻数を N_2 巻にすると M も N_2 倍になり，比透磁率 μ_r の鉄心を通すと M は μ_r 倍になる．

プチ実験 「モーターなど de 紙コップスピーカー！」

（準備）紙コップ，エナメル線10m程度，強力磁石，イヤホーン端子．（実験方法）エナメル線を100回程度巻き束ねて，紙コップの底に貼る．エナメル線の先を，イヤホーンの端子か，あるいは端子から出ている導線に，2本の導線がショートしないように結ぶ．セロハンテープで保護をしてもよい．CDプレイヤーなどにイヤホーンをつなげ，紙コップの底に貼ったコイルのそばに，強力磁石を近づけると，紙コップから音楽が聞こえる．模型用直流モーターは，コイルなので，紙コップの底にセロハンテープで貼り，CDプレイヤーなどのイヤホーンジャックにつなげぐだけでも音楽が聞ける．

18.1.5 過渡現象

＜RL 回路を閉じる場合＞

図 18-1-9 のように，インダクタンス L のコイル L と抵抗値 R の抵抗 R を直列に接続したものに起電力 E の電池 E を接続し，スイッチ S を閉じると，コイルに逆起電力 $-L\frac{dI}{dt}$ が生じる．キルヒホッフの法則より，

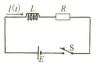

図 18-1-9
RL 回路を閉じる場合

$$E - L\frac{dI}{dt} = RI \qquad 18\text{-}1\text{-}13$$

となる．この式を書き換えると，$\frac{dI}{dt} = \frac{E - RI}{L}$ となる．これは変数分離形なので，$\int \frac{dI}{E - RI} = \frac{1}{L}\int dt$ となる．

積分すると，$-\frac{1}{R}\log(E - RI) = \frac{t}{L} + C$ となるが，初期条件 $t = 0$ で，$I = 0$ を用いると，積分定数 C が $C = -\frac{1}{R}\log E$ とわかるので，

$$\log\left(\frac{E - RI}{L}\right) = -\frac{R}{L}t$$

$$\therefore I = \frac{E}{R}\left(1 - e^{-\frac{R}{L}t}\right) \qquad 18\text{-}1\text{-}14$$

図 18-1-10
RL 回路を閉じる場合電流のグラフ

となる．式 18-1-14 において，$t \to \infty$ とすると，$I_\infty = \frac{E}{R}$（定常電流）となる．

このように，一般に 1 つの定常状態から，別の定常状態に移る過程で生じる現象を**過渡現象**という．スイッチを閉じた瞬間から定常状態になるまでの電流を**過渡電流**という．

スイッチを閉じてから，電流が最終値 $I_\infty = \frac{E}{R}$ の $\left(1 - \frac{1}{e}\right) = 0.63$ になるまでの時間 τ をこの回路の**時定数**という．

$$I(\tau) = \frac{E}{R}\left(1 - \frac{1}{e}\right) = \frac{E}{R}\left(1 - e^{-\frac{R}{L}\tau}\right) \qquad \therefore \frac{R}{L}\tau = 1 \qquad \tau = \frac{L}{R} \qquad 18\text{-}1\text{-}15$$

以上から，**コイルの時定数は $\tau = \frac{L}{R}$** である．

＜RL 回路を開くとき＞

式 18-1-13 で，$E = 0$ の場合となるので，

$$-L\frac{dI}{dt} = RI, \qquad \frac{dI}{I} = -\frac{R}{L}dt$$

$$\int \frac{dI}{I} = -\frac{R}{L}\int dt$$

$$\therefore \log I = -\frac{R}{L}t + C$$

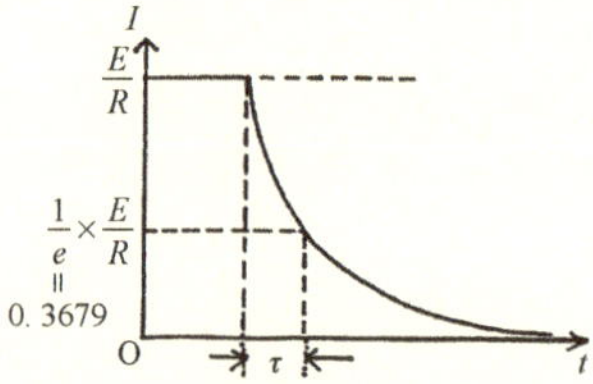

$t=0$ のとき，$I = I_0 \, (= E/R)$ より $C = \log I_0$ なので，

$$\therefore \log I = -\frac{R}{L}t + \log I_0 \qquad \frac{I}{I_0} = e^{-\frac{R}{L}t}$$

$$\therefore I = I_0 e^{-\frac{R}{L}t} \qquad\qquad 18\text{-}1\text{-}16$$

このとき，$t \to \infty$ とすると，$I_\infty = 0$ となる．

$$I(t) = \frac{E}{R}\cdot\frac{1}{e} = \frac{E}{R}e^{-\frac{R}{L}t} \quad e^{-1} = e^{-\frac{R}{L}t}$$

$$\therefore \frac{R}{L}t = 1 \quad t = \frac{L}{R} \qquad 18\text{-}1\text{-}17$$

図 18-1-11
RL 回路を開く場合の電流グラフ

より，スイッチを切ってから電流が $\frac{E}{R}$ の $\frac{1}{e}$ 倍になるまでの時間も時定数であることがわかる．

図 18-1-12 より，発生する誘導起電力 V は，スイッチを入れたときよりも，スイッチを切ったときの方が大きい．コイルとネオン管（50 V 以上で点灯）を並列につないだ回路に乾電池を接続し，スイッチを入れてもネオン管は着かないが切ったときには着く．ON では電流は徐々に増加するが，OFF では電流は一機に 0 になるからである．

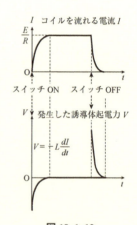

図 18-1-12
RL 回路の ON, OFF

18.1.6 磁場のエネルギー

図 18-1-13 のように，自己インダクタンス L，内部抵抗 R のコイル L に蓄えられるエネルギーを求める．キルヒホッフの法則より，

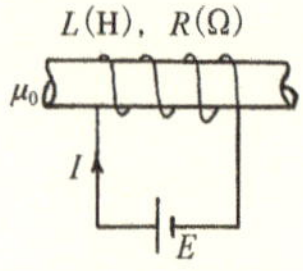

$$E - L\frac{dI}{dt} = RI \qquad 18\text{-}1\text{-}18$$

図 18-1-13
コイルの磁場

電流は $I = \dfrac{dq}{dt}$ より $dq = Idt$ なので，短い時間 dt の間に電池がする仕事 dW は，

$$dW = E\cdot dq, \quad Edq = \left(L\frac{dI}{dt} + RI\right)dq = \left(L\frac{dI}{dt} + RI\right)Idt, \quad \int Edq = \int LIdI + \int RI^2 dt$$

$$EQ = \frac{1}{2}LI^2 + \int RI^2 dt \; ; \; Q = \int dq \qquad 18\text{-}1\text{-}19$$

となる．EQ は電池が t 秒間にした仕事，$\int RI^2 dt$ はコイルの内部抵抗によるジュール熱，$\frac{1}{2}LI^2$ はコイルに蓄えられたエネルギーである．

コンデンサーに蓄えられた電気エネルギーは，極板間に生じた静電場のエネルギーとして存在しているとみることができた．電気容量が C のコンデンサーの極板間の電位差が V の場合，静電エネルギー U は，

$$U = \frac{1}{2}CV^2 = \frac{1}{2}\left(\varepsilon_0 \frac{S}{d}\right)(Ed)^2 = \frac{\varepsilon_0 E^2}{2}Sd \qquad 18\text{-}1\text{-}20$$

したがって，単位体積あたりの静電エネルギー，すなわち電場のエネルギー密度 u_e は，$u_e = \frac{1}{2}\varepsilon_0 E^2 = \frac{1}{2}ED$ となる．

コイルの全長を l，巻数を n，断面積を S の場合，自己インダクタンス L は，$L = \mu_0 n^2 lS$ である．コイル内の体積 V は $V = Sl$ なので，

$$U = \frac{1}{2}LI^2 = \frac{1}{2}\mu_0 n^2 lS \cdot I^2 = \frac{1}{2}\mu_0 n^2 I^2 V$$

ところで，コイルの内部の磁束密度は $B = \mu_0 nI$ なので，$U = \frac{1}{2\mu_0}B^2 V$ である．よって，単位体積あたりの磁場のエネルギー，すなわち磁場のエネルギー密度 u_m は，$u_m = \frac{1}{2\mu_0}B^2 = \frac{1}{2}\mu_0 H^2 = \frac{1}{2}BH$ となる．外部からの電気的な仕事は，このコイル内部の磁場のエネルギーとして蓄えられる．磁場のエネルギー密度 u_m と，電場のエネルギー密度 u_e は同じ形をしている．

磁場のエネルギーをグラフから求めてみる．図 18-1-14 の W は，$W = \Sigma \Delta W$ より，$\Delta W = P \cdot \Delta t = I'V \cdot \Delta t = I' \cdot L \frac{\Delta I}{\Delta t} \cdot \Delta t = LI' \cdot \Delta I$ なので $\Delta W = LI' \cdot \Delta I$ である．最終的には，△OAB の面積となるから，

$$U = \frac{1}{2}LI^2 \qquad 18\text{-}1\text{-}21$$

図 18-1-14
磁場のエネルギー

第19章 交流

19.1 交流

19.1.1 交流発電機

磁束密度 B の一様な磁場のなかで，2辺の長さ a, b の1巻のコイルを磁場に垂直な軸の周りに一定の角速度 ω で回転させる．

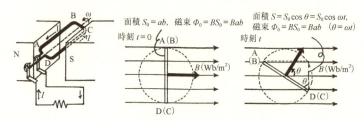

図 19-1-1 交流発電の原理図

時刻 0 のとき，コイル面は磁場と垂直であるとすると，コイルを貫く磁束 Φ_0 は $\Phi_0 = BS_0 = Bab$ である．時刻 t のときには，コイルを貫く磁束 Φ は $\Phi = \Phi_0 \cos \theta = \Phi_0 \cos \omega t$ なので，誘導される起電力 V は

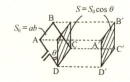

図 19-1-2
コイルを貫く磁束

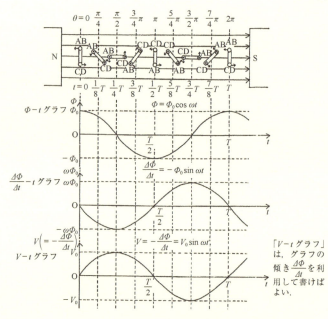

図 19-1-3 交流発電

$$V = -\frac{d\Phi}{dt}$$

となる．時刻 $t+\Delta t$ の磁束を Φ' とすると，$\Phi' = \Phi_0 \cos\omega(t+\Delta t)$ なので，

$$\Delta\Phi = \Phi' - \Phi = \Phi_0 \cos\omega(t+\Delta t) - \Phi_0 \cos\omega t$$

$\omega\Delta t$ が極めて小さいとき，$\sin\omega\Delta t \fallingdotseq \omega\Delta t$，$\cos\omega\Delta t \fallingdotseq 1$ なので，

$$\frac{\Delta\Phi}{\Delta t} = -\frac{\Phi_0 \omega\Delta t \cdot \sin\omega\Delta t}{\Delta t} \qquad \therefore V = -\frac{\Delta\Phi}{\Delta t} = \omega\Phi_0 \sin\omega\Delta t \qquad 19\text{-}1\text{-}1$$

となる．または，Φ を微分して求めると，

$$V = -\frac{d\Phi}{dt} = -\frac{d}{dt}(\Phi_0 \cos\omega t) = -\Phi_0 \frac{d}{dt}\cos\omega t = \omega\Phi_0 \sin\omega t \qquad 19\text{-}1\text{-}2$$

$\omega\Phi_0$ を V_0 とおくと，

$$V = V_0 \sin\omega t \qquad 19\text{-}1\text{-}3$$

である．コイルが n 巻のときには，$V_0 = n\omega\Phi_0$ である．

このように，周期的に変化する電圧を交流電圧，この原理で電流を取りだす装置を交流発電機という．発電により電流を取りだすとき，コイルは運動を妨げる向きに力を受けるので（電磁制動），コイルを回転させ続けるため外部から仕事を加え続けなければならない．火力，水力，原子力発電などを行うためには，発電で利用する分だけの仕事を外部から与えなければならい．

コイルの回転の角速度を ω とするとき，交流の周期 T は $T = \dfrac{2\pi}{\omega}$，周波数 f は $f = \dfrac{1}{T} = \dfrac{\omega}{2\pi}$ である．東日本では 50 Hz，西日本では 60 Hz である．交流は，AC（Alternating Current），直流は，DC（Direct Current）と表す．

19.1.2 実効値

交流発電機の出力電圧 V は，$V = V_0 \sin\omega t$ で時間とともに変動するので，直流と比べて同じ仕事をする電圧値を用いて表す．これを実効値という．図の回路で，

図 19-1-4 実効値

直流がする仕事 Q_1 　　　交流がする仕事 Q_2

$$Q_1 = \frac{V^2}{R}T \qquad Q_2 = \int_0^T \frac{V^2}{R}dt = \frac{V_0^2}{R}\int_0^T \sin^2\omega t\, dt$$

$Q_1 = Q_2$ より, $\dfrac{V^2}{R}T = \dfrac{V_0^2}{R}\displaystyle\int_0^T \sin^2\omega t\, dt$

∴ $V^2 T = V_0^2 \dfrac{T}{2}$ $V = \dfrac{V_0}{\sqrt{2}}$ 19-1-4

となり,これが交流電圧の実効値 V_e なので $V_e = \dfrac{V_0}{\sqrt{2}}$ と書く.

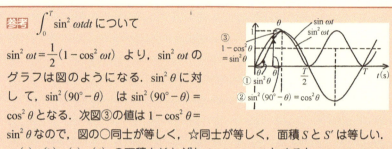

参考 $\displaystyle\int_0^T \sin^2\omega t\, dt$ について

$\sin^2\omega t = \dfrac{1}{2}(1 - \cos 2\omega t)$ より,$\sin^2\omega t$ のグラフは図のようになる.$\sin^2\theta$ に対して,$\sin^2(90°-\theta)$ は $\sin^2(90°-\theta) = \cos^2\theta$ となる.次図③の値は $1 - \cos^2\theta = \sin^2\theta$ なので,図の○同士が等しく,☆同士が等しく,面積 S と S' は等しい.

(a), (b), (c), (d) の面積をそれぞれ S_a, S_b, S_c, S_d とすると,$S_a = S_b$,$S_c = S_d$ である.

半周期の面積は $\dfrac{1}{4}T$,1周期の面積は $\dfrac{1}{2}T$ となるので,$\displaystyle\int_0^T \sin^2\omega t\, dt = \dfrac{1}{2}T$

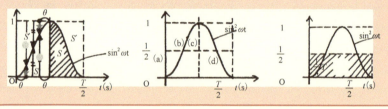

電流の実効値も,同様に求めることができ,交流電流の実効値 I_e は,$I_e = \dfrac{I_0}{\sqrt{2}}$ となる.

以上を整理すると,

瞬間値 $\begin{cases} V = V_0 \sin\omega t \\ I = I_0 \sin\omega t \end{cases}$ の交流の実効値は $\begin{cases} V_e = \dfrac{V_0}{\sqrt{2}} = 0.707 V_0 \\ I_e = \dfrac{I_0}{\sqrt{2}} = 0.707 I_0 \end{cases}$

電力の平均 $\overline{P}$ は $\overline{P} = \dfrac{I_0 V_0}{2} = I_e V_e$. 以降,電流,起電力の瞬間値,最大値,実効値をそれぞれ,(I, V),(I_0, V_0),(I_e, V_e) と,書くことにする.

参考 RMS値（Root mean square） 実効値は瞬間値の2乗の1周期の平均（mean）値の平方根（root）である．すなわち，$\sqrt{(瞬間値)^2\text{の平均}}$ である．また，非正弦波電圧，電流の実効値は，その直流分，基本波および高周波の各成分につき実効値を求め，その2乗和の平方根を求めれば与えられる（右）．

波形		実効値
三角		$1/\sqrt{3} = 0.577$
のこぎり歯		$1/\sqrt{3} = 0.577$
正弦		$1/\sqrt{2} = 0.707$
正弦半波整流		$1/2 = 0.500$
正弦全波整流		$1/\sqrt{2} = 0.707$
矩形		$1 = 1.000$

例題 最大値 20 A の交流電流の実効値および実効値 100 V の交流電圧の最大値を求めよ．

解答 $I_e = \dfrac{20}{\sqrt{2}} = 10\sqrt{2} = 14.1$ A，　$V_e = \dfrac{V_0}{\sqrt{2}} = 100$　　$V_0 = 100\sqrt{2} = 141$ V

プチ実験 「手回し発電機を作ってみよう」

　リムドライブ方式で増速して手回し発電機を作ろう．定規などの棒を持ち手とし，これに回転円板とモーターの両方を写真のように，モーターの軸が回転円板の縁に当たるように取りつける．円板を回転させると，モーターの軸は，半径の比の倍だけ，より大きな回転
数が得られ，大きな電圧を得ることができる．写真の発電機では，LED や電子メロディはもちろん，豆電球も点灯できる．

プチ実験 「サボニウス型風車風力発電機」

　サボニウス型風車は，円筒形を縦に2つに切った形をしたバケットを，中心を少しずらして心棒を取りつけたような形をした風車である．2つのバケットを通り抜ける風も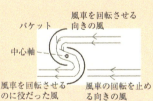
利用できるので，効率のよい風車とされている．
　自転車のハブダイナモを板と角材で作った土台に固定し，ハブダイナモの上側の穴を利用して，これに円形ベニヤ板をとりつける．続いて，円形ベニヤ板の上にバケツなどの円形型の大
型容器を，半分に切って中心を少しずらして互い違いに固定して風車とする．ハブダイナモをこの風車で回転させて発電させる．整流器で直流に整流して，携帯ラジオを鳴らしてみよう．自然に吹く風での発電を実体験できる．

19.2 交流回路

19.2.1 抵抗値 R の抵抗に流れる交流

交流回路もオームの法則やキルヒホッフの法則を適用できる．

$V = V_0 \sin \omega t$ の交流電源に抵抗値 R の抵抗のみを接続すると抵抗には，

$$I = \frac{V}{R} = \frac{1}{R}(V_0 \sin \omega t)$$

$$= \frac{V_0}{R} \sin \omega t$$

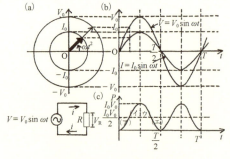

図 19-2-1　抵抗に流れる交流

の電流が流れ，$I_0 = \dfrac{V_0}{R}$ とおくと，

$$I = I_0 \sin \omega t \qquad \qquad 19\text{-}2\text{-}1$$

と書ける．電源電圧 V と，抵抗を流れる電流 I との間には，位相のずれがなく，同位相のまま時間的に変化する．

電流と電圧の実効値間でのオームの法則は，$\dfrac{V_0}{\sqrt{2}} = R \dfrac{I_0}{\sqrt{2}}$ すなわち $V_e = R I_e$ である．図の (c) のグラフの曲線と横軸で囲まれた面積は，抵抗で時間 t の間に消費された電力量を表している．（ア）の面積 = （イ）の面積 = （ウ）の面積 = （エ）の面積となるので，平均電力は，$\bar{P} = \dfrac{1}{2} V_0 I_0 = V_e I_e$ となる．

19.2.2 自己インダクタンス L のコイルに流れる交流

図 19-2-2 のように，自己インダクタンス L のコイルと白熱電球を直列に接続し，これに直流電圧をかけたときと，これに等しい実効値をもった交流電圧をかけた場合とを比べると交流の方が暗くなる．その理由は，逆起電力が生じるからである．コイルに電流 $I = I_0 \sin \omega t$ が流れるとき，コイル生じる逆起電力は，

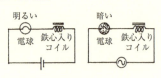

図 19-2-2
コイルと白熱電球の直列接続

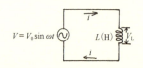

図 19-2-3　コイル L に流れる交流

$$V_L = -L \frac{dI}{dt} \qquad \qquad 19\text{-}2\text{-}2$$

である．したがって，キルヒホッフの法則より，

$$V + V_L = 0$$

$$V = -V_L = -\left(-L\frac{dI}{dt}\right) = L\frac{dI}{dt} = L\frac{d}{dt}(I_0 \sin \omega t) = \omega L I_0 \cos \omega t$$

$$= \omega L I_0 \sin\left(\omega t + \frac{\pi}{2}\right)$$

ここで，$V_0 = \omega L I_0$ とおけば，

$$V = V_0 \sin\left(\omega t + \frac{\pi}{2}\right) \qquad \text{19-2-3}$$

電源電圧の位相は，コイルを流れる電流の位相より $\frac{\pi}{2}$ 進んでいる．逆に電流の位相は，交流電圧の位相より $\frac{\pi}{2}$ 遅れているので，交流電圧の位相を基準にとれば，交流電流は，$I = I_0 \sin\left(\omega t - \frac{\pi}{2}\right)$ と書ける．コイルに交流が流れると自己誘導により逆起電力が生じ，電流が流れにくくなる．その結果，$\frac{\pi}{2}\left(=\frac{T}{4}\right)$ だけ位相が遅れる．コイルの自己誘導によって電流が流れにくくなるために生じる抵抗を，**誘導リアクタンス**といい，X_L で表す．また，単位は Ω を用いる．オームの法則より $V = X_L I$ なので，

$$X_L = \omega L = 2\pi f L \qquad \text{9-2-4}$$

自己インダクタンスが大きいほど，また，交流の周波数 f が大きいほど，誘導リアクタンスは大きい．交流を流れにくくすることを目的に回路に入れるコイルを**チョークコイル**という．小さな電流がほしい場合，抵抗を用いるとジュール熱

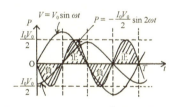

図 19-2-4 コイルで消費される電力 P

が発生し電力損失が生じる．しかし，チョークコイルを利用すると，電力損失が生じないようにしながら小さな電流を得ることが可能である．その理由を考えてみよう．

コイルで消費される電力 P は，

$$P = VI = V_0 \sin \omega t \cdot I_0 \sin\left(\omega t - \frac{\pi}{2}\right)$$

$$= V_0 I_0 \sin \omega t \cdot (-\cos \omega t) = -\frac{V_0 I_0}{2} \sin 2\omega t$$

$$\bar{P} = 0 \qquad \text{19-2-5}$$

となり，コイルでは電力を消費しない．消費電力が正の場合はコイル内の磁場にエネルギーが蓄えられ，負の時は電源にエネルギーが戻される．

19.2.3 電気容量が C のコンデンサーに流れる交流

図 19-2-5 のように，コンデンサーと白熱電球を直列に接続する．この回路に直流電圧を加えると，電球は一瞬だけ点灯して消えるが，交流電圧を加えた場合は電球は点灯し続ける．

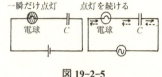

図 19-2-5
コンデンサーと白熱電球の直列接続

交流では，電圧の大きさや向きが周期的にかわるので，コンデンサーは充放電を繰り返し電流が流れ続ける．

電気容量 C のコンデンサーに周波数が $f\left(=\dfrac{\omega}{2\pi}\right)$ の交流電圧 $V=V_0 \sin\omega t$ をかけたとき回路に流れる電流についてみてみる．

極板間電圧を V_C とすると，$q=CV_C$ と書ける．電流 I は，$I=\dfrac{dq}{dt}$ より，

$$I=\frac{dq}{dt}=\frac{d}{dt}(CV_C)=C\frac{d}{dt}V_0\sin\omega t=\omega CV_0\cos\omega t$$

$$\therefore\ I=\omega CV_0 \sin\left(\omega t+\frac{\pi}{2}\right)$$

ここで，$\omega CV_0=I_0$ とおくと，

$$I=I_0 \sin\left(\omega t+\frac{\pi}{2}\right) \qquad 19\text{-}2\text{-}6$$

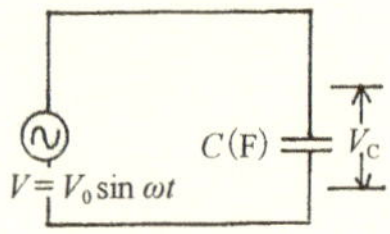

図 19-2-6
コンデンサー C を流れる交流

コンデンサーに流れる電流の位相は，電源電圧の位相よりも $\dfrac{\pi}{2}\left(=\dfrac{T}{4}\right)$ だけ進んでいる．コンデンサーの容量 C が小さいと，少ししか電流が流れ込まないのにすぐに電圧があがってしまい，それ以上電流が流れ込まない．そのため電流は小さくなって，交流電流は流れにくくなる．また，周波数 f が小さいと周期 T が大きく，同じ電圧になるまで充電するのに長時間かかり，単位時間あたりの電気量の移動が小さく電流が小さくなる．この交流に対するコンデンサーの抵抗を容量リアクタンスといい X_C で表す．単位は Ω である．オームの法則 $V=X_C I$ より，

$$X_C=\frac{1}{\omega C}=\frac{1}{2\pi f C} \qquad 19\text{-}2\text{-}7$$

電気容量 C が小さいほど，また，交流の周波数 f が小さいほど，容量リアクタンスは大きい．

また，コンデンサーでは耐電圧を超えない限り，極板間での放電は起こらないので，実際，コンデンサーの内部を電流が流れることはない．

コンデンサーで消費される電力は，電流に対する電圧の位相が $\frac{\pi}{2}$ だけ遅れるので，コイルの場合と同様に $\overline{P}=0$ で，電力を消費しない．

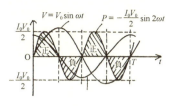

図 19-2-7
コンデンサーで消費される電力 P

19.2.4 RLC 直列回路

電源に，抵抗値 R の抵抗 R と自己インダクタンス L のコイル L，電気容量 C のコンデンサー C を直列に接続する．回路を流れる電流を $I=I_0 \sin \omega t$，抵抗の両端の電圧を V_R，コイルの両端の電圧を V_L，コンデンサーの両端の電圧を V_C とする．

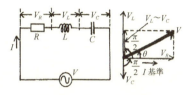

図 19-2-8　RLC 直列回路

直流回路においては，それぞれの部品を流れる電流の同時刻の瞬間値は等しい．

この電流に対して，抵抗に加わる電圧は同位相，コイルに加わる電圧は $\frac{\pi}{2}$ だけ進み，コンデンサーに加わる電圧は $\frac{\pi}{2}$ だけ遅れるので，交流電流の位相が0のときの，電源電圧を V_0，電気抵抗の両端の電圧を V_{R0}，コイルの両端の電圧を V_{L0}，コンデンサーの両端の電圧を V_{C0} とすると

$$V_R = V_{R0} \sin \omega t, \quad V_L = V_{L0} \sin\left(\omega t + \frac{\pi}{2}\right), \quad V_C = V_{C0} \sin\left(\omega t - \frac{\pi}{2}\right)$$

となる．したがって，電源電圧 V は，図 19-2-8 の右図にみるように，これらのベクトルの和 $V_0^2 = V_{R0}^2 + (V_{L0} - V_{C0})^2$ になる．

それぞれ $V_0 = ZI_0,\ V_{R0} = RI_0,\ V_{L0} = \omega L I_0,\ V_{C0} = \dfrac{1}{\omega C} I_0$ とすれば，

$$(ZI_0)^2 = (RI_0)^2 + \left(\omega L I_0 - \frac{1}{\omega C} I_0\right)^2 = \left\{R^2 + \left(\omega L - \frac{1}{\omega C}\right)^2\right\} I_0^2$$

$$\therefore\ I_0 = \frac{V_0}{Z} \quad \text{ただし}\quad Z = \sqrt{R^2 + \left(\omega L - \frac{1}{\omega C}\right)^2} \qquad 19\text{-}2\text{-}8$$

となる．また，電源電圧，電流の実効値をそれぞれ $V_e,\ I_e$ とすると $I_e = \dfrac{V_e}{Z}$ となる．Z は，交流回路で全体の抵抗のはたらきをする量となり，これをイン

ピーダンスといい，単位は Ω となる．

　ところで，抵抗，コイル，コンデンサーによる電位降下の和を $V = V_0 \sin \omega t$ と改めて書くと，電流は $I = I_0 \sin(\omega t - \theta)$ となる．このとき θ を遅れ角，あるいは位相のずれといい，

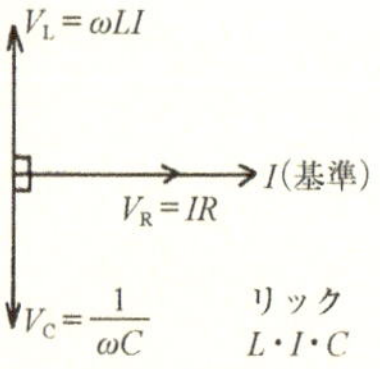

$$\tan \theta = \frac{\omega L - \dfrac{1}{\omega C}}{R} \qquad \text{19-2-9}$$

図 19-2-9
RLC 直列回路での
ベクトル図

と表す．

　この回路の抵抗の両端の電圧は電流 I の関数として $V_R = RI$ で，コイルの両端電圧は電流の時間変化の関数として $V_L = L\dfrac{dI}{dt}$ で，コンデンサーの両端電圧は貯まっている電荷 Q の関数として $V_C = \dfrac{Q}{C}$ となる．この合計が電源電圧（起電力）$V = V_0 \sin \omega t$ と等しい．

$$V = V_R + V_L + V_C = L\frac{dI}{dt} + RI + \frac{Q}{C} \qquad \text{19-2-10}$$

この式を時間 t で微分し，$\dfrac{dQ}{dt} = I$ を用いると

$$\frac{dV}{dt} = L\frac{d^2 I}{dt^2} + R\frac{dI}{dt} + \frac{1}{C}I = V_0 \omega \cos \omega t \qquad \text{19-2-11}$$

となる．この方程式は，力学における強制振動と同じ形をしている．具体的には，周期的に変化する力 $F = F_0 \cos \omega t$ と速度に比例する抵抗 $-2m\gamma v$ とばねの力 $-kx$ が作用している質量 m の質点の運動方程式は，

$$m\frac{d^2 x}{dt^2} + 2m\gamma\frac{dx}{dt} + kx = F_0 \cos \omega t \qquad \text{19-2-12}$$

と書けるが，これと同じ形をしている．

　この方程式を解くために，電流 I を $I = I_0 \sin(\omega t - \theta)$ と仮定し，式 19-2-11 に代入して，I_0 と θ を求めてみよう．電流を微分すると，$\dfrac{dI}{dt} = \omega I_0 \cos(\omega t - \theta)$，$\dfrac{d^2 I}{dt^2} = -\omega^2 I_0 \sin(\omega t - \theta)$ なので，

$$-L(\omega^2 I_0 \sin(\omega t - \theta)) + R(\omega I_0 \cos(\omega t - \theta)) + \frac{1}{C}(I_0 \sin(\omega t - \theta))$$

$$= V_0 \omega \cos \omega t$$

両辺を ωI_0 で割ると，

$$-L\omega \sin(\omega t - \theta) + R\cos(\omega t - \theta) + \frac{1}{\omega C}\sin(\omega t - \theta) = \frac{V_0}{I_0}\cos \omega t$$

となるので，

$$\left[R\sin\theta - \omega L\cos\theta + \frac{1}{\omega C}\cos\theta\right]\sin\omega t$$

$$+\left[R\cos\theta + \omega L\sin\theta - \frac{1}{\omega C}\sin\theta - \frac{V_0}{I_0}\right]\cos\omega t = 0$$

$$R\sin\theta - \left(\omega L - \frac{1}{\omega C}\right)\cos\theta = 0, \qquad R\cos\theta + \left(\omega L - \frac{1}{\omega C}\right)\sin\theta = \frac{V_0}{I_0}$$

19-2-13

式 19-2-12 および式 19-2-13 より，

$$I_0 = \frac{V_0}{\sqrt{R^2 + \left(\omega L - \frac{1}{\omega C}\right)^2}}, \quad \tan\theta = \frac{\omega L - \frac{1}{\omega C}}{R}, \quad Z = \sqrt{R^2 + \left(\omega L - \frac{1}{\omega C}\right)^2}$$

19-2-14

RL 直列回路ではインピーダンス Z の $C \to \infty$ とし，RC 直列回路ではインピーダンス Z の $L=0$ とすれば，それぞれの Z と θ が定まる．

電力 P は，電源電圧，電流の実効値をそれぞれ V_e, I_e とすると，

$$P = V_e I_e \cos\theta$$

19-2-15

で与えられる．この $\cos\theta$ を力率という．

19.2.5 RLC 並列回路

電源に，抵抗値が R の抵抗 R と自己インダクタンス L のコイル L，電気容量 C のコンデンサー C を並列に接続する．電源電圧を $V = V_0 \sin\omega t$，抵抗の両端の電圧を V_R，コイルの両端の電圧を V_L，コンデンサーの両端の電圧を V_C とする．並列回路では，それぞれの部品の両端に加わる電圧の同時刻の瞬間値は等しく，この電圧に対して，抵抗を流れる電流は同位相，コイルを流れる電流は $\frac{\pi}{2}$ だけ遅れ，コンデンサーを流れる電流は $\frac{\pi}{2}$ だけ進むので，

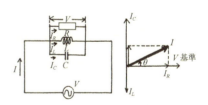

図 19-2-10　RLC 直列回路でのベクトル図

$$I_R = I_{R0}\sin\omega t, \qquad I_L = I_{L0}\sin\left(\omega t - \frac{\pi}{2}\right), \qquad I_C = I_{C0}\sin\left(\omega t + \frac{\pi}{2}\right)$$

となる．

$$I^2 = I_R^2 + (I_L - I_C)^2 = \left(\frac{V}{R}\right)^2 + \left(\frac{1}{\omega L} - \omega C\right)^2 \cdot V^2 = V^2 \cdot \left\{\frac{1}{R^2} + \left(\frac{1}{\omega L} - \omega C\right)^2\right\}$$

したがってこのときのインピーダンス Z は，

$$Z = \frac{1}{\sqrt{\frac{1}{R^2} + \left(\frac{1}{\omega L} - \omega C\right)^2}} \quad (\Omega) \qquad 19\text{-}2\text{-}16$$

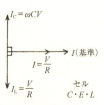

図 19-2-11
RLC 並列回路でのベクトル図

LR 並列回路ではインピーダンス Z の式で $C=0$ とし，CR 並列回路ではインピーダンス Z の式で $L \to \infty$ とすれば，それぞれの Z が定まる．

19.2.6 変圧器（transformer）

変圧器は，交流の電圧を変える装置で，図 19-2-12 のように共通の鉄芯に 2 つのコイルを巻き，1 次コイルに任意の電圧を加え，2 次コイルで希望の電圧を取り出せるようにする．1 次コイル（巻数 n_1）に実効値が V_1 の電圧を加えたとき I_1 の電流が流れたとする．このとき，2 次コイル（巻数 n_2）に生じる電圧を V_2，流れる電流を

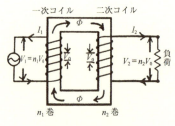

図 19-2-12 変圧器

I_2 とする．変圧器が，エネルギー損失のない理想的なものであれば，1 次側の電力はすべて 2 次側に送られるので，

$$P = V_1 I_1 = V_2 I_2 \qquad 19\text{-}2\text{-}17$$

となる．電流と電圧は反比例の関係なので，電流が多く流れる側には太い線を巻く．つまり電圧の低い側は太い線を，電圧の高い側は電流量も少ないので細い線を巻く．細い線にするのは経済的理由もある．

1 次コイルで生じた磁束 Φ がすべて 2 次コイルを貫くとすると，1 次コイルの 1 巻きにかかる電圧は，2 次コイルの 1 巻きにかかる電圧と等しい．これを $V_0 = -\dfrac{d\Phi}{dt}$ とおくと，$V_1 = -n_1 \dfrac{d\Phi}{dt} = n_1 V_0$，$V_2 = -n_2 \dfrac{d\Phi}{dt} = n_2 V_0$ なので，

$$\frac{V_1}{V_2} = \frac{n_1}{n_2} = \frac{I_2}{I_1} \qquad 19\text{-}2\text{-}18$$

実際の変圧器では損失が生じる．その原因には，渦電流損（対策としては，薄い絶縁をした鉄板を重ねて鉄心とする），銅損，鉄損（磁極の変化による

発熱．対策には，ヒステリシス曲線の囲む面積が小さいケイ素鋼板を用いる）がある．

19.2.7 電力輸送（送電）

発電所の発電機の端子電圧を E，内部抵抗を 0 とし，送電線の抵抗を r，送電線を流れる電流を I とする．このとき，負荷で得られる端子電圧 V は，$E = V + rI$ より，

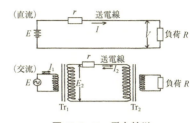

図 19-2-13 電力輸送

$$V = E - rI \qquad 19\text{-}2\text{-}19$$

となる．負荷で使われる電力 P は，$P = VI = EI - rI^2$ となる．送電線による電力損失 $P' = rI^2$ を少なくするためには，① r を小さくするため，送電線を太くする．ただし，経済的な限度がある．② I を小さくするため，発電機が発電する電力は EI なので E を大きくする．②を実現するためには，交流発電が便利である．以前は直流では電圧を上げたり下げたりしながったが，現在では直流でも利用されている．

発電所で発電された交流電圧は 50 万 V ～ 27.5 万 V に昇圧され変電所に送電される．変電所では 15.4 万 V ～ 6.6 万 V に降圧され，その後，配電用変電所で 6600 V に降圧される．さらに柱上変圧器で 100 V や 200 V に下げられ家庭に届けられている．

第 20 章　マクスウエルの方程式と電磁波

20.1　共振と振動回路

20.1.1　電気共振

コンデンサーを電池で充電してから，スイッチを Q に切り替え放電すると，図 20-1-1 (a) の回路では，短時間のうちにコンデンサーに蓄えられ

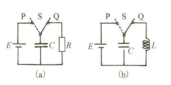

図 20-1-1　電気振動と振動電流

ていた静電エネルギーは失われるが，図 20-1-1 (b) の回路のようにコイルを通して放電させると，自己誘導が生じ (c) 図のような交互に向きの変わる電流が流れる．この電流を振動電流といい，この現象を電気振動という．

コイルをつないでコンデンサーを放電する場合，コンデンサーの電荷が 0，つまり極板間の電圧が 0 になるときには，図 20-1-2(ウ）にみるように，コイルに流れる電流は最大になる．コイルの両端の電圧も 0 となるが，自己誘導のため電流はすぐに 0 にはならず，減少しながらも同じ向きに流れ続け，コンデンサーは初めと逆向きに充電される．そして（オ)～(ケ）のように，初めと逆向きに電流が流れ，これを繰り返し電気振動が生じる．その周期 T と，周波数 f を求める．

電流	0	増加	最大	最少	0	逆向き	逆向き最大
AB 間の電圧	最大 $+V_0$	減少	0	負で増加	最大 $-V_0$	負で減少	0
U_C（コンデンサー）	最大 $\frac{1}{2}\frac{Q_0^2}{C}$	減少	0	増加	最大 $\frac{1}{2}\frac{Q_0^2}{C}$	減少	0
U_L（コイル）	0	増加	最大 $\frac{1}{2}Li_0^2$	減少	0	増加	最大 $\frac{1}{2}Li_0^2$

《対応関係》

電磁気 ⇔	力学
L	m
I	v
$\frac{1}{2}LI^2$	$\frac{1}{2}mv^2$
Q	x, s
C	$\frac{1}{k}$
$\frac{1}{2}\frac{Q^2}{C}$	$\frac{1}{2}kx^2$

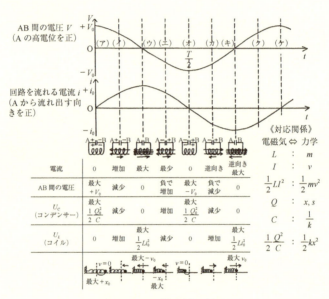

図 20-1-2　電気振動の様子

図 20-1-3 の電流の矢印の向きを正とする．B をアースし，A の電位を $V=V_0\sin\omega t$ とする．コイルを流れる電流 I_{L} とコンデンサーを流れる電流 I_{C} は，

図 20-1-3　交流発電の原理図

$$I_{\mathrm{L}}=\frac{V_0}{\omega L}\sin\left(\omega t-\frac{\pi}{2}\right)$$

$$I_{\mathrm{C}}=\omega CV_0\sin\left(\omega t+\frac{\pi}{2}\right)=-\omega CV_0\sin\left(\omega t-\frac{\pi}{2}\right)$$

である．$I_{\mathrm{L}}=-I_{\mathrm{C}}$ なので $\frac{1}{\omega L}=\omega C$ となり，$\omega=\frac{1}{\sqrt{LC}}$，$T=\frac{2\pi}{\omega}=2\pi\sqrt{LC}$ および $f=\frac{1}{T}=\frac{1}{2\pi\sqrt{LC}}$ となる．この f を振動回路の固有振動数という．

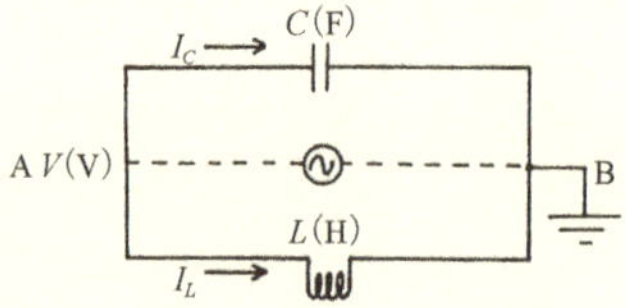

固有振動数と一致する振動が，エネルギーがわずかでも外部から入力されると，その振動系の振動は激しくなり，外部エネルギーが振動系のほうへ一方的に流れ共振が生じる．その周波数を共振周波数という．

RLC直列回路で，電源電圧の実効値Vを一定にして，周波数fを変化させると，図20-1-4のようなグラフが得られる．I-fグラフが極大値をとるとき共振しているという．このとき回路を流れる電流は最大で，インピーダンスZは最小である．つまりリアクタンスXが0である．

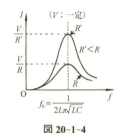

図 20-1-4
直流振動回路での共振周波数

$$\frac{1}{\omega L} = \omega C \quad \therefore f = \frac{1}{T} = \frac{1}{2\pi\sqrt{LC}} \quad \text{20-1-1}$$

である．数種類の周波数の交流が混ざっているとき，この回路を利用して，特定の周波数の交流だけを取りだすことができ，これを同調という．図20-1-4のように，抵抗値Rが小さくなると，fとIの関係が非常に鋭くなり，共振周波数からずれる周波数の電流がずっと小さくなるので，fをシャープにすることができ，同調することができる．

20.1.2 電磁気学と力学の対応関係

電気振動は，力学振動と対応させながら考えると，見通しをもってみることができる．

電磁気学	力学	電磁気学	力学
ファラデーの電磁誘導の法則	ニュートンの運動の第2法則	$W = qV$（仕事）	$W = Fs$（仕事）
$V = -L\dfrac{\Delta I}{\Delta t}$	$F = ma = m\dfrac{\Delta v}{\Delta t}$	$U_C = \dfrac{1}{2}\dfrac{q^2}{C}$（静電エネルギー）	$E_p = \dfrac{1}{2}kx^2$（弾性のエネルギー）
L（自己誘導係数）	m（質量）	$U_L = \dfrac{1}{2}LI^2$（磁場のエネルギー）	$E_k = \dfrac{1}{2}mv^2$（運動エネルギー）
V（電圧）	F（力）	$\dfrac{1}{C}$（電気容量の逆数）	k（弾性定数）
$I = \dfrac{dq}{dt}$（電流）	$v = \dfrac{dx}{dt}$（速度）	$V = \dfrac{q}{C}$；$q = CV$	$F = kx$（フックの法則）
q（電荷）	x（変位）	$T = 2\pi\sqrt{LC} = 2\pi\sqrt{\dfrac{L}{\frac{1}{C}}}$	$T = 2\pi\sqrt{\dfrac{m}{k}}$

20.2 電磁波

20.2.1 変位電流

定常電流がつくる磁場について，アンペールの法則 $\oint Hdl = \sum_i I_i (2\pi rH = I)$ が成り立った．左辺は，電流を囲む閉曲線 C についての積分で，右辺は閉曲線 C で囲った曲面を貫く電流の代数和である．図 20-2-1 の (C_a) で，導線を中心に半径 r の閉曲線を考えた場合，アンペールの法則は $2\pi rH = I$ となるが，(C_b) のようにコンデンサーの極板間を通るように閉曲線を考えた場合は $2\pi rH = 0$ となり，アンペールの法則が成り立たないようにみえることになる．そこで，次のように考える．

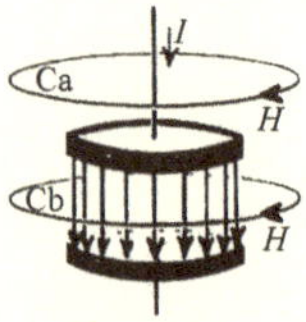

図 20-2-1 コンデンサーの極板間の電流

コンデンサーの極板面積を S，両極間に存在する電荷を $\pm q$ とすると，極板間に電束密度の大きさが，

$$D = \frac{q}{S} \quad (\text{真空中}; D = \varepsilon_0 E, \text{ 誘電体中}; D = \varepsilon E)$$

となる一様な電場ができる．電流 I は，$I = \dfrac{dq}{dt}$ と書けるので $dD = \dfrac{dq}{S}$ より，

$$I = S\frac{dD}{dt} \qquad \text{20-2-1}$$

と変形でき，極板間の空間では，極板の単位面積あたり，

$$i = \frac{I}{S} = \frac{\partial D}{\partial t} \qquad \text{20-2-2}$$

の電流を考えることができる．なお D は位置によっても変わるものなので，偏微分記号を用いて表す．マクスウエルは，この $\dfrac{\partial D}{\partial t}$ を**変位電流**，**電束電流**とよび，時間的に変化する電場内には，$i = \dfrac{\partial D}{\partial t}$ をみたすような変位電流が流れるとし，変位電流にも**伝導電流**（ふつうの意味での電流）と同様に，磁気作用があると考え，アンペールの法則を，

$$\oint_C Hdl = \int_S \frac{\partial D}{\partial t} ds \left(= S\frac{\partial D}{\partial t}\right) \qquad \text{20-2-3}$$

のように書けるとした．図 20-2-2 の閉曲線 C について，線素片 dl の向きを正とし，C を縁とする閉曲面 S を考える．この閉曲面 S について，閉曲線 C と右ねじの関係になる方向を面の表とし，S

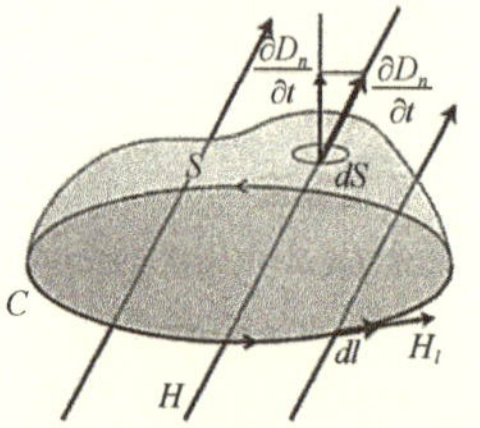

図 20-2-2 変位電流の時間変化と磁場

の表に立てた法線を n とする. $\dfrac{\partial D}{\partial t}$ の法線成分を $\dfrac{\partial D_n}{\partial t}$ とする. 閉曲面 S を貫く伝導電流がある場合には，その電流密度の法線成分を i_n とすると，アンペールの法則は，

$$\oint_C H_l dl = \int_S \left(\frac{\partial D_n}{\partial t} + i_n\right) dS \qquad 20\text{-}2\text{-}4$$

となる. これをアンペール・マクスウエルの法則という.

20.2.2 マクスウエルの方程式

マクスウエルの方程式は，電場と磁場についてガウスの法則，電磁誘導についてのファラデーの法則，電流と磁場の関係を与えるアンペール・マクスウエルの法則をまとめたもので，以下に示す 4 つの式から成り立つ.

$$\int_S D dS = Q, \quad \int_S B dS = 0, \quad \int_C E dr = -\int_S \frac{\partial B}{\partial t} dS, \quad \oint_C H dr = \int_S \left(\frac{\partial D}{\partial t} + i\right) dS$$

$$20\text{-}2\text{-}5$$

これらを微分形で書くと次のようになる.

$$\mathrm{div}\, \boldsymbol{D} = \rho \,; \nabla \cdot \boldsymbol{D} = \rho, \quad \mathrm{div}\, \boldsymbol{B} = 0 \,; \nabla \cdot \boldsymbol{B} = 0, \quad \mathrm{rot}\, \boldsymbol{E} = -\frac{\partial \boldsymbol{B}}{\partial t} \,; \nabla \times \boldsymbol{E} = -\frac{\partial \boldsymbol{B}}{\partial t},$$

$$\mathrm{rot}\, \boldsymbol{H} = \boldsymbol{i} + \frac{\partial \boldsymbol{D}}{\partial t} \,; \nabla \times \boldsymbol{H} = \boldsymbol{i} + \frac{\partial \boldsymbol{D}}{\partial t} \qquad 20\text{-}2\text{-}6$$

である.

これらに補助的に，物質の誘電率を ε，真空の誘電率を ε_0，物質の透磁率を μ，真空の透磁率を μ_0，電気伝導率を $\sigma(=1/\rho)$ とすると，電束密度について $D = \varepsilon E$，$D = \varepsilon_0 E$，磁束密度について $B = \mu H$，$B = \mu_0 H$，電流については $i = \sigma E$ となり，これらを組み合わせれば，電磁気的現象を統一的に説明することができる.

20.2.3 電場と磁場

長さ L の導線の両端に電圧 V をかけると，導線内に $E = V/L$ の電場が生じ，導線には定常電流が流れる. 定常電流の周りには，アンペールの法則に従う磁場がつくられる. 導線に交流を流すと，電流の時間的変化に応じて，磁場も時間的に変化する. つまり電場の変化は，磁場の変化を引き起こす.

磁束が Δt 間に Φ から $\Phi + \Delta\Phi$ に変化すると，ファラデーの電磁誘導の法則により，この $\Delta\Phi$ を打ち消す向きに誘導電流が生じる. この誘導電流を流すためには，電流と同じ向きに電場が生じなくてはならない.

空間に円形のコイルが存在しない場合，図20-2-3のように磁場が変化すると，磁束の変化を打ち消すため，空間に架空

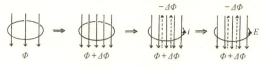

図 20-2-3　磁場の変化

の電流が流れると考える．このような電場を誘導電場といい，ベータトロンに利用されている．電磁誘導は，そこに導線があってもなくても，磁場が変化すれば電場が生じると考えればよく，導線の有無によらない．

図 20-2-4　誘導起電力

さて，磁束の周りに架空の電流が流れているとして，誘導電場の強さを E とする．半径 r の円を考え，電場から受ける力に逆らって，電荷 q を円周に沿って一周させるのに要する仕事 W は，$W = F \cdot 2\pi r = qE \cdot 2\pi r$ である．この電流について誘導起電力を V とすると，$W = qV$ より，

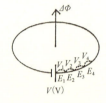

図 20-2-5　誘導電場

$$qE \cdot 2\pi r = qV \quad \therefore E \cdot 2\pi r = V = -\frac{\partial \Phi}{\partial t} \qquad 20\text{-}2\text{-}7$$

空間の微小部分を ΔL とすると，$2\pi r = \Sigma \Delta L$ であるから，

$$\Sigma E \Delta L = -\frac{\partial \Phi}{\partial t}\left(= -\frac{dBS}{\partial t}\right) \ (S;閉曲面を囲む面積)，$$

$$\oint E dL = -S\frac{dB}{dt} \qquad 20\text{-}2\text{-}8$$

となり，磁場の変化は電場を発生させる．

20.2.4　電磁波の発生

　変位電流を考えることで電場の変化が磁場を誘起すると説明でき，これに電磁誘導（磁場の変化によって電場が生じる）を組み合わせると，電場と磁場がからみあって伝わる波が考えられる．この波を電磁波といい，1864年にマクスウエルが理論的に導いた．20年以上たった1888年にヘルツが実験により検証し，1895年にマルコーニによって無線電信の実験が成功した．

　電源から，図20-2-6の共振回路に共振周波数 $f_0 = \dfrac{1}{2\pi\sqrt{LC}}$ の交流電圧を与えると，振動電流が発生する．

コンデンサーの極板間の距離を広げ,コンデンサーの電気容量を変化させ,図 20-2-6 に示したようにコンデンサーが棒状になるまで極板間隔を広げても共振回路となる.このときの電気容量を C''' とすると,共振周波数は $f''' = \dfrac{1}{2\pi\sqrt{LC'''}}$ となる.電源の周波数も f''' にすると,棒状の回路の内部にも振動電流が流れる.このような棒状の回路を**ダイポール・アンテナ**という.

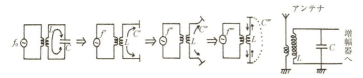

図 20-2-6 振動回路とアンテナ

棒状のダイポール・アンテナで振動が繰り返されると,図 20-2-7 に示すように,電気力線はしだいに空間を一定の速さで四方八方に向かって広がり,磁束も電束電流によって一定の速さで,図 20-2-8 のように広がって行く.このとき電場と磁場は,互いに直角を保ちながら,**磁場はアンテナ AB を垂直 2 等分する平面上**を広がっていく.

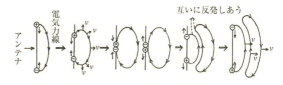

図 20-2-7 アンテナからの電気力線の放出

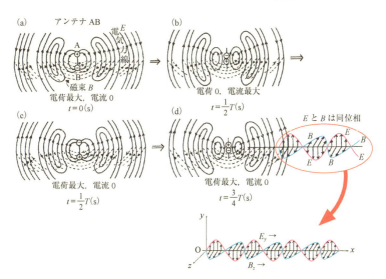

図 20-2-8 アンテナからの電磁波の放出

電磁波は，振動電流，すなわち電荷の振動にともなって発生するが，このとき電荷は加速度運動をしている．一般に，電磁波は，加速度運動をする電荷にともなって発生する．また，電場と磁場は互いに直角方向に同位相で，進行方向に直角に振動している．このことから，電磁波は横波であるといえる．

20.2.5　電磁波の伝搬速度

真空中を電磁波が伝わる速さ v を求める．真空の誘電率を ε_0，真空の透磁率を μ_0 とすると，マクスウエルの方程式は，

$$\int_C E_l dl = -\mu_0 \int_S \frac{\partial H_n}{\partial t} dS, \quad \oint_C H_l dl = \varepsilon_0 \int_S \frac{\partial E_n}{\partial t} dS \qquad 20\text{-}2\text{-}19$$

となる．電場と磁場は互いに進行方向に垂直に振動し，かつ互いの位相は一致している．

図 20-2-9 のように，電場が y 成分のみで，磁場が z 成分のみの電磁波が x 方向に進行しているとする．xz 平面内に微小な長さ dx と dz を 2 辺とする長方形の形をした閉曲線 ABCD を考え，反時計回りに積分する．アンペールの法則より，

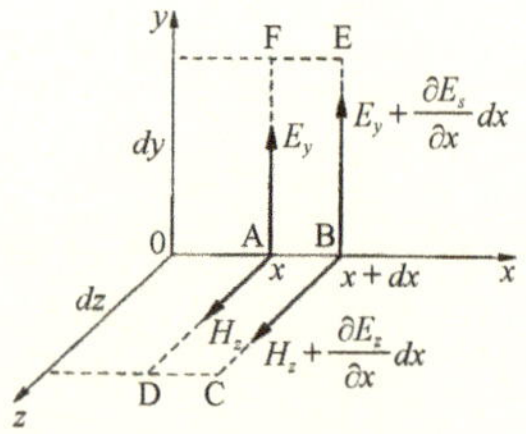

図 20-2-9　電磁波の速度

$$\int_C H_l dl = \int_A^D H_l dl + \int_D^C H_l dl + \int_C^B H_l dl + \int_B^A H_l dl$$

$$= H_z dz + 0 - \left(H_z + \frac{\partial H_z}{\partial x} dx\right) dz + 0 = -\frac{\partial H_z}{\partial x} dx dz \qquad 20\text{-}2\text{-}10$$

また，$\varepsilon_0 \int_S \frac{\partial E_n}{\partial t} dS = \varepsilon_0 \frac{\partial E_y}{\partial t} dx dz$ なので，

$$\varepsilon_0 \frac{\partial E_y}{\partial t} = -\frac{\partial H_z}{\partial x} \qquad 20\text{-}2\text{-}11$$

となる．続いて，xy 平面内に微小な長さ dx と dy を 2 辺とする長方形の形をした閉曲線 ABEF を考え，反時計回りに積分する．

$$\int_C E_l dl = \frac{\partial E_y}{\partial x} dx dy$$

また，$-\mu_0 \int_S \frac{\partial H_n}{\partial t} dS = -\mu_0 \frac{\partial H_z}{\partial t} dx dy$

$$\therefore \mu_0 \frac{\partial H_z}{\partial t} = -\frac{\partial E_y}{\partial x} \qquad 20\text{-}2\text{-}12$$

式 20-2-11 を t で微分した式に，式 20-2-12 に代入すると，

$$\varepsilon_0 \frac{\partial^2 E_y}{\partial t^2} = -\frac{\partial^2 H_z}{\partial x \partial t} = -\frac{\partial}{\partial x}\left(\frac{\partial H_z}{\partial t}\right) = \frac{1}{\mu_0}\frac{\partial}{\partial x}\left(\frac{\partial E_y}{\partial x}\right) = \frac{1}{\mu_0}\frac{\partial^2 E_y}{\partial x^2}$$

$$\therefore \ \frac{\partial^2 E_y}{\partial t^2} = \frac{1}{\varepsilon_0 \mu_0}\frac{\partial^2 E_y}{\partial x^2} \qquad\qquad 20\text{-}2\text{-}13$$

同様に，式 20-2-12 を t で微分した式に，式 20-2-11 を代入すると，

$$\frac{\partial^2 H_z}{\partial t^2} = \frac{1}{\varepsilon_0 \mu_0}\frac{\partial^2 H_z}{\partial x^2} \qquad\qquad 20\text{-}2\text{-}14$$

となる．この式は，光や音の波がしたがうのと同じ波動方程式であるから，

$$v = \frac{1}{\sqrt{\varepsilon_0 \mu_0}} \qquad\qquad 20\text{-}2\text{-}15$$

である．$\varepsilon_0 = \dfrac{1}{4\pi \times 9 \times 10^9}$，$\mu_0 = 4\pi \times 10^{-7}$ を代入すると，$v = 3.0 \times 10^8$ m/s である．

20.2.6　電磁波の種類

①電波；赤外線より波長が長い．テレビやラジオに利用．

②赤外線（熱線）；電波よりも波長が短く可視光線より長い．物体に当たると吸収されて熱に変わりやすい．

③可視光線；目に見える光．赤色が 810 nm 程度，紫色が 380 nm 程度．

④紫外線（化学線）；可視光線より波長が短い．物質に化学変化を起こさせやすく，殺菌などにも利用．

⑤X 線；紫外線より波長が短い．レントゲン撮影などに利用．

⑥γ 線；放射性元素の原子核から放出される電磁波を γ 線という．

表 20-2-1　電磁波の種類

名称	低周波	長波	中波	短波	超短波	ごく極超短波(マイクロ波)	赤外線	可視光線	紫外線	X 線	γ 線
波長(m)	10^6　　　10^3　　　1　　　10^{-2} 10^{-3}　　　10^{-6}　　　10^{-10}　　　10^{-15} 　　　1 km　　　1 m　　1 cm 1 mm　　　1μ　　　1 nm 1 Å										
周波数(Hz)	10^3　　　10^6　　　10^9　　　10^{12}　　　10^{15}　　　10^{18}　　　10^{21}　　　10^{24} 1 kHz　　　1 MHz　　　1 THz										
発生方法	真空管　　　　　　　　　　　X 線管　　　　宇宙線 トランジスタ　　　　　　熱放射　　　電子加速器 火花発振器　　　原子・分子の放射　原子核からの放射 交流発電機										

これらの電磁波は，光と同様に，反射，屈折，回折，干渉，偏りを示す．

20.2.7 電磁波のエネルギーと運動量

電磁波は，電磁場のエネルギーを運ぶ．電磁場のエネルギー密度 u は，

$$u = \mu_e + \mu_m = \frac{1}{2}\varepsilon_0 E^2 + \frac{1}{2}\mu_0 H^2 \qquad 20\text{-}2\text{-}16$$

である．これら2つのエネルギーは対称性によって等しい．

$$\varepsilon_0 E^2 = \mu_0 H^2$$

電磁波は速さ c で伝わるので，単位時間，単位断面積あたりに流れるエネルギー流 S は，

$$S = uc = 2 \times \frac{1}{2}\varepsilon_0 E^2 c = c\varepsilon_0 E^2 \qquad \therefore \ S = c\varepsilon_0 E^2 \qquad 20\text{-}2\text{-}17$$

ここで，$c = \dfrac{1}{\sqrt{\varepsilon_0 \mu_0}}$ を，式 20-2-27 に代入すると，

$$S = \frac{\varepsilon_0}{\sqrt{\varepsilon_0 \mu_0}} E^2 = E \cdot \sqrt{\frac{\varepsilon_0}{\mu_0}} E = EH \qquad \therefore \ S = EH \qquad 20\text{-}2\text{-}18$$

ところで $\boldsymbol{E} \perp \boldsymbol{H}$ より，新しくベクトル $\boldsymbol{S}$ を，$\boldsymbol{E}$ から $\boldsymbol{H}$ の向きに回したとき右ねじが進む向きになるように定義する．

$$\boldsymbol{S} = \boldsymbol{E} \times \boldsymbol{H} \qquad 20\text{-}2\text{-}19$$

このベクトル $\boldsymbol{S}$ を，発案者のポインティングにちなんで，ポインティング・ベクトルという．電磁波は，エネルギーだけでなく，運動量も運ぶ．電磁波の運動量 $\boldsymbol{B}$ は，

$$\boldsymbol{B} = \frac{\boldsymbol{S}}{c^2} \qquad 20\text{-}2\text{-}20$$

となる．物体に光があたると，光が吸収されたり反射され，その結果として物体の運動量が変化する．このとき，物体は光から圧力を受ける．これを光の放射圧という．

第5編 現代物理学

第21章 相対性理論

21.1 特殊相対性理論

21.1.1 絶対空間とエーテル仮説

仮に，絶対的に静止している座標系があり，その座標系の静止している空間を絶対空間とする．光波が伝わる現象により，絶対空間を決めることはできないのであろうか．光を伝える媒質をエーテルとよび，その中を光は一定の速さ c で伝わると考えてみる．エーテルの静止している空間を絶対空間とする．絶対静止座標系から見て，ある座標系が x 方向に速度 v の運動をしているとすれば，運動座標系では速度 $-v$ のエーテルの風が吹くことになる．このため，x 方向に進行する光は $(c-v)$，反対方向に進行する光は $(c+v)$ の速度で伝わるように観測されるであろう．地球の公転速度を v として，精度のよい装置を用いて観測すれば，光の速度変化が検出されるのではないかとマイケルソンとモーリーは考えた．

21.1.2 マイケルソン・モーリーの実験

1887 年にマイケルソンとモーリーは，図 21-1-1 に示すような実験を行った．光源から出た光はスリット S を透過したのち，その進路に対して傾けて置かれた半透明の鏡 M に入射する．入射光は，前面の半透明金属膜のため2つに分けられ，反射光線は，鏡 M_1 により反射され再び M に入射し，その後 M を透過し望遠鏡 T に入射するとする．一方，M を透過した光線は，鏡 M_2 で反射さ

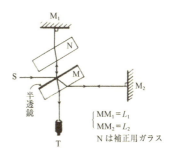

図 21-1-1 マイケルソン・モーリーの実験

れ，再び M に入射し，その後 M で反射されて望遠鏡 T に入射するとする．M が入射する光線に対して 45° の角をなし，鏡 M_1，M_2 が互いに 90° に近い角をなす場合，望遠鏡 T で干渉縞が観測される．光の波長を λ，光のエーテル中での速さを c，MM_1，MM_2 の距離を L_1，L_2 とする．実験装置がエーテルに対して MM_2 の方向に速度 v で運動しているとする．装置から見ると，速度 v のエーテルの風が M_2 から M に向かうように吹いていると考えられる．

したがって，光の速さは M から M_2 へ運動するときは $c-v$ で，M_2 から M へ運動するときは $c+v$ となるはずである．

図 21-1-2　MM_2 を往復する光の速度

光が MM_2 を往復するのに要する時間 t_2 は，

$$t_2 = \frac{L_2}{c+v} + \frac{L_2}{c-v} = \frac{2cL_2}{c^2-L^2} \qquad 21\text{-}1\text{-}1$$

一方，MM_1 を往復するのに要時間 t_1 は，

$$t_1 = \frac{2L_1}{\sqrt{c^2-v^2}} = \frac{2L_1\sqrt{c^2-v^2}}{c^2-v^2} = \frac{2cL_1}{c^2-v^2}\sqrt{1-\frac{v^2}{c^2}} \qquad 21\text{-}1\text{-}2$$

となる．静止エーテルに対する実験装置の進行方向に平行な光の往復時間 t_2 と，それに垂直な方向の光の往復時間 t_1 との差を $\Delta t = t_2 - t_1$ とすると，

$$\Delta t = t_2 - t_1 = \frac{2cL_2}{c^2-v^2} - \frac{2L_1}{\sqrt{c^2-v^2}} = \frac{2L_2}{c} \cdot \frac{1}{1-\left(\frac{v}{c}\right)^2} - \frac{2L_1}{c} \cdot \frac{1}{\sqrt{1-\left(\frac{v}{c}\right)^2}} \qquad 21\text{-}1\text{-}3$$

となる．この場合の光路差は $c\Delta t$ となり，光源を出た光の位相が同じであれば，この光路差だけ光の位相がずれて干渉縞を生じる．この装置を 90°回転させた場合の往復時間の差を $\Delta t'$ とすると，

$$\Delta t' = t_2' - t_1' = \frac{2L_2}{\sqrt{c^2-v^2}} \cdot \frac{2cL_1}{c^2-v^2} = \frac{2L_2}{c} \cdot \frac{1}{\sqrt{1-\left(\frac{v}{c}\right)^2}} - \frac{2L_1}{c} \cdot \frac{1}{1-\left(\frac{v}{c}\right)^2} \qquad 21\text{-}1\text{-}4$$

となる．これらの 2 つの場合による光の往復時間の差の変化は 2 項定理 $(1-x)^{-n} = 1 + nx + \cdots$ を用いて，近似的に（$v \ll c$）

$$\Delta t - \Delta t' = \frac{2(L_1+L_2)}{c}\left(\frac{1}{1-\left(\frac{v}{c}\right)^2} - \frac{1}{\sqrt{1-\left(\frac{v}{c}\right)^2}}\right)$$

$$= \frac{2(L_1+L_2)}{c}\left\{1+\left(\frac{v}{c}\right)^2 + \cdots - \left(1+\frac{1}{2}\left(\frac{v}{c}\right)^2 + \cdots\right)\right\} = \frac{L_1+L_2}{c}\left(\frac{v}{c}\right)^2 \qquad 21\text{-}1\text{-}5$$

となる．90°の回転により，光の往復時間の差の変化が生じ，$c(\Delta t - \Delta t') = (L_1+L_2)\frac{v^2}{c^2}$ だけ光路差が変化するので，これに相当する干渉縞の移動が起こると考えられるが，実際には，干渉縞のずれは 1 年のどの季節に観測しても検出されなかった．つまり，静止しているエーテルの中を地球が進んで行くという考えは否定された．

21.1.3 特殊相対性理論

ローレンツは，マイケルソン・モーリーの実験結果より，静止エーテル中を運動するすべての物体は，進行方向に長さが $\sqrt{1-\dfrac{v^2}{c^2}}$ 倍に収縮すると考えた．つまり，静止しているときの長さが L_0 の物体は速度 v の方向に長さが，$L = L_0\sqrt{1-\beta^2}$ （ただし，$\beta = \dfrac{v}{c}$）になると仮定した．

しかしアインシュタインは，マイケルソン・モーリーの実験の結果より，エーテル仮説をすて，次の2つの原理により，特殊相対性理論を提唱した（1905年）．

特殊相対性原理…すべての慣性系では自然現象は全く同じ形で成立する．
光速度不変の原理…すべての慣性系において真空中を伝わる光の速さは，光源の速度と無関係にすべての方向に一定である．

21.1.4 時間の伸び

図 21-1-3 に示すように，剛体筒の両端に2つの鏡 M_1, M_2 が向き合っている光パルス時計を考える．M_1 と M_2 の距離を L_0 とすると，この時計の時間単位は，光のパルスが M_1 を出て M_2 で反射され，再び M_1 に戻ってくる1往復の時間となる．

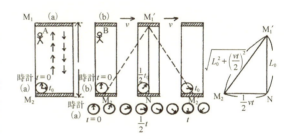

図 21-1-3　時間の伸び

時計 a は静止し続け，時計 b は時計 a に対して右向きに速度 v で運動しているとする．静止座標系にいる観測者 A は，時計 a の光のパルスが往復する時間 t_0 を，

$$t_0 = \frac{2L_0}{c} \qquad\qquad 21\text{-}1\text{-}6$$

と観測する．時計 b のパルスを観測者 A が観測する場合，時計 b のパルスは M_2, M_1', M_2' と進むため，時計 b のパルスが往復する時間 t は，$t = \dfrac{M_2 M_1' M_2'}{c} = \dfrac{2M_2 M_1'}{c}$ となる．ところで，

$$(M_2 M_1')^2 = (M_2 N)^2 + (M_1' N)^2 = \left(\frac{1}{2}vt\right)^2 + (L_0)^2 \qquad 21\text{-}1\text{-}7$$

なので，

$$t = \frac{2M_2M_1'}{c} = \frac{2\sqrt{\left(\frac{1}{2}vt\right)^2 + (L_0)^2}}{c},$$

$$(ct)^2 = 4\left\{\left(\frac{1}{2}vt\right)^2 + (L_0)^2\right\} = (vt)^2 + 4L_0^2$$

$$4L_0^2 = (ct)^2 - (vt)^2 = (c^2 - v^2)t^2, \quad \therefore t = \frac{2L_0}{\sqrt{c^2 - v^2}} = \frac{2L_0}{c} \cdot \frac{1}{\sqrt{1 - \left(\frac{v}{c}\right)^2}}$$

21-1-8

式 21-1-8 に式 21-1-6 を代入すると,

$$t = \frac{t_0}{\sqrt{1 - \left(\frac{v}{c}\right)^2}}$$

21-1-9

となる. v が c に近い値でかつ $v<c$ のとき, $t>t_0$ となる. つまり運動している時計は，静止時計より遅れることを示している．また，時間の伸びの割合を示す $\sqrt{1-\left(\frac{v}{c}\right)^2}$ を見ると, $v>c$ では虚数に, $v=c$ では定義されないので, v は c よりも，小さくなければならない．つまり物体の速さは，光速を越えられないことを示している．

21.1.5 空間収縮

21.1.4 で用いた光パルス時計が，長さの方向に運動する場合について見てみる．図 21-1-4 のように，速度を v, 横軸に距離，縦軸に時間をとった座標のなかで，光パルス時計の運動を見てみる．

静止している観測者 A が測定した静止している光パルス時計の長さを L_0, 運動している光パルス時計の長さを L とする．

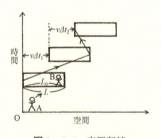

図 21-1-4 空間収縮

パルスが，時計の先端に到着するまでに要する時間を静止時計で測定し Δt_1, 光パルスが後端にまで戻ってくるまでの時間を同じく静止時計で測定し Δt_2 とする．時間 Δt_1 に，時計の先端は $v\Delta t_1$ だけ先に進むので，光パルスが Δt_1 間に進む距離は $(L+v\Delta t_1)$ である．光はこの間に，光速 c で進むので，

$$c\Delta t_1 = L + v\Delta t_1$$

21-1-10

となる．また光パルスが戻ってくるときは，パルスの進む距離は，

$$c\Delta t_2 = L - v\Delta t_2 \qquad \text{21-1-11}$$

である．したがって，光パルスが先端の鏡まで往復するのに要する時間は，

$$\Delta t = \Delta t_1 + \Delta t_2 = \frac{L}{c-v} + \frac{L}{c+v} = \frac{2Lc}{c^2 - v^2} \qquad \text{21-1-12}$$

である．ところで，光パルス時計とともに運動している観測者Bにとっては，光パルス時計の長さはL_0である．したがって，光パルスの往復時間Δt_0は，

$$\Delta t_0 = \frac{2L_0}{c} \qquad \text{21-1-13}$$

であり，観測者Aの測定した時間Δtと観測者Bの測定した時間Δt_0の間の関係は，

$$\Delta t = \frac{\Delta t_0}{\sqrt{1 - \left(\dfrac{v}{c}\right)^2}} \qquad \text{21-1-14}$$

なので，

$$L = L_0 \sqrt{1 - \left(\frac{v}{c}\right)^2} \quad \left(= L_0 \sqrt{1-\beta^2}\,;\, \beta = \frac{v}{c} \right) \qquad \text{21-1-15}$$

となる．つまり，静止している観測者Aから測定した運動物体の長さは，物体とともに運動している観測者Bから測定した長さより短くなり，運動するものさしは短くなる．収縮が起こるのは，運動方向のみで，物体の運動速度が光速に非常に近い場合，静止している観測者から球形の物体を見ると，それは楕円体のように見える．さらに光速に近づくと，薄い円板のように見える．

21.1.6 ローレンツ変換

2つの座標系O-xyz（S系）と，O'-$x'y'z'$（S'系）とがある．S系とS'系では，x軸とx'軸が重なり，y軸とy'軸，z軸とz'軸は，それぞれ平行である．S系で観測するとき，S'系の原点O'はx軸上を速度v（>0）で運動している．逆に，S'系で観測するとき，S系の原点Oは，x'軸上を速度$-v$で運動している．S系とS'系の原点OとO'が一致した瞬間を$t = t' = 0$とする．

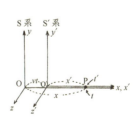

図 21-1-5 ローレンツ変換

x'軸上の点Pで，ある事象が起こったとする．その位置と時刻をS系で$(x, 0, 0, t)$，S'系で$(x', 0, 0, t')$と記録したとする．つまり，S系でOP = x,

S 系で O′P$=x'$ である．また，この O′P を S 系から観測すると，O′P$=x-vt$ となる．

ところで等速直線運動では，座標と時間との関係は線形（1 次）関数なので，v による比例定数を γ とする．

S 系の P 点に立って，S′ 系の O′P の長さを求めると $x-vt$ となる．S′ 系は速さ v で移動しているので長さが γ 倍に変化していると考えられ，

$$O'P = x' = \gamma(x - vt) \qquad 21\text{-}1\text{-}16$$

一方，S′ 系の P′ 点に立って，S 系の OP の長さを求めると，$x'+vt'$ となる．S 系は速さ $-v$ で移動しているので，長さが γ 倍に変化していると考えられ，

$$OP = x = \gamma(x' + vt') \qquad 21\text{-}1\text{-}17$$

となる．光速不変の原理より，

$$x = ct \; ; x' = ct' \qquad 21\text{-}1\text{-}18$$

である．よって，

$$x' = \gamma x\left(1 - \frac{v}{c}\right) \; ; x = \gamma x'\left(1 + \frac{v}{c}\right) \qquad 21\text{-}1\text{-}19$$

辺々を掛け合わせると，

$$xx' = xx'\gamma^2\left(1 - \frac{v}{c}\right)\left(1 + \frac{v}{c}\right), \quad 1 = \gamma^2\left(1 - \frac{v^2}{c^2}\right)$$

$$\therefore \gamma = \frac{1}{\sqrt{1 - \dfrac{v^2}{c^2}}} \quad \left(= \frac{1}{\sqrt{1 - \beta^2}} \; ; \beta = \frac{v}{c}\right) \qquad 21\text{-}1\text{-}20$$

この γ を式 21-1-16，式 21-1-17 に代入すると，

$$x' = \frac{x - vt}{\sqrt{1 - \dfrac{v^2}{c^2}}} \; ; x = \frac{x' + vt'}{\sqrt{1 - \dfrac{v^2}{c^2}}} \qquad 21\text{-}1\text{-}21$$

となる．これら両式から，x' を消去すると，

$$t' = \frac{t - \dfrac{v}{c^2}x}{\sqrt{1 - \dfrac{v^2}{c^2}}} \qquad 21\text{-}1\text{-}22$$

逆に x を消去すると，

$$t = \frac{t' + \dfrac{v}{c^2}x'}{\sqrt{1 - \dfrac{v^2}{c^2}}} \qquad 21\text{-}1\text{-}23$$

となる．また，$y=y'$ と $z=z'$ は明らかなので，以上をまとめると，ある事象の S 系と S′ 系の時空座標の変換公式として，

$$x' = \frac{x - vt}{\sqrt{1 - \frac{v^2}{c^2}}} \qquad y' = y \qquad z' = z \qquad t' = \frac{t - \frac{v}{c^2}x}{\sqrt{1 - \frac{v^2}{c^2}}} \qquad 21\text{-}1\text{-}24$$

が得られる．この変換をローレンツ変換という．また，これらの式を，x, y, z, t について解くと，逆変換の公式が得られる．

$$x = \frac{x' + vt'}{\sqrt{1 - \frac{v^2}{c^2}}} \qquad y = y' \qquad z = z' \qquad t = \frac{t' + \frac{v}{c^2}x'}{\sqrt{1 - \frac{v^2}{c^2}}} \qquad 21\text{-}1\text{-}25$$

となる．これら 2 つの公式は，プライムをつけかえて，v を $-v$ に置き換えたものになっている．このことは，S 系と S′ 系が，相対運動の方向が逆向きであることを除けば，互いに同等であることを意味する．

ところで，この 2 つの公式から，

$$x^2 + y^2 + z^2 - c^2t^2 = x'^2 + y'^2 + z'^2 - c^2t'^2 \qquad 21\text{-}1\text{-}26$$

が導かれる．つまり，ローレンツ変換においては，式 21-1-26 が不変量となっている．つまり，4 次元の位置ベクトル (x, y, z, ct) において，

$$x^2 + y^2 + z^2 - (ct)^2 = (\text{一定}) \qquad 21\text{-}1\text{-}27$$

が，不変量となっているわけである．ここで，$c \to \infty$ $(\beta \to 0)$ とした極限では，式 21-1-24 および式 21-1-25 は，

$$x' = x - vt \qquad y' = y \qquad z' = z \qquad t' = t \qquad 21\text{-}1\text{-}28$$

および，

$$x = x' + vt' \qquad y = y' \qquad z = z' \qquad t = t' \qquad 21\text{-}1\text{-}29$$

となり，まさにガリレイ変換の式に帰結する．

21.1.7 ローレンツ変換の諸性質とまとめ

＜時間の相対性＞

i) 同時性…ある系の異なる 2 点で同時刻に起こった 2 つの現象は，速度 v で運動する別の系では異なった時刻として観測され，同時性は観測系により異なる．

ii) 時間の伸び…静止している時計によって測られた，運動している時計の経過時間 t は，時計とともに運動している場合に測られた t_0 より長く，

$$\dfrac{t_0}{\sqrt{1-\left(\dfrac{v}{c}\right)^2}} \quad \text{となる.}$$

<空間収縮（ローレンツ収縮）>

静止している観測者から見ると，運動している物体の長さ L は，それとともに運動している観測者が観測した長さ L_0 より短く $L=L_0\sqrt{1-\left(\dfrac{v}{c}\right)^2}$ となる．

<速度の合成>

S 系で原点から速度 V で運動している物体の座標は $x=Vt$ である．S′ 系での速度を V' とする．また，$\gamma=\dfrac{1}{\sqrt{1-\left(\dfrac{v}{c}\right)^2}}$ とおく．

$$dx'=\gamma(dx-vdt),\quad dy'=dy,\quad dz'=dz,\quad dt'=\gamma\left(dt-\dfrac{v}{c^2}dx\right)$$

となるので，速度は，

$$V'_x=\frac{dx'}{dt'}=\frac{\gamma(dx-vdt)}{\gamma\left(dt-\dfrac{vdx}{c^2}\right)}=\frac{dx-vdt}{dt-\dfrac{vdx}{c^2}}=\frac{\dfrac{dx}{dt}-v}{1-\dfrac{vdx}{c^2dt}}=\frac{V_x-v}{1-\dfrac{v}{c^2}V_x}$$

$$\therefore\ V'_x=\frac{V_x-v}{1-\dfrac{v}{c^2}V_x} \qquad\qquad 21\text{-}1\text{-}30$$

$$V'_y=\frac{dy'}{dt'}=\frac{dy}{\gamma\left(dt-\dfrac{vdx}{c^2}\right)}=\frac{V_y\sqrt{1-\left(\dfrac{v}{c}\right)^2}}{1-\dfrac{v}{c^2}\dfrac{dx}{dt}}=\frac{\sqrt{1-\left(\dfrac{v}{c}\right)^2}}{1-\dfrac{vV_x}{c^2}}V_y$$

$$\therefore\ V'_y=\frac{\sqrt{1-\left(\dfrac{v}{c}\right)^2}}{1-\dfrac{vV_x}{c^2}}V_y \qquad\qquad 21\text{-}1\text{-}31$$

$$V'_z=\frac{dz'}{dt'}=\frac{\sqrt{1-\left(\dfrac{v}{c}\right)^2}}{1-\dfrac{vV_x}{c^2}}V_z \qquad\qquad \therefore\ V'_z=\frac{\sqrt{1-\left(\dfrac{v}{c}\right)^2}}{1-\dfrac{vV_x}{c^2}}V_z \qquad 21\text{-}1\text{-}32$$

となる．また，同様に，

$$V_x = \frac{V'_x - v}{1 + \frac{v}{c^2}V'_x}, \quad V_y = \frac{\sqrt{1-\left(\frac{v}{c}\right)^2}}{1+\frac{vV'_x}{c^2}}V'_y, \quad V_z = \frac{\sqrt{1-\left(\frac{v}{c}\right)^2}}{1+\frac{vV_x}{c^2}}V'_z \qquad 21\text{-}1\text{-}33$$

となる．

　静止座標系に対して速度 v で等速直線運動をする座標系の中で，速度 V' で運動する物体の速度を，静止座標系からみた速度 V はこの式で与えられる．この式で，$c \to \infty$ とすると，$V_x = V'_x + v$ となり，ガリレイ変換の式に帰着する．また，$c > V'$，$c > v$ のとき，$c > V$ となるため，光速以下の速さ v と V' を合成したものは，どんなに光速に近づいても光速を越えられないことを示している．

> **例題** 速度 c で飛行するロケットから，このロケットに対して速度 c でミサイルを撃ち出した．このミサイルの速度を静止系で観測すると速度 V はどのように観測されるか．

　解答 20-1-33 式において，$V' = c$，$v = c$ とし（Bの立場），このときの V を求めればよい．$V = \dfrac{c+c}{1+\dfrac{c}{c^2}c} = \dfrac{2c}{1+1} = c$

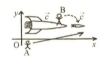

　この例題から光速不変の原理が満たされていることが確認できる．光速を加算しても $2c$ になるわけではない．

21.2　相対論的力学

21.2.1　$E = mc^2$

　ニュートン力学では，質量は物体の基本的な物理的属性とされ，質量は物体に固有の量であり一定であると考えられてきた．しかし相対論的力学では，「ある慣性系に対して運動しているとき，その系での相対論的質量はその運動速度に依存する」ことが，運動法則とローレンツ変換から導かれる．

　観測者 A は，静止系 S に固定されていて，観測者 B は，静止系 S に対して x の正の向きに一定速度 v で運動しているとする（S′ 系）．

　A，B が互いに相手に向かって質量の等しい小球 a，b を投げ合ったところ，小球は x 軸に垂直に正面衝突し

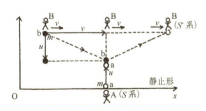

図 21-2-1　観測者 A と観測者 B とのキャッチボール

たとする．小球同士が及ぼし合う力はy軸に平行となり，小球は再び元の道を戻り，それぞれの観測者A, Bのもとに戻る．

小球aの速度のy成分がuで，小球bの速度のy成分を$-u$とする．衝突してもそれぞれの小球の速度のx成分は不変なので，運動量の変化はy軸の方向で生じる．観測者A, Bの対称性から，AもBもそれぞれの小球を観測するとき，まったく同じ結果を得るはずである．これを，それぞれの場合で整理すると，表21-2-1のようになる．

表21-2-1　衝突の前後での速度変化

		S系で観測（観測者A）	S′系で観測（観測者B）
衝突前	小球aの速度	$w_{ax1} = 0$	$w'_{ax1} = -v$
		$w_{ay1} = u$	$w'_{ay1} = u\sqrt{1-(v/c)^2}$
	小球bの速度	$w_{bx1} = v$	$w'_{bx1} = 0$
		$w_{by1} = -u\sqrt{1-(v/c)^2}$	$w'_{by1} = -u$
衝突後	小球aの速度	$w_{ax2} = 0$	$w'_{ax2} = -v$
		$w_{ay2} = -u$	$w'_{ay2} = -u\sqrt{1-(v/c)^2}$
	小球bの速度	$w_{bx2} = v$	$w'_{bx2} = 0$
		$w_{by2} = u\sqrt{1-(v/c)^2}$	$w'_{by2} = u$

表21-2-1のy方向の速度$w_{by1} = -u\sqrt{1-(v/c)^2}$や$w'_{ay1} = u\sqrt{1-(v/c)^2}$に，$\sqrt{1-(v/c)^2}$の定数がつくのは，運動座標系では，長さは$y$軸の方向の方向では変わらないが，時間が長くなっているためである．

速さがvのときの物体の質量を$m(v)$とすると，運動量保存則より，

$$x ; m(0)0 + m(v)v = m(0)0 + m(v)v \qquad 21\text{-}2\text{-}1$$

$$y ; m(u)u - m(\sqrt{v^2 + u^2(1-(v/c)^2)})u\sqrt{1-(v/c)^2}$$
$$= m(u)(-u) + m(\sqrt{v^2 + u^2(1-(v/c)^2)})u\sqrt{1-(v/c)^2} \qquad 21\text{-}2\text{-}2$$

x成分については$v=v$である．またy成分について，

$$2m(u)u = 2m(\sqrt{v^2 + u^2(1-(v/c)^2)})u\sqrt{1-(v/c)^2}$$

なので，両辺を$2u$で割ると，

$$m(u) = m(\sqrt{v^2 + u^2(1-(v/c)^2)})\sqrt{1-(v/c)^2}$$

ここで$u \to 0$とすると，$m(0) = m(v)\sqrt{1-(v/c)^2}$となる．$m(0)$を$m_0$と書くと，

$$m(v) = \frac{m_0}{\sqrt{1-(v/c)^2}} \qquad 21\text{-}2\text{-}3$$

となる．ところで，$\frac{v^2}{c^2} \ll 1$ のとき，$m(v) = m$ と書き，この式を展開すると，

$$m = m_0\left(1 - \frac{v^2}{c^2}\right)^{-\frac{1}{2}} \fallingdotseq m_0 + \frac{m_0 v^2}{2c^2} + \frac{3m_0 v^4}{8c^4} + \cdots \approx m_0 + \frac{1}{2c^2}mv^2 \qquad 21\text{-}2\text{-}4$$

となり，

$$(m - m_0)c^2 = \frac{1}{2}mv^2 \qquad 21\text{-}2\text{-}5$$

と書ける．式 21-2-5 を，

$$E = mc^2 = \frac{m_0 c^2}{\sqrt{1 - (v/c)^2}} = m_0 c^2 + \frac{1}{2}m_0 v^2 \qquad 21\text{-}2\text{-}6$$

と書き直すと，静止質量が m_0 の物体は，静止しているときでも，エネルギー $m_0 c^2$ をもつ．このエネルギーを静止エネルギーという．運動をすると，エネルギーは増加するが，速度が小さいときは，その増加分は $\frac{1}{2}m_0 v^2$ である．$E = mc^2$ という式は，質量とエネルギーの等価性を示したわけである．

静止エネルギーが存在するということは，エネルギー E を与えると，$\varDelta m = \frac{E}{c^2}$ だけ質量が増加することを意味する．後述する質量欠損においては，質量が $\varDelta m$ だけ減少した分が，エネルギーとして，外部に取りだされる．

また運動エネルギー E_k は，$E = mc^2$ より，静止エネルギーを引いたものであることがわかる．よって，

$$E_k = mc^2 - m_0 c^2 = m_0 c^2\left(\frac{1}{\sqrt{1 - \left(\frac{v}{c}\right)^2}} - 1\right) \qquad 21\text{-}2\text{-}7$$

である．

ここで，質量と速度の関係をグラフ化してみると，式 21-2-4 より，図 21-2-2 のようになり，速度が増大すると，質量も増大し加速されにくくなることがわかる．

運動量 p は修正され，

$$p = mv = \frac{m_0 v}{\sqrt{1 - \left(\frac{v}{c}\right)^2}} \qquad 21\text{-}2\text{-}8$$

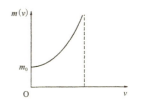

図 21-2-2　質量と速度の関係

となる．相対性理論においても，運動量をこのように表せば，運動量保存則が成り立つことが示されている．

ニュートンの運動方程式は，式 21-2-3 より質量 m が時間の関数となるため，$F = m\dfrac{dv}{dt}$ は成立せず，

$$F = \frac{d}{dt}p = \frac{d}{dt}(mv) = \frac{d}{dt}\left(\frac{m_0 v}{\sqrt{1-\left(\dfrac{v}{c}\right)^2}}\right) \qquad 21\text{-}2\text{-}9$$

となる．

21.2.2　エネルギーと運動量の関係

エネルギー E と運動量の大きさ p の関係は，

$$\frac{p}{E} = \frac{v}{c^2} \qquad i.\,e. \qquad v = \frac{p}{E}c^2$$

なので，

$$E = \frac{m_0 c^2}{\sqrt{1-\left(\dfrac{pc}{c}\right)^2}} \qquad \therefore E^2 = (pc)^2 + (m_0 c^2)^2 \qquad 21\text{-}2\text{-}10$$

である．光子の静止質量 m_0 は 0 なので，式 21-2-10 に $m_0 = 0$ を代入すると，

$$E^2 = 0 + (pc)^2$$
$$\therefore E = pc$$

となる．式 21-2-3 より $m_0 = 0$ のとき $v = c$ ならば，

$$m = \frac{m_0}{\sqrt{1-(v/c)^2}} = \frac{0}{\sqrt{1-(c/c)^2}} = \frac{0}{0}$$

となり，m の値は不能でなく不定となる．このことは，静止質量が 0 の粒子は常に光速で運動していることを示している．さらには，静止質量が 0 でも，運動量は 0 ではないことを意味するわけである．

21.3　一般相対性理論

21.3.1　一般相対性原理と等価原理

特殊相対性理論は，ローレンツ変換でつながる慣性系同士の間の関係を明らかにすることができた．しかし，重力場のなかで相互に運動する座標間の関係を扱うには，慣性系よりも，さらに一般的な基準系で成立する理論が必要である．

アインシュタインは，次の 2 つの原理をもとに，加速度系をも包括的に扱う一般相対性理論を構築した．

一般相対性原理…自然法則はすべての座標系で同じ形で成立する．
等　価　原　理…加速度運動の影響と重力の影響は同等である．

　加速度系では，みかけの力である慣性力が現れるが，それは質量に比例するという点で重力と同じ性質をもつ．アインシュタインは，エレベーターを話題にして，重力質量と慣性質量の間の関係について考察した．

　図 21-3-1 に示すような，窓がついていないエレベーターに乗って，エレベーターで上昇を開始したとする．このエレベーターでは外部の景色が一切みえない．エレベーターの中の人が体感する重さは，地球の重力によるものか，それともエレベーターが宇宙空間のどこか無重量状態のところで，慣性系に対してエレベーターの上向きに加速度 g で動いているのか区別がつかない．

　つまり慣性質量と重力質量は，本来，同一のものであって，加速度によって生じる慣性力と重力は，原理的に区別できない．このことを等価原理という．

　図 21-3-1(b) のエレベーターの左方から，矢印のように光を通したとすると，エレベーターの中にいる人が観測する場合，光の道筋は点線のように曲がって進むと観測する．等価原理によれば，図 21-3-1(a) のエレベーターの中でも，光は重力のために点線のように曲がって進むであろう．

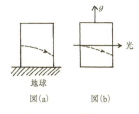

図 21-3-1　等価原理

　実際，地球の重力場による光線の曲がりは，無視できるほどに小さく観測できないが，太陽表面すれすれを通過してくる光を観測すると，図 21-3-2 のように光の道筋は曲がっている．このことは，日食のときに，本来なら太陽に隠れてみえないはずの星が観測されたことにより確かめられた．

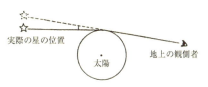

図 21-3-2　一般相対性理論の確認事例

　次に，光のスペクトル線のズレについて考察する．図 21-3-3(a)，(b) に見るように，エレベーター内の光源 A から光を発光させ，点 B で観測を行う．図 21-3-3(a) のエレベーターは，上

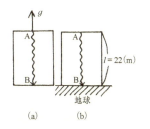

図 21-3-3　メスバウアー効果

向きに加速度 g で運動を行っている．AB の長さを L（$=22\,\mathrm{m}$）とする．光がA をでてから，B に到達するのに要する時間 t は $t=\dfrac{L}{c}$ であるから，この間にエレベーターの速度は，$gt=\dfrac{L}{c}g$ だけ増加している．したがって，A から発した光を，B では，それと相対速度 $\dfrac{L}{c}g$ で近づきつつある観測者が観測するので，ドップラー効果による振動数のズレが観測されるはずである．光源A の振動数を ν_0 とすると，B が観測する振動数 $\overset{にゅー}{\nu}$ は，

$$\nu=\nu_0\sqrt{\dfrac{1+\dfrac{v}{c}}{1-\dfrac{v}{c}}}=\nu_0\left(1+\dfrac{v}{c}\right)^{\frac{1}{2}}\left(1-\dfrac{v}{c}\right)^{-\frac{1}{2}}\approx\nu_0\left(1+\dfrac{v}{c}\right)=\nu_0\left(1+\dfrac{gL}{c^2}\right)$$

21-3-1

となる．ドップラー効果の式については後述する．

等価原理により，同様のことが，地上の場合にも観測されるはずである（図 21-3-3(b)）．パウンドとレブカは，1960 年に，光源に $^{57}\mathrm{Fe}$ の原子核から放出される γ 線（光子のエネルギー 14.4 keV）を用いて，$L=22\,\mathrm{m}$ として，振動数の変化（$\nu-\nu_0$）を調べたところ，測定値は実験誤差の範囲内で一致した．地上で，光が上から下へ進むときは振動数が増加し青方偏移が生じ，逆に光が下から上へ進むときは赤方偏移が生じる．

21.3.2 相対論的ドップラー効果

観測者 Ob が，光源 S から遠ざかる場合を考察する．光源 S から，周期 T でパルス光を放出する．光源 S の位置を原点とし，図 21-3-4 のように x 軸をとると，t 秒後のパルス光の位置は，

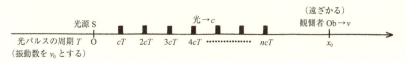

図 21-3-4 相対論的ドップラー効果

光源から最も遠くになる最初のパルスの位置は，$\quad x=ct-c\times 0=c(t-0)$

2 番目のパルスの位置は，cT だけ短い距離なので，$\quad x=ct-cT=c(t-T)$

3 番目のパルスの位置は，$2cT$ だけ短い距離なので，$x=ct-2cT=c(t-2T)$

....

最も近い $(n+1)$ 番目のパルスの位置は，$\quad x=ct-ncT=c(t-nT)$

となる．このとき観測者の位置は，図21-3-4より，$x = x_0 + vt$ まで進んでいる．最初のパルスが観測者Obに到着する時空座標 (x_1, t_1) は，

$$x_1 = ct_1 = x_0 + vt_1 \qquad\qquad 21\text{-}3\text{-}2$$

$(n+1)$ 番目のパルスが観測者Obに到達する時空 (x_2, t_2) は，

$$x_2 = c(t_2 - nT) = x_0 + vt_2 \qquad\qquad 21\text{-}3\text{-}3$$

式 $(21\text{-}3\text{-}4) - (21\text{-}3\text{-}3)$ より，

$$ct_2 - cnT - ct_1 = vt_2 - vt_1$$

$$c(t_2 - t_1) - v(t_2 - t_1) = cnT$$

$$t_2 - t_1 = \frac{cnT}{c - v}$$

$$\therefore\ x_1 - x_1 = v(t_2 - t_1) = \frac{vcnT}{c - v} \qquad\qquad 21\text{-}3\text{-}4$$

ところで，観測者が第1回目のパルスを受け取ってから，第 $(n+1)$ 番目のパルスを受け取るまでに経過した時間の観測者自身の測定値は，ローレンツ変換 $\left(t' = \dfrac{t - \dfrac{vx}{c^2}}{\sqrt{1 - \left(\dfrac{v}{c}\right)^2}} \right)$ により，$t_2 - t_1 = \dfrac{(t_2 - t_1) - \dfrac{v}{c^2}(x_2 - x_1)}{\sqrt{1 - \left(\dfrac{v}{c}\right)^2}}$ となり，観測者が観測するパルスの周期 T' および振動数 ν' は，

$$T' = \frac{t'_2 - t'_1}{n} = T\sqrt{\frac{1 + \dfrac{v}{c}}{1 - \dfrac{v}{c}}}, \qquad \nu' = \nu_0 \sqrt{\frac{1 - \dfrac{v}{c}}{1 + \dfrac{v}{c}}} \qquad\qquad 21\text{-}3\text{-}5$$

観測者が近寄る場合の振動数 ν'' は，

$$\nu'' = \nu_0 \sqrt{\frac{1 + \dfrac{v}{c}}{1 - \dfrac{v}{c}}} \qquad\qquad 21\text{-}3\text{-}6$$

21.3.3 ブラックホール

　ブラックホールは，大質量の恒星が超新星爆発したのち，自らの重力によって重力収縮することによって生成したり，巨大なガス雲が収縮することで生成すると考えられている．ブラックホールの周囲には，非常に強い重力場が作られるので，ある半径より内側では理論的な脱出速度が光速を超え，光ですら外に出てくることができなくなる．この半径をシュヴァルツシルト半径とよび，この半径をもつ球面を事象の地平面（シュヴァルツシルト面）とよぶ．

ブラックホールそのものは不可視であるが，ブラックホールが物質を吸い込む際に放出されるX線やガンマ線，宇宙ジェットなどによって観測することができる．

ブラックホールのなかに物体が落ちていくのを，ブラックホールから離れた位置の観測者から見ると，物体が事象の地平面に近づくにつれて，相対論的効果によって物体の時間の進み方が遅れるように見えるので，事象の地平面では非常にゆっくりと落ちていくように見える．また，物体から放出された光は赤方偏移をするので，物体は落ちていくにつれて次第に赤くなり，やがて可視光から赤外線，電波へと移り変わって，事象の地平面に達した段階で見えなくなる．

第22章　粒子性と波動性

22.1　熱放射と量子仮説

22.1.1　熱放射

金属塊を熱すると，温度上昇とともに，赤黒い色から徐々に赤，黄，青，やがて白色に輝く．物体の表面から光が放射される現象を**熱放射**という．一方，外部からどんな波長の電磁波が入射しても，すべての電磁波を吸収する理想的な物体を**黒体**（black body）という．現実には

図22-1-1　黒体

そのような物体は存在しないので，図22-1-1のようなモデルを考える．周囲から電磁波を通さない一様な温度の材料でできた物体で，小さい孔があいた空洞をもった物体の場合，小孔から入った光は，空洞のなかで何回も反射され，結果として吸収され，外部に出てくることができず，黒体とみなすことができる．

黒体が放出する光のエネルギー密度分布を測定すると，図22-1-2のように，黒体放射の全エネルギーEは，物質の種類によらず温度だけに関係して変化する．絶対温度Tの4乗に比例し$E=\sigma T^4$と書け（**シュテファン・ボルツマンの法則**），σをシュテファン・ボルツマ

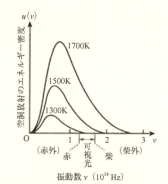

図22-1-2　黒体放射のエネルギー密度

ン定数（$\sigma = 5.67 \times 10^{-8}$ J/(m²·s·K⁴)）という．

またウィーンは，エネルギーのスペクトル分布が極大になる波長 λ_m と黒体の絶対温度 T との間に，$\lambda_m T = 2.898 \times 10^{-3}$（一定）の関係があることをみいだした（**ウィーンの変位則**）．しかし，この法則は振動数の小さい（波長が長い）領域では実験結果からずれることがわかった．

レイリーとジーンズは，体積 V の空洞中にある電磁波が温度 T で熱平衡になるとき，空洞中の電磁波は，単振動の集合と同等であると考えた．1つの単振動はエネルギー等分配則により $k_B T$ の熱エネルギーをもつとすると，振動数が ν と $\nu + d\nu$ の範囲内にある電磁波の全エネルギー $E(\nu)d\nu$ は，光速を c として，$E(\nu)d\nu = \dfrac{8\pi V k_B T}{c^3} \nu^2 d\nu$ となる（**レイリー・ジーンズの放射法則**）．レイリー・ジーンズの式は，振動数の大きい領域では，値が発散し一致をみなかった．

ウィーンの変位則もレイリー・ジーンズの法則も，実験結果の一部分を説明することはできたが，全体を説明することができなかった．

21.1.2　量子仮説

プランクは，1900年に，これまでのエネルギーが連続したものであるという考え方を捨て，エネルギーは不連続でありとびとびの値をとるという考え方をした．振動数が ν の放射エネルギーはプランク定数を h（$= 6.6261 \times 10^{-34}$ J·s）として，$h\nu$ の整数倍に限られるというものである．このエネルギーの塊をエネルギー量子（$E = h\nu$）という．プランクは，絶対温度 T で，体積 V の黒体 1 m³ から，1秒間に放射されるエネルギーのなかで，振動数が ν と $\nu + d\nu$ の範囲内にあるエネルギー $E(\nu)d\nu$ は，$E(\nu)d\nu = \dfrac{8\pi V}{c^3} \dfrac{h\nu^3}{e^{h\nu/k_B T} - 1} d\nu$ となることを示した（**プランクの放射式**）．

任意の系が温度 T の平衡状態にある場合，エネルギー E をとる相対的な確率は，ボルツマンの分布則 $e^{-E/k_B T}$ で与えられる．$E = nh\nu$ を用いて，エネルギーの平均値 $\langle E \rangle$ を求めてみる．平均エネルギー $\langle E \rangle$ は，各状態のエネルギーとその状態をとる確率の和，つまり

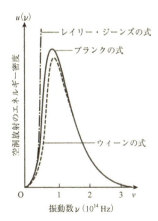

図 22-1-3　ウィーンの式，レイリー・ジーンズの式とプランクの式

$$\langle E\rangle=(\text{各状態のエネルギー})\times(\text{各状態をとる確率})\ \text{の和}$$

なので，

$$\langle E\rangle=\frac{\displaystyle\sum_{n=0}^{\infty}nh\nu e^{-\frac{nh\nu}{k_{\mathrm B}T}}}{\displaystyle\sum_{n=0}^{\infty}e^{-\frac{nh\nu}{k_{\mathrm B}T}}}$$

となる．分母の和は，相対確率を規格化して，確率の和を1にするためである．この分母 $\displaystyle\sum_{n=0}^{\infty}e^{-\frac{nh\nu}{k_{\mathrm B}T}}$ は，初項が1，公比が $e^{-\frac{h\nu}{k_{\mathrm B}T}}$（$<1$）の無限等比数列なので，

$$\sum_{n=0}^{\infty}e^{-\frac{nh\nu}{k_{\mathrm B}T}}=\frac{1}{1-e^{-h\nu/k_{\mathrm B}T}}=\frac{e^{h\nu/k_{\mathrm B}T}}{e^{h\nu/k_{\mathrm B}T}-1}$$

に収束する．ところで，

$$\sum_{n=0}^{\infty}nh\nu e^{-nh\nu/k_{\mathrm B}T}=-\frac{d}{d\left(\dfrac{1}{k_{\mathrm B}T}\right)}\left(\sum_{n=0}^{\infty}e^{-nh\nu/k_{\mathrm B}T}\right)=\frac{h\nu\cdot e^{h\nu/k_{\mathrm B}T}}{(e^{h\nu/k_{\mathrm B}T}-1)^{2}}$$

であるから，これらを，平均エネルギー $\langle E\rangle$ の式に代入すると，

$$\langle E\rangle=\frac{h\nu}{e^{h\nu/k_{\mathrm B}T}-1}$$

となる．さらに，この式に状態の数 $\dfrac{8\pi\nu^{2}V}{c^{3}}d\nu$ をかけると，プランクの式が得られる．

$$E(\nu)\,d\nu=\frac{8\pi\nu^{2}V}{c^{3}}\cdot\frac{h\nu}{e^{h\nu/k_{\mathrm B}T}-1}\,d\nu=\frac{8\pi V}{c^{3}}\frac{h\nu^{3}}{e^{h\nu/k_{\mathrm B}T}-1}\,d\nu$$

> **例題** 振動数の大小に応じて，プランクの式 $E(\nu)\,d\nu=\dfrac{8\pi V}{c^{3}}\dfrac{h\nu^{3}}{e^{h\nu/k_{\mathrm B}T}-1}\,d\nu$ がレイリー・ジーンズの式 $E(\nu)\,d\nu=\dfrac{8\pi Vk_{\mathrm B}T}{c^{3}}\nu^{2}d\nu$ を満たしていることを示せ．

解答 レイリー・ジーンズの法則が成り立つには振動数が小さい場合であるから，$E(\nu)\,d\nu=\dfrac{8\pi V}{c^{3}}\dfrac{h\nu^{3}}{e^{h\nu/k_{\mathrm B}T}-1}\,d\nu$ の分母を $h\nu/k_{\mathrm B}T$ で展開すると，

$$e^{h\nu/k_{\mathrm B}T}-1\approx1+\frac{h\nu}{k_{\mathrm B}T}-1=\frac{h\nu}{k_{\mathrm B}T}$$

となるので，

$$E(\nu)=\frac{8\pi V}{c^{3}}\cdot\frac{h\nu^{3}}{e^{h\nu/k_{\mathrm B}T}-1}=\frac{8\pi V}{c^{3}}\cdot\frac{h\nu^{3}}{\dfrac{h\nu}{k_{\mathrm B}T}}=\frac{8\pi V}{c^{3}}\cdot\frac{h\nu^{3}k_{\mathrm B}T}{h\nu}=\frac{8\pi Vk_{\mathrm B}T\nu^{2}}{c^{3}}$$

$$\therefore\ E(\nu)\,d\nu=\frac{8\pi Vk_{\mathrm B}T}{c^{3}}\nu^{2}d\nu\quad(\text{Q. E. D.})$$

22.2 陰極線

22.2.1 低圧気体放電（真空放電）

空気中でも放電が生じる．常圧下の空気中では，長さ1cmの火花が飛んだ場合，両端の電位差は約1万ボルトである．放電管内部の気圧を下げると真空放電がみられる．

圧力が数 cmHg 程度だとひも状の火花，圧力が数 mmHg（10^{-2}〜10^{-4} atm）程度になると，ガイスラー管の管内全体が気体特有の美しい色で光る．空気だと桃色（窒素の色），ナトリウム蒸気は黄色，ネオンは赤色，水銀蒸気は青緑色をしている．これらを陽光柱といい，この放電をグロー放電という（ネオンサインや水銀灯）．

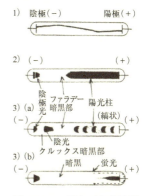

図 22-2-1 低気圧気体放電

圧力が 1 mmHg 以下になると，陰極光という光る部分が陰極の近くに生じ，陽光柱は陽極の方に偏り，その間にファラデーの暗部（1836年）が生じる．

圧力 0.1 mmHg 程度になると，陽光柱に明暗の縞が生じ，陽極にかなり偏る．さらに圧力を減じて，圧力 0.01 mmHg 程度になると，陽光柱もなくなり，クルックス暗部が管内に広がり，陰極と向かいあったガラス壁に蛍光を発する．この放電状態は，気体の種類と無関係である．ゴールドシュタインは，これを陰極線と命名した（1876年）．

22.2.2 陰極線の性質

① 蛍光作用（図 a）
② 直進性（図 a）
③ 負の電荷をもつ（図 b, c, d）
④ 質量をもつ（図 d）
⑤ 写真作用・電離作用

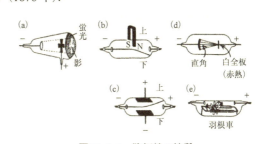

図 22-2-2 陰極線の性質

22.2.3 トムソンの実験（比電荷 q/m 測定，1987年）

陰極線は電場や磁場によって偏向することが確認された．この性質を利用して比電荷 q/m の値を求める．ただし，陰極線粒子の質量を m，電荷を $-e$ とする．また重力の影響は，電磁場から受ける力に比べて無視できるものとする．

<陰極線粒子の速度の測定>

図 22-2-3 のように，互いに直交する電場 E と磁場 B の中を，陰極線粒子が電場にも磁場にも垂直に，左から右へ通過するようにすると，

静電気力は，$\begin{cases} 大きさ \quad eE \\ 向\;き \quad 上向き \end{cases}$ 22-2-1

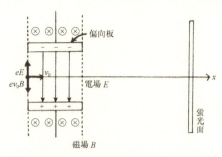

図 22-2-3 陰極線粒子の速度の測定

磁場によるローレンツ力は

$\begin{cases} 大きさ \quad ev_0B \\ 向\;き \quad 下向き \end{cases}$ 22-2-2

この 2 力がつりあうように，E, B を調整すると，陰極線粒子は，等速直線運動を行う．このとき，$ev_0B = eE$ より，$v_0 = \dfrac{E}{B}$ である．

<電場による陰極線の偏向>

陰極線の電場による偏向を調べる．陰極線粒子は，電場から静電気力を受け，

x 方向：力が作用しない → 等速直線運動　　　　22-2-3

y 方向：運動方程式 $ma = eE,$ → $a = \dfrac{eE}{m}$ の等加速度直線運動

を行う．

荷電粒子が電場（偏向板間）（長さ L）を通過するのに要する時間 t は，x 方向の加速度が $a_x = 0$ なので，

$$L = v_0 t \quad \therefore\; t = \dfrac{L}{v_0} \qquad 22\text{-}2\text{-}4$$

y 方向の加速度 a_y は，$ma_y = eE$ より $a_y = \dfrac{eE}{m}$ であるから，図 22-2-4 の y_1 は，

$$y_1 = \dfrac{1}{2} a_y t^2 = \dfrac{1}{2}\left(\dfrac{eE}{m}\right)\left(\dfrac{L}{v_0}\right)^2 \quad \therefore\; y_1 = \dfrac{eEL^2}{2mv_0^2} \qquad 22\text{-}2\text{-}5$$

また，そのときの速度の y 成分を v_y とすると，

$$v_y = a_y t = \dfrac{eE}{m} \cdot \dfrac{L}{v_0} \qquad 22\text{-}2\text{-}6$$

したがって，粒子の速度の向きと x 軸がなす角を θ とすると，速度の x 成分は変わらないので，

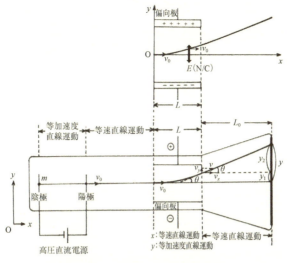

図 22-2-4　電場による陰極線の偏向

$$\tan \theta = \frac{v_y}{v_x} = \frac{\frac{eEL}{mv_0}}{v_0} = \frac{eEL}{mv_0^2} \qquad 22\text{-}2\text{-}7$$

電場を出たあと粒子は直進するので，図 22-2-4 の y_2 は，

$$y_2 = L_0 \tan \theta = \frac{eELL_0}{mv_0^2} \qquad 22\text{-}2\text{-}8$$

以上から，点 P の y 座標は，

$$y = y_1 + y_2 = L_0 \tan \theta = \frac{eEL}{mv_0^2}\left(\frac{L}{2} + L_0\right) \qquad 22\text{-}2\text{-}9$$

となる．これより比電荷を計算する．金属の種類をいろいろ変えて比電荷を測定したところ，つねに一定値 $e/m = 1.76 \times 10^{11}$ C/kg が得られ，<mark>陰極線は一種類の粒子</mark>であることがわかり，この粒子がやがて電子と認められるようになっていく．

＜ミリカンの油滴実験（1909 年）＞

霧吹から油滴を吹き込み，X 線を照射すると，油滴は空気の電離によって生じた正または負のイオンと結合する．

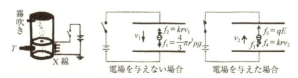

図 22-2-5　ミリカンの油滴実験

極板間に電場をかけない場合，油滴は重力 $f_1=mg$ と空気抵抗 f_2 と浮力を受けながら落下する．浮力は小さいので無視しうる．落下してしばらくすると，油滴は終端速度 v_1 に達し，空気抵抗は $f_2=kv_1$ となる．

極板間に強さが E の電場をかけると，油滴には電場からの力 f_3 もかかる．イオンの付着により油滴がもつ電荷を q とすると，$f_3=qE$ である．このとき，油滴が一定速度 v_2 で上昇していれば，空気抵抗力は，$f_4=kv_2$ となる．

$f_3-f_1-f_4=0$ より，求める電荷 q は，

$$q=\frac{k(v_1+v_2)}{E}=\frac{1+\dfrac{v_2}{v_1}}{E}\cdot mg \qquad 22\text{-}2\text{-}10$$

となる．終端速度 v_1, v_2 を測定すれば式 22-2-10 より，油滴の電荷が求まる．その結果，q はつねに $e=1.60\times10^{-19}$ C の整数倍になることがわかった．この電気量の最小単位 e を電気素量または素電荷という．

電子の質量 m は，比電荷 e/m と電気素量 e（$=1.60\times10^{-19}$ C）の値より，

$$m=\frac{e}{e/m}=\frac{1.60\times10^{-19}}{1.76\times10^{11}}=9.11\times10^{-31}\text{ kg}$$

である．

22.3 光の粒子性

22.3.1 光電効果

図 22-3-1 のように，正に帯電させた箔検電器と，負に帯電させた箔検電器の 2 つを用意し，それぞれの上に亜鉛板をのせて，これに紫外線を照射したところ，負に帯電した箔検電器は箔が閉じた．金属表面に可視光や紫外線を照射したときに，その表面から電子が飛び出す現象を光電効果といい，そのとき飛び出す電子を光電子という．

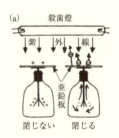

図 22-3-1 光電効果

22.3.2 光電効果の特徴

図 22-3-2 のような回路を組んで光電効果の実験を行ったところ，次に示す①から④の結果が得られた．

① 金属の種類によって，照射する光の振動数が特

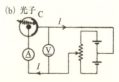

図 22-3-2 光電効果の実験の概念図

定の振動数 ν_0 より小さいときは，どんなに強い光を照射しても光電効果は起こらない．このため，測定される光電流は，図 22-3-3 のようになる．また，このときの振動数 ν_0 を，限界振動数という．

② 放出される光電子のもつ運動エネルギーの最大値は，照射する光の振動数に比例して大きくなるが，振動数が決まれば，強さを増しても変化しない（図 22-3-4）．

③ 振動数を一定にすると，光電流は陰極面に入射する光の強さに比例する．

④ どんなに弱い光でも，限界振動数 ν_0 より大きな振動数の光をあてると，ただちに光電子が飛び出す．

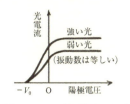

図 22-3-3　正極電圧 V と電流 I との関係

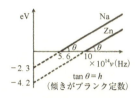

図 22-3-4　照射光の振動数 ν と光電子の運動エネルギー V_0 の関係

電子が金属を飛び出すのに必要な最低エネルギーの $h\nu_0$ は金属ごとによって決まっていることがミリカンによる実験の結果わかった（表 22-3-1）．

表 22-3-1　限界振動数と仕事関数の例

物　質	限界振動数 (Hz)	仕事関数 (eV)
セシウム Cs	4.71×10^{14}	1.95
ナトリウム Na	5.70×10^{14}	2.36
亜鉛 Zn	1.05×10^{15}	4.33
銅 Cu	1.12×10^{15}	4.65
白金 Pt	1.37×10^{15}	5.65

図 22-3-2 で，光電管の陽極 P の電位が陰極 C の電位より高い場合，陰極 C を飛び出す電子はすべて陽極に集まる．図 22-3-3 に見るように，光の振動数を一定にすると，電流の強さは光の強さに比例する．電流の強さは，電子数で決まるので，飛び出す電子数は，照射する光の強さの増加にともない 1 次関数的に増加する．逆に，陽極 P の電位を陰極 C の電位より低くすると，陰極を飛びだした電子には，陰極に押し戻され，電子の運動エネルギーは陽極に近づくにつれて減少していく．電位差がある値 V_0 にまで下がると，

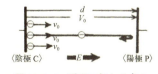

図 22-3-5　電子に加わる負の仕事

陽極に到達できる電子数は 0 となる．このとき $\frac{1}{2}mv^2 - eV_0 = 0$ より，陰極を飛び出す光電子の運動エネルギーの最大値は eV_0 とわかる．

22.3.3 光量子説

アインシュタインは，光電効果を説明するために，1905 年に光量子説を発表した．金属内の自由電子は，陽イオンから引力を受けているので，金属外には出られない．しかし，この引力に逆らってする仕事に相当するエネルギーを与えると自由電子を金属外に取りだすことができる．このエネル

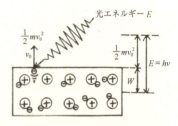

図 22-3-6　光電効果の概念図

ギーの値は，金属の種類によって決まっていて，その値を金属の仕事関数という．

振動数 ν の光子 1 個がもつエネルギーは $h\nu$ で，この光子のエネルギーは光電子 1 個にすべて与えられる．h はプランク定数で，$h = 6.63 \times 10^{-34}$ Js である．光子 1 個のエネルギーを $E = h\nu$，仕事関数を W，飛び出す光電子の運動エネルギーを $\frac{1}{2}mv^2$ とすると，$h\nu > W$ のときには，時間のおくれなしに直ちに光電子が放出され，

$$\frac{1}{2}mv^2 = h\nu - W \qquad\qquad 22\text{-}3\text{-}1$$

という関係式が成立する．これを光電効果に関するアインシュタインの式という．$h\nu = W$ のときは，光電子が飛び出す限界であり，そのときの振動数が限界振動数であり，波長を限界波長という．$h\nu < W$ では光電効果は生じない．

22.4 X 線

22.4.1 X 線の発見

レントゲンは，真空放電の研究中に「透過力が強く，写真乾板を感光させ，蛍光作用をもち，気体を電離させる放射線」が陽極から出ていることを発見した (1895 年)．その正体は，しばらくの間謎のままであったので，X 線と名づけられた．レントゲンは，その発見の功績で，第 1 回ノーベル物理学賞を受賞した (1901 年)．その後，X 線は，高速度で運動している電子が物質

に当たって急に止められたときに発生することがわかった.

22.4.2 X線の発生装置

＜ガスX線管（冷陰極X線管，ガスイオン管）＞

陽極Aと陰極Cと対陰極T（電子が高速度で衝突するため非常に高温になるので，融点が高いW, Mo, Ptなど）とでできている．高圧電源として誘導コイルを用いることが多い．

図 22-4-1　ガスX線管

＜クーリッジ管（熱陰極X線管）＞

1913年，クーリッジによって考案された．このX線管は高度の真空で，陽極と対陰極Tを兼ねている．フィラメント電流の加減により熱電子数を，つまり，発生するX線の強さ（明るさ）を調節することができ，また電子の加速電圧の加減によってX線の透過度（硬さ，硬度）を調節することが

図 22-4-2　クーリッジ管

できる．電源は交流をトランスで昇圧し整流したものを利用する．加速電圧は診断用（人体の透視用）では通常5～7万ボルト，治療用には15～20万ボルトで利用される．

22.4.3　X線の回折と反射

＜X線の回折（ラウエの斑点）＞

レントゲンは，X線の正体を電磁波と推定し，回折・干渉現象を示すことで波動性の実証を試みたが失敗した．ラウエは，結晶の原子の配列は規則正しいので回折格子として用いることができると考え，彼の助手達によって1912年に確かめられた．

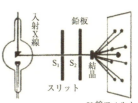

図 22-4-3　ラウエの斑点

平面的な回折格子による光の回折像は平行線からなる縞模様であるが，立体回折格子によるX線の回折像は幾何学的な斑点模様（これをラウエの斑点という）になる．

＜X線の反射（ブラッグの条件）＞

ブラッグ父子は，結晶の格子面による反射について，次のように考えた（1912年）．

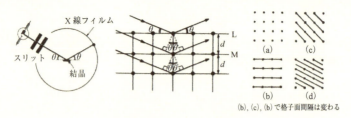

図 22-4-4　ブラッグの実験

　X線を結晶に投影すると，格子面において反射の法則にしたがって反射する．しかしX線は，透過度が大きいから最初の格子面で入射X線のすべてが反射するのではなく，内部に進入して，第2，第3，……の続く格子面で少しずつ反射する．入射X線が，図22-4-4のように，格子面と角θをなすとすると，格子面Lで反射したX線と格子面Mで反射したX線の経路差Δlは，格子面間隔（隣合う格子間の距離）をdとすると，

$$\Delta l = 2d \sin \theta \qquad 22\text{-}4\text{-}1$$

であり，X線の波長の整数倍に等しいときは干渉して強め合うので，

$$2d \sin \theta = n\lambda \quad (n = 1, 2, 3, \cdots) \qquad 22\text{-}4\text{-}2$$

となる．

22.4.4　デバイ・シェラー環

　粉末結晶を入れた管に単色X線を当てると，ブラッグの条件を満たすものによって，入射方向と角2θだけ曲がった方向に強く反射される．入射方向と角2θをなす方向は円錐面をつくるので，後方においたフィルムは同心円状に感光する．この像をデバイ・シェラー環という．

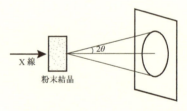

図 22-4-5　デバイ・シェラー環

22.4.5　X線の性質と作用

　通常のX線は，波長の短い（0.01〜100 Å）電磁波で，光と同様に波動性（結晶による回折）と粒子性（光電効果，蛍光作用，電離作用）の両方をもつ．光のように直進し，電場や磁場を通過しても向きを変えない．

① 　透過作用　波長の短い（硬い）X線はより透過度が大きい．
② 　蛍光作用　ヨウ化セシウム **CsI** などは，X線を照射すると蛍光を発する．物体内の密度分布を蛍光板上に明るさの異なる映像で写すことができる．

③ 電離作用　空気中の分子を正負のイオンに電離する（ミリカンの実験）．
④ 写真作用　光と同じように写真の感光剤を感光させる．
⑥ 生物体に対する作用　電離作用を利用して生物組織を刺激または破壊することができる．治療や品種改良に応用される．

22.4.6　連続X線と固有X線

<X線のスペクトル>

X線のスペクトルは縦軸にX線の強さを，横軸に波長をとった場合，図22-4-6に示すような山の形になる．最短波長 λ_{min} のところで，急に終わる連続スペクトルの部分の連続X線と，特定の所だけ急に強くなる線スペクトルの部分の固有X線とがある．

<連続X線の最短波長>

電圧 V_0 で加速された電子の速度を v，電荷を $-e$，質量を m とすると，

$$\frac{1}{2}mv^2 = eV_0 \qquad 22\text{-}4\text{-}3$$

のエネルギーをもつ．この高速の電子が物質中で急激に減速されるときに放射される電磁波がX線で，電磁波を放射することを制動放射という．

電子が eV_0 のエネルギーもって対陰極の原子に衝突するときに，電子が原子に与えるエネルギーによってX線光子 $h\nu$ が飛び出す．ところが，電子の対陰極への衝突の仕方は，正面衝突であったり，原子の近くを通り抜けたりとまちまちである．そのため，種々の波長のX線が放出されることになる．図22-4-6は，その分布である．

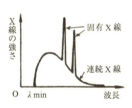

図 22-4-6　X線スペクトル

電子が対陰極に正面衝突をした場合，電子のエネルギーの全部が与えられた原子が放出するX線は，エネルギーが最大になり，最大振動数 ν_{max} および，最短波長 λ_{min} の関係式は，

$$h\nu_{max} = h\frac{c}{\lambda_{min}} = eV_0 \qquad \therefore \lambda_{min} = \frac{hc}{eV_0} \qquad 22\text{-}4\text{-}4$$

となる．加速電圧が V_0 の場合は，これ以上短い波長のX線は発生しない．

<固有X線（特性X線）>

X線の線スペクトルの部分は，加速された電子が，原子核に近い軌道にある電子（エネルギー E_1）をたたき出して空席をつくり，そこへそれよりも

外側の軌道にある電子（エネルギー E_2）が落ち込んできたときに放出される．この2つの軌道間のエネルギー差 $E_2 - E_1$ がX線光子のエネルギーとなる．放出される固有X線の振動数を ν，波長を λ とすると，

$$h\nu = h\frac{c}{\lambda} = E_2 - E_1 \qquad 22\text{-}4\text{-}5$$

となる．この場合，X線の波長は加速電圧に関係なく，その金属に固有のものである．

22.4.7　コンプトン効果

コンプトンは，一定の波長のX線を炭素に当てたとき，図22-4-7に示すように，散乱X線のなかに入射X線の波長よりも少し波長の長いX線が存在し，その波長の変化が散乱

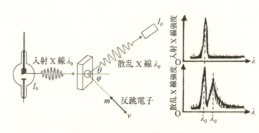

図 22-4-7　コンプトン効果

角 θ に関係することを発見した（1923年）．この現象をコンプトン効果という．

この現象は，X線を波動と考えると説明ができない．アインシュタインは，光量子説のなかで，光子はエネルギー $h\nu$ を光速 c で割った値の運動量 p をもつと考えた．

$$p = \frac{h\nu}{c} = \frac{h}{\lambda} \qquad 22\text{-}4\text{-}6$$

コンプトンは，この考えを用いて，光子と電子の衝突にエネルギーと運動量の保存則を適用して，この現象を説明した．

・相対論的効果が無視できる範囲（$v \ll c$）

エネルギー保存則

$$h\nu_0 = h\nu + \frac{1}{2}mv^2 \qquad 22\text{-}4\text{-}7$$

x 方向の運動量保存則

$$\frac{h\nu_0}{c} = \frac{h\nu}{c}\cos\theta + mv\cos\varphi \qquad 22\text{-}4\text{-}8$$

y 方向の運動保存則

$$0 = \frac{h\nu}{c}\sin\theta - mv\sin\varphi \qquad 22\text{-}4\text{-}9$$

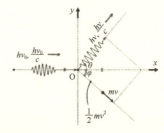

図 22-4-8　コンプトン散乱の概念図

・相対論的効果を考える場合

電子の静止質量を m_0, 速度 v のときの質量を m とする. 電子の衝突前の速度を無視するとき,

エネルギー保存

$$h\nu_0 + m_0 c^2 = h\nu + \frac{m_0 c^2}{\sqrt{1 - \left(\dfrac{v}{c}\right)^2}} = h\nu + E_e \tag{22-4-10}$$

x 方向の運動量保存則

$$\frac{h\nu_0}{c} = \frac{h\nu}{c}\cos\theta + \frac{m_0 v \cos\theta}{\sqrt{1 - \left(\dfrac{v}{c}\right)^2}} = \frac{h\nu}{c}\cos\theta + p_e \cos\theta \tag{22-4-11}$$

y 方向の運動量保存則

$$0 = \frac{h\nu}{c}\sin\theta - \frac{m_0 v \sin\theta}{\sqrt{1 - \left(\dfrac{v}{c}\right)^2}} = \frac{h\nu}{c}\sin\theta + p_e \sin\theta \tag{22-4-12}$$

式 22-4-11 と式 22-4-12 の 2 つの式より,

$$p_e^2(\sin^2\varphi + \cos^2\varphi) = \left(\frac{h\nu_0}{c} - \frac{h\nu}{c}\cos\theta\right)^2 + \left(\frac{h\nu}{c}\sin\theta\right)^2$$

$$p_e^2 = \left(\frac{h\nu_0}{c}\right)^2 - 2\left(\frac{h\nu_0}{c}\right)\left(\frac{h\nu}{c}\right)\cos\theta + \left(\frac{h\nu}{c}\right)^2$$

さらに式 22-4-10 および, $E_e^2 = (m_0 c^2)^2 + (cp_e)^2$ より,

$$cp_e^2 = E_e^2 - (m_0 c^2)^2 = (h\nu_0)^2 - 2(h\nu_0)(h\nu)\cos\theta + (h\nu)^2$$

$$(m_0 c^2 + h\nu_0 - h\nu)^2 = (m_0 c^2)^2 + (h\nu_0)^2 - 2(h\nu_0)(h\nu)\cos\theta + (h\nu)^2$$

$$m_0 c^2(\nu_0 - \nu) = h\nu_0 \nu(1 - \cos\theta)$$

ここで, $\lambda = \dfrac{c}{\nu}$, $\lambda_0 = \dfrac{c}{\nu_0}$ とすると,

$$\Delta\lambda = \lambda - \lambda_0 = c\left(\frac{1}{\nu} - \frac{1}{\nu_0}\right)$$

$$\therefore \Delta\lambda = \frac{h}{m_0 c}(1 - \cos\theta) = 0.0024(1 - \cos\theta) \tag{22-4-13}$$

となり, 実験結果とよく一致する.

22.5 電子の波動性

22.5.1 物質波（ド・ブロイ波）

1924 年，ド・ブロイは，光が波動性と粒子性の 2 面性をもつのなら，物質も粒子性と波動性の 2 面性をもっているのではないかと考えた．物質の質量を m とすると，$p = \dfrac{h}{\lambda}$ より，

$$\lambda = \frac{h}{p} = \frac{h}{mv} \qquad\qquad 22\text{-}5\text{-}1$$

この式で表される波長 λ は，運動量 p の粒子がもつ波動性を表している．このような粒子がもつ波動性を物質波，または，ド・ブロイ波という．また，光子の場合は，

$$E = h\nu = \frac{hc}{\lambda} \qquad \therefore\ E = cp \qquad\qquad 22\text{-}5\text{-}2$$

という関係がある．

また，遅い電子の場合（相対論を考えなくてよい程度の速さ）には，

$$E = \frac{1}{2}mv^2 = \frac{1}{2}m\left(\frac{p}{m}\right)^2 = \frac{p^2}{2m} \qquad \therefore\ E = \frac{p^2}{2m} \qquad\qquad 22\text{-}5\text{-}3$$

物質波は粒子の種類により，電子波，陽子波，中性子波などとよばれる．

22.5.2 電子波

電子の質量を m とし，これを電圧 V で加速した場合，電子の運動エネルギーは $\dfrac{1}{2}mv^2 = eV$ なので，運動量 p は，

$$p = mv = \sqrt{2meV} \qquad\qquad 22\text{-}5\text{-}4$$

となる．よって電子波の波長 λ は，$m = 9.1 \times 10^{-31}$ kg，$e = 1.6 \times 10^{-19}$ C より，

$$\lambda = \frac{h}{p} = \frac{h}{\sqrt{2meV}} = \frac{12.3}{\sqrt{V}} \times 10^{-10} \qquad\qquad 22\text{-}5\text{-}5$$

具体的な数値で見てみると，$V = 150$ V の場合，

$$\lambda = \frac{12.3}{\sqrt{V}} = \frac{12.3}{\sqrt{150}} \approx 1 \times 10^{-10}\ \text{m}$$

となる．これは 0.1 nm（= 1 Å）のオーダーで，まさに X 線の波長領域に近い．つまり，X 線の場合と同様に結晶を用いると回折像が得られる．

1927 年，デヴィソンとジャーマは，電子波を結晶に当てたところ，回折像が生じることを確認した．翌 1928 年には，菊地正士らも電子の回折像を確認している．

例題 1. 陰極線が波長 1.0×10^{-10} m = 1 Å の波動として観測された．加速電圧は何 V か．そのときの陰極線粒子の速度を求めよ．

解答 $v = \dfrac{h}{m\lambda} = \dfrac{6.6 \times 10^{-34}}{9.1 \times 10^{-31} \cdot 1.0 \times 10^{-10}} = 7.3 \times 10^{6}$ m/s

$\dfrac{1}{2}mv^2 = eV$ より，$V = \dfrac{1}{2e}mv^2 = \dfrac{9.1 \times 10^{-31} \times (7.3 \times 10^{6})^2}{2 \times 1.6 \times 10^{-19}} = 1.5 \times 10^{2}$ V

例題 2. 質量 0.15 kg の野球のボールが，144 km/h = 40 m/s で，投げられたときの物質波の波長を求めよ．

解答 $\lambda = \dfrac{h}{mv} = \dfrac{6.6 \times 10^{-34}}{0.15 \times 40} = 1.1 \times 10^{-34}$ m

これでは，あまりにも波長が短く観測は不可能である．

22.5.3 電子波の応用・電子顕微鏡

光学顕微鏡では光を用いているため，分解能（異なった2点を2点として識別できる距離）は，可視光線の波長によって100 nm 程度が限界となり，それより小さなウイルスなどは観察できない．分解能を上げるためには，可視光線より波長の短いものを利用する必要がある．紫外線やX線は，ガラスによる吸収が大きかったり，普通の物質では屈折されないため，電子波を用いる．

電子波では，電子の加速電圧を上げることで，波長を短くすることができる．また，その進路は電場や磁場によって変えることができるので，適切な電極や磁極を組合わせると，電子波に対してレンズの働きをさせることが可能となる．10 kV で加速した電子波の波長 λ は 1.2×10^{-11} m である．

電子顕微鏡には，大きく分けて透過型電子顕微鏡と走査型電子顕微鏡の2種類がある．

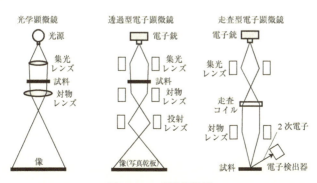

図 22-5-1　電子顕微鏡

＜透過型電子顕微鏡＞

透過型電子顕微鏡（Transmission Electron Microscope；TEM）では，試料に電子線をあて，電子が物質を透過する割合で像を観察する．電磁コイルを用いて透過電子線を拡大し，電子線により光る蛍光板にあてて観察したり，フィルムや CCD カメラで写真を撮影する．観察対象を透かして観察することになるため，試料をできるだけ薄く切ったり，電子を透過するフィルムの上に塗りつけたりして観察する．

＜走査型電子顕微鏡＞

走査型電子顕微鏡（Scanning Electron Microscope；SEM）では，試料に電子線をあて，反射してきた電子または物質から飛びだしてきた電子を検出器で捕らえ，電気信号に変換してつくった像を観察する．このタイプの電子顕微鏡では，試料に電子線を当てる位置を少しずつずらして走査（スキャン）しながら物質表面を調べるので，走査型という．電子は検出器に集められ，コンピュータを用いて像が得られる．

また，走査型プローブ顕微鏡（Scanning Probe Microscope；SPM）では，先端を尖らせた探針を用いて，試料物質の表面を端からなぞっていき，表面状態を拡大して観察する．表面を観察する際，微小な電流（トンネル電流）を利用する走査型トンネル顕微鏡（STM）や原子間力を利用する原子間力顕微鏡（AFM）など，現在では数多くの種類がある．原子1個の大きさまで調べることも可能である．

22.5.4 不確定性関係

1927 年にハイゼンベルグは，ミクロの世界では，粒子の位置と運動量は，同時に両方を正確に決定できないと述べた．粒子の位置の不確定さ Δx と運動量の不確定さ Δp_x の間には，

$$\Delta x \cdot \Delta p_x \geqq h/4\pi \qquad\qquad 22\text{-}5\text{-}6$$

という関係があり，この2つの物理量の不確定さの積はプランク定数よりも小さくできない．Δp_x が小さくなれば Δx が大きくなり，逆に Δx が小さくなれば Δp_x が大きくなり，同時に2つの量の確定的な値は決まらない．

ミクロな世界で電子の位置を観測することを考えてみる．電子の位置をより正確に見るために強い光が必要として，そのような光を電子にあてると電子の運動量を変化させてしまう．位置が正確にわかっても運動量が正確にはわからないことになる．反対に弱い光では，電子の運動量を変化させないか

も知れないが，電子の正確な位置がわからないことになる．このことは，粒子のエネルギーと時間との間にもいえる．

$$\Delta t \cdot \Delta E \geqq h/4\pi \qquad 22\text{-}5\text{-}7$$

式22-5-7より，短い時間 Δt なら，エネルギー ΔE をもつ粒子の生成が許されることがわかる．

このように，2つの関連する量を同時に正確に知ることができないことを，ハイゼンベルグの不確定性関係という．

第23章 原 子

23.1 原子の構造
23.1.1 原子モデル

陰極線や光電効果などから，すべての元素の原子は，電子をもつことがわかった．原子は電気的に中性なので電子のマイナス電荷を打ち消すだけのプラス電荷が原子内に必要である．原子の質量は，一番軽い水素原子でも，電子の約2000倍もあるので，原子の質量の大部分がこのプラス電荷の質量と考えられた．プラス電荷の原子内での分布に対して，J.J.トムソン（父）(1904年) と長岡半太郎 (1904年) の原子モデルが提案された．

<トムソンモデル>

原子1個の大きさは0.1 nm程度と考えられていた．トムソンは，この中に正電荷が一様に広がり，電子はパンの中の干しブドウのように，存在していると考えた．

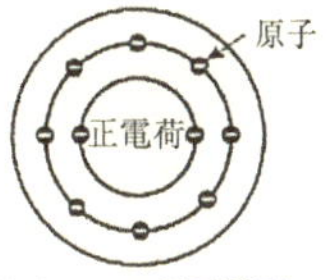

トムソンの原子模型

<長岡半太郎モデル>

中心に正電荷をもった重い球があり，そのまわりを多数の電子が規則正しく並んで回っているとした．しかし，正電荷のまわりを電子が円運動（加速度運動）を行うと，電磁波が放射されエネルギーを失うため，このようなモデルは存在できない．

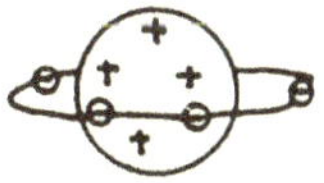

長岡半太郎のモデル
（電子は土星の環状）

<ラザフォードモデル>

トムソンの弟子のラザフォードの研究室で，ガイガーとマースデンは，原子内の電子数とその配置

ラザフォードの原子模型

図23-1-1　原子モデル

第23章 原子

状態を探るため，ラジウム **Ra** から放射される 10^5 m/s 程度の高速の α 粒子（**He** の原子核）を金箔に照射し，α 粒子が散乱される様子を調べた（1911年）。

α 線の大部分は，金箔をそのまま素通りするか，わずかに曲がる程度だった。しかしごく少数の α 粒子は，90°以上も軌道が曲げられた。

α 粒子は，電子の約 7300 倍の質量をもつため，電子との衝突で，軌道が曲がることは考えられず，α 粒子はいろいろな方向に少しずつ曲げられ，原子から出るときに小角度の散乱になり実験結果を説明できない。しかし，正電荷が原子のせまい部分に集中していると考えると，正電荷の近傍を通る α 粒子は，正電荷の強い静電気力によって，一気に軌道を曲げられ，大角度で散乱する可能性がある。そこで，ラザフォードは，1点に集中した正電荷によって α 粒子がいろいろな角度に曲げられる確率を計算し，より精密に行った実験と比較して計算通りになることを示した。

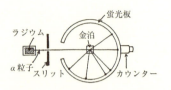

図 23-1-2 ラザフォードの α 線散乱実験

以上から，原子 1 Å = 10^{-10} m = 0.1 nm には，その 1 万分の 1 (10^{-14}〜10^{-15} m) の大きさの正電荷が集中した部分があり原子核と命名された。

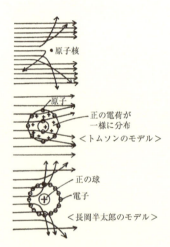

図 23-1-3 予想される α 線のコース

ラザフォードは，e を電気素量，Z を自然数として，原子は $+Ze$ の電荷をもつ小さな原子核と，そのまわりを回る Z 個の電子からできており，原子の質量の大部分は原子核のものであることを提案した（ラザフォード・モデル，1911年）。その後の研究により，中心の正電荷数 Z は，原子番号に等しいことがわかった。

原子核の存在は明らかになったが，正の電荷の周りを負の電子が周回するモデルの難点は解消されなかった。

23.1.2 ボーアの原子モデル

<電子が周回するモデルの難点の解決法>

ラザフォードのモデルの難点は，次の 2 点である。

①原子の中心には原子核が存在し,そのまわりを電子が円運動（加速度運動）を行っているので,電磁波を放出しエネルギーを失いやがて原子核に落ち込む.その際,電磁波の振動数νは徐々に連続的に増加,すなわち波長は徐々に短くなる

②気体原子の発するスペクトルは輝線スペクトルである.前述したラザフォードモデルでは,放出される電磁波は連続スペクトルとなるはずである.

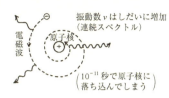

図 23-1-4 ラザフォードモデルの難点

＜水素原子スペクトル＞

一般の元素の発する線スペクトルは,輝線の本数も多く,その並びかたも複雑である.水素原子の輝線スペクトルは,本数も少なく

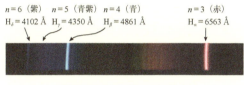

図 23-1-5 水素スペクトル

図 23-1-5 に示すように規則性があるようにみえる.

バルマー（J. K. Balmer）は,可視部に現れる4本のスペクトル線（H_α, H_β, H_γ, H_δ）の間に次に示す簡単な関係を発見した（1885 年）.この4個の波長は,それぞれ $\lambda_0 = 3545.6$ Å とすると,

$$\frac{9}{5}\lambda_0, \quad \frac{4}{3}\lambda_0, \quad \frac{25}{21}\lambda_0, \quad \frac{9}{8}\lambda_0 \qquad 23\text{-}1\text{-}1$$

となる.この4個の係数には,一見,規則性はみられないが,2番目と4番目の分母,分子に,それぞれ4をかけると,

$$\frac{9}{5}\lambda_0, \quad \frac{16}{12}\lambda_0, \quad \frac{25}{21}\lambda_0, \quad \frac{36}{32}\lambda_0 \qquad 23\text{-}1\text{-}2$$

となり,それぞれの系列の分子は,$3^2, 4^2, 5^2, 6^2$ となり,分母はそれぞれの分子から $2^2 = 4$ を引いた数になっている.このことからバルマーは,水素スペクトルの波長は,

$$\lambda = \frac{n^2}{n^2-4}\lambda_0 \quad (n = 3, 4, 5, 6) \qquad 23\text{-}1\text{-}3$$

という公式にまとめられることをみいだした.これをバルマー系列という.

続いて,スウェーデンのリュードベリ（Rydberg）は,スペクトル系列は,

波長よりも**その逆数の波数**を用いることによって，より簡単な形に表現できることを示した．波数を $\tilde{\nu}$ とすると，

$$\tilde{\nu}=\frac{1}{\lambda}=\frac{n^2-4}{n^2}\frac{1}{\lambda_0}=\left(1-\frac{4}{n^2}\right)\frac{1}{\lambda_0}=\left(\frac{1}{4}-\frac{1}{n^2}\right)\frac{4}{\lambda_0} \qquad 23\text{-}1\text{-}4$$

$R=\dfrac{4}{\lambda_0}$ とおくと，バルマー系列は，

$$\tilde{\nu}=\frac{1}{\lambda}=R\left(\frac{1}{4}-\frac{1}{n^2}\right)=R\left(\frac{1}{2^2}-\frac{1}{n^2}\right)\ (n=3,4,5,\cdots) \qquad 23\text{-}1\text{-}5$$

と表せる．R は**リュードベリ定数**といい，$R=109737.31\ \overset{\text{カイザー}}{\text{cm}^{-1}}$ である．

その後，ライマンが紫外部に，**ライマン系列**を発見した（1906年）．

$$\tilde{\nu}=\frac{1}{\lambda}=R\left(\frac{1}{1^2}-\frac{1}{n^2}\right)\ (n=2,3,4,\cdots) \qquad 23\text{-}1\text{-}6$$

また，パッシェンが赤外部に，パッシェン系列を発見した（1908年）．

$$\tilde{\nu}=\frac{1}{\lambda}=R\left(\frac{1}{3^2}-\frac{1}{n^2}\right)\ (n=4,5,6,\cdots) \qquad 23\text{-}1\text{-}7$$

以上から，水素スペクトルについて，一般に，その波数が式21-1-7で表されることが明らかになった．

図 23-1-6　水素の系列ごとのスペクトル

$$\tilde{\nu}=\frac{1}{\lambda}=R\left(\frac{1}{m^2}-\frac{1}{n^2}\right)$$

（m, n は正整数で，$n>m$，$n=m+1, m+2, \cdots$）　　23-1-8

なお，m は1つの系列に対しては，1つの値をとる．

補足　分光学では，好んで波数 $\tilde{\nu}$（$\overset{\text{カイザー}}{\text{cm}^{-1}}$ を単位とする）が用いられるが，その理由は，当時は波長 λ は十分に正確に測定されていて，その逆数の波数 $\tilde{\nu}=\dfrac{1}{\lambda}$ も同程度に正確であったが，光速 c が十分に精度よく測定できていなかったので，振動数 $\nu=\dfrac{c}{\lambda}$ も精度が低かった．

例題　バルマー系列について，短波長側の極限に相当する波長を求めよ．また，その光のエネルギー $E=h\nu$ はいくらか．

解答　$\tilde{\nu}_\infty=\dfrac{1}{\lambda_\infty}=\dfrac{R}{4}$　　$\therefore\ \lambda_\infty=\dfrac{4}{1.097\times10^{-7}}=3.65\times10^7\ \text{m}=365\ \text{nm}\ (=\lambda_\infty)$

$E=h\nu_\infty=h\dfrac{1}{\lambda_\infty}=6.63\times10^{-34}\times\dfrac{3.00\times10^8\times1.097\times10^{-7}}{4}$

$=5.45\times10^{-19}\ \text{J}=3.40\ \text{eV}$

＜ボーアの理論（1913年）＞

ボーアは（N. Bohr；1885〜1962），ラザフォードモデルの難点を解決するため，次の2つの仮定をおいて水素原子スペクトルを説明する理論をたてた．

量子条件

原子には，とびとびのエネルギー E_n をもついくつかの定常状態があり，定常状態にある原子は電磁波を放出しない．整数 n を量子数，E_n $(n=1, 2, \cdots)$ をエネルギー準位という．ここでは $\hbar=\dfrac{h}{2\pi}$ を用いる．

$$mvr = n\hbar = n\frac{h}{2\pi} \qquad (mv \times 2\pi r = nh) \quad (n=1, 2, 3, \cdots) \qquad \text{23-1-9}$$

振動数条件

原子がエネルギー順位 E_n の定常状態から，それよりエネルギー準位の低い E_m に移るとき，

$$h\nu = E_n - E_m \qquad \text{23-1-10}$$

によって定まる振動数 ν の光子 $h\nu$ を放出する．逆に，定常状態にある原子は，この振動数 ν の光子を吸収すると，エネルギーの高い定常状態 E_n に移る．

式23-1-10より，

$$\tilde{\nu} = \frac{1}{\lambda} = \frac{\nu}{c} = \frac{E_n}{hc} - \frac{E_m}{hc} = -\frac{E_m}{hc} - \left(-\frac{E_n}{hc}\right) \qquad \text{23-1-11}$$

電子が核から完全に引き離されたときを $E=0$ とすると，量子状態（定常状態）のエネルギーの値は，すべて負であることがわかる．このことから，$-E=W$ は，電子を与えられた軌道から無限遠に引き離すのに要する仕事である．このエネルギーをイオン化エネルギーまたはイオン化ポテンシャルという．

＜ボーアの水素原子模型＞

ボーアの仮定した量子条件の式にド・ブロイ波 $\lambda = \dfrac{h}{p} = \dfrac{h}{mv}$ を代入すると，

$$2\pi r = n\lambda \qquad \text{23-1-12}$$

となる．つまり，式23-1-12が満たされると，図23-1-7に見るように，半径 r の軌道の全長が電子波の波長の n 倍となり定在波（定常波）ができる．

図 23-1-7 電子波が定在波となるイメージ図

水素原子の原子核（+e）のまわりを質量 m の電子が，クーロン力を受け等速円運動をしているモデルを考えた場合，電子の原子核のまわりの回転半径を r，速さを v とすると，運動方程式は，

$$m\frac{v^2}{r} = \frac{1}{4\pi\varepsilon_0} \cdot \frac{e^2}{r^2} \qquad 23\text{-}1\text{-}13$$

ところで，定常状態（量子状態）にある電子は，

$$mvr = n\hbar = n\frac{h}{2\pi} \qquad 23\text{-}1\text{-}14$$

を満たすので，v を消去すると，$r = \frac{\varepsilon_0 n^2 h^2}{\pi m e^2}$ となる．この円軌道上にある電子は，運動エネルギーとクーロン力による位置エネルギーをもつので，全エネルギー E_n は，$E_n = -\frac{me^4}{8\varepsilon_0^2 h^2} \cdot \frac{1}{n^2}$ である．ここで，E_n の符号が負なのは，電子と原子核が無限に離れているときの位置エネルギーを 0 としたためであり，電子が無限遠にある状態に比べて，エネルギーが低い状態にあることを示している．n=1 のときのエネルギーが最低で，このエネルギー準位の状態を水素原子の基底状態という．n=1 のときには，半径 $r = 5.291771 \times 10^{-11} \fallingdotseq 5.29 \times 10^{-11}$ m となり，これが安定な水素原子の半径で，ボーア半径という．n=2, 3, … となるにつれて，電子の軌道は外側に移り，エネルギーは大きくなるので，これらの状態を励起状態という．$n \to \infty$ のときのエネルギーは最大値 0 となる．

電子が定常状態 E_n から定常状態 E_m に移るとき（$m < n$），放出される光の波長を λ とすると，振動数条件から，$\nu = cR\left(\frac{1}{m^2} - \frac{1}{n^2}\right)$ である．m=2 のときが，バルマー系列である．リュードベリ定数を用いて E_n を求めると，

$$E_n = -\frac{Rhc}{n^2} = -\frac{13.6}{n^2} \text{ eV}$$

$$= -\frac{21.8 \times 10^{-19}}{n^2} \text{ J} \qquad 22\text{-}1\text{-}15$$

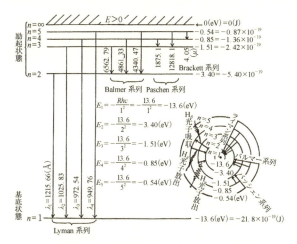

図23-1-8　水素原子のエネルギー準位表

となる．$E_1, E_2, \cdots$ を計算して求めると，エネルギー準位表が作成できる（図23-1-8）．

＜フランク・ヘルツの実験＞

ボーアが水素原子モデルを提案した直後の1914年に，フランクとヘルツは，図23-1-9に示す実験を行い，原子内の電子がとびとびのエネルギー準位をもつことを示した．水銀蒸気を封入した放電管の加速電圧を変えて，陽極 P に流入する電子流を測定した．陽極 P の直前に，約 0.5 V 電位が高い格子を設置すると，これと陽極の間で電子は減速される．このため速度の小さい電子は，格子にとらえられて陽極 P に達することができない．実験の結果，グラフに見るように，4.9 V ごと

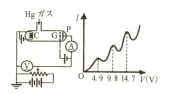

図23-1-9　フランク・ヘルツの実験

に電流は減少し，加速電圧が 4.9 V を少し越えた状態で放電管から波長 $\lambda = 2536$ Å $= 253.6$ nm の光が出ていることがわかった．

例題 加速電圧が 4.9 V ごとに電流が減少する理由を述べよ．

解答 水銀原子が基底状態から励起するためには，4.9 eV のエネルギーが必要．電子が 4.9 eV 以下のエネルギーのときは水銀原子と衝突するが，4.9 eV のエネルギーをもつ場合には，電子のエネルギーはすべて水銀原子に与えられる．エ

ネルギーを失った電子は，格子にとらえられるため陽極に達することができず電流が減少する．

補足 励起された水銀原子は，ただちに基底状態に戻る．このとき $h\nu = h\dfrac{c}{\lambda} = 4.9\,\mathrm{eV}$ を満たす波長 $\lambda = 253.6\,\mathrm{nm}$ の光を放出するため，管内全体が紫色に色づいて見える．

このようにして，フランク・ヘルツの実験は，原子はとびとびのエネルギー準位をもつことを証拠づけ，ボーアの理論が正しいことを別の角度から実証するものとなった．

＜ボーア・ゾンマーフェルトの量子条件＞

水素原子内の電子の軌道が，楕円の場合には，どのように表現すればよいであろうか．$2\pi r \times mv = nh$ の式において，円周部分の $2\pi r$ を文字 q に書き直し，運動量を $p (= mv)$ で表すと，

$$\oint pdq = nh$$

となる．この式をボーア・ゾンマーフェルトの量子条件という．

23.2 量子力学とシュレーディンガー方程式

シュレーディンガーは1926年に，力学現象と一般の波動現象の間に密接な関係があることに着目し，ド・ブロイの考えを発展させた．ハイゼンベルグは1925年に，マトリックス（行列）を使って行列力学を定式化させた．両理論は同等であることが確認され，ミクロの世界の運動法則を記述する量子力学の基本的な理論となった．

23.2.1 シュレーディンガー方程式

まず1次元で考える．一定の速度をもった粒子は，一定の波長をもった波としてふるまうと考え，波動を $e^{ix} = \cos x + i \sin x$ と表すと，波動関数 Ψ は，

$$\Psi(x, t) = \Psi_0 e^{i(kx - \omega t)} = \Psi_0 \cos (kx - \omega t) + i\Psi_0 \sin (kx - \omega t) \qquad 23\text{-}2\text{-}1$$

Ψ を x で偏微分すると，

$$\frac{\partial \Psi(x, t)}{\partial x} = ik\Psi_0 e^{i(kx - \omega t)} = ik\Psi(x, t) \qquad 23\text{-}2\text{-}2$$

Ψ を時間 t で偏微分すると，

$$\frac{\partial \Psi(x, t)}{\partial t} = -i\omega \Psi_0 e^{i(kx - \omega t)} = -i\omega \Psi(x, t) \qquad 23\text{-}2\text{-}3$$

$-i\hbar = -i\dfrac{h}{2\pi}$ を，上の 2 つの式のそれぞれにかけると，

$$-i\frac{h}{2\pi}\cdot\frac{\partial\Psi(x,t)}{\partial x}=-i\frac{h}{2\pi}\cdot i\left(\frac{2\pi}{\lambda}\right)\Psi(x,t)=\frac{h}{\lambda}\Psi(x,t)=p\Psi(x,t)$$

$$-i\frac{h}{2\pi}\cdot\frac{\partial\Psi(x,t)}{\partial t}=-i\frac{h}{2\pi}(-i\omega)\Psi(x,t)=i\frac{h}{2\pi}\cdot 2i\pi\nu\Psi(x,t)$$

$$=-h\nu\Psi(x,t)=-E\Psi(x,t)$$

粒子の運動量 p とエネルギー E は，

$$p=\frac{h}{\lambda}=\frac{2\pi}{\lambda}\times\frac{h}{2\pi}=k\hbar,\quad E=h\nu=\frac{\hbar}{2\pi}\times 2\pi\nu=\hbar\omega \qquad 23\text{-}2\text{-}4$$

となる．したがって，

$$p\Psi(x,t)=-i\frac{h}{2\pi}\cdot\frac{\partial\Psi(x,t)}{\partial x}=-i\hbar\frac{\partial\Psi(x,t)}{\partial x},$$

$$E\Psi(x,t)=i\frac{h}{2\pi}\cdot\frac{\partial\Psi(x,t)}{\partial t}=i\hbar\frac{\partial\Psi(x,t)}{\partial t} \qquad 23\text{-}2\text{-}5$$

となる．演算子は $p=-i\hbar\dfrac{\partial}{\partial x}$，$E=i\hbar\dfrac{\partial}{\partial t}$ となり，3 次元まで拡張すると，

$p=p_x+p_y+p_z=-i\hbar\left(\dfrac{\partial}{\partial x}+\dfrac{\partial}{\partial y}+\dfrac{\partial}{\partial z}\right)=-i\hbar\nabla$ ということがわかる．

　質量 m の粒子が自由空間を運動，すなわち力を受けずに等速直線運動しているときには（位置エネルギー $V(x)=0$），エネルギーと運動量の間には，

$$E=\frac{p^2}{2m} \qquad 23\text{-}2\text{-}6$$

の関係があるので，運動量 $p=-i\hbar\dfrac{\partial\Psi}{\partial x}$ とエネルギー $E=i\hbar\dfrac{\partial\Psi}{\partial t}$ を代入すると，

$$（左辺）=E=i\hbar\frac{\partial\Psi}{\partial t}$$

$$（右辺）=\frac{p^2}{2m}=-\frac{\hbar^2}{2m}\frac{\partial^2\Psi}{\partial x^2}$$

$$\therefore\ -\frac{\hbar^2}{2m}\frac{\partial^2\Psi}{\partial x^2}=i\hbar\frac{\partial\Psi}{\partial t} \qquad 23\text{-}2\text{-}7$$

となる．粒子が自由空間でなく，ポテンシャル $V(x)$ の空間を運動するとき，すなわち，位置エネルギー $V(x)$ をもつ保存力のみを受けて運動するときには式 23-2-6 ではなく，

$$E=\frac{p^2}{2m}+V(x) \qquad 23\text{-}2\text{-}8$$

を用いる．式 23-2-8 に，運動量の演算子 $p = -i\hbar\dfrac{\partial}{\partial x}$ とエネルギーの演算子

$E = i\hbar\dfrac{\partial}{\partial t}$ を代入すると，

$$i\hbar\frac{\partial}{\partial t} = -\frac{\hbar^2}{2m}\frac{\partial^2}{\partial x^2} + V(x)$$

となる．ここで，

$$H = -\frac{\hbar^2}{2m}\frac{\partial^2}{\partial x^2} + V(x)$$

とすると，$i\hbar\dfrac{\partial}{\partial t} = \hat{H}$ となる．このとき，

$$i\hbar\frac{\partial\Psi}{\partial t} = H\Psi \qquad\qquad\qquad 23\text{-}2\text{-}9$$

をシュレーディンガー方程式という．シュレーディンガー方程式は，よくみ

れば，古典力学のエネルギーの $E = \dfrac{p^2}{2m} + V(x)$ という式に現れる E と p を

$E \to i\hbar\dfrac{\partial}{\partial t}$ より $\varepsilon = i\hbar\dfrac{\partial}{\partial t}$ （ε：エネルギー演算子）

$p \to -i\hbar\dfrac{\partial}{\partial x}$ より $p = -i\hbar\left(\dfrac{\partial}{\partial x} + \dfrac{\partial}{\partial y} + \dfrac{\partial}{\partial z}\right)$ （p：運動量演算子）

に，置き換えたものになっている．

ところで古典力学では，質量 m の粒子が，運動量 $p(p_x,\ p_y,\ p_z)$ をもって，ポテンシャルエネルギー $V(x, y, z)$ の空間を運動しているときのハミルトン関数を，次のように与える．

$$H = \frac{1}{2m}(p_x^2 + p_y^2 + p_z^2) + V(x, y, z) \qquad\qquad 23\text{-}2\text{-}10$$

すると，この式は，

$$H = -\frac{\hbar^2}{2m}\left(\frac{\partial^2}{\partial x^2} + \frac{\partial^2}{\partial y^2} + \frac{\partial^2}{\partial z^2}\right) + V(x, y, z) \qquad 23\text{-}2\text{-}11$$

$$H = -\frac{\hbar^2}{2m}\varDelta + V(x, y, z) \qquad\qquad\qquad 23\text{-}2\text{-}12$$

と書ける．この演算子 H はハミルトン演算子という．また，この式の $\varDelta$ はラプラス演算子といい，

$$\varDelta \equiv \frac{\partial^2}{\partial x^2} + \frac{\partial^2}{\partial y^2} + \frac{\partial^2}{\partial z^2} = \nabla^2 \qquad\qquad 23\text{-}2\text{-}13$$

という関係にある．

以上から，波動関数 Ψ は，エネルギー演算子 ε を用いて，

$$H\Psi = \varepsilon \Psi \quad \text{または，} \quad H\Psi = i\hbar \frac{\partial \Psi}{\partial t} \qquad \text{23-2-14}$$

と整理される．なお，

$$H\Psi = -\frac{\hbar^2}{2m}\left(\frac{\partial^2 \Psi}{\partial x^2} + \frac{\partial^2 \Psi}{\partial y^2} + \frac{\partial^2 \Psi}{\partial z^2}\right) + V\Psi = i\hbar \frac{\partial \Psi}{\partial t} \qquad \text{23-2-15}$$

とかけ，この式を時間を含むシュレーディンガー方程式という．

時間を含まないシュレーディンガー方程式は，次のように求められる．波動関数 Ψ がエネルギー演算子 ε の固有関数のときは，エネルギーの固有値を E とすると，この式は $i\hbar \frac{\partial \Psi}{\partial t} = E\Psi$ と書け，波動関数は，空間座標だけの関数に時間因子をかけたものになるので，

$$\Psi(x, y, z, t) = \psi(x, y, z) e^{-\frac{i}{\hbar} Et} \qquad \text{23-2-16}$$

となり，よって，シュレーディンガー方程式は，

$$H\psi = E\psi \qquad \text{23-2-17}$$

と書ける．また，

$$H\psi = -\frac{\hbar^2}{2m}\left(\frac{\partial^2 \psi}{\partial x^2} + \frac{\partial^2 \psi}{\partial y^2} + \frac{\partial^2 \psi}{\partial z^2}\right) + V\psi = E\psi \qquad \text{23-2-18}$$

または，

$$\frac{\hbar^2}{2m}\left(\frac{\partial^2 \psi}{\partial x^2} + \frac{\partial^2 \psi}{\partial y^2} + \frac{\partial^2 \psi}{\partial z^2}\right) + (E - V)\psi = 0 \qquad \text{23-2-19}$$

と書ける．これを時間によらないシュレーディンガー方程式という．

23.2.2 無限に深い井戸型ポテンシャル

図 23-2-1 に示すような無限に深い井戸型ポテンシャルを考える．このようなポテンシャルは半導体の薄膜が絶縁体にはさまれている場合の粗い近似とみなせる．

$$V(x) = \begin{cases} \infty & x < 0 \\ 0 & 0 \leq x \leq L \\ \infty & L \leq x \end{cases} \qquad \text{23-2-20}$$

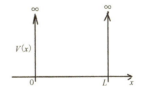

図 23-2-1 無限に深い井戸型ポテンシャル

古典力学では，電子は $V(x) > E$ になっている領域 $x < 0$ と $L < x$ に入れず，$0 \leq x \leq L$ の領域では電子に力が作用しないので，電子は，この領域では等速で往復の運動を行う．

量子力学では，時間に依存しないシュレーディンガー方程式を用いて，

$$0 \leqq x \leqq L \qquad -\frac{\hbar^2}{2m}\frac{d^2\psi}{dx^2} = E\psi$$

$$x < 0, \quad L < x \qquad -\frac{\hbar^2}{2m}\frac{d^2\psi}{dx^2} + V_\infty\psi = E\psi$$

$V(x) = \infty$ の領域 $x < 0$ と $L < x$ には，電子は侵入できなく，

$$x < 0, \quad L < x, \qquad \Psi(x) = 0$$

である．波動関数 $\Psi(x)$ は，境界の $x = 0$ と $x = L$ で連続なので，$0 \leqq x \leqq L$ での波動関数に対する境界条件 $\Psi(0) = \Psi(L) = 0$ である．ここで，

$$E = \frac{\hbar^2}{2m}k^2$$

とおくと，

$$\frac{d^2\psi}{dx^2} = -k^2\psi$$

となり，この一般解は，

$$\psi(x) = A\sin kx + B\cos kx \quad \left(k = \frac{\sqrt{2mE}}{\hbar}\right) \qquad 23\text{-}2\text{-}21$$

と表せる．境界条件を適用すると，

$$\psi(0) = 0 = A\sin 0 + B\cos 0 = B \qquad \therefore \psi(x) = A\sin kx$$

$$\psi(L) = 0 = A\sin kL \quad (B = 0 \text{ より})$$

よって，$A \neq 0$ より，$kL = \pi, 2\pi, 3\pi, \cdots$ なので，

$$k = \frac{n\pi}{L} \quad (n = 1, 2, 3, \cdots)$$

したがって，無限に深い井戸型ポテンシャルの中の電子の波動関数は，

$$\psi_n(x) = A\sin\frac{n\pi}{L}x \quad (n = 1, 2, 3, \cdots; 0 \leqq x \leqq L) \qquad 23\text{-}2\text{-}22$$

となる．全空間（$-\infty < x < +\infty$）のどこかに，電子が存在する確率が1であるという波動関数の規格化条件を使うと

$$\int_{-\infty}^{+\infty}|\psi_n(x)|^2\,dx = 1$$

$$\int_{-\infty}^{+\infty}|\psi_n(x)|^2\,dx = \int_0^L \psi_n^2\,dx = A^2\int_0^L \sin^2\left(\frac{n\pi x}{L}\right)dx = A^2\frac{L}{2} = 1 \quad \therefore A = \sqrt{\frac{2}{L}}$$

なので，無限に深い井戸型ポテンシャルの中の電子の波動関数は，

$$\psi_n(x) = \sqrt{\frac{2}{L}}\sin\frac{n\pi x}{L} \quad (n = 1, 2, 3, \cdots; 0 \leqq x \leqq L) \qquad 23\text{-}2\text{-}23$$

となる．この場合の波動関数は，両端が $x=0$ と $x=L$ で固定されている長さ L の弦に生じる定常波と同様である．すると電子のエネルギーとして，

$$E_n = \frac{\hbar^2}{2m}\left(\frac{n\pi}{L}\right)^2 = \frac{\pi^2\hbar^2}{2mL^2}n^2 \quad (n=1, 2, 3, \cdots)$$ 23-2-24

となり，電子のエネルギー E が，とびとびの値をとることを示している．

電子の状態を指定する整数 n を状態の量子数といい，$n=1$ のときを基底状態，$n=1, 2, \cdots$ のときを励起状態という．エネルギーが最小の状態である基底状態のエネルギーは $E_1 = \frac{\pi^2\hbar^2}{2mL^2}$ であり，絶対0度でも，無限に深い井戸型ポテンシャルにある電子のエネルギーは0にはならない．この E_1 の値を零点エネルギーという．

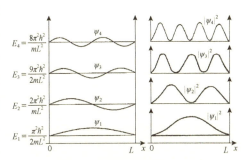

図 23-2-2 無限に深い井戸型ポテンシャルのエネルギー中の定常状態のエネルギー準位と波動関数および確率密度

23.3 原子構造と周期律

23.3.1 極座標でのシュレーディンガー方程式

水素以外の原子は複数の電子を含むので，正確に扱うのは困難なため近似的な扱いをする．またこのとき，x, y, z の3次元空間座標を用いるよりも，極座標 r, θ, ϕ を用いる方が便利で，3組の n, l, m を用いる．n は主量子数といい，$n=1, 2, 3, \cdots$ の値をとり，$n=1$ の状態が 1s 状態（K 殻に相当），$n=2$ の状態が 2s 状態（L 殻に相当），$n=3$ の状態が 3s 状態（M 殻に相当）である．l は方位量子数といい，核のまわり回る電子の角運動量の大きさに関係する．n が決まると l は $l=0, 1, 2, 3, \cdots, n-1$ の n 個だけに限られ，それぞれ s 状態，p 状態，d 状態，f 状態とよぶ．したがって，方位量子数は，0, 1, 2, 3, … の代わりに s, p, d, f, … で表すことも多い．$l=0$ の s 状態は球

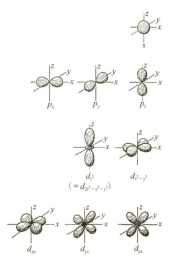

図 23-3-1 s 状態，p 状態，d 状態

対象な状態である．m は磁気量子数といい，角運動量の z 成分の様子を示す目安といえる．l が決まると m は，

$$m = -l, -(l-1), -(l-2), \cdots$$
$$-2, -1, 0, 1, 2, \cdots (l-1), l$$

という $(2l+1)$ 個の値をとる．したがって，s 状態，p 状態，d 状態には，それぞれ 1 個，3 個，5 個，… の異なる定常状態がある．主量子数が n の場合，l と m が異なる n^2 個の状態が存在する．

それでは，極座標での波動関数は，どのように表されるであろうか．

時間に依存する 3 次元のシュレーディンガー方程式は，電子の質量を m_e とすると，

$$-\frac{\hbar^2}{2m_e}\left(\frac{\partial^2 \psi}{\partial x^2}+\frac{\partial^2 \psi}{\partial y^2}+\frac{\partial^2 \psi}{\partial z^2}\right)+V(x,y,z)\psi = i\hbar\frac{\partial \psi}{\partial t} \qquad 23\text{-}3\text{-}1$$

また，時間に依存しない 3 次元のシュレーディンガー方程式は，

$$-\frac{\hbar^2}{2m_e}\left(\frac{\partial^2 \psi}{\partial x^2}+\frac{\partial^2 \psi}{\partial y^2}+\frac{\partial^2 \psi}{\partial z^2}\right)+V(x,y,z)\psi = E\psi \qquad 23\text{-}3\text{-}2$$

であった．時間に依存しないシュレーディンガー方程式を，図 23-3-2 のように (r, θ, ϕ) をとり書き換えてみよう．

$$\begin{cases} x = r\sin\theta\cos\phi \\ y = r\sin\theta\sin\phi \\ z = r\cos\theta \end{cases}$$

より，

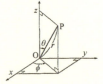

図 23-3-2 極座標

$$\Delta = \frac{\partial^2 \psi}{\partial x^2}+\frac{\partial^2 \psi}{\partial y^2}+\frac{\partial^2 \psi}{\partial z^2} \text{ は，}$$

$$\Delta = \frac{1}{r^2}\frac{\partial}{\partial r}\left(r^2\frac{\partial}{\partial r}\right)+\frac{1}{r^2\sin\theta}\frac{\partial}{\partial \theta}\left(\sin\theta\frac{\partial}{\partial \theta}\right)+\frac{1}{r^2\sin^2\theta}\frac{\partial^2}{\partial \psi^2} \qquad 23\text{-}3\text{-}3$$

と書き換えられるので，

$$-\frac{\hbar^2}{2m_e}\left\{\frac{1}{r^2}\frac{\partial}{\partial r}\left(r^2\frac{\partial}{\partial r}\right)+\frac{1}{r^2\sin\theta}\frac{\partial}{\partial \theta}\left(\sin\theta\frac{\partial}{\partial \theta}\right)+\frac{1}{r^2\sin^2\theta}\frac{\partial^2}{\partial \psi^2}\right\}\psi$$
$$+V(r)\psi = E\psi \qquad 23\text{-}3\text{-}4$$

となる．一方，波動関数 $\Psi(x,y,z,t)$ が，

$$\Psi(x,y,z,t) = R_l(r)Y_{lm}(\theta,\phi)e^{-\frac{iEt}{\hbar}}$$

と変数分離で表される場合には，動径方向の波動を表す $R_l(r)$ は，

$$-\frac{\hbar^2}{2m_e}\frac{d}{dr}\left(r^2\frac{dR_l}{\partial r}\right)+\left[V(r)+\frac{l(l+1)\hbar^2}{2m_e r^2}\right]R_l=ER_l \qquad 23\text{-}3\text{-}5$$

となる. $Y_{lm}(\theta, \phi)$ は，回転する波動を表し，球面調和関数とよばれる.

例題 主量子数 $n=1, 2, 3$ のときの，(n, l, m) について説明せよ.

解答 ① $n=1$ のとき

l は n 個の値をとるので 1. つまり $l=0$. すなわち s 状態のみとなる. また m も $m=0$ のみである. つまり，エネルギーは E_{1s} という最低状態となる.

② $n=2$ のとき

l の値は 2 個とれるので，$l=0, 1$. つまり，s 状態と p 状態が可能である. p 状態については，$m=0, 1, -1$ の 3 種類があるので，運動状態については，(n, l, m) = (2, s, 0), (2, p, 1), (2, p, 2), (2, p, 3) の 4 種類あり. エネルギーは，E_{2s} およびそれより少しエネルギーが高い E_{2p} の 2 つである. E_{2p} という同じエネルギーをもちながら，(n, l, m) = (2, p, 1), (2, p, 2), (2, p, 3) という異なった運動が可能であるので，このようなとき，これらの 3 種類の状態は 縮退 または 縮重 しているという.

③ $n=3$ のとき

l の値は 3 個とれるので，$l=0(s), 1(p), 2(d)$ である. エネルギーは E_{3s}，E_{3p}，E_{3d} の順で高くなる. p 状態は 3 重に，d 状態は 5 重 ($m=-2, -1, 0, 1, 2$) に 縮退 している.

23.3.2 電子のスピンとナトリウムの線スペクトル

ナトリウムの D 線は，589.6 nm の D_1 線と 589.0 nm の D_2 線の 2 重にみえる. 電子は電荷をもって自転しているので，小さなコイルに電流が流れているとみなすことができる. このとき電子が，周囲の磁場と同じ向きに磁場をつくるように自転するか（ある意味，自転と公転の向きが同じ状態），逆向き（自転と公転の向きが逆）に磁場をつくるように自転するかにより，電子のスピンを 2 つに分けると，スピンの角運動量の大きさは，$\pm\frac{1}{2}\cdot\frac{h}{2\pi}$ と考えることができる. これを スピン量子数 m_s という.

ナトリウムの D 線は，3s ($n=3, l=0$) の状態にある電子が励起されて 3p に移っていたのが 3s に戻るとき放出される光である. $l=0$ の状態では，電子のスピンによるエネルギー準位の違いは

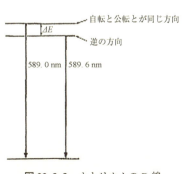

図 23-3-3　ナトリウムの D 線

生じないが，$l=1$ の状態では電子の自転（スピン）によってエネルギーがごくわずかに異なる2つのエネルギー準位が可能になる．その結果から，図23-3-3の2重線の説明ができる．D_1線とD_2線のエネルギー差ΔEは，

$$\Delta E = hc\left(\frac{1}{589.0} - \frac{1}{589.6}\right) \times 10^9 = 3.4 \times 10^{-22} \text{ J}$$

である．電子は負の電荷をもっているので，自転と公転が一致する場合，磁場の向きは逆なので，エネルギーが高いと考える．

23.3.3 パウリの排他律

原子番号がZの中性の原子では，Z個の電子があり，パウリの排他律にしたがってそれぞれの電子の状態になる．パウリの排他律とは，4つの量子数 n, l, m, m_s によって規定される1つの定常状態には1個の電子しか入れないというものである．m_s は，スピン量子数という．

Z個の電子は，エネルギーの低い状態から順に 1s, 2s, 2p, 3s, 3p, 3d, … と入っていく．水素原子の場合，2s と 2p のように同じ主量子数の状態のエネルギーは同じであったが，水素原子よりも重い原子の場合には，同じ主量子数であっても，軌道の角運動量が小さいと原子核による引力が強く

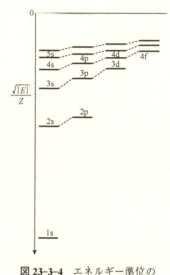

図23-3-4 エネルギー準位の近似的な図

エネルギーが低い．このため，図23-3-4に示すように，1s, 2s, 2p, 3s, 3p, (4s, 3d), 4p, (5s, 4d), 5p, … となる．なお，括弧の中の準位のエネルギーはほぼ等しく，原子によって順番が異なる．

電子はスピンが1/2で，上向きの状態が1つと，下向きの状態が1つ存在する．スピンの向きを考慮すると，図22-3-5に示したようにs状態には電子が2個，p状

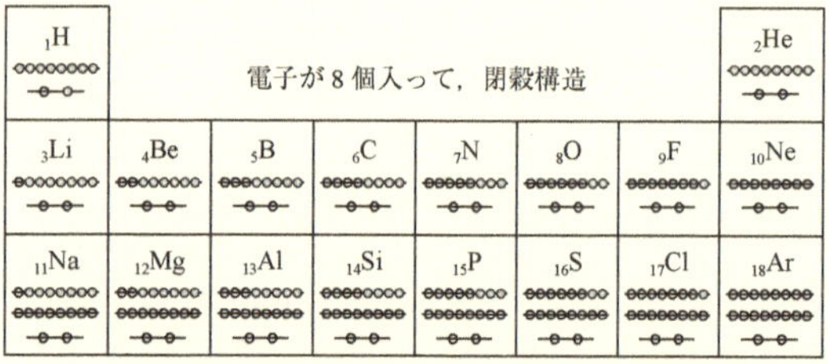

図23-3-5 原子の基底状態での電子配置

態には電子が6個, d状態には10個, f状態には14個まで入ることができる.

原子番号が2の **He**($1s^2$) では, スピンが異なる2個の電子はエネルギーが最低の1s状態にあり1s状態は満席である. 1s状態と2s状態のエネルギー差が大きいので, ヘリウムは化学的に不活性である. 原子番号10の **Ne** ($1s^2 2s^2 2p^6$) も同様に考えることができ, この列に並ぶ原子を貴ガスという.

原子番号3の **Li** ($1s^2 2s^1$) や原子番号11の **Na** ($1s^2 2s^2 2p^6 3s^1$) では, それぞれ2s, 3sに電子が1個だけ入っている. これは, He, Ne閉殻構造に2s, 3sの1個の電子が付け加わった電子配置をもつ. これらの原子では, 余分の電子を放出して安定な閉殻構造になろうとする傾向がある. s状態にある電子は大きなエネルギーをもつので, 原子から自由になりやすく, 1価の陽イオンなりやすい. この列に並ぶ原子をアルカリ金属という.

原子番号9の **F** ($1s^2 2s^2 2p^5$) や原子番号17の **Cl** ($1s^2 2s^2 2p^6 3s^2 3p^5$) は, p状態に1だけ空席があるので, 他の原子の電子を受け取って1価の陰イオン, つまり1個の電子をもらうことで安定な閉殻構造になる傾向がある. この列に並ぶ原子はハロゲン族元素という.

原子の一番外側にあって元素の化学的性質を決める電子を価電子という. 元素の周期性は価電子の殻または準位の種類や, 価電子の数によって生じる.

23.3.4 導体・絶縁体・半導体

<エネルギーバンド>

原子数が1のときには, 原子のエネルギーは図23-3-6の左端に示すようにとびとびの値をとる. しかし, 2個の原子を近づけると, 一方の原子の電子がもう一方の原子の電子と作用し電子の定在波の振動数が変化する. 2個の原子が近接している場

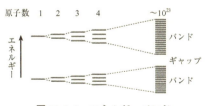

図 **23-3-6** エネルギーバンド

合, 電子のエネルギー準位は図23-3-6の左から2番目のようになる. 原子数が, 3, 4, …と増えると, エネルギー準位は図23-3-6の左から3, 4, …番目のようになる. 原子数がさらに増え結晶をつくると, 電子がとれるエネルギー準位の値は, 図23-3-6の右端のように, 原子のエネルギー準位のまわりに幅をもつようになる. これをエネルギーバンドという. 1つのエネルギーバンドと次のエネルギーバンドとの間には, エネルギー準位が存在しない領

域があり，その部分を禁止帯（禁制帯，エネルギーギャップ）という．

単独の原子の場合に n 個の電子が入れるエネルギー準位に対応するエネルギーバンドには，結晶を構成する原子の数を N とすると，nN 個の電子が入れる．電子はエネルギー準位の低いバンドから順番につまっていく．原子の価電子が入るバンドを価電子帯という．

<導体・絶縁体>

導体・絶縁体・半導体は，抵抗率を目安に分けてきた．導体の抵抗率は 10^{-8} Ω·m 程度，絶縁体では $10^{12} \sim 10^{20}$ Ω·m 程度であり，その中間の $10^{-4} \sim 10^{7}$ Ω·m が半導体である．

絶縁体では，価電子が価電子帯に充満しているため，電圧をかけて価電子を加速してその上のエネルギーの高い状態に移そうとしても，バンドギャップが大きいため移すことができない．そのため絶縁体となる．

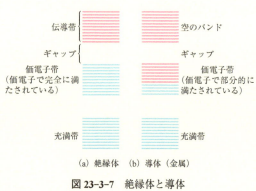

図 23-3-7　絶縁体と導体

しかし，金属などの導体の場合には，価電子の入っている価電子帯（伝導体）は，電子が途中まで満たされているだけなので，小さな電圧をかけても，電子はすぐ上の空いている状態に移り運動するので，電流が流れる．この価電子帯に存在する電子が自由電子である．

<半導体>

エネルギーギャップがあっても，ギャップが狭ければ，価電子が熱運動のエネルギーをもらって，その上の伝導帯に移ることができる．この場合，温度が高温になるほど熱

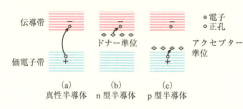

図 23-3-8　半導体のエネルギーバンド

運動が激しくなり，それにより電子が自由電子化し，電気抵抗が減少し電流が流れやすくなる．あわせて，電子が伝導帯に移るときに，価電子帯に残した空孔が，正孔（ホール）として電気伝導に寄与することになる．ゲルマ

ニウム Ge やシリコン（ケイ素）Si などは，真性半導体とよばれる．その他に，セレン Se，酸化亜鉛 ZnO，酸化銅（I）Cu₂O，硫化鉛 PbS などがある．

ところで，半導体には，もう1つのタイプの半導体がある．それは，不純物を入れた半導体である．

図 23-3-9 に見るように，4価の原子のゲルマニウムやケイ素の結晶に，原子の一番外側の s 状態と p 状態に 5 個の電子がある 15 族元素のリン P，ヒ素 As，アンチモン Sb，ビスマス Bi などを不純物として混ぜると，不純物の原子は結晶の格子点に入り，4個の電子を出して周囲の 4 価の原子と共有結合をするが，その結果，不純物の原子の価電子が 1 個余る．

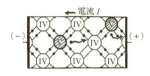

(a) N 型半導体（●電子）

図 23-3-9　n 型半導体

この電子は，価電子帯（充満帯）が満員のため，上の伝導帯に入ってもよいが，不純物原子から弱いクーロン引力を受け，伝導帯の少し下の準位となる．しかし，熱エネルギーをもらうと伝導帯に移り，電圧をかけると自由電子として動き，電流を流す．

このような半導体を n 型半導体といい，不純物原子をドナーという．

逆に図 23-3-10 に見るように，13 族元素のホウ素 B，アルミニウム Al，ガリウム Ga，インジウム In などを不純物として混ぜると，共有結合を行うためには電子が 1 個不足する．

このとき，空孔に周囲の 4 価の原子の電子を埋めると，不純物原子は負の電荷をもつので，

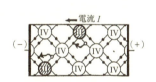

(b) P 型半導体（●電子，○正孔）

図 23-3-10　p 型半導体

空孔に入った電子のエネルギーは，周囲の 4 価の原子の電子のエネルギーよりも大きくなる．そのため，この不純物が入った半導体の結晶のエネルギー準位には，価電子帯のすぐ上に存在する．価電子帯に存在する電子が熱エネルギーをもらうと，価電子帯に空孔が 1 つできる．この状態の結晶に電圧をかけると，価電子帯内の電子が空孔に入り，またできた空孔に別の電子が入りということを繰り返すため，正孔（ホール）が移動しているようにみえる．正孔の移動により電流が流れると考えるとよい．

このような半導体を p 型半導体といい，不純物をアクセプターという．

23.3.3 半導体の応用

半導体は，電子回路の部品としていろいろなところで活躍している．半導体の代表的な電子部品としてはダイオードやトランジスタなどがある．

<ダイオード>

p型半導体とn型半導体を接合したものをpn接合という．pn接合をしたものの両側に

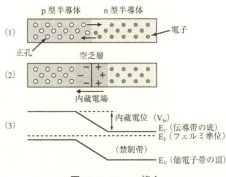

図 23-3-11 pn接合

それぞれ1つずつ2個の電極をつけたものをpn接合ダイオードといい，整流作用をもつ．

i) 順方向 … 整流器が電流を流す方

図 23-3-12 に見るように，p型内部ではホールが負極に向かって流れる．一方，n型内部では自由電子が正極に向かって流れる．接合面では，自由電子とホールが結合して消滅するが，自由電子もホールも次々と送られてくるので，電流は引き続いて流れる．

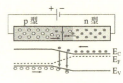

図 23-3-12 順方向

ii) 逆方向 … 整流器が電流を流さない方向

図 23-3-13 に見るように，p型内部ではホールが負極に向かって流れ，n型内部では自由電子が正極に向かって流れるので，自由電子もホールも互いに接合面から離れる向きに移動するので電流は流れない．

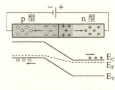

図 23-3-13 逆方向

iii) 整流作用

ダイオードの両端に交流電圧をかけると，順方向のときのみ電流が流れる．電子回路においてダイオードは，図 23-3-14 のように描く．ダイオードのI-V特性曲線は，図 23-3-15 のようになる．したがって，実際の回路では，図 23-3-16 の (b) のように全波整流して用いられる．

図23-3-14
ダイオードの書き方　図23-3-15　特性曲線　　図23-3-16　整流作用

iv) 発光ダイオード（LED）

　シリコンのかわりにガリウムヒ素（**GaAs**）やガリウムリン（**GaP**）などの発光しやすい半導体を使って，pn接合したものを発光ダイオードという．順方向に電圧をかけると，接合面の付近で電子とホールが結合する．この過程では，エネルギーが高い伝導帯（E_n）に存在する電子が，

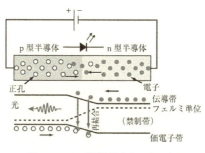

図23-3-17　発光ダイオードLED

エネルギーの低い価電子帯（E_m）の空席に入る．このとき，電子のエネルギーの差 $E_n - E_m$ が光として放出される．

v) 太陽電池

　pn接合を利用して，発光ダイオードとは逆に，光のエネルギーを直接，電気のエネルギーに変換できるのが太陽電池である．図23-3-18に示すように，pn接合の接合面付近に，エネルギーギャップより大きいエネルギーの光子が照射されると，電子・正孔対ができる．電子はエネルギーの低いn型へ，正孔はp型に引き寄せられ，電子はn型に，正孔はp型に集まり，n型とp型の間に起電力が生じる．

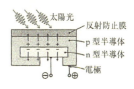

図23-3-18
シリコン太陽電池

　光エネルギーを電気エネルギーに変換する光電変換素子としては，ほかにも，電荷結合素子（CCD；Charge Coupled Device）が，ビデオやデジカメのセンサーとして身の回りで活躍している．

＜トランジスタ＞

　p型半導体とn型半導体を図23-3-19のように接合したものをトランジス

タという．トランジスタには，(a) pnp 型，と (b) npn 型がある．

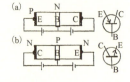

図 23-3-19　トランジスタ

・ベース（B）… 真ん中の薄い部分（約 0.03 mm 以下）
・エミッター（E）とベースは順方向接続（pn 接続）
・コレクタ（C）と電池は逆方向接続（np 接続）

以上の約束に基づいて，図 23-3-20 に示す 3 通りの接続方法が考えられる．pnp 型を例に考えてみよう．

図 23-3-20　トランジスタの接続方法（pnp 型）

図 23-3-20(a) のようにベースを接地して，EB 間に順方向電圧をかけると，p 型のホールは n 型に向かって移動する．ベースは極めて薄く作られているので，移動したホールの大部分（約 99%）はコレクタまで入ってしまう．このホールは，コレクタの（−）極に引かれて移動し，電流が流れる．

$$I_E \approx I_C,\ I_C > I_B$$

エミッタからベースに入るホールの数は，コレクタ電流によらずベース電圧に比例する．つまりベース電流は，コレクタ電圧によらずベース電圧に比例する．

ベース接地トランジスタの電流増幅率 α（$=h_{fb}$）は，トランジスタに流れ込む方向を電流の正の方向とすれば，$\alpha = -\dfrac{\Delta I_C}{\Delta I_E}$ である．ただし，$\alpha < 1$ である．ところで，エミッタ電流の増加 ΔI_E に対して，

　コレクタ電流の増加 ΔI_C は，$\Delta I_C = -\alpha \Delta I_E$

　ベース電流の増加 ΔI_B は，$\Delta I_B = -(1-\alpha)\Delta I_E$　（$\because I_E + I_B + I_C + = 0$）

となる．ここで，エミッタを接地し，ベース電流でコレクタ電流を制御すると，$\dfrac{\Delta I_C}{\Delta I_E} = \dfrac{-\alpha \Delta I_E}{-(1-\alpha)\Delta I_E} = \dfrac{\alpha}{1-\alpha} = h_{fe}$

エミッタ接地トランジスタの電流増幅率 h_{fe}（$=\beta$）は，$\alpha = 0.99$ のときには，$h_{fb} = \dfrac{0.99}{1-0.99} = 99$

という大きな値が得られる．つまり，エ

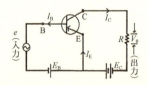

図 23-3-21　エミッタ接地の増幅回路

ミッタ接地回路では，大きな電流増幅が得られる．

入力をベースとし，出力をコレクタとした場合，増幅作用をもつ．

＜レーザー（Light Amplification by Stimulated Emission of Radiation）＞

半導体レーザーは，現在いろいろな分野で活躍している．CD や DVD などの光学ドライブの光ピックアップやレーザープリンターなどに利用されている．

一般に図 23-3-25 のように，エネルギー準位が E_1 の状態の電子にエネルギーを与え E_3 の状態にしておき（ポンピング），自然放出などでエネルギー準位を E_3 から E_2 状態に電子をおろして，エネルギー準位が E_2 のものを多くしておく．このような状態で，$h\nu = E_2 - E_1$ を満たす振動数の光 ν を

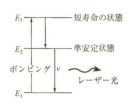

図 23-3-25　レーザー発光

送ると，それと同期して $E_2 \to E_1$ の遷移が生じ強い発光が生じる．このとき得られる光は，コヒーレントな光（干渉しやすい光（可干渉な光））である．このような発光を誘導放出という．半導体レーザーでは，pn 接合領域の両端に電圧をかけると，この領域に p 型領域からはホールが，n 型領域からは電子が流れ込み，pn 接合領域に電子とホールが高密度に注入され反転分布が形成される．電子とホールが結合する時にバンドギャップに相当するエネルギーを放出し誘導放出が継続的に生じる．

第 24 章　原子核

24.1　原子核の構成

24.1.1　陽極線（Canal rays/Anode rays）

ゴールドスタインは，1886 年に真空放電の実験中に，陰極線と逆向きに陽極から陰極に向かって進む線を発見し，陽極線と名づけられた．陽極線の比電荷 q/m は，電子の比電荷 e/m より，ずっと小さな値であった．陽子の質量が電子の質量よりもずっと大きいからだと考えられる．

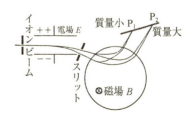

図 24-1-1　アストンの質量分析器

化学的に純粋なネオン **Ne** で実験すると蛍光面に 2 本の放物線が生じた. 同じ **Ne** なので電荷は等しい. ということは, 質量が異なる 2 種類のイオンが存在すると仮定すれば説明がつく. 実際に, ネオンには, ^{20}Ne と ^{22}Ne という同位体が存在する. トムソンがこの実験を行ったことで, 当時知られていた放射性同位体の他に, 非放射性同位体が存在することが明らかになった. このような装置を質量分析器という.

24.1.2 原子核の構成

原子番号 Z の原子は, 中心に $+Ze$ の電気量をもった原子核と, そのまわりの Z 個の電子からできている. 原子核に陽子 (**p**：proton) が Z 個あると考えると電気的に中性になるが, 質量数の面であわないという問題があった.

チャドウィックは, 1932 年に, ベリリウムの原子核に α 粒子を当てたところ, 陽子とほぼ等しい質量をもった電荷をもたない粒子が飛び出すことを発見した. この粒子は, 電荷をもたないので中性子 (**n**：neutron) と名づけられた.

質量数 A, 原子番号 Z, 陽子数 P, 中性子数 N の原子では,

$$\text{原子核}\begin{cases}\text{陽子} \quad (\mathbf{p}) & Z=P \\ \text{中性子}(\mathbf{n}) & A=P+N\end{cases} \text{となる.}$$

陽子と中性子をあわせて核子 (Nucleon) という.

24.1.3 原子質量単位 (u；unified mass unit) or (amu；atomic mass unit)

1961 年以降, 質量数 12 の炭素 $^{12}_{6}$C 1 個の質量の $\frac{1}{12}$ を基準にとり,

$$1 \text{ 原子質量単位} \quad 1\,\text{u} = 1\,\text{amu}$$

と決めた. 1 u とは, 1 mol の $^{12}_{6}$C の質量が 12 g なので,

$$1\,\text{u} = 1\,\text{amu} = \frac{12 \times 10^{-3}\text{ kg}}{6.022 \times 10^{23}} \times \frac{1}{12} = 1.661 \times 10^{-27}\text{ kg} \qquad 24\text{-}1\text{-}1$$

である. 自然界に存在する元素は, ふつう, 数種の同位体が一定の割合で混ざっているので, 化学で用いる原子量は, 必ずしも整数になるとは限らない.

ところで, 原子核はほぼ球状であるが, その半径はだいたい $A^{\frac{1}{3}}$ に比例することが知られている.

$$r \approx r_0 A^{\frac{1}{3}} \quad (r_0 = 1.2 \times 10^{-15}\text{ m}) \qquad i.\,e.\ \ \frac{4}{3}\pi r^3 = \frac{4}{3}\pi r_0^3 A \qquad 24\text{-}1\text{-}2$$

となる. このとき, 原子核 (核子) の密度は, どの核でもほぼ一定で, 陽子

表 24-1-1　核子・原子の質量

核子・原子		質量(u)	核子・原子		質量(u)
陽子	p	1.00727	ヘリウム	$_2^4$He	4.00260
中性子	n	1.00867	リチウム	$_3^7$Li	7.01600
水素	$_1^1$H	1.00783	窒素	$_7^{14}$N	14.0031
重水素	$_1^2$H	2.01410	ウラン	$_{92}^{235}$U	235.0439
三重水素	$_1^3$H	3.01605	〃	$_{92}^{238}$U	238.0508

核子と原子の1個の質量（n, p以外は中性原子の質量）
電子の質量は，0.0005(u)

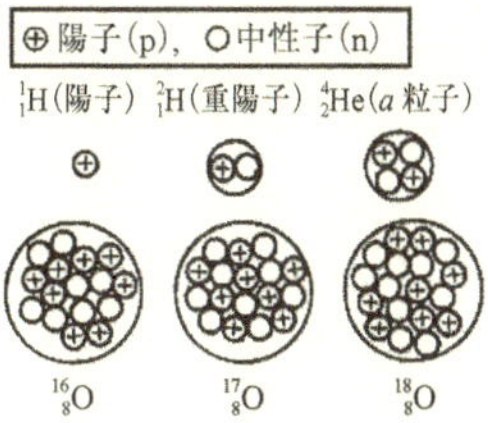

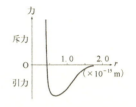

図 24-1-2　水素と酸素の同位体

あるいは中性子1個の占める体積が半径 r_0 の球に等しいことがわかる．

24.1.3　核力・中間子（meson）

原子核内の陽子や中性子という核子を1つにまとめている力を核力（中間子力）といい，核の作用する場を中間子場（核力場）という．

図 24-1-3　核子間距離における核力の強さ

中間子力は，陽子同士にも，陽子と中性子との間にも，中性子同士にも作用する．図 24-1-3 より，陽子同士の場合，クーロンの法則による斥力も作用するが，原子核の大きさ程度の距離（10^{-15} m）では，中間子力のほうが強い．中間子場は，0.5×10^{-15} m の距離では強い斥力，0.7×10^{-15} m の距離では強い引力になっている．

図 24-1-4　核力の原因

電磁気的な力（電磁場）が波動として伝わるのが電磁波であり，それが粒子的に振る舞うというので，光子の概念が導入された．同様のことを核力について提唱したのが湯川秀樹の中間子論（1935年）である．湯川は，図 24-1-4 のように，π 中間子とよばれる素粒子が核子の間でキャッチボールのようにやりとりされることが核力の原因だと考えた．古典物理学では，質量 m_p の陽子が，正電荷の π 中間子（π^+ と記す．質量は m_π）を放出して中性子（質量 m_n）に変わることは，エネルギー保存則によって禁止される．質量を比較すると，$m_p c^2 < m_n c^2 + m_\pi c^2$ なので，$\mathrm{p} \not\to \mathrm{n} + \pi^+$ となる．しかし量子力学では不確定性関係 $(\Delta E)(\Delta t) \geq \dfrac{h}{2\pi}$ より，短い時間 Δt であれば $\Delta E \approx \dfrac{h}{2\pi \Delta t}$ 程度のエネルギーの非保存は許されるので，陽子が π 中間子を放出して，エネル

ギー保存則を $\Delta E \approx m_\pi c^2$ だけ破ることは $\Delta t \approx \dfrac{h}{2\pi m_\pi c^2}$ 程度の時間であれば可能である.

もし π 中間子がこの時間内に進む距離の範囲内に中性子があれば, この π^+ 中間子は, この中間子を吸収し陽子に変わるため, エネルギー保存則は回復することになる. 中間子が進む距離 l は, を $l \approx c\Delta t$ なので,

$$l \approx c\Delta t = \dfrac{h}{2\pi m_\pi c} = 2\times 10^{-15}\ \mathrm{m} \qquad 24\text{-}1\text{-}3$$

とし, π 中間子の質量を見積もると電子の約 200 倍であると, 湯川は予言した.

1936 年, アンダーソンが, ロッキー山脈のハイクス・ピーク山頂における宇宙線の飛跡写真の中に電子の質量の 207 倍とみられる中間子を発見した. しかし, その中間子は湯川が予言したものとは異なることがわかり, 坂田昌一, 谷川安孝は, 1942 年に二中間子論を提唱し, 宇宙線中の中間子 (μ 中間子, 現在では μ 粒子とよぶ) は, π 中間子と別のものであることを主張した. π 中間子は, 1947 年に, イギリスのパウエルらによって発見され, 電子の約 270 の質量をもっていることがわかった.

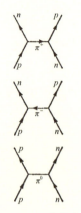

図 24-1-5　π 中間子の交換

$$m_\pi = 274\ m_\mathrm{e} \quad \left(l = \dfrac{h}{2\pi m_\pi c} = 1.41 \times 10^{-15}\ \mathrm{m} = 1.41\ \mathrm{fm}\right) \qquad 24\text{-}1\text{-}4$$

24.2　放射線

24.2.1　放射能の発見

ベクレルは, 1895 年に X 線が発見されたことに刺激を受け蛍光物質の研究を行い, 1896 年に硫酸ウラニルカリウムから放射線が放出されることを発見した. これが放射能の発見となった. 放射能とは, 放射線を出す能力である. ポアンカレは, 十分に強い蛍光を発する物体は, 光の他に X 線も放出するのではと予測し, フランスでは, この分野の研究がさかんになった. ベクレルは, 全く光にさらされず暗がりにおかれていた硫酸ウラニルカリウムが写真を感光するのを発見した. 彼は, この放射線は外部からの光に無関係で, 硫酸ウラニルカリウムが放出すると結論づけた. 放射線の特徴を,

- ウラン化合物からの放射線は，X線同様に電離作用がある．
- この放射線は，透過物質によって，吸収のされかたが異なる．
- ウラン化合物は，すべて放射線を放出するが，金属ウランが最も強い．
- 温度変化や放電によって強さは変わらない

と，まとめた．

　シュミットは，1898年，ウランと同様にトリウムも同じ放射線を放射することを発見した．また，ベクレルの友人のピエール＆マリー・キュリーは放射能という用語を命名した．彼らは，ピッチブレンドから，分別結晶法により，2つの新元素ポロニウム（**Po**）とラジウム（**Ra**）を分離した．ラジウムの発見以降，放射能研究が活発化する．ラザフォードは，1900年に放射能を透過能力の大小により2種類に分類．透過能力の小さいものをα線，透過能力の大きいものをβ線とした．ピエール・キュリーは，α線は磁場では曲げられにくく，β線は曲げられやすいことを確認．ピエール＆マリー・キュリーは，β線が負電荷をもつことを証明．ベクレルはβ線の比電荷を測定し，電子の値と同じことから，β線は高速の電子流とした．ヴィラール（仏）は，磁場によって曲げられず，透過能力が大きいの第3の放射線を発見しγ線とした．ラザフォードは，結晶によるγ線の回折実験（1914年）を行い，γ線は，電磁波であることをみいだした．

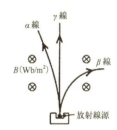

図 24-2-1　放射線

　ラザフォードとソディは，1903年に，放射性元素は放射線を出して他の元素に変換することを明らかにした．1913年，ソディは，放射性系列の研究に基づき，変換の場合の変位則を発表した．変位則は，同位体（アイソトープ）の存在の裏付けになることを指摘し，鉛の同位体の存在を実験的に証明した．

　1906年に，ラザフォードは，α線の比電荷測定を行ったところ，水素原子の比電荷の約$\frac{1}{2}$であった．これにより，α線は，水素分子H_2なのかヘリウム原子Heのどちらかと考えられた．その後，ラザフォードは，ガラス管内に封じた放射性物質からの粒子ガスを放電管に入れ，放電によるスペクトルを分析した結果，α線はヘリウム原子核の流れであることを明確にした．

24.2.2　Magic Number（魔法の数）

安定な原子核では，中性子または陽子の数が，

$$2, 8, 20, 28, 50, 82, 126,$$

であることが知られている．

24.2.3　原子核の崩壊

原子核が，安定状態からエネルギーを得て，励起状態になると，核子は前よりも大きな速度をもつ．この余分のエネルギーが核内では，1個の核子に与えられ，その核子は核外へ放出される．この現象を放射性崩壊という．

<α崩壊>

α崩壊では，高エネルギー（$1.5 \sim 2.0 \times 10^7$ m/s）のヘリウム原子核 ^4_2He（陽子2個，中性子2個）が放出される．

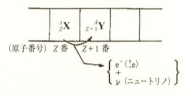

図 24-2-2　α崩壊

原子番号が 2 だけ減り
質量数が 4 だけ減った原子核になる．
$$^A_Z\text{X} \rightarrow \,^{A-4}_{Z-2}\text{Y} + ^4_2\text{He}$$

例：$^{238}_{92}\text{U} \rightarrow \,^{234}_{90}\text{Th} + ^4_2\text{He}$，　$^{226}_{88}\text{Ra} \rightarrow \,^{222}_{86}\text{Rn} + ^4_2\text{He}$

<β崩壊>

β崩壊では，中性子が陽子に変化することによって高エネルギー（$1.0 \sim 2.9 \times 10^8$ m/s，光速に近い）の電子が放出される．このとき，あわせてニュートリノという電気的に中性で質量がきわめて小さい粒子 $\left(\text{電子の質量の}\dfrac{1}{10^5}\text{以下}\right)$ が放

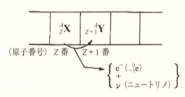

図 24-2-3　β崩壊

出される．β崩壊を引き起こす原因となる力を弱い相互作用という．なお，β崩壊で放出されるニュートリノは，反電子ニュートリノ $\bar{\nu}_e$ である．

$$n \rightarrow p^+ + e^- + \bar{\nu}_e$$

質量数は変わらず，原子番号は
1 だけ増えた原子核になる．
$$^A_Z\text{X} \rightarrow \,^A_{Z+1}\text{Y} + e^-$$

例：$^{234}_{90}\text{Th} \rightarrow \,^{234}_{91}\text{Pa} + e^-$，　$^{32}_{15}\text{P} \rightarrow \,^{32}_{16}\text{S} + ^{\,\,0}_{-1}e$

<陽電子崩壊（β^+崩壊）>

核子数が多い場合，陽子が中性子の数よりも多いと，陽子は電荷をもつため電気的反発力が大きくなる．そのため，陽子は，陽電子 $_{+1}^{0}e$ と電子ニュートリノ ν_e を放出して中性子に変化，安定な原子核になる．

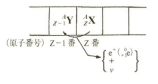

図 24-2-4　β崩壊

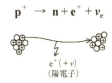

$$p^+ \rightarrow n + e^+ + \nu_e$$

質量数は変わらず，原子番号は1だけ減った原子核になる．

$$_{Z}^{A}X \rightarrow {}_{Z-1}^{A}Y + e^+$$

例：$_{15}^{32}P \rightarrow {}_{16}^{32}S + {}_{-1}^{0}e$

<γ線放射>

α崩壊やβ崩壊をした直後の核は，高エネルギーの状態にあるため，余分なエネルギーを放出して，核子が安定な低いエネルギー状態に移る．このとき，γ線を放出する．γ線は，X線より波長の短い電磁波で，$10^{-13}\sim 10^{-10}$ m である．γ線を放出しても，質量数も原子番号も不変である．

$$_{-1}^{0}e + {}_{+1}^{0}e \rightarrow 2\gamma$$

24.2.4　放射線の性質

放射線は，電離・写真・蛍光作用および透過作用をもつ．透過作用が強い場合は，相手物質を素通りする．逆に透過作用の弱いものは，相手物質に電離・写真・蛍光作用を引き起こす．

表 24-2-1　放射線の性質

放射線	電離・写真・蛍光作用	透過能力（1 MeV）
α線	最強	最弱　空気では0.4 cm (1 atm)；紙1枚で止まる
β線	中位	中位　空気では数 m；Al板0.15 cmで止まる
γ線	最弱	最強　pb板では8 cm（90%吸収）で止まる

24.2.5　半減期

放射性原子の崩壊は，確率的な現象で，どの原子がいつ崩壊するかについては，確定的なことはいえない．しかし，非常に多くの原子が集まっている場合，その中で単位時間内に崩壊する割合（確率）だけは決まっている．その割合は，それぞれの原子によって決まっていて崩壊定数λという．崩壊定

数は，温度や圧力や原子間の結合状態などの化学的条件に左右されない．単位時間に崩壊する原子数は，全原子数に比例するので，

$$-\frac{dN}{dt} = \lambda N \quad \therefore \frac{dN}{N} = -\lambda dt \quad 24\text{-}2\text{-}1$$

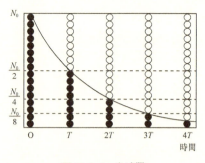

図 24-2-5　半減期

両辺を積分すると，

$$\int \frac{dN}{N} = -\lambda \int dt \quad \log|N| = -\lambda t \log e + C = \log e^{-\lambda t} + \log e^C \quad \therefore N = Ae^{-\lambda t}$$

ここで，A は任意で，初期条件 $t=0$ のとき $N=N_0$ より，

$$N_0 = Ae^{-\lambda \cdot 0} \quad \therefore A = N_0 \quad \therefore N = N_0 e^{-\lambda t} \quad 24\text{-}2\text{-}2$$

式 24-2-2 において，$N = \frac{1}{2}N_0$ になるまでの時間 T を半減期とよぶ．これを式 24-2-2 に代入すると，

$$\frac{1}{2}N_0 = N_0 e^{-\lambda T} = N_0 e^{-\lambda t \cdot \frac{T}{t}} = N_0 \left(\frac{N}{N_0}\right)^{\frac{T}{t}}$$

$$\frac{1}{2}N_0 = N_0 \left(\frac{N}{N_0}\right)^{\frac{T}{t}} \quad \frac{1}{2} = \left(\frac{N}{N_0}\right)^{\frac{T}{t}}$$

$$\frac{N}{N_0} = \left(\frac{1}{2}\right)^{\frac{t}{T}} \quad \therefore N = N_0 \left(\frac{1}{2}\right)^{\frac{t}{T}} \quad 24\text{-}2\text{-}3$$

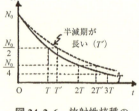

図 24-2-6　放射性核種の減衰曲線

式 24-2-3 において，両辺の対数をとると，

$$\log N = \log N_0 + \frac{t}{T} \log \frac{1}{2} = \log N_0 - \frac{t}{T} \log 2$$

$$\therefore \log N = \log N_0 - 0.3010 \frac{t}{T} \quad 24\text{-}2\text{-}4$$

となる．横軸に時間，縦軸に放射線カウンターで崩壊した原子の数を測定し，その計数の対数をとってグラフ化すると，図 24-2-7 のようになる．このグラフの傾きから，半減期を求めることができる．以下に，放射性核種の半減期を示す．

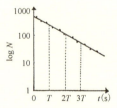

図 24-2-7　放射性核種の減衰曲線の対数グラフ

表 24-2-2　放射性核種の半減期

核種	崩壊	半減期	核種	崩壊	半減期
$_{0}^{1}n$	β^-	$10.6(m)$	$_{88}^{226}Ra$	α	$1.60 \times 10^3 (y)$
$_{1}^{3}H$	β^-	$12.3(y)$	$_{90}^{232}Th$	α	$1.40 \times 10^{10} (y)$
$_{6}^{14}C$	β^-	$5.73 \times 10^8 (y)$	$_{92}^{235}U$	α	$7.04 \times 10^8 (y)$
$_{16}^{32}P$	β^-	$14.3(d)$	$_{92}^{238}U$	α	$4.47 \times 10^9 (y)$
$_{27}^{60}Co$	β^-	$5.27(y)$	$_{94}^{239}Pu$	α	$2.41 \times 10^4 (y)$

m；分，d；日，y；年

24.2.6　放射性系列

　放射性崩壊によって新しい原子核ができても，その原子核が不安定ならば，安定な原子核になるまで崩壊を続け，次々と変わっていく。この一連の原子核の崩壊の列を放射性崩壊系列という。α 崩壊では，質量数が 4 だけ減少し，β 崩壊では質量数は不変である。このことから，α 崩壊と β 崩壊を組み合わせても，原子核の質量数の差は 4 の整数倍になる。したがって，4 つの放射性系列が考えられる。

表 24-2-3　放射性崩壊系列

系列名	始原元素	終局元素	質量数
トリウム系列	トリウム $_{90}^{232}Th$	鉛 $_{52}^{234}Pb$	$4n$
アクチニウム系列	ウラン $_{92}^{235}U$	鉛 $_{52}^{234}Pb$	$4n+3$
ウラン-ラジウム系列	ウラン $_{92}^{238}U$	鉛 $_{52}^{234}Pb$	$4n+2$
ネプツニウム系列	プルトニウム $_{34}^{241}Pu$	ビスマス $_{83}^{247}Bi$	$4n+1$

24.2.7　放射線の検出

　放射線の検出器としては，次にあげられるものがある．

① 電離作用を利用…電離箱，ガイガー計数管（GMカウンターなど）

② 蛍光作用を利用…シンチレーション計数管など

③ 写真作用を利用…写真，乳剤など．

④ その他…霧箱，あわ箱など

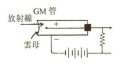

図 24-2-8　GM 管

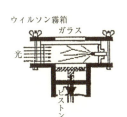

図 24-2-9　ウィルソン霧箱

> **プチ実験** 「簡単な霧箱」
>
> （準備） 直径 8 cm〜10 cm のフタ付きの透明なプラスチックケース，黒の画用紙，スポンジ製のすきまテープ，マントル（キャンプ用のランタンの芯）やラジウムボールなどの放射線源，エチルアルコール，ドライアイス，明るい懐中電灯．（方法） プラケースの底に黒の画用紙を敷き，内側に隙間テープを，外部からの光源の取り入れ口 2 cm 程度あけて貼り付ける．隙間テープにアルコールを十分に浸透させる．放射線源をプラチックケースの上ふたの裏側に取り付けフタをする．ケースの底をドライアイスで冷やす．しばらくすると，α 線の飛跡がみえる．明るい懐中電灯で，光源の取り入れ口を照らすと観察しやすい．

24.2.8 放射線に関する単位

＜放射能の強さ＞

ベクレル（記号 Bq） 放射能の強さを表す SI 単位系の単位．毎秒 1 個の放射線を出す放射能を 1 Bq といい（1975 年），キュリーとの換算は，

$1 \, \text{Ci} = 3.7 \times 10^{10} \, \text{Bq}$ である．

キュリー（記号 Ci） 1 秒あたりの崩壊数が 3.7×10^{10} であるような放射能の強さを 1 Ci と定義する（1962 年）．3.7×10^{10} という値は，ラジウム **Ra** 1 g の 1 秒あたりの崩壊数である．

＜照射線量＞

レントゲン（記号 R） 放射線が物体に照射されたときに起こる作用は，電離作用によるが，その作用の程度を示す単位で，空気 1 kg に照射して，正負それぞれ 2.58×10^{-4} C のイオン対をつくる X 線や γ 線の照射線量を 1 R という（1928 年）．

クーロン毎キログラム（記号 C/kg） レントゲンに代わる SI 単位．$1 \, \text{R} = 2.58 \times 10^{-4}$ C/kg

＜吸収線量＞

放射線を照射された物質の一部が，単位質量あたりに吸収する放射線のエネルギー．

ラド（記号 rad） 1 g の媒質に放射線が 100 erg 吸収されるときの，吸収される線量を 1 rad という．$1 \, \text{rad} = 100 \, \text{erg/g} = 10^{-2} \, \text{J/kg} = 6.242 \times 10^{13} \, \text{eV/g}$

グレイ（記号 Gy） 吸収線量の SI 単位系の単位．媒質 1 kg あたり 1 J の放射線が吸収されるとき 1 Gy という．$1 \, \text{Gy} = 1 \, \text{J/kg} = 10^{4} \, \text{erg/g} = 100 \, \text{rad}$

<線量当量>

人体が，放射線を受ける（被曝する）ときの影響を表す量．等価線量ともいう．

レム（記号 rem） 放射線の種類により，同じ 1 rad の吸収線量であっても，生物学的効果に違いがあるので，一般的に，表24-2-4 に示すように換算する．

表 24-2-4　RBE 線

放射線の種類	RBE 線
X 線，γ 線	1
β 線	1
陽子（2 MeV 以上）	5
α 粒子	20
中性子	5～20

$$\text{RBE 線量 (rem)} = \text{線量 (rad} \times \text{RBE)}$$

シーベルト（記号 Sv）

レムに代わる SI 単位の単位．$1 \text{ rem} = 10^{-2} \text{ Sv}$

24.2.9　放射線利用

① **トレーサー** 放射性同位体は，安定な同位体と化学的な性質は同じなので，食物や肥料に混入させ，その移動の道筋をさぐることができる．

図 24-2-10　トレーサーの写真　1987年3月28日　著者撮影
（左）炭素 ^{14}C　（中）^{90}Sr　（右）^{14}C

② **ラジオグラフィ** X 線や γ 線は透過能力をもち，写真作用があるので，これを利用して，金属疲労の点検や物体の透過写真を撮影することができる．この技術を**ラジオグラフィ**といい，この検査方法を**非破壊検査**という．

③ **ガンマフィールド** 生物の遺伝子に，放射線を照射すると突然変異を起こさせることができる．ガンマフィールドでは，γ 線により植物に突然変異を起こさせ，植物の品種改良を行っている．

④ **放射線治療** 放射線は，細胞分裂のさかんなところほど大きな影響を与えるので，ガン細胞などに放射線を集中的に照射し，ガン細胞を分解する（^{60}Co の γ 線）．

⑤ **年代測定** $^{14}_{6}$C などの半減期を利用して遺跡や化石の年代を－測定する．

⑥ **厚さ計** 透過力の強い β 線や γ 線の透過度を測定して，薄膜や金属の厚さを測定する．

24.3 核エネルギー

24.3.1 原子核の人工変換

ラザフォードは，人類最初の原子核の人工変換を行った．窒素 $^{14}_{7}\text{N}$ に，α線をあてると，酸素 $^{17}_{8}\text{O}$ と陽子ができることを発見した．この反応を**核反応式**に表すと，

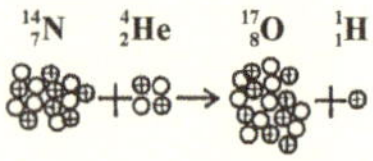

$$^{14}_{7}\text{N} + ^{4}_{2}\text{He} \rightarrow ^{17}_{8}\text{O} + ^{1}_{1}\text{H}$$

この式を，イメージ図で表すと，下記のようになる．

《核反応式》
$$^{A_1}_{Z_1}\text{U} + ^{A_2}_{Z_2}\text{V} \rightarrow ^{A_3}_{Z_3}\text{X} + ^{A_4}_{Z_4}\text{Y}$$

上式において，（質量数の和は一定）［∵ 核子数不変］ $\rightarrow A_1 + A_2 = A_3 + A_4$
（原子番号の和は一定）［∵ 核の正電荷数一定］$\rightarrow Z_1 + Z_2 = Z_3 + Z_4$

ラザフォード研究所のチャドウィックは，1932年にベリリウムにα線をあてたところ透過度の強い放射線が放出されることを発見し中性子と命名した．

$$^{9}_{4}\text{Be} + ^{4}_{2}\text{He} \rightarrow ^{12}_{6}\text{C} + ^{1}_{0}\text{n}$$

$m_p = 1.00727$ u $m_n = 1.00867$ u

∴ $m_n = 1.0015\, m_p$

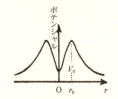

図 24-3-1 ラザフォードの原子核の人工変換

中性子は正電荷をもたないため，原子核に近づきやすく，反応を起こさせやすい．

コッククロフト（英）とウォルトン（英）は，1932年に，加速器による原子核の人工変換を行った．加速した陽子をリチウム原子核にあて，次の反応を起こさせた．

$$^{7}_{3}\text{Li} + ^{1}_{1}\text{H} \rightarrow 2\,^{4}_{2}\text{He}$$

α線や陽子は正の電荷を帯びているために，原子核に近づくにつれて原子核の正電荷から強いクーロン斥力が作用する．原子核の付近のポテンシャルは，図 24-3-2 のように，ある r_0 で，極大値 V_0 をもつ．核反応をさせるにはこの V_0 より大きなエネルギーを与えなければならない．このために粒子の加速器が必要になってきた．

図 24-3-2 正電荷付近のポテンシャル

> **参考** 加速器
> 　最初に加速器で核反応に成功したのはコッククロフトとウォルトンで直線型の加速器であった（1932年）．それより少し前の1930年に，ローレンスは線型加速器とサイクロトロンを発明していた．この他に，バンデグラフ型加速器や，ベータトロン，シンクロトロンなどがある．

＜人工放射性核種の発見＞

1934 年，ジョリオ・キュリー夫妻は，人工放射性核種を発見した．アルミニウム $^{27}_{13}\text{Al}$ に α 線をあてると，リンの同位体 $^{30}_{15}\text{P}$ と中性子が放出され，この反応で生成した $^{30}_{15}\text{P}$ は，陽電子を放出してケイ素の同位体 $^{30}_{14}\text{Si}$ に変換する．

$$^{27}_{13}\text{Al} + ^{4}_{2}\text{He} \rightarrow ^{30}_{15}\text{P} + ^{1}_{0}\text{n} \; ; \; ^{30}_{15}\text{P} \rightarrow ^{30}_{14}\text{Si} + e^{+}$$

$^{30}_{15}\text{P}$ のように自然界には存在せず，人工的につくられた放射性同位体（ラジオアイソトープ）を人工放射性同位体という．

＜核分裂の発見＞

1938 年，ハーンとシュトラスマンは，$^{235}_{92}\text{U}$ の核分裂を発見し，その連鎖反応を予測した．

＜核分裂連鎖反応の実験の成功＞

1942 年，フェルミは，天然ウランと黒鉛を使った原子炉で核分裂連鎖反応の実験に成功した．

24.3.2 質量とエネルギーの等価性

　化学反応は原子核の外側を回る電子のやりとりで起こるため，原子 1 個あたりのエネルギーは 1 eV 程度である．それに対して，原子核反応・放射性崩壊は 1 MeV = 10^6 eV 程度にもなり，化学反応の場合の約 100 万倍である．このエネルギーはどこからくるのであろうか？

　図 24-3-3 のように，実は，原子核の質量を精密に測定すると，その値は核を構成している核子の個々の総和より少し小さい．この差を質量欠損という．

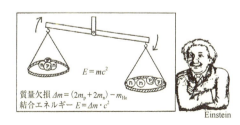

図 24-3-3　質量欠損

　ヘリウムの原子核の質量と，これを陽子 2 個と中性子 2 個にばらばらにした場合の質量の総和を比べてみると，$m_\text{H} = 1.00783$ u；$m_\text{n} = 1.00867$ u；$m_\text{He} = 4.00260$ u より，

$$\Delta m = (1.0078 \times 2 + 1.0087 \times 2) - 4.0026$$
$$= 0.0304 \text{ u} \fallingdotseq 0.5049 \times 10^{-27} \text{ kg}$$

補足 原子核のまわりにある電子数の総和が増減しないときときは，原子核の質量でなく原子の質量を用いて計算するとよい．

一般に，原子番号 Z，質量数 A の原子核は Z 個の陽子と $A-Z$ 個の中性子からなり，その質量を m_x とすると，m_x の値は陽子の質量 m_p と中性子の質量 m_n の総和より小さい．

質量欠損を Δm とすると，
$$\Delta m = \{m_p \times Z + m_n \times (A-Z)\} - m_x \qquad 24\text{-}3\text{-}1$$
で表される．

アインシュタインは，特殊相対性理論の中で質量とエネルギーの等価性を予言した（1905年）．

質量とエネルギーは同等で，質量はエネルギーに，エネルギーは質量に相互に変わることができる．質量を m，エネルギーを E，光速を c とすると，
$$E = mc^2 \qquad 24\text{-}3\text{-}2$$

例題 1． 1932年コッククロフトとウォルトンは，陽子に 0.6 MeV の運動エネルギーを与えて，これを静止しているリチウムの原子核 $^{7}_{3}\text{Li}$ にあてたところ，2個のヘリウム原子核 $^{4}_{2}\text{He}$ が放出されたのが確認された．このとき，2個のヘリウム原子核の運動エネルギーの和は 17.9 MeV であった．質量とエネルギーの等価性を確かめよ．ただし，$m_p = 1.6726 \times 10^{-27}$ kg；$m_{Li} = 11.6478 \times 10^{-27}$ kg；$m_{He} = 6.6448 \times 10^{-27}$ kg；$c = 3.0 \times 10^8$ m/s とする．

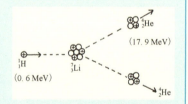

解答 核反応式；$^{7}_{3}\text{Li} + ^{1}_{1}\text{H} \rightarrow 2\,^{4}_{2}\text{He}$

質量欠損；$\Delta m = (11.6478 + 1.6726 - 6.6448 \times 2) \times 10^{-27} = 3.08 \times 10^{-29}$ kg

∴ $E = \Delta m c^2 = 3.08 \times 10^{-29} \times (3.0 \times 10^8)^2 = 2.77 \times 10^{-12}$ J $= 17.3$ MeV

運動エネルギーの変化量は $17.9 - 0.6 = 17.3$ MeV なので，質量とエネルギーの等価性が確認された．

例題 2． 1u は，何Jに相当するか．また何 MeV に相当するか．

解答 $1\text{u} = 1.66 \times 10^{-27}$ kg $= 1.66 \times 10^{-27} \times (3.0 \times 10^8) = 1.49 \times 10^{-10}$ J
$= 931$ MeV

24.3.3 結合エネルギー

ばらばらの核子が結合して原子核になると，質量欠損 m が生じ，$E = mc^2$ の核エネルギーが放出される．逆に，原子核に $E = mc^2$ だけのエネルギーを与えると，原子核をばらばらにすることができる．これを，核の結合エネルギーという．それを質量数 A で割ったものを，核子1個あたりの結合エネルギー（$\Delta E/A$）という．

核子1個あたりの結合エネルギーの値が大きいほど，ばらばらにするのに外部から多くのエネルギーが必要となるため，原子核は崩壊しにくく安定である．核子1個あたりの結合エネルギーは，質量数が50から100のあたりで，8.5 MeV 程度と大きい．質量数が約60より増加すると陽子数が増え，陽子間のクーロン反発力のため，原子核が不安定となり，$\Delta E/A$ は減少する．質量数が60より減少すると，核力を作用する相手の核子数が減るので，$\Delta E/A$ は減少する．したがって，原子核からエネルギーを，外部に取りだすためには，次の2通りが考えられる．

1つは，水素などの質量の小さい原子核を核融合させる．もう1つは，ウランなどの質量の大きい原子核を核分裂させることである．

24.3.4 核分裂

<核分裂>

図 24-3-4 より，ウランなどの質量の大きな原子核では，陽子数が多く電気的な斥力が増大し原子核は不安定である．ウランが2つの核に分裂して中位の質量数の元素になると，質量が小さくなり，あまった質量がエネルギーとして放出され安定化する．

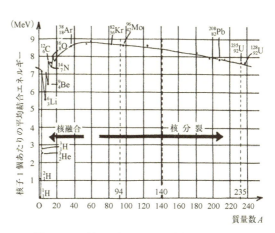

図 24-3-4　核子1個あたりの結合エネルギー

フェルミ，ハーン，シュトラスマンの研究により，ウランは，中性子を吸収すると，図 24-3-5 のように振動を開始し，くびれた状態

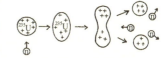

図 24-3-5　液滴モデル

になり，陽子間のクーロン斥力のため，ほぼ質量が半分の2つの原子核に分裂することがわかった（1934～1938年）．

天然ウランでは，$^{238}_{92}U$ が99.3%，$^{235}_{92}U$ が0.7%存在するが，遅い中性子（熱中性子）を吸収して核分裂をするのは $^{235}_{92}U$ である．そのため質量分析器を用いて $^{235}_{92}U$ を分離する．このときの核反応式は，

$$\rightarrow\ ^{29}_{36}Kr\ +\ ^{141}_{56}Ba\ +\ 3^{0}_{1}n$$
$$^{235}_{92}U\ +\ ^{0}_{1}n\ \rightarrow\ ^{94}_{38}Sr\ +\ ^{140}_{54}Xe\ +\ 2^{0}_{1}n$$
$$\rightarrow\ ^{97}_{37}Rb\ +\ ^{137}_{55}Cs\ +\ 2^{0}_{1}n$$

など，いろいろな分裂の仕方をするが，どの核反応式でも，ほぼ200 MeVのエネルギーが放出される．

補足 $^{235}_{92}U$ が核分裂すると解放されるエネルギーが，どの反応式でも200 MeV の理由 ウラン $^{235}_{92}U$ の核子1個あたりの結合エネルギーは7.6 MeV，質量数120程度の分裂生成核の結合エネルギーは8.5 MeVである．したがって，$^{235}_{92}U$ の結合エネルギー E_1 は，

$$E_1 = 7.6 \times 235 = 1786 \fallingdotseq 1800\ \text{MeV}$$

分裂生成核2個の結合エネルギーの合計 E_2 は，

$$E_2 = 8.5 \times 235 = 1997.5 \fallingdotseq 2000\ \text{MeV}$$

以上から，$E_2 - E_1 = 2000 - 1800 = 200$ MeV が，核子1個あたりから放出されることがわかる．これを質量に換算すると，核子1個あたり 3.5×10^{-28} kg程度の質量欠損となる．

<連鎖反応>

$^{235}_{92}U$ は，中性子を1個吸収して $^{236}_{92}U$ となり，2つの原子核に分裂する．ちょうど半分に分裂するとパラジウム $^{118}_{46}Pd$ になるが，パラジウムよりも少し大きい原子核と少し小さい原子核ができる．分裂生成核の中性子数の和は，$^{235}_{92}U$ の中性子数より少なくなるので，2～3個の中性子を放出する．放出された中性子は，それぞれ新たに $^{235}_{92}U$ の核分裂を引き起こし，次々と分裂が繰り返され連鎖的に起こる．

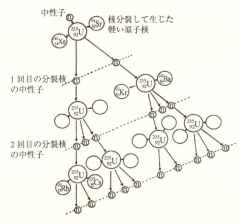

図24-3-6 連鎖反応モデル

これが原子爆弾である．一方，連鎖反応をゆるやかにコントロールする装置が原子炉である．原子力発電所では，原子炉で発生する熱を発電に利用する．連鎖反応が一定の勢いで引き続いて起こっているとき，臨界状態という．また，連鎖反応を起こすのに必要な最小限のウランの量を臨界量という．ウランの塊が臨界量以下の場合，中性子は次の核分裂を起こす前に，ウランの塊の外に飛び出してしまうので，連鎖反応は起こらない．しかし，臨界量が満たされた場合は要注意である．

<原子炉>

現在よく利用されている原子炉には，加圧水型原子炉（図 24-3-7）（PWR）と沸騰水型原子炉（図 24-3-8）（BWR）がある．

天然ウランの中には，燃えるウランといわれる $^{235}_{92}U$ は 0.7 ％ しか含まれていない．ウラン $^{235}_{92}U$ の場合，速い速度をもった中性子よりも，分子の熱運動のエネルギー程度（0.04 eV）ぐらいの遅い速度の中性子（熱中性子）のほうが，核分裂を起こしやすい．なので原子炉では高速の中性子を減速材によって遅くする．減速材には，中性子に近い質量の原子核を用いる方が，1 回の衝突による速度の減速効果が大きいので，軽水 H_2O や重水 D_2O （中性子を吸収しにくい）や，純度のよい炭素が用いられることが多い．遅い中性子は $^{238}_{92}U$ には吸収されないので，連鎖反応を維持できる．

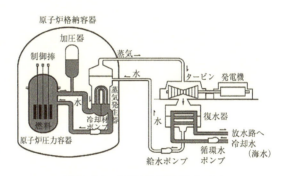

図 24-3-7　加圧水型原子炉（PWR）

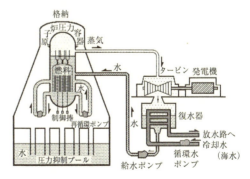

図 24-3-8　沸騰水型原子炉（BWR）

> **例題** 静止している重水素核に中性子が衝突した場合，1回の衝突によって中性子は最初の速度の何倍に減速されるか．ただしこの場合の跳ね返り係数は $e=1$ とする．

解答 図のように重水素，中性子の速度をおく．

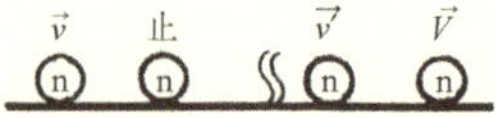

$$e=1=\frac{V-v'}{v}\ ;\ m_n v + m_D \times 0 = m_n v' + m_D \times V$$

よって　$v'=\dfrac{m_n-m_D}{m_n+m_D}v=-\dfrac{m_D-m_n}{m_D+m_n}v<0$　ところで，$m_D:m_n \fallingdotseq 2:1$ より，$v'=-\dfrac{1}{3}v$ なので，$\dfrac{1}{3}v$ に減速され，はねかえされる．

補足 $m_x=m_n$ となる原子核を用いると，効率よく減速できる．

＜高速増殖炉＞

$^{235}_{92}U$ を濃縮しても $10 \sim 20\,\%$ 程度で，$80\,\%$ 以上 $^{238}_{92}U$ が含まれている．$^{235}_{92}U$ は中性子を吸収すると2つの核に分裂するが，$^{238}_{92}U$ は中性子を吸収しても，分裂しないで $^{239}_{92}U$ になり，半減期 23 m の β 崩壊をして，図 24-3-9 のように $^{239}_{94}Pu$ になる．使用済みの燃料の中から $^{239}_{94}Pu$ を取りだせば，再び原子炉の燃料として使用できる．このことを，効率良く行おうとするのが増殖炉である．

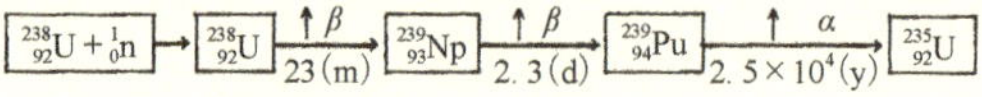

$$^{238}_{92}U + {}^{1}_{0}n \rightarrow {}^{239}_{92}U \xrightarrow[23(m)]{\beta} {}^{239}_{93}Np \xrightarrow[2.3(d)]{\beta} {}^{239}_{94}Pu \xrightarrow[2.5\times10^4(y)]{\alpha} {}^{235}_{92}U$$

図 24-3-9 $^{238}_{92}U$ から $^{239}_{94}Pu$ へ

増殖炉では，高速中性子を減速せずに使用し核分裂させる．この核分裂のときにも中性子が放出されるが，そのうちの1個を核分裂を継続させるために使い，残りの1〜2個の中性子を $^{238}_{92}U$ に吸収させて $^{239}_{94}Pu$ をつくる．このときつくられる $^{239}_{94}Pu$ の量は，核分裂で使用した $^{235}_{92}U$ よりも多くできるので，資源の有効利用につながる．

高速増殖炉の実用化は，まだ先のこととなるが，現在では MOX 燃料を用いたプルサーマルが行われている．プルサーマルは，プルトニウムをサーマルリアクター（軽水炉）で核反応させて利用することである．

24.3.5　核融合

水素・重水素・リチウムなどの軽い原子核は，融合して安定な原子核をつくり，その際質量欠損が生じ，エネルギーを放出する．これを核融合という．陽子（水素）$^{1}_{1}H$，重陽子（重水素）$^{2}_{1}H$，三重陽子（三重水素）$^{3}_{1}H$ 陽子などを結合させてヘリウム原子核 $^{4}_{2}He$ にする場合，陽子のもつクーロン斥力に打ち勝って，互いの核を核力がおよぶ範囲にまで接近させるだけの非常に大

きな運動エネルギーが必要である．すなわち極めて高温（10^7 K）でなければならない．このような熱運動による核反応を **熱核融合反応** という．恒星では，原子核は核外電子とは別々になった **プラズマ** になって，非常に高速で運動している．このような原子核が衝突すれば核融合反応が生じる．この反応では，原子核は複雑な反応をするが，以下の4段階の反応が生じている．これをCNOサイクルという．

$$_1^1H + {}_6^{12}C \rightarrow {}_7^{13}N \rightarrow {}_6^{13}C + e^+$$

$$_1^1H + {}_6^{13}C \rightarrow {}_7^{14}N$$

$$_1^1H + {}_7^{14}N \rightarrow {}_8^{15}O \rightarrow {}_7^{15}N + e^+$$

$$_1^1H + {}_7^{15}N \rightarrow {}_6^{12}C + {}_2^4He$$

ところでこれらの反応では，1段目の${}_6^{13}C$が2段目に，2段目の${}_7^{14}N$が3段目に，3段目の${}_7^{15}N$が4段目に，4段目の${}_6^{12}C$が1段目で循環して反応している．その結果，$4{}_1^1H \rightarrow {}_2^4He + 2e^+$ とまとめることができる．4個の${}_1^1H$が${}_2^4He$に融合し，2個の陽電子と2個のニュートリノを放射する反応が起り，26.7 MeV程度の大きなエネルギーを放出する．

$$4{}_1^1H \rightarrow {}_2^4He + 2{}_{+1}^0e + 26.7 \text{ MeV}$$

核融合を起こすためには$10^7 \sim 10^8$ Kの高温が必要であるが，そのなかで一番低温度で可能なのは，**重陽子**と**三重陽子**を融合させ，ヘリウム4と中性子を生成される **DT反応** である．

$$D + T \rightarrow {}^4He + n + 17.6 \text{ MeV} \quad ({}_1^2H + {}_1^3H \rightarrow {}_2^4He + {}_0^1n + 17.6 \text{ MeV})$$

この反応状態を安定に保つために，磁場，レーザーを用いる方法が検討されている．

第25章　素粒子

25.1　宇宙線

気球観測により，宇宙から高エネルギーの放射線が降り注いでいることがわかり，これを **宇宙線** という．宇宙線が大気に入射すると **空気シャワー** 現象が生じる．地球外部から地球大気に入ってくるものを **一次宇宙線** といい，大部分は陽子をはじめとする荷電粒子である．一次宇宙線が，大気中の

図25-1-1　空気シャワー

原子と衝突して生じたものを二次宇宙線という．二次宇宙線は，厚さ 10 cm の鉛板に吸収される軟成分と，貫通する硬成分に分けられ，軟成分では電子，硬成分では μ 粒子（ミューオン）が多い．地上高度では大半が μ 粒子である．

25.2 素粒子

物質の究極の構成要素は何か．人類が絶えず求めてきた課題である．物質は原子からできていて，原子は原子核と電子から，さらにその原子核は陽子と中性子からできている．1930 年代から，これらの粒子と光子をまとめて物質構造の基本的粒子という意味で素粒子とよぶようになった．その後，高エネルギー粒子加速器の進歩にともなって非常に多数の素粒子が見出された．ディラックが 1928 年に予言した陽電子は 1932 年に発見され，現在では反粒子が存在することが知られている．またパウリは 1930 年に β 崩壊の際にエネルギーが保存されるためには新しい素粒子の存在が必要であるとし，これをニュートリノとよんだが 1956 年に存在が確認された．さらに湯川が予言した π 中間子などがある．

素粒子は，それぞれの特徴により大きく 3 つに分類される．核力などの強い力がはたらくハドロン（核子，π 中間子など）と，強い力がはたらかないレプトン（軽粒子）（電子やニュートリノ，μ 粒子など）と，力を伝達するゲージ粒子（電磁気力を媒介する光子，弱い相互作用を媒介するウィークボソン）である．また，ハドロンはメソン（中間子）とバリオン（重粒子）に分けられる．素粒子の多くは不安定で，安定な素粒子は，光子，電子，ニュートリノ，陽子ぐらいで，中性子の平均寿命は 15 分（900 秒）くらいである．また，μ 粒子は約 2×10^6 秒であるが，地上で観測されるのは相対論的な効果による．

素粒子には，いくつかの特徴がある．まず第 1 の特徴に，パウリの排他原理に従うフェルミ粒子（フェルミオン）と，同一の状態に何個でも存在できるボース粒子（ボゾン）に分類される．電子，陽子，中性子は，半整数のスピンをもつフェルミ粒子である．一方，光子は，整数のスピンをもつボース粒子である．

また素粒子には，質量が同じで電荷が逆符号をもつ反粒子が存在する．電子 e^- の反粒子を陽電子 e^+，陽子の反粒子を反陽子，中性子の反粒子を反中性子という．粒子と反粒子を衝突させると消滅し，エネルギーになる．電子と陽電子が衝突すると，両者は消滅し γ 線（光子 2 個）が放出される．これ

を電子対消滅という（図 25-1-2）．また，エネルギーから粒子と反粒子のペアーが生成する場合もある．γ 線から電子と陽電子が生まれることを，電子対生成という（図 25-1-3）．

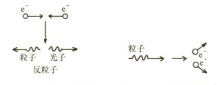

図 25-1-2　電子対消滅　　図 25-1-3　電子対生成

25.3　クォークとレプトン

現在，素粒子と考えられているのは，陽子や中性子などを構成しているクォーク族と電子やニュートリノに代表されるレプトン族である．

1950 年頃から，巨大加速器を使って電子や陽子を高エネルギーに加速できるようになり，加速器内部で粒子同士を衝突させると，種々の新しい素粒子が発生する．陽子や中性子などのバリオンやメソンの内部構造として考えられているものがクォークである．クォークは 1964 年に，ゲルマンとツバイクによって提唱された．

クォークは，すべてフェルミ粒子であり，電気量の大きさが電子の $\frac{1}{3}$ や $\frac{2}{3}$ という電荷をもつ．バリオンは 3 つのクォークで，メソンは 2 つのクォークでつくられている（図 25-1-4）．

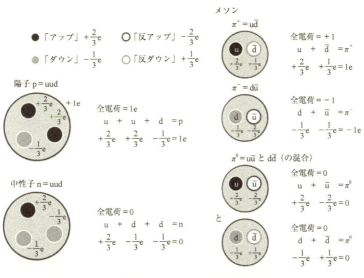

図 25-1-4　クォーク・モデル

当初クォークは，u, d, sの3種類であったが，その後c，bの2種類が確認され，6番目のクォークtも確認され，現在では，表25-1-1のように整理されている．

表25-1-1 クォークとレプトン

	第1世代	第2世代	第3世代	電荷	色荷	弱荷
クォーク	u（アップ）	c（チャーム）	t（トップ）	$+\frac{2}{3}e$	有	有
	d（ダウン）	s（ストレンジ）	b（ボトム）	$-\frac{2}{3}e$	有	有
レプトン	ν_e（電子ニュートリノ）	ν_μ（ミューニュートリノ）	ν_τ（タウニュートリノ）	0	無	有
	e（電子）	μ（ミュー粒子）	τ（タウ粒子）	$-e$	無	有

ところでクォークは，色電荷という自由度をもつ．本当に色がついているのではなく，同じ種類のクォークが3つあった場合，それらをクォークの1番目，クォークの2番目，3番目とよぶ代わりに，赤，緑，青の3色で表すことにした．強い力には，「色の閉じ込め」の性質があり，色電荷が無色でないと独立な粒子として存在できない．核子などすべてのバリオンは，3つの色電荷がちょうど無色になるようにクォークが組み合わされている．メソンは色とその補色の組み合わせで無色となっている．

25.1.4 自然界に存在する4つの力

自然界の4種類の力は，表25-1-2に示すように，重力，電磁力，弱い力，強い力である．

表25-1-2 力を伝達するゲージ粒子

種類	例	ゲージ粒子	強さ	到達距離
強い力	核力など	グルーオン（8種類）	1	10^{-15} m
電磁気力	電荷をもった粒子間に作用	光子	10^{-2}	∞
弱い力	β崩壊を起こす力	ウィークボソン（$W^{\pm}$, Z^0）	10^{-5}	10^{-18} m
重力	万有引力	重力子（グラビトン）（未発見）	10^{-39}	∞

β崩壊を媒介するのはWボソンである．表25-1-2に見るように，レプトンでは，第1世代は，電子と電子ニュートリノがペアーになっている．クォーク・モデルを使って，中性子が陽子と電子と電子ニュートリノにβ崩壊する

反応を図で示すと，図 25-1-5 のように描け n→p$^+$+e$^-$+$\bar{\nu}_e$ は，d→u+e$^-$+$\bar{\nu}_e$ と書くことができる．

電気力と磁気力が統一されて電磁気力となったように，4つの基本相互作用も統一することができないかと考えられ，ワインバーグとサラムは，電磁気力と弱い力の関係について，ウィークボソンは光子のなかまで，電磁気力と弱い力は，十分高いエネルギーでは，強さが同じになり区別がなくなり，これらの力も電弱力という力に統一できる

図 25-1-5 中性子の崩壊

ことを明らかにした．これを，電弱統一理論（ワインバーグ・サラム理論）という．さらに，強い力も統一する試みが大統一理論である．

力を媒介するゲージ粒子の他に，クォークやレプトンの質量を決める粒子としてヒッグス粒子がある．素粒子が，質量を獲得するメカニズムをヒッグス機構という．宇宙の初期の状態においてはすべての素粒子は自由に動きまわることができ質量がなかったが，自発的対称性の破れが生じて真空に相転移が起こり，真空にヒッグス場の真空期待値が生じたため，素粒子が抵抗を受けて動きにくくなった．すなわち質量をもつことになった．光子はヒッグス場からの抵抗を受けず，相転移後の宇宙でも自由に動きまわることができるので質量はゼロである．

25.1.5 標準模型

標準模型の素粒子は，図 25-1-6 に見るように，クォーク，レプトン，ゲージボソンの 3 種類に大別される．強い力を及ぼしあうハドロン族は，それぞれが 3 色の色電荷をもつ 6 種類のクォークで構成され，ゲージ粒子である 8 種類のグルーオンにより媒介される．電弱相互作用を及ぼしあうレプトン族は 6 種

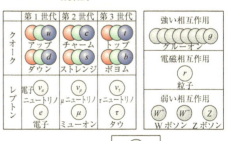

図 25-1-6 標準模型

類存在し，この相互作用は，ゲージ粒子である W$^\pm$，Z^0，γ により媒介される．さらに，粒子レベルでは微弱であるが重力がある．

クォークとレプトンには，それぞれ3つの世代がある．私たちの身のまわりの普通の物質は第1世代の粒子だけで構成される原子でできている．加速器で実験を行った結果，第2，第3世代の粒子が発見されたが，これらの粒子は不安定で，ある寿命で崩壊する．

素粒子研究は，標準模型で終わるものではなく，標準模型の先にある理論が現在も追い求められている．

25.1.6 素粒子と宇宙論

天文学者のハッブルは，地球から遠い天体ほど大きな速度で遠ざかっていることから，宇宙は一様に膨張していると提案した．このことから，私たちの住む宇宙は，約138億年前に起こった**ビッグバン**から始まったと考えられている．

ビッグバンの直後，宇宙は非常に高温で高密度であった．ビッグバンから，10^{-36}秒後頃，宇宙は急速に膨張しその温度は10^{29} Kに下がった．まだ十分に高温で高エネルギー状態のままである．このころの宇宙の構成要素は，クォークとレプトン，そしてグルーオンや光子などの素粒子であったと考えられている．4つの基本的な力もこのころ生じたと考えられる．

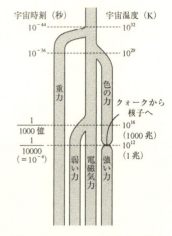

図25-1-7 4つの力と宇宙の歴史

10^{-4}秒後頃，宇宙は膨張を続け，温度が10^{12} Kまで下がると，それまでばらばらの状態であったクォークとグルーオンが結びついてハドロンの中に閉じ込められたと考えられている．

1秒後頃には100億Kにまで下がり，ニュートリノの進行を阻むものがなくなると，さらに膨張していった．現在では，宇宙背景ニュートリノとして，**1.9 K**の温度で宇宙空間を満たしている．

3分後に10億Kまで下がると，核融合が始まり原子核を構成するようになる．陽子と中性子は結合して重水素やヘリウムの原子核ができる．電子と陽電子は対消滅で無く

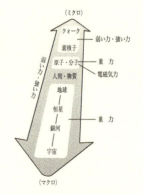

図25-1-8 自然の階層

なっていくが，10億分の1程度の割合で電子のみが残った．

　ビッグバンからおよそ38万年後，数千Kにまで宇宙の温度は下り，電子と原子核が結合して原子を生成するようになると，光子は電子との相互作用をまぬがれ長距離を自由に進めるようになる．宇宙の晴れ上がりである．このときの光子は，現在2.7Kの宇宙背景放射として観測されている．

　生成した原子は，重力で収縮して銀河や恒星を形成する．恒星は，水素をヘリウムに変換する核融合反応により，膨大なエネルギーを放出して輝く．水素が燃え尽きると，ヘリウムの恒星になる．続いてヘリウムが核融合を始め，その結果，次々と重い元素をつくり出して，最終的にはもっとも安定である鉄などの元素をつくり出す．

　軽い恒星の場合は，引力の束縛が弱いので外層のガスなどは次第に散逸していき，恒星の中心部が残り白色矮星となる．重い恒星の場合は，超新星爆発を起こして中性子星になったり，ブラックホールになって星の一生を終える．

　カール・セーガンは，我々の住む宇宙をわかりやすく説明するのに，表25-1-3に示した「宇宙カレンダー」を提案した．

　このように，最も広大な世界である宇宙のなりたちの研究は，極微の世界

表 25-1-3　カール・セーガン提案の宇宙カレンダーのまとめ

宇宙カレンダー	実際の時間	出来事
1月1日深夜0自	137億年前	ビッグバン
1月1日深夜0自11分	ビッグバンの38万年後	宇宙の晴れ上がり
1月6日	135億年前	コズミック・ルネッサンス※
4月ごろ	100億年前ごろ	成熟した銀河が誕生
8月20日	50億年前	太陽系の誕生
9月1日	46億年前	地球の誕生
9月下旬	38億年前	地球生命の誕生
12月15日	6億年前	生物の爆発的多様化
12月30日午前7時	6500万年前	恐竜の絶滅
12月31日午後9時	500万年前	人類の誕生
新年まであと20秒	1万年前	古代文明が誕生
12月31日23時59分?秒		あなたの誕生

※コズミック・ルネッサンスは，最初の星が誕生し，宇宙が暗黒時代を終えたころ．

である素粒子の研究と深く結びついている．加速器を使って高エネルギーをつくりだして素粒子の研究を行うことは，実は，時間をさかのぼって初期の宇宙を研究していることと同じことであるといえる．

索 引

div 212
grad 212
rot 213

あ行

アンペールの法則 258
位置エネルギー 70, 72
一般相対性理論 308
陰極線 315
インピーダンス 283
宇宙速度 75
運動エネルギー 69
運動方程式 18
運動量 77
運動量保存則 78
エネルギー等分配の法則 178
円運動 38
エントロピー 196
エントロピー増大の法則 197
音 112

か行

回折 153
回折格子 154
ガウスの法則 205
角運動量 86
核分裂 365
核融合 368
核力 353

加速度 15
過渡現象 273
カルノー・サイクル 186
カルノーの定理 189
干渉 107, 147
慣性系 41
慣性の法則 15
慣性モーメント 89
気体定数 170
起電力 237
強制振動 64
極座標 54
曲率半径 136
キルヒホッフの法則 238
クーロンの法則 201
クォーク 371
屈折 133
クラウジウスの不等式 195
ケプラーの法則 48
弦 127
減衰振動 62
顕微鏡 143
コイル 255
光速 144
光速度不変の原理 299
剛体 83
光電効果 318
交流 276
交流回路 280

索引

誤差　1
コリオリの力　47
コンデンサー　218
コンプトン効果　324

さ行

作用反作用の法則　20
自己インダクタンス　272
仕事　66
仕事率　68
磁性体　259
磁束密度　251
磁場　248
シャルルの法則　169
重心　85
自由膨張　185
ジュール熱　244
シュレーディンガー方程式　338
状態方程式　170
焦点　138
水素原子スペクトル　331
スネルの法則　133
スピン量子数　343
静電エネルギー　227
静電誘導　214
赤方偏移　156
相互インダクタンス　272
相図　160
速度　10
素粒子　370

た行

単振動　56
弾性体　92

断熱変化　183
力のモーメント　84
中性子　352
定圧変化　181
抵抗率　232
定積変化　181
デュロン・プティの法則　180
電位　207
電荷保存則　200
電気双極子　211
電気伝導率　232
電気容量　219
電気力線　203
電磁波　292
電磁誘導　268
電池　234
電場　202
電流　230
電力量　244
ド・ブロイ波　326
等温変化　182
透磁率　247
特殊相対性理論　299
ドップラー効果　124

な行

内部エネルギー　176, 181
熱伝導率　163
熱平衡　159
熱容量　161
熱力学第2法則　186
熱力学第3法則　196
熱力学的温度　191
熱量　161

索引

粘性 98

は行

パウリの排他律 344
波数 104
波動方程式 105
半減期 358
反射 132
半導体 346
反発係数 79
万有引力 73
万有引力の法則 51
ビオ・サバールの法則 253
比誘電率 222
フーリエ級数 114
不確定性関係 328
振り子 58, 90
フレミングの左手法則 260
分極 228
分散 135, 155
分子運動論 172
ベルヌーイの定理 96
変位電流 290
偏光 157
ポアソンの法則 184
ボイル・シャルルの法則 170
ボイルの法則 167
ポインティング・ベクトル 296
望遠鏡 143
放射線 354
膨張 162
ボーアの原子モデル 330
ボーア半径 334
保存力 207

ボツルマンの原理 197
ボルツマン定数 175

ま・や行

マクスウエル方程式 291
摩擦力 23
面積速度 49
誘電体 216
誘電率 223
陽子 352

ら行

ラプラシアン 212
力学的エネルギー保存則 70
力積 78
理想気体 169
流体 95
量子数 341
累屈折 133
レプトン 371
レンズ 137
レンズの法則 268
ローレンツ変換 301
ローレンツ力 264

著者

川村　康文
(かわむら　やすふみ)

東京理科大学理学部物理学科 教授。1959 年，京都市生まれ。博士（エネルギー科学）。専門は物理教育・サイエンス・コミュニケーション。高校教師を約 20 年間務めた後，信州大学教育学部助教授，東京理科大学理学部物理学科助教授・准教授を経て現職。

　慣性力実験器 II で平成 11 年度全日本教職員発明展内閣総理大臣賞受賞，平成 20 年度文部科学大臣表彰科学技術賞（理解増進部門）をはじめ，科学技術の発明が多く，賞も多数受賞。論文多数。著書に，「理科教育法」（講談社），「遊んで学ぼう！家庭でできるかんたん理科実験」（文英堂），「地球環境が目でみてわかる科学実験」（築地書館）など多数。

本書の追加情報につきましては，講談社サイエンティフィク HP：
www.kspub.co.jp の本書ページを御覧ください．

NDC420　383p　21cm

世界一わかりやすい物理学入門　これ 1 冊で完全マスター！
（せかいいち）　　　　（ぶつりがくにゅうもん）　　　　　　　　　（さつ）（かんぜん）

2019 年 1 月 23 日　第 1 刷発行

著者	川村　康文 (かわむら　やすふみ)
発行者	渡瀬昌彦
発行所	株式会社 講談社
	〒 112-8001　東京都文京区音羽 2-12-21
	販売　　（03）5395-4415
	業務　　（03）5395-3615
編集	株式会社 講談社サイエンティフィク
	代表　矢吹俊吉
	〒 162-0825　東京都新宿区神楽坂 2-14　ノービィビル
	編集　　（03）3235-3701
本文データ作成	株式会社 東国文化
カバー・表紙印刷	豊国印刷 株式会社
本文印刷・製本	株式会社 講談社

落丁本・乱丁本は購入書店名を明記の上，講談社業務宛にお送りください．送料小社負担でお取替えいたします．なお，この本の内容についてのお問い合わせは講談社サイエンティフィク宛にお願いいたします．定価はカバーに表示してあります．

©Yasufumi Kawamura, 2019

本書のコピー，スキャン，デジタル化等の無断複製は著作権法上での例外を除き禁じられています．本書を代行業者等の第三者に依頼してスキャンやデジタル化することはたとえ個人や家庭内の利用でも著作権法違反です．

|JCOPY| ＜（社）出版者著作権管理機構 委託出版物＞

複写される場合は，その都度事前に（社）出版者著作権管理機構（電話 03-3513-6969，FAX 03-3513-6979，e-mail：info@jcopy.or.jp）の許諾を得てください．

Printed in Japan
ISBN978-4-06-514153-3